《冰冻圈变化及其影响研究》丛书得到下列项目资助

- 全球变化研究国家重大科学研究计划项目
  “冰冻圈变化及其影响研究”（2013CBA01800）

- 国家自然科学基金创新群体项目
  “冰冻圈与全球变化”（41421061）
- 国家自然科学基金重大项目
  “中国冰冻圈服务功能形成过程及其综合区划研究”（41690140）

本书由下列项目资助

- 全球变化研究国家重大科学研究计划“冰冻圈变化及其影响研究”项目
  “复杂地形积雪遥感及多尺度积雪变化研究”课题（2013CBA01802）

- 中国科学院战略性先导科技专项（A类）“泛第三极环境变化与绿色丝绸之路建设”“气候变化影响下亚洲水塔变化及其影响与绿色发展方案”课题（XDA20100308）

- 中国科学院战略性先导科技专项(A类)“地球大数据科学工程”“时空三极环境”项目（XDA19070000）

- 国家自然科学基金重大项目“中国冰冻圈服务功能形成过程及其综合区划研究”
  “冰冻圈水资源服务功能研究”课题（41690141）

- 兰州大学中央高校基本科研业务费专项基金(lzujbky-2019-sp06)

“十三五”国家重点出版物出版规划项目

冰冻圈变化及其影响研究

丛书主编　丁永建　丛书副主编　效存德

北半球积雪及其变化

张廷军　车　涛　等／著

科学出版社
北京

内 容 简 介

本书全面系统地介绍中国近年来积雪研究的主要成果和进展，特别是在中纬度高原山区和森林地带复杂地形条件下积雪研究所取得的卓越成果。内容包括积雪野外调查、观测和测量方法的比较研究，复杂地形条件下积雪光学遥感和积雪微波遥感算法及其验证，欧亚大陆降雪变化与气候变化的关系，青藏高原、欧亚大陆至北半球不同时空尺度积雪变化特征及其与气候变化的相互作用，以及全球变暖情景下未来积雪变化预估等。

本书的主要读者对象是从事气候与全球变化、水文水资源、地质、地理、地形地貌、大气科学、生态、资源环境、区域可持续发展等领域科学研究的人员和技术人员、管理决策者、高等院校的相关专业师生，也可供在经济、社会、人文等领域工作的读者参考。

图书在版编目(CIP)数据

北半球积雪及其变化／张廷军等著．—北京：科学出版社，2019. 10

(冰冻圈变化及其影响研究／丁永建主编)

“十三五”国家重点出版物出版规划项目

ISBN 978-7-03-062542-7

Ⅰ. ①北…　Ⅱ. ①张…　Ⅲ. ①北半球-积雪-研究②北半球-气候变化-研究
Ⅳ. ①P426. 63②P467

中国版本图书馆 CIP 数据核字（2019）第 222000 号

责任编辑：周　杰　王勤勤／责任校对：樊雅琼
责任印制：肖　兴／封面设计：黄华斌

科学出版社 出版
北京东黄城根北街 16 号
邮政编码:100717
http://www.sciencep.com

中国科学院印刷厂 印刷

科学出版社发行　各地新华书店经销

*

2019 年 10 月第　一　版　开本：787×1092　1/16
2019 年 10 月第一次印刷　印张：18
字数：450 000

定价：218.00 元

（如有印装质量问题，我社负责调换）

全球变化研究国家重大科学研究计划
“冰冻圈变化及其影响研究”（2013CBA01800）项目

项目首席科学家 丁永建
项目首席科学家助理 效存德

项目第一课题“山地冰川动力过程、机理与模拟”，课题负责人：任贾文、李忠勤
项目第二课题“复杂地形积雪遥感及多尺度积雪变化研究”，课题负责人：张廷军、车涛
项目第三课题“冻土水热过程及其对气候的响应”，课题负责人：赵林、盛煜
项目第四课题“极地冰雪关键过程及其对气候的响应机理研究”，课题负责人：效存德
项目第五课题“气候系统模式中冰冻圈分量模式的集成耦合及气候变化模拟试验”，课题负责人：林岩銮、王磊
项目第六课题“寒区流域水文过程综合模拟与预估研究”，课题负责人：陈仁升、张世强
项目第七课题“冰冻圈变化的生态过程及其对碳循环的影响”，课题负责人：王根绪、宜树华
项目第八课题“冰冻圈变化影响综合分析与适应机理研究”，课题负责人：丁永建、杨建平

《冰冻圈变化及其影响研究》丛书编委会

《北半球积雪及其变化》
著 者 名 单

主　　笔　张廷军　车　涛

成　　员　(按姓氏拼音排序)

戴礼云　郝晓华　黄晓东　梁天刚　马丽娟
彭小清　苏　航　孙少波　万旭东　王澄海
王慧娟　王　康　王　玮　王晓艳　王云龙
武炳炎　夏　坤　肖　林　肖雄新　郑　雷
钟歆玥

秘 书 组　王慧娟　户元涛　孙燕华　赵文宇

总 序 一

1972年世界气象组织（WMO）在联合国环境与发展大会上首次提出了“冰冻圈”（又称“冰雪圈”）的概念。20世纪80年代全球变化研究的兴起使冰冻圈成为气候系统的五大圈层之一。直到2000年，世界气候研究计划建立了“气候与冰冻圈”核心计划（WCRP-CliC），冰冻圈由以往多关注自身形成演化规律研究，转变为冰冻圈与气候研究相结合，拓展了研究范畴，实现了冰冻圈研究的华丽转身。水圈、冰冻圈、生物圈和岩石圈表层与大气圈相互作用，称为气候系统，是当代气候科学研究的主体。进入21世纪，人类活动导致的气候变暖使冰冻圈成为各方瞩目的敏感圈层。冰冻圈研究不仅要关注其自身的形成演化规律和变化，还要研究冰冻圈及其变化与气候系统其他圈层的相互作用，以及对社会经济的影响、适应和服务社会的功能等，冰冻圈科学的概念逐步形成。

中国科学家在冰冻圈科学建立、完善和发展中发挥了引领作用。早在2007年4月，在科学技术部和中国科学院的支持下，中国科学院在兰州成立了国际上首次以冰冻圈科学命名的“冰冻圈科学国家重点实验室”。是年七月，在意大利佩鲁贾（Perugia）举行的国际大地测量和地球物理学联合会（IUGG）第24届全会上，国际冰冻圈科学协会（IACS）正式成立。至此，冰冻圈科学正式诞生，中国是最早用“冰冻圈科学”命名学术机构的国家。

中国科学家审时度势，根据冰冻圈科学的发展和社会需求，将冰冻圈科学定位于冰冻圈过程和机理、冰冻圈与其他圈层相互作用以及冰冻圈与可持续发展研究三个主要领域，摆脱了过去局限于传统的冰冻圈各要素独立研究的桎梏，向冰冻圈变化影响和适应方向拓展。尽管当时对后者的研究基础薄弱、科学认知也较欠缺，尤其是冰冻圈影响的适应研究领域，则完全空白。2007年，我作为首席科学家承担了国家重点基础研究发展计划（973计划）项目“我国冰冻圈动态过程及其对气候、水文和生态的影响机理与适应对策”任务，亲历其中，感受深切。在项目设计理念上，我们将冰冻圈自身的变化过程及其对气候、水文和生态的影响作为研究重点，尽管当时对冰冻圈科学的内涵和外延仍较模糊，但项目组骨干成员反复讨论后，提出了“冰冻圈—冰冻圈影响—冰冻圈影响的适应”这一主体研究思路，这已经体现了冰冻圈科学的核心理念。当时将冰冻圈变化影响的脆弱性和适应性研究作为主要内容之一，在国内外仍属空白。此种情况下，我们做前人未做之事，大胆实践，实属创新之举。现在回头来看，其又具有高度的前瞻性。通过这一项目研究，不仅积累了研究经验，更重要的是深化了对冰冻圈科学内涵和外延的认识水平。在此基础上，通过进一步凝练、提升，提出了冰冻圈“变化—影响—适应”的核心科学内涵，并成为开展重大研究项目的指导思想。2013年，全球变化研究国家重大科学研究计划首次设立了重大科学目标导向项目，即所谓的“超级973”项目，在科学技术部支持下，丁永建研究员担任首席科学家的“冰冻圈变化及其影响研究”项目成功入选。项目经过4年实施，已经进入成果总结期。该丛书就是对上述一系列研究成果的系统总结，期待通过该丛书的出版，对丰富冰冻圈科学的研究内容、夯实冰冻圈科学的研究基础起到承前启后的作用。

该丛书共有9册，分8册分论及1册综合卷，分别为《山地冰川物质平衡和动力过程模拟》《北半球积雪及其变化》《青藏高原多年冻土及变化》《极地冰冻圈关键过程及其对气候的响应机理研究》《全球气候系统中冰冻圈的模拟研究》《冰冻圈变化对中国西部寒区径流的影响》《冰冻圈变化的生态过程与碳循环影响》《中国冰冻圈变化的脆弱性与适应研究》及综合卷《冰冻圈变化及其影响》。丛书针对冰冻圈自身的基础研究，主要围绕冰冻圈研究中关注点高、瓶颈性强、制约性大的一些关键问题，如山地冰川动力过程模拟，复杂地形积雪遥感反演，多年冻土水热过程以及极地冰冻圈物质平衡、不稳定性等关键过程，通过这些关键问题的研究，对深化冰冻圈变化过程和机理的科学认识将起到重要作用，也为未来冰冻圈变化的影响和适应研究夯实了冰冻圈科学的认识基础。针对冰冻圈变化的影响研究，从气候、水文、生态几个方面进行了成果梳理，冰冻圈与气候研究重点关注了全球气候系统中冰冻圈分量的模拟，这也是国际上高度关注的热点和难点之一。在冰冻圈变化的水文影响方面，对流域尺度冰冻圈全要素水文模拟给予了重点关注，这也是全面认识冰冻圈变化如何在流域尺度上以及在多大程度上影响径流过程和水资源利用的关键所在；针对冰冻圈与生态的研究，重点关注了冰冻圈与寒区生态系统的相互作用，尤其是冻土和积雪变化对生态系统的影响，在作用过程、影响机制等方面的深入研究，取得了显著的研究成果；在冰冻圈变化对社会经济领域的影响研究方面，重点对冰冻圈变化影响的脆弱性和适应进行系统总结。这是一个全新的研究领域，相信中国科学家的创新研究成果将为冰冻圈科学服务于可持续发展，开创良好开端。

系统的冰冻圈科学研究，不断丰富着冰冻圈科学的内涵，推动着学科的发展。冰冻圈脆弱性和风险是冰冻圈变化给社会经济带来的不利影响，但冰冻圈及其变化同时也给社会带来惠益，即它的社会服务功能和价值。在此基础上，冰冻圈科学研究团队于2016年又获得国家自然科学重大基金项目“中国冰冻圈服务功能形成机理与综合区划研究”的资助，从冰冻圈变化影响的正面效应开展冰冻圈在社会经济领域的研究，使冰冻圈科学从“变化—影响—适应”深化为“变化—影响—适应—服务”，这表明中国科学家在推动冰冻圈科学发展的道路上不懈的思考、探索和进取精神！

该丛书的出版是中国冰冻圈科学研究进入国际前沿的一个重要标志，标志着中国冰冻圈科学开始迈入系统化研究阶段，也是传统只关注冰冻圈自身研究阶段的结束。在这继往开来的时刻，希望《冰冻圈变化及其影响研究》丛书能为未来中国冰冻圈科学研究提供理论、方法和学科建设基础支持，同时也希望对那些对冰冻圈科学感兴趣的相关领域研究人员、高等院校师生、管理工作者学习有所裨益。

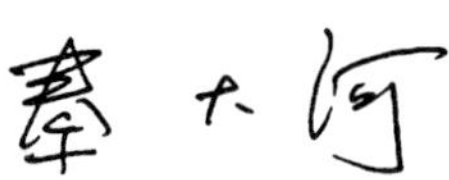

中国科学院院士

2017年12月

总 序 二

冰冻圈是气候系统的重要组成部分，在全球变化研究中具有举足轻重的作用。在科学技术部全球变化国家重大科学研究计划支持下，以丁永建研究员为首席的研究团队围绕“冰冻圈变化及其影响研究”这一冰冻圈科学中十分重要的命题开展了系统研究，取得了一批重要研究成果，不仅丰富了冰冻圈科学研究积累，深化了对相关领域的科学认识水平，而且通过这些成果的取得，极大地推动了我国冰冻圈科学向更加广泛的领域发展。《冰冻圈变化及其影响研究》系列专著的出版，是冰冻圈科学向深入发展、向成熟迈进的实证。

当前气候与环境变化已经成为全球关注的热点，其发展的趋向就是通过科学认识的深化，为适应和减缓气候变化影响提供科学依据，为可持续发展提供强力支撑。冰冻圈科学是一门新兴学科，尚处在发展初期，其核心思想是将冰冻圈过程和机理研究与其变化的影响相关联，通过冰冻圈变化对水、生态、气候等的影响研究，将冰冻圈与区域可持续发展联系起来，从而达到为社会经济可持续发展提供科学支撑的目的。该项目正是沿着冰冻圈变化—影响—适应这一主线开展研究的，抓住了国际前沿和热点，体现了研究团队与时俱进的创新精神。经过4年的努力，项目在冰冻圈变化和影响方面取得了丰硕成果，这些成果主要体现在山地冰川物质平衡和动力过程模拟、复杂地形积雪遥感及多尺度积雪变化、青藏高原多年冻土及变化、极地冰冻圈关键过程及其对气候的影响与响应、全球气候系统中冰冻圈的模拟研究、冰冻圈变化对中国西部寒区径流的影响、冰冻圈生态过程与机理及中国冰冻圈变化的脆弱性与适应等方面，全面系统地展现了我国冰冻圈科学最近几年取得的研究成果，尤其是在冰冻圈变化的影响和适应研究具有创新性，走在了国际相关研究的前列。在该系列成果出版之际，我为他们取得的成果感到由衷的高兴。

最近几年，在我国科学家推动下，冰冻圈科学体系的建设取得了显著进展，这其中最重要的就是冰冻圈的研究已经从传统的只关注冰冻圈自身过程、机理和变化，转变为冰冻圈变化对气候、生态、水文、地表及社会等影响的研究，也就是关注冰冻圈与其他圈层相互作用中冰冻圈所起到的主要作用。2011年10月，在乌鲁木齐举行的International Symposium on Changing Cryosphere，Water Availability and Sustainable Development in Central Asia国际会议上，我应邀做了*Ecosystem services*，*Landscape services and Cryosphere services*的报告，提出冰冻圈作为一种特殊的生态系统，也具有服务功能和价值。当时的想法尽管还十分模糊，但反映的是冰冻圈研究进入社会可持续发展领域的一个方向。令人欣慰的是，经过最近几年冰冻圈科学的快速发展及其认识的不断深化，该系列丛书在冰冻圈科学体系建设的研究中，已经将冰冻圈变化的风险和服务作为冰冻圈科学进入社会经济领域的两大支柱，相关的研究工作也相继展开并取得了初步成果。从这种意义上来说，我作为冰冻圈科学发展的见证人，为他们取得的成果感到欣慰，更为我国冰冻圈科学家们开拓进取、兼容并蓄的创新精神而感动。

在《冰冻圈变化及其影响研究》丛书出版之际，谨此向长期在高寒艰苦环境中孜孜以求的冰冻圈科学工作者致以崇高敬意，愿中国冰冻圈科学研究在砥砺奋进中不断取得辉煌成果！

傅伯杰

中国科学院院士

2017 年 12 月

前　言

“北国风光，千里冰封，万里雪飘”，北国雪景向世人展现出一个美好的冰天雪地、广袤无垠的银色世界。融雪季，万物复苏、春色盎然，年复一年，循环往复。然而，随着全球变暖的加剧，北国壮丽的雪景空间上在缩小、时间上在缩短，甚至包括提供给全世界北方居民生活用水的积雪融水也在大幅度减少。不同时空尺度的积雪变化正在改变着人类赖以生存的自然环境、气候系统、农牧业、工业等诸多领域，全面系统地研究全球积雪时空变化已经刻不容缓。

针对不同时空尺度进行积雪变化研究，特别是在中高纬度高原山区和森林地带的复杂地形条件下进行积雪变化研究，一直是我们的夙愿。同北半球中高纬度其他国家相比，由于受季风气候的影响，中国是一个相对贫雪的国家。长期以来，中国的积雪研究区域主要在国内，如青藏高原及北方高山地区。这在很大程度上限制了我们对北半球甚至全球积雪研究的深入了解，也限制了我们对北半球，特别是欧亚大陆积雪变化对亚洲季风气候的影响和预报。基于此，我们对北半球积雪变化进行了全面系统的调查研究。在方法上，结合实地观测、历史气象站点资料、再分析资料以及卫星遥感（可见光和微波）资料，寻求更多的观测手段，获取不同空间尺度的积雪数据。在空间上，我们力求从站点观测到流域盆地、到青藏高原、到欧亚大陆，最终覆盖北半球。《北半球积雪及其变化》系统地介绍了过去半个世纪以来至21世纪末不同时空尺度的积雪变化，力图为全面了解北半球积雪及其变化提供背景资料。

全书分为11章。第1章绪论，讨论积雪研究的双重重要意义，即积雪在气候系统中的作用和积雪水资源的重要性，以及国内外积雪研究进展，特别是监测方法的研究进展；第2章在基于大量的野外实地观测基础上，完整地比较了全球主要积雪密度测量方法及其仪器设备间的差异；第3章描述可见光积雪遥感算法，特别是山地林区积雪制图算法；第4章全面介绍复杂环境下积雪被动微波和雷达遥感算法的开发与应用；第5章利用欧亚大陆气象站点积雪观测历史资料，全面验证目前全球已经开发的被动微波积雪遥感算法；第6章系统探讨青藏高原积雪及其与气候变化的关系；第7章利用降水历史资料，探讨欧亚大陆降雪的时空变化特征；第8章利用气象站点历史观测资料，全面研究积雪物候、积雪深度和积雪密度的时空变化特征；第9章应用积雪遥感资料，全面探讨北半球积雪面积和积雪深度的变化特征；第10章描述欧亚大陆和北半球未来积雪变化；第11章总结了全书的主要成果和对未来研究的展望。全书充分利用实地积雪观测资料，分析欧亚大陆积雪变化，并系统验证可见光和被动微波积雪遥感算法，最后应用验证后的遥感算法反演北半球积雪厚度变化，为未来积雪研究和水资源评价提供了有利保障。

全书由张廷军、车涛研定编写提纲和章节，在全球变化研究国家重大科学研究计划项目“冰冻圈变化及其影响研究”第二课题“复杂地形积雪遥感及多尺度积雪变化研究”(课题号：2013CBA01802) 全体同仁的努力下，先后三易其稿，形成目前的最终版本。第1章是在各章节的基础上，由张廷军汇总完成；第2章是在先后三年野外观测的基础上，最终由苏航执笔，张廷军定稿，王康、彭小清、钟歆 、郑雷、王慧娟、肖雄新、万旭东、武炳炎等参加野外考察，并协助撰写完成；第3章由黄晓东、车涛、郝晓华、王晓艳撰写；第4章由车涛、戴礼云、孙少波撰写；第5章由郑雷、张廷军、车涛、钟歆 、王康撰写；第6章由黄晓东、王玮、王云龙、梁天刚撰写；第7章由王慧娟、张廷军撰写；第8章由钟歆 、张廷军、王康、郑雷撰写；第9章由车涛、黄晓东、肖林、王云龙、梁天刚撰写；第10章由马丽娟、王澄海、夏坤撰写；第11章在各章节的基础上，由张廷军汇总撰写完成。全书统稿由张廷军、车涛负责。

本专著出版得到以下项目资助：全球变化研究国家重大科学研究计划项目“冰冻圈变化及其影响研究”第二课题“复杂地形积雪遥感及多尺度积雪变化研究”(2013CBA01802)；中国科学院战略性先导科技专项（A类）“泛第三极环境变化与绿色丝绸之路建设”课题“气候变化影响下亚洲水塔变化及其影响与绿色发展方案”(XDA20100308)；中国科学院战略性先导科技专项（A类）“地球大数据科学工程”项目“时空三极环境”项目（XDA19070000)；国家自然科学基金重大项目“中国冰冻圈服务功能形成过程及其综合区划研究”第一课题“冰冻圈水资源服务功能研究”(41690141)。感谢在项目执行过程与书稿撰写过程中提供过帮助的同仁。兰州大学部分资助了本专著的出版，在此一并表示感谢。

积雪研究在国内外突飞猛进，时代赋予我们的任务仍然非常艰巨，我们的野外考察、观测、卫星遥感和数值模拟等工作也在继续，书中展现的还未全面覆盖，如有遗漏实数难免，还请读者见谅。

笔　者

2019年9月

目　　录

第1章 绪 论

1.1 积雪研究的重要意义

积雪是冰冻圈的重要组成部分，也是全球气候系统的重要组成部分，对地表能量平衡、水体通量、水文过程、大气及海洋循环等具有显著影响。积雪存在着显著的季节和年际变化，其范围、动态及属性的变化能对大气环流和气候变化迅速做出反应，因此积雪被认为是气候变化的重要指示器（Brown and Goodison，1996；Armstrong and Brun，2008；King et al.，2008）。积雪是冰冻圈的主要存在形式之一，全球约有98%的积雪位于北半球（Armstrong and Brodzik，2001）。每年冬季，北半球陆地最大积雪范围约为$47\times10^6km^2$，约占北半球陆地面积的60%（Robinson et al.，1993；Armstrong，2001）。随着全球变暖，气候变化日益明显，气候极端事件发生的频率不断增加，积雪及其属性也在发生改变，继而影响冰冻圈和其他圈层的变化。

作为积雪的三大基本属性，积雪厚度、积雪密度和雪水当量（snow water equivalent，SWE）是水文模型、水资源管理、模式输入与验证的重要参数（Dressler et al.，2006；Lazar and Williams，2008；Nayak et al.，2010）。积雪厚度作为积雪的重要参数之一，为气候变化、地表能量平衡、土壤温度、春季径流、水资源供给及人类活动等研究提供了重要信息（Sturm et al.，2001；Zhang，2005；Monitoring and Programme，2011），并对土壤热状况和冻土发育产生了重要影响（Goodrich，1982；Zhang et al.，1996；Zhang，2005）。

积雪起止时间和积雪期是积雪研究的重要参数之一。积雪期的长短直接影响地表反照率和地表能量平衡（Bulygina et al.，2009）。研究表明，在积雪覆盖区，积雪积累和消融的时间是生态系统碳交换的主要控制因素。由于积雪对气候变化高度敏感，气候变暖所产生的影响会在积雪持续时间的变化中首先体现出来，积雪时间的变化趋势也随之发生明显改变（Bulygina et al.，2009）。

积雪密度通常用于估计雪水当量的分布与变化，是陆面模式和水文模型的重要输入参量，是水文循环研究、融雪径流模拟、洪水和雪崩预测以及水资源评价的重要因素（Margreth，2007；Lazar and Williams，2008），其属性和变化是模型模拟与预测不可或缺的重要基础资料。

积雪水资源是重要的淡水资源，全球陆地上每年从积雪获得的淡水量约为$5.95\times10^6m^3$（李培基，1988）。融雪径流是欧亚大陆河流的主要补给来源。高山和北极地区，春季和初夏的水资源95%来源于融雪补给，50%以上的洪水是由积雪融化造成的（Monitoring and Programme，2011）。美国西部山区积雪融水是工业、农业、牧业用水的主要来源。中亚、阿尔泰山等地区河流主要靠融雪径流补给，中国阿尔泰山和天山地区、青藏高原内陆河流域以及北部外流河流域，融雪径流补给占年径流量的50%以上。黑龙江流域、大兴安岭和长白山地区雪水补给也占重要地位（李培基，1988）。雪水当量是衡量地区积雪累积量、融雪径流和水资源评价的重要因素，其分布与变化直接受积雪厚度和积雪密度的控制。

积雪与气候变化相互影响，气温和降水是积雪变化的主要驱动力。已有研究表明，气候变暖导致降水重新分配，使北半球冬季积雪量增加，积雪期普遍缩短，春季积雪融化期提前（Kitaev et al.，2005；Bulygina et al.，2009）。这些变化反馈到大气环流中，导致地区及区域乃至大陆尺度的气候变化。积雪消融导致春季土壤湿度增加，随着蒸散发量的提高，降水量增多，从而对区域气候产生重要影响（Groisman and Easterling，1994）。

积雪通过反照率变化和积雪水文效应降低地表温度，减少地表向大气输送的潜热和感热，改变了海陆热力差异，从而对季风强度的变化产生重要影响（Hahn and Shukla，1976；Barnett et al.，1989；许立言和武炳义，2012），积雪的变化与季风存在显著相关关系。在欧亚大陆，积雪范围在冬春季的缩减会导致季风期降水量增多（Hahn and Shukla，1976；Dey and Bhanu Kumar，1982；Liu and Yanai，2002；Sankar-Rao et al.，2015），积雪厚度与季风期降水总体呈现负相关关系（Ye and Bao，2001；Dash et al.，2005；Kripalani et al.，2015）。

积雪是控制地表热状况的重要影响因素（Goodrich，1982；Zhang et al.，1996，1997；Zhang，2005）。积雪具有高反照率、高发射率的特点，其融化要消耗相变潜热，对冻土及土壤温度起到冷却作用；而其低导热性、高吸收率和雪水渗入土壤后相变成冰过程释放的潜热，又对冻土及土壤起到保温作用（Brown et al.，1973；Goodrich，1982；Zhang et al.，1997，2001；Zhang，2005）。能量平衡一维热传导模型将积雪作为重要参数用以评估土壤热状况，结果显示，最大积雪深度（雪深）达到15cm时，积雪每增加1cm地表温度会升高0.1℃（Ling and Zhang，2004，2005）。同时，积雪也是影响海冰形成和海冰厚度的主要因素，控制着海冰表面的反照率和热通量，可以通过雪-冰转换影响海冰厚度。海冰表面积雪累积量和分布情况对夏季冰面池的演化有重要影响（Barber and Yackel，1999；Hanesiak et al.，2001）。

积雪与动物和人类活动也有着密不可分的关系。积雪异常会对动物产生直接的负面影响：在北极，积雪厚度增加、积雪起止时间的变化、冬季积雪期延长、雨夹雪的发生都会对当地物种的生存、种群数量及生长期产生重要影响，从而导致种群数量锐减甚至物种灭绝（Barry，2002；Kohler and Aanes，2004；Rennert et al.，2009）。而积雪变化对人类的影响表现在很多方面。其一，积雪累积量和积雪期的变化会影响当前及未来水电发展的运转能力，降雪量增加，水资源分配均衡可以减少水库最大水位需求，增加径流。其二，冬季气候变暖，降雪增加，混合降水更加频繁，导致中高纬度地区雪崩发生频率增加；地面积雪荷载力有限，导致建筑损坏或坍塌，对人们的生活、生命安全产生威胁（Newark et al.，1989；Christensen et al.，2007；Strasser，2008）。

1.2 国内外积雪研究现状

积雪资料主要由地面台站实时观测和卫星遥感监测两种途径获取而来。地面台站的积雪观测资料具有长期而丰富的历史记录，有记录的地面台站观测有超过 100 年的历史资料，但大多数地面台站是 20 世纪中期以来建立起来的。地面台站积雪记录是各国国家常规气象站的观测指标之一，相对比较稳定，以积雪厚度、积雪密度、雪水当量为主。也有不少以研究积雪、积雪水文和雪崩等为主的积雪观测站，观测内容更为全面。积雪厚度地面监测面临的主要问题之一是站点分布不均匀，大多数站点在人类居住比较集中的地方，不能准确、全面地代表观测区域积雪主要特征。遥感技术无疑是监测区域或全球尺度积雪分布及其变化的最有效手段。积雪遥感主要包括光学、近红外、主动微波和被动微波方法，由于不同积雪遥感方法使用的波段不一，探测的积雪参数也有不同。

积雪深度、积雪范围、雪水当量和积雪密度是积雪研究中最主要的参数，它们与气候变化、水文循环以及水资源管理等直接相关。最初的积雪研究主要依赖有限的人工观测，随着自动化和遥感技术的不断进步，积雪的自动化观测和记录以及卫星遥感监测扩大了积雪研究的范围，同时丰富了积雪监测的参量。

1.2.1 定点观测

目前人工观测主要集中在各国的气象站和水文站，以及一些专门用于科学研究的野外台站，观测内容以积雪深度和雪水当量为主。19 世纪，俄罗斯、加拿大、美国和欧洲利用测雪尺记录积雪厚度，目前已经积累了 100 多年的历史数据。为了描述不同下垫面的积雪差异，俄罗斯对森林和平坦地区分别进行了记录。由于不同下垫面的积雪空间分布不同，为更准确地获取空间雪水当量，俄罗斯开展了积雪测线（snow course）观测（Cayan，1996；Lundberg and Koivusalo，2010），通过在积雪分布特征相同的区域内建立测雪路线，按一定间距获取积雪深度，最终获取区域性雪水当量。中国没有固定的积雪测线观测，但通过开展大规模的野外考察试验，在东北、新疆和青藏高原开展过多次积雪测线观测，获得了积雪深度的空间分布。

人工观测耗时耗力，不能进行大范围密集的采样，而自动化观测利用无线传输，可以远距离实时获取数据，节省了户外工作时间以及简化了室内的整编和传输工作，同时也避免了野外观测的危险性。从 20 世纪 70 年代开始，美国农业部（United States Department of Agriculture，USDA）陆续在美国西部和阿拉斯加安装了 625 个 SNOTEL 来记录雪水当量，测雪路线数据逐步被自动观测系统 SNOTEL 所代替。SNOTEL 标准的配置是雪枕、雨量筒、温度传感器（Mock，1996；McGinnis，1997；Serreze et al.，1999）。近年来中国的台站积雪观测也逐步采用自动化观测，所用器材主要是超声波和激光测距仪器，但覆盖的台站较少。中国科学院和中国气象局在部分站点增设了 SR50A 测量积雪深度、SPA 积雪属性观测设备、GMON 伽马射线雪水当量传感器。

1.2.2 光学遥感

自动化观测补充了传统站点观测的范围及参数，但毕竟是点上观测，数量有限，无法在大范围内布设，环境恶劣的地方更是无法达到，其维护也是一个艰巨的任务。因此遥感技术无疑是监测区域或全球尺度积雪分布及其变化观测的最有效手段。

可见光遥感技术应用于积雪范围的研究已经有 50 多年的历史了，而且也取得了显著的成绩。光学遥感识别积雪的核心是积雪在可见光波段的高反射率和近红外波段的低反射率，基于这两个波段发展的归一化积雪指数（normalized difference snow index，NDSI）可以有效地识别积雪范围。目前国际上最可靠的北半球或全球积雪范围数据主要来自光学遥感，其空间分辨率从 30m 到 1km，时间分辨率从逐日到逐月。这些积雪范围产品已被广泛应用于气候变化、模型输入及验证、积雪水资源评价等领域。可见光积雪反演方法虽然比较成熟，但也存在几方面的问题：①积雪的粒径、密度、含水量以及积雪厚度等属性对 NDSI 的阈值有一定的影响。例如，含水量的增加会降低积雪的反射率，积雪较浅时，NDSI 受下垫面的影响较大，从而降低了 NDSI。②复杂地形和森林覆盖进一步影响积雪的识别。地物的反射具有一定的方向性，在复杂地形条件下，背坡的地面状况难以被获取。森林和积雪的光学特性有较大的差异，森林的存在大大地降低了 NDSI，从而导致积雪范围被低估。③光学遥感受云影响严重。光学遥感虽然能有效地区分云和雪，但无法穿透云层探测地面信息，因此恢复云下地表信息也是光学遥感面临的一个挑战。也正是因为可见光波长短，穿透力弱，只能获取积雪表面的信息，无法穿透雪层获得厚度信息，所以无法从理论上建立积雪厚度和可见光波段亮度值的关系。

1.2.3 微波遥感

相对于光学遥感，微波遥感具有更长的波长，穿透力较强，可以获得积雪厚度信息，并且不依赖于太阳光，可以全天时全天候工作。微波辐射理论的研究从 1901 年 Max Planck 提出普朗克定律到现在已有 100 多年历史，其应用领域也日益广泛。England（1974）提出积雪的微波散射辐射受积雪厚度和雪粒大小的影响，其向大气的散射辐射重新分配了雪面辐射能量，提供了微波遥感监测积雪的物理基础。

被动微波遥感是全球和区域尺度上最有效的雪深和雪水当量监测手段。被动微波积雪厚度反演的核心是积雪对微波的体散射。当下垫面辐射出的微波辐射穿过积雪层时，受到雪粒子的散射削弱，并且积雪对高频的散射强于对低频的散射，因此，相同的出射辐射经过积雪层后，低频的亮度温度高于高频，随着雪深或雪水当量的增加，散射及不同频率的散射差异也增加。其中 K 波段和 Ka 波段的亮度温度差异最能体现雪深的变化（Chang et al.，1987），也是目前雪深和雪水当量反演中应用得最多的波段。利用该方法制作的全球雪水当量产品包括美国国家航空航天局（National Aeronautics and Space Administration，NASA）的逐日雪水当量，欧洲太空署（European Space Agency，ESA）的 GlobSnow 逐日雪水当量产品。亮度温度梯度法能有效地反演积雪厚度，而体散射程度不仅受积雪厚度的影响，还受积雪粒径、积雪密度等其他特性的影响。不同地区积雪受气候和自然环境的影响，其属性有很大差异，全球雪水当量产品在区域上存在较大的误差。因此，在不同地区，研究者根据研究区的积雪特性对亮度温度梯度法进行修正。Che 等（2008）根据中国的积雪特性制作了中国长时间序列雪深产品。这些雪深或雪水当量数据起始于 1978 年，已被广泛应用于气候变化和水文研究中，至今仍在更新。但被动微波遥感仍然面临巨大的挑战：①与光学遥感面临的挑战一样，复杂地形条件以及森林覆盖对积雪的微波散射辐射有极大的影响，导致这些地区积雪厚度反演精度降低；②地表分辨率低，一般为 25km；③反演参数精度低，特别是对积雪厚度和雪水当量的反演误差一般在 50% 以上，最大可达 200% 以上（郑雷等，2015）。

主动微波遥感主动发射微波信号，并接收后向散射信号。目前主动微波遥感，如合成孔径雷达（synthetic aperture radar，SAR）主要集中在低频（C 波段、X 波段、L 波段），穿透力强。干雪覆盖 SAR 传感器接收的后向散射信号主要来自土壤–积雪界面的粗糙表面散射，难以区分干雪覆盖和无雪地表。湿雪对于电磁波的吸收可显著降低 SAR 后向散射信号，因此 SAR 可以有效地提取湿雪。目前采用 SAR 提取积雪面积主要有四类方法：单频率或多频率多极化 SAR 区分干雪、湿雪和其他地表的方法（Shi and Dozier，1997）；多时相 SAR 变化检测方法（Malnes and Guneriussen，2002）；芬兰赫尔辛基理工大学（TKK）森林覆盖区积雪面积制图方法（Luojus et al.，2007）以及 SAR 干涉测量技术（InSAR）积雪面积制图方法（Shi and Dozier，1997）。

土壤的液态水含量引起介电常数的变化。积雪的隔热作用导致土壤–积雪界面温度升高，从而引起含水量的增加，进而影响积雪下冻土介电常数与 SAR 后向散射系数。因此通过建立积雪热阻与雪水当量的关系以及同 SAR 后向散射的关系可以提取干雪的雪水当量（Bernier et al.，2015）。虽然 SAR 在积雪范围和雪水当量反演方面理论上可行，但受下垫面条件的影响较大，其土壤介电常数、地表粗糙度等对后向散射的影响甚至超过积雪的影响，并且主动微波遥感的时间分辨率低而且成本高，因此，主动微波的积雪反演多用于小范围的积雪研究，还处于探索阶段（Sun et al.，2015）。

1.2.4 光学和微波融合

1.2.2 节和 1.2.3 节已提到光学遥感和微波遥感的优缺点。光学遥感分辨率高，积雪识别方法比较成熟，但是穿透力弱无法获得雪深信息，依赖太阳光，受天气影响较大。被动微波遥感能全天时全天候工作，并且有一定的穿透力，可以获得雪深信息，但是分辨率较低，对混合像元难以识别。光学遥感和微波遥感的融合可以取长补短。目前两者的融合只限于产品的融合（Liang D et al.，2008），主要用于光学遥感的去云处理。最典型的积雪范围融合产品是交互式多传感器雪冰制图系统（interactive multisensor snow and ice mapping system，IMS），综合了光学遥感的积雪范围产品、被动微波的雪深产品以及人工识别等①。

自20世纪60年代利用卫星对积雪范围进行监测，加之后来的星载微波辐射计的监测资料反演积雪数据，对积雪范围、积雪深度、积雪密度和雪水当量等属性都有了更加广泛而深刻的研究。结合地面观测资料、航空照片及卫星遥感资料，研究发现从20世纪10年代中期至21世纪初，北半球积雪范围呈减少趋势，尤其是20世纪80年代以后，积雪范围减少的趋势更为显著（Robinson and Dewey，1990；Gutzler，1992；Robinson et al.，1993；Brown，1997；Frei and Robinson，1999；Armstrong and Brodzik，2001）。卫星监测数据显示，1972年至今，北半球多年平均积雪范围减少了约7%（Barry and Gan，2011）。在北极地区，自1950年起，北美大陆地区的积雪范围和积雪厚度都在减少；而欧亚大陆北极地区的积雪则在1980年以后普遍减少（Monitoring and Programme，2011）。

从积雪范围的季节变化来看，自20世纪70年代以来，欧亚大陆和北美大陆春季积雪范围均明显缩减，3～4月，北半球积雪范围每十年约减少0.8×10^6km^2（Brown and Robinson，2011），北美大陆积雪范围在秋季和初冬略有增加，而欧亚大陆冬季积雪范围变化并不显著（Brown，1997；Frei and Robinson，1999）。

很多学者已经利用台站观测资料和卫星遥感数据对北半球积雪厚度的变化进行了研究。结果表明，积雪厚度的变化具有显著的地域特征，欧亚大陆和北美大陆积雪厚度的变化存在较大差异。对北美大陆积雪厚度的研究发现，除极地部分地区以外，积雪厚度变化并不显著，但在2月、3月，积雪厚度明显减小。20世纪40年代中期至90年代末期，加拿大（尤其是加拿大中部地区）积雪厚度约减小1cm/a，美国境内积雪厚度的减小率偏小，一般为0.5～1cm/a（Brown and Braaten，1998；Dyer and Mote，2006；Kohler et al.，2006），而欧亚大陆积雪厚度总体却呈增加趋势（Ye et al.，1998；Kitaev et al.，2005；Bulygina et al.，2009，2011；Monitoring and Programme，2011；Callaghan et al.，2011），其中欧亚大陆北部1936～2000年积雪厚度平均增加率为0.91cm/10a（Kitaev et al.，2005），Monitoring和Programme（2011）对1966～2007年俄罗斯境内积雪厚度的变化研究表明，大部分地区的积雪厚度增加率为0.4～0.8cm/a。Ye等（1998）研究表明，1936～1983年俄罗斯北部和西西伯利亚南部地区，积雪厚度增加明显，增加率约为1.86cm/a，而俄罗斯南部和俄罗斯欧洲部分的北部，积雪厚度略有减小，减小率约为0.23cm/a。马丽娟和秦大河（2012）对1957～2009年中国台站观测的积雪厚度研究发现，中国多年平均积雪厚度表现为波动增加趋势，但不显著，积雪厚度增加趋势主要位于内蒙古东部、东北北部、新疆阿尔泰山地区以及青藏高原东北部地区，增加率为0.01～0.11cm/a。积雪厚度变化主要受气温和降水的影响：随着全球变暖趋势日益显著，气温升高，冬季固态降水增加，而降雪的增多又会导致寒冷地区地面积雪累积量的提升，从而形成欧亚大陆积雪厚度增加的趋势（Ye et al.，1998；Kitaev et al.，2005）。积雪厚度的变化还与北大西洋涛动（Northern Atlantic Oscillation，NAO）等气候因子密切相关。Beniston（1997）发现

① https：//nsidc.org/data/docs/noaa/g02156_ims_snow_ice_analysis/。

NAO 对降雪量和积雪厚度的波动变化有着至关重要的影响。在瑞士高山区，NAO 正相位的增强，导致该地区气温升高以及降水减少，从而造成 20 世纪 80 年代以后高山区降雪量显著减少，积雪厚度逐年减小。Kitaev 等（2002）分析了欧亚大陆北部积雪厚度与 NAO 的关系，发现在东欧平原和西西伯利亚平原两者存在正相关关系，即当 NAO 增强时，这些地区的积雪厚度也明显增加，高于平均水平。而在东欧平原南部大部分地区两者存在显著负相关关系，即随着 NAO 增强，这些地区的积雪厚度有所减小。此外，地形（海拔、坡度、坡向、粗糙度）和植被也是影响积雪厚度分布的重要因素（Lehning et al.，2011；Grünewald et al.，2014；Revuelto et al.，2014；Rees et al.，2014；Dickerson-Lange et al.，2015）。

对积雪持续时间的研究表明，在空间分布上，不同区域积雪持续时间的变化各有差异。俄罗斯大部分地区呈现第一次降雪时间延后、积雪开始累积时间变晚、春季融雪日期提前、积雪期明显缩短以及积雪天数减少的趋势。在 1966～2007 年，俄罗斯西伯利亚南部山区、俄罗斯欧洲部分北部大部分地区积雪期的缩减率为 4～6d/10a。而远东地区和雅库特地区的积雪期却在延长，为 4～8d/10a（Radionov and Bayborodova，2004；Bulygina et al.，2009）。Brown 和 Goodison（1996）研究发现，20 世纪 60 年代末期以来，北美草原地区春季积雪天数每年减少 1d。1978～2007 年，在芬诺斯坎迪亚以及阿拉斯加地区，积雪期有显著的缩短趋势，减少率约为 3d/10a。与之相反，喀拉海附近区域的积雪期增加了 1.5d/10a。除了喀拉海和楚科奇海地区以外，北极其他沿海地区和岛屿的积雪期均有显著的减少（减少 4～9d/10a）（Monitoring and Programme，2011）。李培基（1999）采用 NASA 微波逐候积雪厚度观测结果与地面台站积雪观测记录相结合，估算 1951～1997 年中国西北地区积雪水资源的变化，发现新疆地区并不存在积雪减少、春季积雪提前消失并造成土壤干旱化的现象，积雪日数、消融期积雪日数反而是增加的，分别增加了 8.9d、1.6d。马丽娟（2008）对青藏高原积雪天数和积雪厚度的相互关系进行了分析，发现积雪天数虽然与积雪厚度有一定的相关性，但并不完全依赖积雪厚度。同时，研究发现，1968～2008 年，秋季积雪减少天数约占秋季平均积雪天数的 50%，冬季积雪减少天数约占冬季平均积雪天数的 68%，春季积雪减少天数约占春季平均积雪天数的 35%，夏季积雪天数减少最多，约占夏季平均积雪天数的 82%，青藏高原积雪天数自 90 年代中期以来持续减少。

积雪密度作为重要参数，可以用来估算雪水当量（Brown，2000；Sturm et al.，2010；Zhong et al.，2014），预测未来降雪，对水文、气候模型模拟与预测极为重要。目前专门针对区域积雪密度的研究较少。Williams 和 Gold（1958）对加拿大积雪密度的分布及其变化进行了分析，并将各个站点观测的气温和风速数据按不同区间分类，再将两因素的分类耦合，从而比较耦合后的指数与月平均积雪密度的关系，结果发现气温-风速指数值越大，积雪密度值越大。Bilello（1967，1984）依据气温和风速条件，对北美和苏联地区平均积雪密度进行了划分，并提出一组关系式，利用气温和风速估计积雪密度，其估算结果与实际观测值之间的相关系数高达 0.91。McKay 和 Findlay（1971）利用植被、气候影响与密度的关系，对加拿大 11 个地区的积雪时间与积雪密度变化进行了评估，指出不同植被区平均积雪密度存在差异，而在相同植被区积雪密度具有区域同质性。有研究人员对阿拉斯加和加拿大三种积雪类型的时间-密度曲线进行了分析，指出不同积雪类型的密度主要受积雪场流变性质差异的影响。李培基（1988）对中国不同积雪区类型的积雪密度进行了分析，结果表明，1951～1980年稳定积雪区积雪密度为0.15～0.16g/cm^3，瞬时积雪密度在西北地区最小，但在南方地区最大，全国平均积雪密度为0.16g/cm^3。杨大庆等（1992）研究了乌鲁木齐河源高山区积雪密度的变化及其与积雪厚度的关系，发现在稳定积雪期平均积雪密度与积雪厚度不相关，但在不稳定积雪期两者密切相关。Dai和Che（2010）对1999～2008年中国积雪密度的时空变化特征进行了分析，发现中国东北和西北地区积雪密度和积雪厚度关系密切。对中国积雪密度的时空变化特征的分析结果显示，积雪密度的月际变化显著。与东北和西北地区相比，青藏高原的多年平均积雪密度偏小（马丽娟和秦大河，2012）。Zhong等（2014）对原苏联地区积雪密度的时空变化特征进行了分析，结果表明积雪密度具有显著月际变化特征，随月份递增，积雪密度逐渐增大，但年际变化呈显著减小趋势。

对于雪水当量资料的获取，一般分为两种：一是利用微波遥感积雪厚度数据反演雪水当量，二是通过地面观测获取资料。Brown（2000）对1915～1992年北半球积雪变化分析发现，虽然该时间段北美地区冬季雪水当量有明显增加趋势（增加率为0.16～0.18mm/a），但4月雪水当量却在显著减少，变化率为-0.2mm/a。北美大陆雪水当量呈减少趋势，1979～2004年雪水当量变化率为-0.5～-0.4mm/a。与美国相比，加拿大地区雪水当量的减少趋势更为明显（Atkinson et al.，2006；Barry and Gan，2011）。俄罗斯大部分地区雪水当量呈显著增加趋势，增长率为0.2～0.4mm/a，50°N以北的地区增长率达到0.8～0.9mm/a（Bulygina et al.，2011）。车涛和李新（2005）利用1993～2002年被动微波雪深资料研究了中国积雪水资源的分布与变化，发现1993～2002年积雪储量并没有呈现明显的增加或减少趋势，但存在年际波动。近50a来，中国雪水当量总体呈增加趋势，但变化并不显著，季节变化中春季雪水当量有显著减少，变化率为-0.4mm/10a（马丽娟和秦大河，2012）。

随着全球变暖，北半球积雪范围减小，积雪期缩短，春季融雪期提前等积雪变化已严重影响生态系统和人类活动，因此预测未来积雪变化已成为积雪研究的又一重要内容。目前对积雪预测采用的方法主要是耦合模式比较计划（CMIP）的各国耦合气候系统模式。但由于对地形、大气和海冰循环等分析不足或存在偏差，气候模式会对秋季和冬季积雪范围（尤其是北美地区）低估，会对春季积雪范围（尤其是欧亚大陆）高估（Kattsov et al.，2005）。CMIP3对高纬度地区大气环流模式和积雪反馈机制的模拟也与实际观测不符（Hardiman et al.，2008；Fernandes et al.，2009），因此气候模式只能提供积雪随气温和降水变化发生大规模变化的预测。目前利用气候模式可以对未来积雪形成和消融时间、冬季积雪最大累积量以及雪水当量进行预测。在气候模式对积雪期变化的预估中，各区域积雪期都有不同程度的缩减，其中大陆沿海地区积雪期出现最早，缩减的时间也最多，预计到2020年，这些地区积雪期将缩减40%～60%，预计到2049～2060年，阿拉斯加和斯堪的纳维亚半岛北部地区积雪期缩减速率最快，将缩减30%～40%（Brown and Mote，2009）。此外，预估结果还显示，10月至次年6月，北半球积雪范围会明显缩减，尤其是在北极沿海地区，将缩减10%～30%（Hosaka，2005）。在对雪水当量的预测中发现，未来50～100年，欧亚大陆雪水当量整体呈减少趋势，并且A2情景下雪水当量的减少速率比B1情景下要快，A2和B1两种情景下多年平均雪水当量的绝对变化趋势分别为-0.33mm/10a和-0.30mm/10a；季节变化中春季雪水当量的绝对减少趋势最显著，两种情景下变化率分别为-0.66mm/10a和-0.65mm/10a（马丽娟等，2011）。空间上，欧亚大陆东北部、西伯利亚北部和加拿大北极群岛最北端雪水当量呈增加趋势（Räisänen，2008；马丽娟等，2011）。此外，Bavay等（2013）开发了一种三维高山模型，用于预估高山区未来积雪和径流的变化，预计到2095年，瑞士东部高山区雪水当量会减少1/3～2/3，积雪期会缩短5～9周。

1.3　中国积雪研究简史

早在中华人民共和国成立初期，为适应社会主义建设的需要，老一辈气候学家在面临资料缺乏的困难情况下，利用平均最大积雪深度，探讨了我国积雪分布和区划问题，为我国积雪分布的研究奠定了基础；后来，原中央气象局气候资料研究室根据全国350个地面台站最大积雪深度的观测资料，绘制了我国最大积雪分布图（1：1500万）；中国科学院新疆生态与地理研究所胡汝骥根据近千个地面站最大积雪深度整编资料，绘制了我国最大积雪深度图，讨论了我国积雪的分布规律（李培基和米德生，1983）。有限的观测资料使积雪研究局限在最大雪深上，随着气象局布设站点的增多，1983年，李培基和米德生统计分析了全国1600个地面气象观测台站积雪日数观测资料，在1：150万地形图上绘制了平均积雪日数，并形成了中国积雪分布图。目前，近2400个气象站陆续启动雪深雪压观测业务。我国气象站积雪观测也逐步采用自动化设备。但是该类站点并不多，通常为条件艰苦、不适于人工观测的一般气象站。自动观测要素仅为雪深，以超声波测距或激光测距为原理的观测设备为主。从2012年开始批量化和规范化观测，每天以北京时间20：00为界，连续、自动化记录5min平均积雪深度值。这比传统的人工定时观测具有客观和高频观测的优势。同时，多数站点仍保留人工积雪观测，既为了延续传统观测，用于订正自动化观测，也为了补充观测雪压，进而实现积雪密度观测。2014年1月起，调整人工观测时次，基准站、基本站人工定时观测时次调整为每日5次（8：00、11：00、14：00、17：00、20：00），并调整雪深和雪压项目。随着台站信息的不断丰富，我国积雪深度、积雪密度、积雪日数的时空分布特征及其与气候和水文过程的相互作用研究陆续开展（王澄海等，2009；戴礼云和车涛，2010；马丽娟和秦大河，2012；王春学和李栋梁，2012）。

气象站的积雪观测只限于雪深和雪压的观测，观测参数有限。出于治理天山公路沿线雪害的需要，1976年中国科学院天山积雪雪崩研究站成立，观测者开始调查积雪剖面特征变化。1984年中国科学院兰州冰川冻土研究所（现中国科学院寒区旱区环境与工程研究所）在祁连山冰沟流域建立了我国第一个寒区水文试验站，开展积雪相关监测，并观测了积雪的光谱特性。此后中国科学院陆续建立了多个野外台站，包括天山冰川观测试验站、玉龙雪山冰川与环境观测研究站、黑河遥感试验研究站、净月潭遥感实验站等也开始了积雪特性的相关观测。这些持续观测的站点为长时间气候变化和水文、水资源研究提供了宝贵的数据。

积雪空间分布的异质性较强，站点的代表性有限。卫星遥感监测成为必不可少的手段。我国的积雪遥感研究起步较晚，1993 年，李培基综合中国西部的地面台站数据、SMMR（scanning multichannel microwave radiometer，多通道微波扫描辐射仪）周积雪深度资料、NOAA（National Oceanic and Atmospheric Administration，美国国家海洋大气局）周积雪范围资料以及 50 余篇 DMSP 影像图阐述了中国西部积雪空间分布、季节变化及年际波动特征，并对中国西部积雪大尺度气候效应和青藏高原第四纪冰期问题进行了初步讨论。曹梅盛和李培基（1994）开启了中国被动微波雪深反演的篇章，利用 SMMR 数据发展了中国西部地区的雪深经验算法，并计算了年平均和季平均雪量，取得了高原及山区积雪监测结果，为当地积雪资源的开发利用提供了可靠的依据。车涛和李新（2005）根据中国积雪特性修改了全球雪深反演算法，基于 SMMR 和 SSM/I（special sensor microwave/imager）制作了我国第一个长时间序列雪深数据集，并利用 1993 ~2002 年 SSM/I 被动微波逐日积雪深度研究了我国积雪水资源的分布与变化。基于欧亚大陆地面观测资料，张廷军和钟歆玥（2014）对欧亚大陆的积雪进行了新的分类，比较切合实际地按积雪连续天数来划分积雪类型。

随着中分辨率高光谱传感器 MODIS 的出现，光学积雪范围遥感产品被广泛用于积雪范围的时空变化分析。刘俊峰等（2012）利用 Aqua 和 Terra 的积雪范围产品分析了内蒙古—东北地区、新疆地区和青藏高原积雪的空间稳定性及季节和年际变化特征。兰州大学黄晓东研究组结合 MODIS 积雪范围产品和被动微波雪深产品分析了新疆地区、青藏高原积雪的时空变化（冯琦胜等，2009；孙燕华等，2014）。由于我国卫星遥感事业相对于欧美起步较晚，以上研究均基于国外的卫星数据。

随着我国航天事业的不断发展，基于本土卫星数据的积雪研究也随之展开。中巴地球资源环境卫星、风云气象卫星以及环境一号卫星等相继提供了对地观测数据，获得了可见光和微波资料。其中风云气象卫星同时获取了光学和被动微波资料，根据这些资料，已发展和制作了中国地区的积雪面积和雪深数据产品（李三妹等，2007）。

总之，积雪监测在灾害预测、气候变化和水资源管理方面至关重要，我国积雪研究受到越来越多的关注和重视。2017 年科学技术部的国家科技基础资源调查专项——“中国积雪特性及分布调查”，进一步推进了我国在积雪特性调查、积雪遥感反演以及积雪资源和灾害评估等方面的研究进展。

第2章 全球积雪密度观测方法比较

冰冻圈是气候系统五大圈层之一（Barry and Hall-Mckim，2014），积雪作为冰冻圈最活跃的存在形式，广泛分布于中高纬度地区和高海拔地区，是冰冻圈其他各要素之间相互联系的纽带（张廷军和钟歆玥，2014）。积雪不仅对地表能量平衡、水文过程、大气环流和海洋环流有着至关重要的作用，而且存在着显著的季节和年际变化，可以通过其分布和属性的变化对大气环流和气候变化迅速做出反应，对气候变化有着高度的敏感性和强烈的反馈作用，因此也被誉为气候变化的良好指示器（Armstrong and Brun，2008）。积雪也是重要的淡水资源，世界上将近1/6人口的生产生活依赖于积雪和冰川融水（Sturm et al，2017），尤其是在高山和北极地区，春季和初夏水资源的95%来源于融雪补给。位于中高纬度的加拿大地区，降雪约占整个地区降水的33%（Bailey et al.，1998），积雪融水也是加拿大地区主要的淡水来源（McKay and Findlay，1971）。在格陵兰（Chu，2014）和南极地区（Eisen et al.，2008），积雪是维持该地区水量平衡的重要因素。阿尔卑斯山区的积雪为欧洲大部分地区提供了丰富的水资源补给，因此被誉为“欧洲水塔”。海拔较高的青藏高原地区是长江、黄河和印度河等亚洲大河的发源地，丰富的积雪水资源为区域水资源供给、生态环境安全以及人类社会的生存发展提供了保障，因此也被誉为“亚洲水塔”（姚檀栋等，2017）。在美国的加利福尼亚州，积雪被认为是“白色金子”，这充分体现了积雪对该地区生产生活的重要价值（Roos，1991）。作为冬季的蓄水池，在全球变暖的背景下，积雪的年际变化和年内波动对水资源的补给有着重要的影响：对于降雪较少的年份，积雪融水的缺乏会引起该地区水资源供给的不足，从而导致干旱灾害；而对于降雪较多的年份，春季气温升高会引起该地区积雪的快速融化，积雪融水的急剧增加，从而导致洪涝灾害。雪水当量是衡量地区积雪累积的量，它是指当积雪完全融化后所得到的水的垂直深度（Pomeroy and Gray，1995），是融水径流和水资源评估的重要指标，雪水当量的分布和变化与积雪深度、积雪密度的关系密切，并且可由积雪密度和积雪深度计算得出（车涛等，2004；Mccreight and Small，2014）。因此提供科学的积雪深度、积雪密度实时观测，对于积雪融水灾害的预估以及水资源的合理分配有着至关重要的作用。

积雪密度作为积雪最重要的物理属性之一，几乎所有的积雪物理过程都与积雪密度有着密切的联系。积雪密度对积雪的导热性质有着很重要的影响，从而进一步影响地表与大气之间的热传导（Zhang，2005）。与此同时，积雪密度也是影响积雪反照率的关键因素之一（Bohren and Beschta，1979），进而影响地表与大气之间的能量交换和辐射平衡（Flanner and Zender，2006）。光在积雪中的传播以及消光系数与积雪密度也有着密切的联系，因此积雪密度也是积雪光性质的重要影响因素之一（Gergely et al.，2010）。除此之外，积雪机械性质的评估，如雪崩预测和积雪承载力的评估也离不开积雪密度。积雪密度作为一个重要的参数，对陆面模型模拟验证起着重要的作用（Dutra et al.，2010），尤其是对积雪水资源评价和地表水文模型，积雪密度发挥着不可替代的作用（Sturm，2015）。积雪密度是积雪相关研究的基础，准确的积雪密度观测方法不仅有利于更加清晰、科学地了解积雪密度的时空变化规律，而且可以更好地了解积雪的物理过程，除此之外，准确的积雪密度参数对气候、水文的模拟以及雪崩预测等的准确性提供了保障。目前，对于积雪密度资料的获取，主要有野外实时观测和卫星遥感监测两种途径。虽然遥感技术可以获取大尺度上积雪属性的空间分布数据，并且被动微波遥感技术可以探测积雪深度和雪水当量数据，进而计算积雪密度，但目前可达到的空间分辨率较低（25km×25km），在复杂地表环境下存在一定误差，监测精度仍有待进一步提高（Chang et al.，2005），尤其是在地形和植被较为复杂的情况下，遥感监测的准确性还存在着严重的不足，而且在很大程度上依赖于地面实时观测数据的验证（Shi and Dozier，1997；Li et al.，2000；Singh and Venkataraman，2009）。地面实时观测包括气象站定时定点的积雪密度观测和野外实时观测，被认为是获取积雪密度最为准确的方法，所以本研究只针对地面实时观测积雪密度的方法进行对比分析。

目前，有很多不同的积雪密度地面实时观测方法在全球范围内得到广泛应用，并且不断有高精度、高分辨率的方法应用到积雪密度观测中来（Kinar and Pomeroy，2015）。随着观测方法的多样化，不同方法所获取的积雪密度数据会产生一定的系统性误差。杨大庆等（1992）在对乌鲁木齐河源积雪密度观测研究中，提出了关于国产称雪器与体积量雪器的精度评价及其观测值之间可比性的问题，该问题在之前一直没有被解决，给研究结果造成了一定的影响。通过对比原苏联地区和北美地区的积雪密度数据，Bilello（1984）发现即使是在同样的冬季气候条件下，原苏联地区有代表性的积雪站点得到的平均积雪密度要比北美记录的积雪密度小18%~27%，两个地区不同积雪密度观测方法被认为是导致这一现象的主要原因之一。Zhong 等（2014）在对原苏联地区积雪密度进行分析时，利用 Sturm 等（1995）根据积雪属性和气候条件对季节性积雪的分类方法，发现在同样的积雪类型下，原苏联地区积雪密度相对于北美地区普遍较小。同样在此积雪分类的方法上，Bormann 等（2013）在分析季节性积雪的时空分布特征时发现，对于草原积雪密度，原苏联地区要比北美地区小23.3%，而对于高山积雪密度，原苏联地区要比北美地区小19.4%。造成这一现象的原因除了两个地区区域环境和研究采用的统计方法不同之外，积雪密度观测方法的不同也是两地积雪密度差异的主要原因。原苏联地区和北美地区都有长时间序列的积雪密度观测，所以通过统计分析，对于不同积雪密度观测方法产生误差的现象容易被发现，但是对于目前很多其他积雪密度观测方法，不同方法的准确性以及它们之间的可比性问题还没有引起重视，尤其是对于应用广泛的雪特性分析仪的定量研究非常少，给积雪密度相关研究带来了很大的不便。

综上所述，科学的积雪密度野外观测方法是获取准确积雪密度数据的基础。不同观测方法之间的系统性误差的定量评估以及积雪密度观测方法的稳定性评估，不仅是提高积雪密度相关研究科学性的保障，而且对不同国家和地区获取的积雪密度数据的比较有着重要的作用。除此之外，定量地评价积雪密度观测方法之间的误差对于水资源评估、陆面模型模拟以及雪崩预测等的准确性提高有着重要的意义。

2.1 资料来源与方法

2.1.1 研究区概况

研究区位于中国新疆北部地区的阿尔泰山中段南麓（新疆阿尔泰山），是中国积雪资源最为丰富的地区之一（李培基和米德生，1983）。阿尔泰山在蒙古语中的意思是“金山”，因其丰富的金矿等矿产资源而得名。阿尔泰山全长约为 2000km，自西北向东南经过哈萨克斯坦、中国、俄罗斯和蒙古国，也是四国的分界线。

新疆阿尔泰山坐落于欧亚大陆腹地，受北冰洋和大西洋冷湿气流以及西伯利亚-蒙古高压干燥反气旋的共同影响，该地区大陆性气候特征显著，属于干旱荒漠和干旱半荒漠地带（姜盛夏等，2016；张东良等，2017）。新疆阿尔泰山年平均气温较低，为-0.2℃，据历史资料记载，该地区极端最高温度达到 33.3℃，极端最低温度达到-51.5℃（丁晓娟等，2016），最冷和最热的月份分别为 1 月和 7 月，平均温度分别为-16.0℃和 15.9℃（曹秋梅等，2015）。新疆阿尔泰山的降水主要受西风气流带来的大西洋和北冰洋水汽影响，该气流沿额尔齐斯河深入，受到阿尔泰山山地抬升的影响，形成降水（尚华明等，2011；张瑞波等，2015）。随着新疆阿尔泰山阶梯状地貌结构的变化，降水也随着地势的降低表现出从西北到东南逐渐减少，并且具有显著的垂直地带性分布特征（井学辉等，2013；陈晨等，2015），其中海拔较高的高山带年降水量可达 1000mm，低山带年降水量为 200～300mm，中山带年降水量为 300～600mm（努尔兰·哈再孜，2001）。

新疆阿尔泰山的雪线海拔较低，为 2800m 左右。降雪量在山麓地区占全年降水量的 30%，当海拔到达 2700m 时，降雪量占全年降水量的 50% 以上，积雪融水是新疆阿尔泰山主要的水资源之一，融雪径流占总径流量的 41.2%（周伯诚，1983）。新疆阿尔泰山的积雪持续时间约为 130d（Wang et al.，2008）。该地区的平均积雪深度为 0.5m，最大积雪深度可达 2m。该地区的积雪最显著的特点是：①密度较小，一般在 110～250kg/m^3，新雪的积雪密度最小，可低至 40kg/m^3；②含水量小，在 1 月小于 1%；③积雪温度梯度较大，可达 0.52℃/cm；④深霜层发育较好，深霜层厚度最大时可占整个积雪层厚度的 80%（魏文寿等，2001；戴礼云和车涛，2010）。丰富的积雪资源以及独特的积雪属性为野外观测提供了有利条件。

2.1.2 野外观测方法

根据研究区植被分布的特点，本研究在森林和草地两种植被类型条件下对积雪密度进行观测。首先，在研究区选择有代表性的观测点，为了防止人类活动和其他因素对积雪的干扰，采样点选在远离道路、建筑物、电线杆和通信塔等设施以及家畜等动物活动的区域。其次，在观测点利用推进式方法挖取积雪剖面，剖面的挖取方向垂直于太阳光照射的方向，并选取背离阳光的积雪剖面作为工作面，防止阳光直接照射对积雪结构的破坏，并且保持观测区域的积雪结构不被破坏，工作面保持平整（图 2-1）。除此之外，剖面长度控制在 2m 以内，避免积雪密度本身的水平变化给积雪密度观测方法的比较带来误差。

图 2-1　积雪剖面

在对积雪的环境进行描述记录之后，将积雪底部与地面接触的位置记为 0。用精确度为 0.001m、量程为 1m 的钢直尺测量积雪深度［图 2-2（a）］。积雪温度采用精确度为 0.2℃的水银温度计［图 2-2（b）］以及精度为 0.1℃的电子温度计［图 2-2（d）］进行观测，从雪底至雪表每间隔 10cm 进行积雪温度的观测。积雪的粒径和粒形采用 40 倍、最小刻度为 0.05mm 的放大镜结合深色底板进行观测［图 2-2（c）］，对于粒径较大的晶体采用过塑的坐标纸进行观测［图 2-2（e）］。在此之后，分别用雪特性分析仪、1000cm^{3}楔形量雪器、250cm^{3}楔形量雪器、联邦采雪器和称雪器在同一个观测点对积雪密度先后进行观测，每种观测方法的工作区域间隔 20cm。每种积雪密度观测方法进行重复观测需要更大的工作面，所以为了防止实际积雪密度在每种仪器工作区域的不同给研究带来的误差，研究对每一种积雪密度观测方法在每一个观测点只进行一次观测。雪特性分析仪从雪底至雪表每间隔 3cm 观测一次积雪密度，1000cm^{3}楔形量雪器、250cm^{3}楔形量雪器也是从雪底至雪表进行交错不间断的观测。结合积雪的属性特征对积雪进行分层（Colbeck et al.，1990；魏文寿等，2001；Fierz et al.，2009）。值得注意的是，不同的观测者对于积雪层的边界以及对于每层的厚度划分会有一定的差别（Proksch et al.，2016）。

在对不同积雪密度方法进行稳定性评估时，1000cm^3 楔形量雪器和 250cm^3 楔形量雪器对积雪的破坏性较大，多次测量要求较长的积雪剖面，积雪密度的水平变化会对该方法的稳定性评估产生影响，并且对于这两种方法的准确性和稳定性评估已有较多的研究

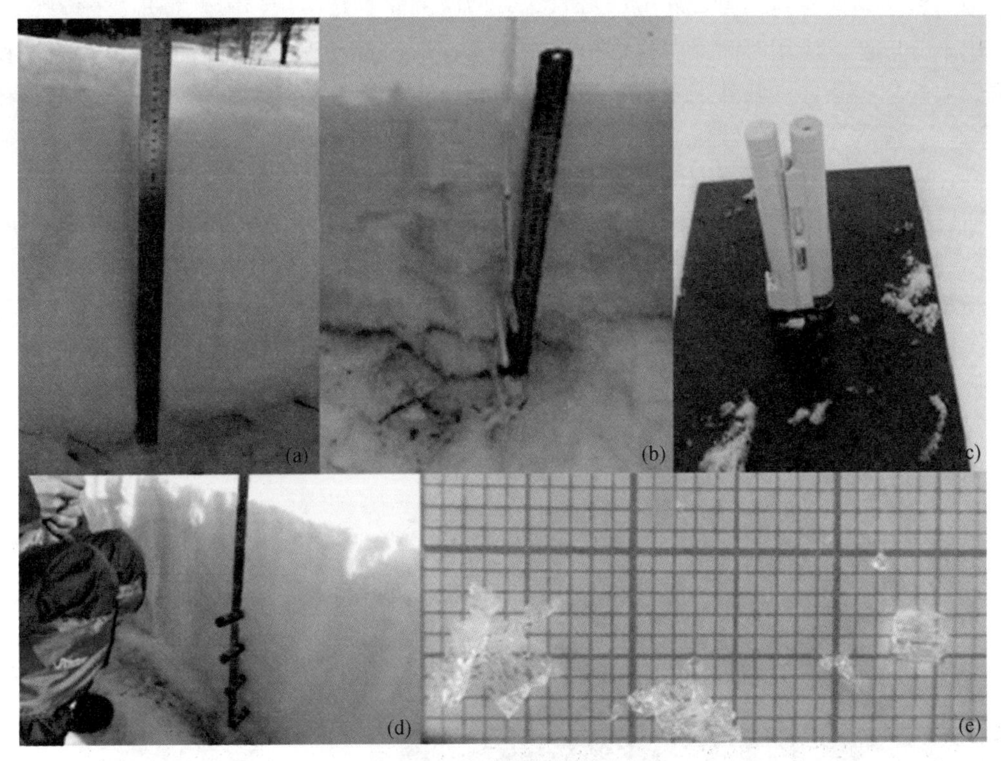

图 2-2　积雪属性野外观测方法

（a）积雪深度观测；（b）水银温度计观测积雪温度；（c）放大镜观测粒径、粒形；
（d）电子温度计观测积雪温度；（e）坐标纸观测粒径、粒形

（Conger and Mcclung，2009），所以本研究没有对这两种方法进行稳定性评估。对于雪特性分析仪的稳定性评估，在草地上按照观测点选取的规则选取有代表性的观测点，按照剖面挖取规则进行剖面整理后，利用该方法从雪底至雪表进行 5 次平行观测，每一次观测的水平间隔为 20cm。在对比联邦采雪器和称雪器时，在草地上选取有代表性的观测点，野外很难找到积雪密度水平变化较小的样方，所以只能通过对多点进行重复观测来进行稳定性评估，具体方法为：在研究区选择地面较为平整的观测点，将每种仪器对每个观测点进行三次平行观测，研究使用两种观测方法对同一观测点进行观测，更好地对比称雪器和联邦采雪器的误差。

2.1.3　积雪密度观测方法

本节选取了世界各地广泛应用的 5 种方法：联邦采雪器、称雪器、雪特性分析仪、1000cm³ 楔形量雪器和 250cm³ 楔形量雪器。

2.1.3.1　联邦采雪器

联邦采雪器（之前被称为尤他采雪器，Federal sampler）具有高效率、便捷地获取较

大范围的雪水当量资料，并且在取样时不需要挖取剖面，对积雪的破坏较小等特点，在北美应用十分广泛，应用时间最长（Clyde，1931；Dixon and Boon，2012），主要适用于积雪深度较大的积雪条件。联邦采雪器采用模块化设计，主要包括雪筒、弹簧秤、手把和托架（图 2-3）。雪筒为铝合金材料，并且通过连接设计，可以将多个长度为 78cm 的雪筒连接在一起，以达到不同积雪深度的要求，从而更加有利于携带并进行大范围的积雪观测。雪筒的筒壁设有交错不间断的狭槽，通过狭槽可以观察雪筒内积雪的位置，并结合雪筒外壁标有的刻度读出积雪深度，精确度为 1cm，雪筒底部采用锯齿设计。弹簧秤能够直接读出雪水当量，精确度为 2cm。取样时，先将仪器置于室外使其冷却，将手把固定在雪筒上，用弹簧秤称取空桶并对读数进行记录，之后将雪筒垂直插入积雪中，旋转手把，确定雪筒底部插入土壤中，读取雪筒内的积雪深度，取出雪筒，观察雪筒底部是否含有土块，以确保积雪被完全取出，接着清理雪筒外的积雪及土块，读出土块的深度，最后用弹簧秤称取雪样的雪水当量。雪样积雪密度的计算公式如下

$$\rho_{雪}=\frac{\mathrm{SWE}_{总}-\mathrm{SWE}_{空}}{h_{总}-h_{土}}\times\rho_{水} \tag{2-1}$$

式中，$\rho_{雪}$为雪样积雪密度；$\mathrm{SWE}_{总}$为弹簧秤称取的雪筒的值与雪样雪水当量的总和；$\mathrm{SWE}_{空}$为弹簧秤称取的雪筒的值；$h_{总}$为雪深和土块深度的总和；$h_{土}$为土块的深度；$\rho_{水}$为水的密度（$1\mathrm{g/cm^3}$）。

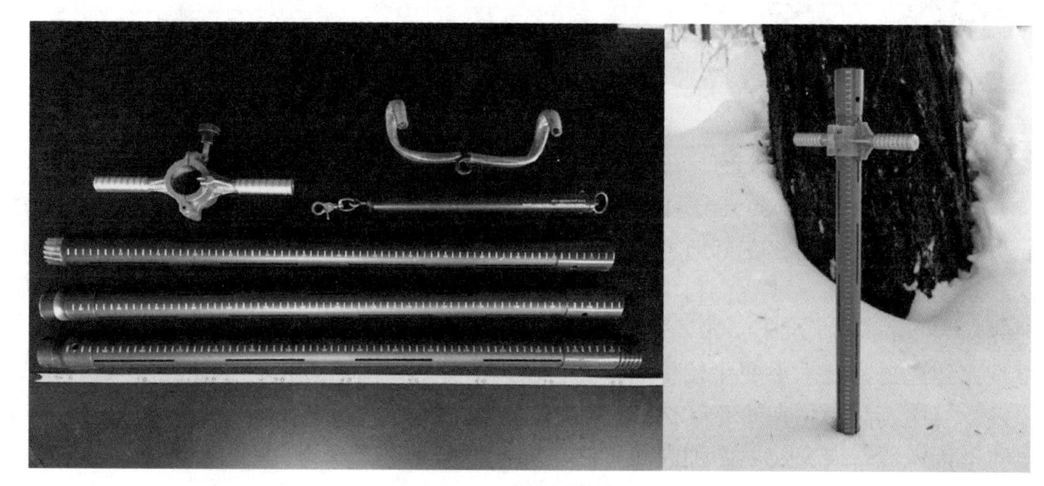

图 2-3 联邦采雪器

2.1.3.2 称雪器

称雪器（Model VS-43 Snow Density Gauge）在中国和俄罗斯应用较为广泛，由雪筒、秤和小铲组成（图 2-4），主要适用于积雪深度较小的条件。通过称雪器可以观测积雪的雪压，结合积雪深度可以计算出积雪密度。雪筒的底面积为 $50\mathrm{cm}^2$，其底部采用锯齿状设计，有利用雪筒插入积雪中，雪筒外壁上标有精确度为 1cm 的刻度，通过刻度可以观测积雪深度。雪筒的长度为 60cm，当积雪深度超过此深度时，需要对积雪进行二次或多次取

样从而获取整个雪层的雪压资料。取样前，先将秤校准，并将仪器置于室外使其冷却，防止积雪遇到温度较高的雪筒融化之后再冻结并黏附于筒壁上，难以清理。使用时，首先将雪筒垂直插入积雪直至地面，然后清理雪筒一侧的积雪，并将小铲插入雪筒的底部，用其将筒口封住，之后将雪筒和小铲一起取出，翻转雪筒，清理雪筒外的积雪以及雪筒口的杂物，最后读出积雪的雪压。当雪深超过称雪器的雪筒深度时，除去第一次采样的积雪，并对下层积雪重复上述操作，在操作时注意对下层积雪结构的保护。秤杆上每一个刻度单位等于 50g，雪压和积雪密度的计算公式为

$$P=\frac{M}{S}=\frac{50\times m}{50}=m \tag{2-2}$$

$$\rho=\frac{P}{h} \tag{2-3}$$

式中，P 为雪压（g/cm^2）；S 为称雪器的圆筒底面积；M 为雪样的总质量；m 为称取雪样时秤杆的读数；ρ 为积雪密度；h 为积雪深度。

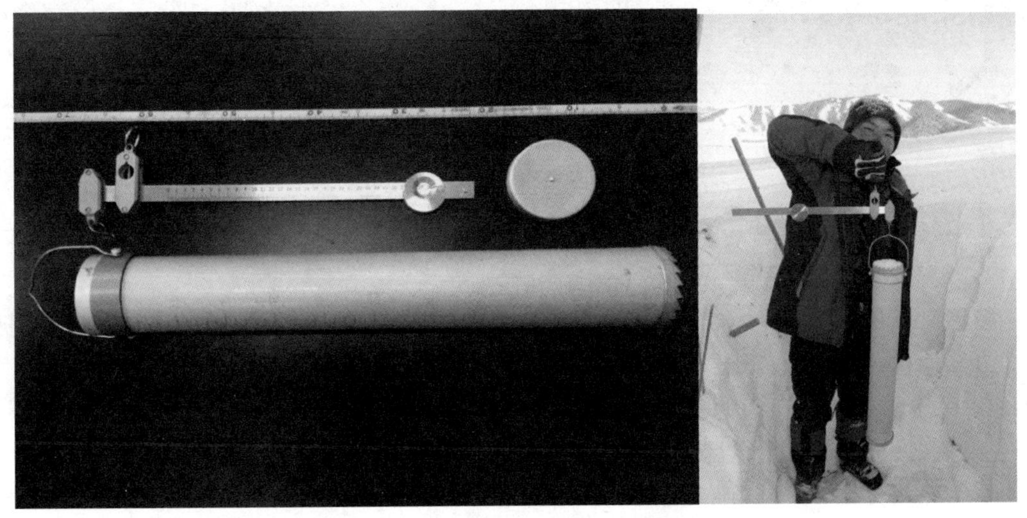

图 2-4　称雪器

2.1.3.3　雪特性分析仪

雪特性分析仪由 TKK 无线电实验室开发制造，它不仅可以快速地获取高分辨率的积雪密度资料，还可以提供含水量等积雪参数，被世界各地广泛使用［图 2-5（a）］。雪特性分析仪可以在-40℃的低温环境下进行工作，最高使用温度为 25℃，并且具备长时间连续观测的能力。雪特性分析仪在观测积雪密度和体积含水量的精确度分别为 0.0001g/cm^3 和 0.1%。雪特性分析仪由操作盘、主机和探头三部分组成，设计轻便，易于携带。其中探头是一种一端开路、另一端短路的平行传输线的共振器，采用不锈钢制作，长度为 6cm，两根长钉间距为 18mm，探头设计为尖形末端。雪特性分析仪的工作原理是当探头放置于积雪中后，通过观察其共振曲线相对于空气中的变化，得到积雪

参数值。在使用前，先将探头静置于室外，设置仪器观测模式，并且对仪器进行校准，之后按照剖面挖取的规则清理积雪剖面，然后从雪底至雪表对积雪属性进行观测，垂直间隔按照研究的需要设计（最小间隔为2cm）。雪特性分析仪通过直接测量共振频率、3dB带宽和衰减度，并且可以计算相对介电常数的实部和虚部，其中相对介电常数的实部与积雪的密度和含水量有关，相对介电常数的虚部只与含水量直接相关，再通过半经验公式得到积雪参数。

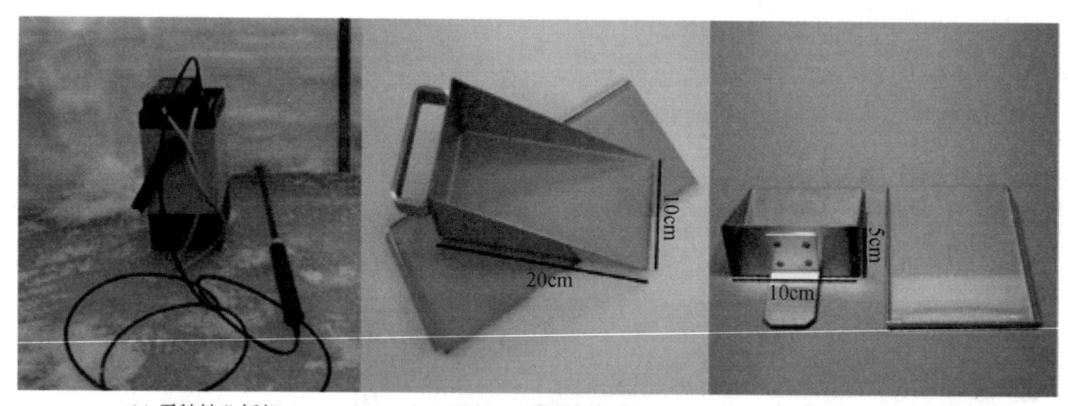

(a) 雪特性分析仪　(b) 1000cm³楔形量雪器　(c) 250cm³楔形量雪器

图2-5　雪特性分析仪

2.1.3.4　楔形量雪器

楔形量雪器（雪铲，wedge snow density cutter）是一种典型的根据额定体积观测质量的方法而设计的积雪密度观测方法，在世界各地的应用非常广泛［图2-5（a）和（c）］。楔形量雪器主要由楔形盒、盖子和电子秤组成，电子秤的精确度为0.1g。楔形量雪器分为两种规格，一种体积较小的楔形量雪器为250cm³，规格为5×5×10/2cm³，楔形盒的质量约为160g，盖子的质量约为130g；另一种体积为1000cm³的楔形量雪器，规格为10×10×20/2cm³，楔形盒的质量约为750g，盖子的质量约为470g。取样前，先将楔形量雪器置于室外使其冷却，再将空的楔形盒放置于电子秤上进行称量，读取空盒质量。之后将楔形盒垂直于积雪剖面插入积雪中，当楔形盒的背面恰好接触到积雪剖面停止，以免压实积雪，再将盖子沿着楔形盒的长边平行插入积雪中，在此过程中确保楔形盒不会产生位移，盖子完全插入后，再将楔形盒连同盖子一起取出，清理楔形盒周围的积雪，然后移开盖子，确保雪样完全充满整个楔形盒，用电子秤称取楔形盒与雪样的质量。积雪密度的计算公式如下

$$\rho=\frac{m_{总}-m_{空}}{V} \tag{2-4}$$

式中，ρ 为积雪密度；$m_{总}$ 为楔形盒与雪样的总重；$m_{空}$ 为楔形盒的质量；V 为楔形量雪器的体积。

2.1.4 数据处理方法

不同积雪密度观测方法测量的垂直分辨率不一样，所以本节将高分辨率观测方法所测的积雪密度进行深度加权平均，使其与其他观测方法同样的分辨率，然后进行同尺度的比较研究。

评价积雪密度观测方法的准确性，本节选用相关系数（R）、均方根误差（RMSE）、绝对偏差（BIAS）和平均相对百分比误差（MRPE）4 个指标，计算公式如下

$$R = \frac{\sum_{i=1}^{n}(x_i - \bar{x}_i)(y_i - \bar{y}_i)}{\sqrt{\sum_{i=1}^{n}(x_i - \bar{x}_i)^2 \sum_{i=1}^{n}(y_i - \bar{y}_i)^2}} \tag{2-5}$$

$$\text{RMSE} = \sqrt{\frac{1}{n}\sum_{n}^{1}(x_i - y_i)^2} \tag{2-6}$$

$$\text{BIAS} = \frac{1}{n}\sum_{i=1}^{n}(x_i - y_i) \tag{2-7}$$

$$\text{MRPE} = \frac{1}{n}\frac{(x_i - y_i)}{y_i} \times 100\% \tag{2-8}$$

式中，x_i和y_i分别为不同方法所测的积雪密度；$\bar{x}_i$和$\bar{y}_i$分别为不同方法所测得的平均积雪密度；n 为样本个数。

2.2 积雪密度观测方法准确性整体评估

综合采用不同积雪密度观测方法获取的 34 个采样点的积雪密度数据，对不同积雪密度观测方法进行整体比较。不同积雪密度观测方法的观测量程不同，获取的样本数也不同（表 2-1）。联邦采雪器的观测量程为整个积雪层的积雪密度，称雪器的观测量程为 0.6m，雪特性分析仪的观测量程为 0.03m，而 1000cm^3 楔形量雪器的观测量程为 0.1m。本研究通过深度加权平均使较小量程的雪特性分析仪与 1000cm^3 楔形量雪器观测的积雪密度与较大量程的称雪器和联邦采雪器相匹配。34 个积雪样点的平均雪深为 0.83±0.27m，4 种积雪密度观测方法获取的平均积雪密度为 230±26kg/m^3，称雪器获取的平均积雪密度为 233±26kg/m^3，联邦采雪器获取的平均积雪密度为 234±30kg/m^3，雪特性分析仪获取的平均积雪密度为 205±30kg/m^3，1000cm^3 楔形量雪器获取的平均积雪密度为 248±24kg/m^3（表 2-1）。

表 2-1 不同积雪密度观测方法观测的样本数和观测的平均积雪密度

观测方法	量程/m	样本数/个	积雪密度/（kg/m^3）
联邦采雪器	5	34	234±30

续表

观测方法	量程/m	样本数/个	积雪密度/（kg/m^3）
称雪器	0.6	56	233±26
雪特性分析仪	0.03	929	205±30
1000cm^3楔形量雪器	0.1	265	248±24

以4种积雪密度观测方法获取的积雪密度平均值作为参考值，比较不同积雪密度观测方法的准确性。从图2-6和表2-2中可以看出，相对于参考值，称雪器在观测积雪密度时最为准确，RMSE为11kg/m^3，BIAS为3kg/m^3，MRPE为1.6%，与其他3种积雪密度观测方法相比，这3个指标都表现为最小。联邦采雪器的准确性相对较为准确，RMSE为13kg/m^3，BIAS为4kg/m^3，MRPE为1.7%。与参考值相比，雪特性分析仪在观测积雪密度时较大程度上低估了积雪密度，RMSE达到了27kg/m^3，BIAS达到了−25kg/m^3，MRPE为−11.4%。而对于1000cm^3楔形量雪器在观测积雪密度时则高估了积雪密度，RMSE为21kg/m^3，BIAS达到了18kg/m^3，MRPE为8.1%。通过对4种积雪密度观测方法进行线性拟合（图2-6），相对于参考值，在研究观测的积雪密度范围内，随着积雪密度的变化，不同积雪密度观测方法的准确性也会发生变化。联邦采雪器在积雪密度小于200kg/m^3时，RPE（相对百分比误差）小于1%。随着积雪密度的增大，联邦采雪器获取积雪密度的误

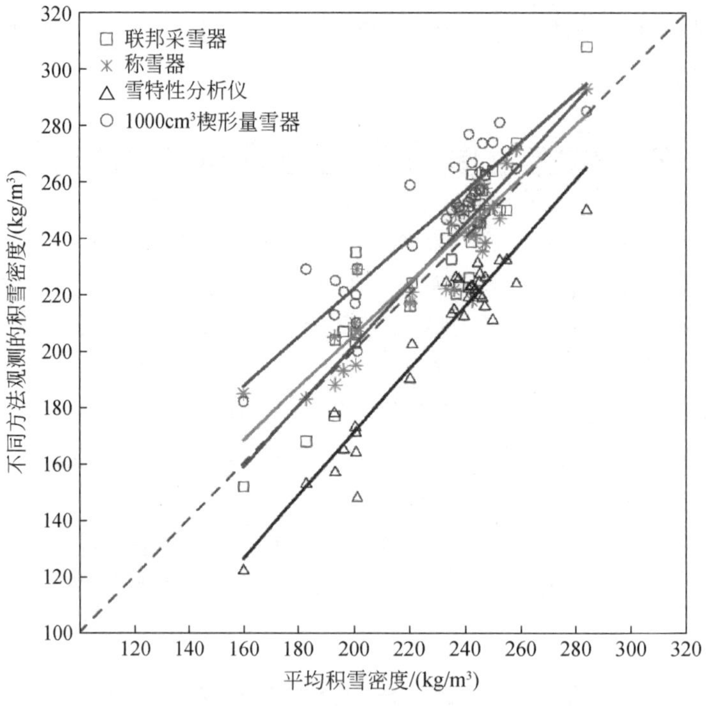

图2-6　不同积雪密度观测方法获取的积雪密度分布

平均积雪密度为4种观测方法获取的积雪密度平均值

差也会增大。称雪器在积雪密度大于 250kg/m³ 时的准确性较好，但称雪器在观测积雪密度时高估了积雪密度小于 250kg/m³ 时的误差。除此之外，雪特性分析仪和 1000cm³ 楔形量雪器的观测误差随着积雪密度的增大而减小。

表 2-2　不同观测方法线性回归方程及准确性评估

观测方法	坡度	Intercept / (kg/m³)	R^2	RMSE / (kg/m³)	BIAS / (kg/m³)	MRPE/%
联邦采雪器	1. 08 *	-14. 2	0. 84	13	4	1. 7
称雪器	0. 93 *	18. 9	0. 83	11	3	1. 6
雪特性分析仪	1. 12 *	-53. 4 *	0. 92	27	-25	-11. 4
1000cm³ 楔形量雪器	0. 87 *	48. 7 *	0. 84	21	18	8. 1

* 表示在 0. 01 水平上显著相关。

为了更加客观地比较不同积雪密度观测方法之间的误差，研究对不同积雪密度观测方法进行了两两比较（图 2-7，表 2-3 和表 2-4）。通过比较发现，不同积雪密度观测方法的 PRE（相对百分比误差）分布在-35. 4% ~36. 3%。其中，称雪器相对于联邦采雪器的误差较小，MRPE 为 0. 3%，RMSE 为 18. 6kg/m³，BIAS 为-0. 8kg/m³，但是两种积雪密度观测方法的 PRE 最大值达到了 21. 7%。除此之外，在研究所观测的积雪密度范围内，当积雪密度小于 230kg/m³ 时，称雪器相对于联邦采雪器高估了积雪密度 11. 4%；当积雪密度大于

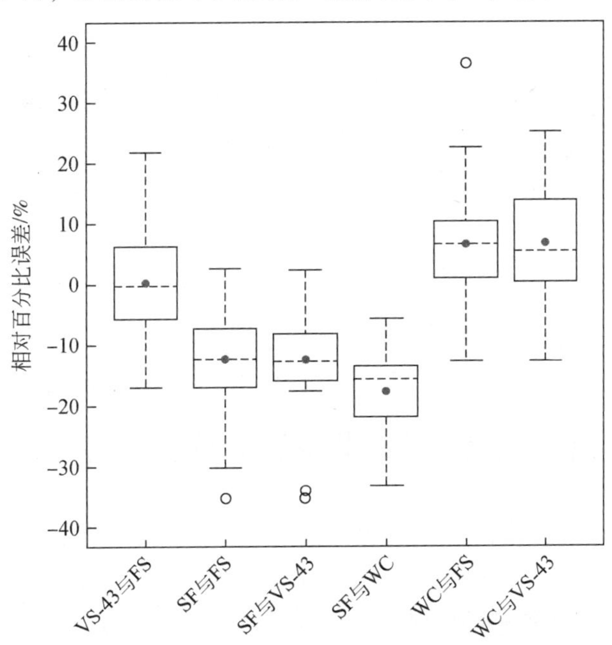

图 2-7　不同积雪密度观测方法的相对百分比误差分布

VS-43 为称雪器；FS 为联邦采雪器；SF 为雪特性分析仪；WC 为 1000cm³ 楔形量雪器；红点为平均数；箱子的中线为中位数；箱子的上边界为上四分位数；箱子的下边界为下四分位数；上下边缘以外的数据为异常值

230kg/m³ 时，称雪器相对于联邦采雪器低估了积雪密度 8.0%（图 2-6）。雪特性分析仪相对于联邦采雪器、称雪器和 1000cm³ 楔形量雪器分别低估了积雪密度 12.5%、12.5% 和 17.8%，RPE 分别为−35.4%～2.6%、−35.4%～2.4% 和−33.2%～−5.8%，RMSE 分别为 35.1kg/m³、33.0kg/m³ 和 45.5kg/m³，BIAS 分别为 −29.5kg/m³、−28.8kg/m³ 和 −43.3kg/m³。与之相反，1000cm³ 楔形量雪器相对于联邦采雪器和称雪器则分别高估了积雪密度 6.7%（−12.7%～36.3%）和 6.7%（−12.7%～25.1%），RMSE 分别为 23.7kg/m³ 和 23.5kg/m³，BIAS 分别为 13.8kg/m³ 和 14.6kg/m³。

表 2-3　不同积雪密度观测方法相对参考方法的相对百分比误差分布　（单位：%）

指标	称雪器相对于联邦采雪器	雪特性分析仪相对于联邦采雪器	雪特性分析仪相对于称雪器	雪特性分析仪相对于 1000cm³ 楔形量雪器	1000cm³ 楔形量雪器相对于联邦采雪器	1000cm³ 楔形量雪器相对于称雪器
最大值	21.7	2.6	2.4	−5.8	36.3	25.1
最小值	−17.0	−35.4	−35.4	−33.2	−12.7	−12.7
中值	−0.2	−12.5	−12.7	−15.9	6.5	5.4
平均值	0.3	−12.5	−12.5	−17.8	6.7	6.7

表 2-4　不同积雪密度观测方法两两进行比较，不同方法之间的线性回归方程及准确性评估

指标	称雪器相对于联邦采雪器	雪特性分析仪相对于联邦采雪器	雪特性分析仪相对于称雪器	雪特性分析仪相对于 1000cm³ 楔形量雪器	1000cm³ 楔形量雪器相对于联邦采雪器	1000cm³ 楔形量雪器相对于称雪器
Slope	0.69 *	0.80 *	0.96 *	1.1 *	0.62 *	0.68 *
Intercept/(kg/m³)	72.2 *	18.1	−21.3	−69.6 *	102.7 *	88.7 *
R^2	0.63	0.64	0.71	0.80	0.60	0.54
RMSE/（kg/m³）	18.6	35.1	33.0	45.5	23.7	23.5
BIAS/（kg/m³）	−0.8	−29.5	−28.8	−43.3	13.8	14.6

* 表示在 0.01 水平上显著相关。

2.3　不同植被类型积雪密度观测方法准确性评估

在不同的植被条件下，积雪密度观测方法的表现也会有一定的差异，根据研究区的植被特点，本研究分别在草地和森林对不同积雪密度观测方法进行了比较。其中森林在研究区所占的比例较小，并且对森林的观测比较困难，所以本研究一共观测了 4 个森林样点，30 个草地样点。以 4 种积雪密度观测方法获取的积雪密度平均值作为参考值，对不同积雪密度观测方法在草地和森林的表现进行了比较。

在草地条件下（表 2-5），称雪器观测积雪密度值最接近于参考值，高估了积雪密度，MRPE 为 1.2%，RMSE 为 11kg/m³，BIAS 为 3kg/m³；联邦采雪器的表现接近于称雪器，高估了积雪密度，MRPE 为 2.2%，RMSE 为 14kg/m³，BIAS 为 5kg/m³；雪特性分析仪较大程度上低估了积雪密度，MRPE 为 -11.2%，RMSE 为 27kg/m³，BIAS 为 -26kg/m³；1000cm³ 楔形量雪器高估了积雪密度，MRPE 为 7.8%，RMSE 为 21kg/m³，BIAS 为 18kg/m³。在森林条件下（表 2-6），联邦采雪器低估了积雪密度，MRPE 为-1.8%，RMSE 和 BIAS 都为最小值，分别为 10kg/m³ 和 0；称雪器仅低估了积雪密度，MRPE 为-0.4%，RMSE 为 12kg/m³，BIAS 为 2kg/m³；雪特性分析仪低估了积雪密度，MRPE 为-11.0%，RMSE 为 21kg/m³，BIAS 为-20kg/m³；1000cm³ 楔形量雪器高估了积雪密度，MRPE 为 7.2%，RMSE 为 21kg/m³，BIAS 为 18kg/m³。

表 2-5 在草地条件下不同积雪密度观测方法的准确性评估

观测方法	R^2	RMSE/（kg/m³）	BIAS（kg/m³）	MRPE/%
联邦采雪器	0.77	14	5	2.2
称雪器	0.83	11	3	1.2
雪特性分析仪	0.89	27	-26	-11.2
1000cm³ 楔形量雪器	0.78	21	18	7.8

表 2-6 在森林条件下不同积雪密度观测方法的准确性评估

观测方法	R^2	RMSE/（kg/m³）	BIAS/（kg/m³）	MRPE/%
联邦采雪器	0.87	10	0	-1.8
称雪器	0.78	12	2	-0.4
雪特性分析仪	0.94	21	-20	-11.0
1000cm³ 楔形量雪器	0.78	21	18	7.2

综上所述，无论是草地还是森林，称雪器相对于其他 3 种积雪密度观测方法的观测值都接近于参考值，雪特性分析仪均低估了积雪密度，而 1000cm³ 楔形量雪器均高估了积雪密度。对于联邦采雪器和称雪器，在草地条件下均高估了积雪密度，而在森林条件下均低估了积雪密度，而雪特性分析仪和 1000cm³ 楔形量雪器在两种植被条件下的表现没有显著的区别。

2.4 不同积雪层积雪密度观测方法准确性评估

不同积雪层的积雪在积雪性质有较大的区别，粒形、粒径、密度、含水量以及硬度等的不同会对积雪密度观测带来很大的影响。研究区位于中国西北地区，深霜层发育良好是研究区积雪一个重要的特点，所以本研究将积雪分为非深霜层和深霜层对积雪密度观测方法进行了比较。由于称雪器和联邦采雪器的观测量程较大，能对整个积雪层进行观测，研究在选取雪特性分析仪和 1000cm³ 楔形量雪器的基础上，加入了 250cm³ 楔形量雪器进行比较。由于雪特性分析仪的量程为 0.03m，而 1000cm³ 楔形量雪器与 250cm³ 楔形量雪器的量程为0.1m，研究通过将较小量程的雪特性分析仪观测的积雪密度，通过深度加权平均使之与楔形量雪器的量程相匹配。3种积雪密度观测方法在非深霜层一共观测了85组对比数据，在深霜层一共观测了94组对比数据。通过对3种积雪密度观测方法进行两两对比，分析它们在不同积雪层的表现。

在非深霜层（图2-8，表2-7），雪特性分析仪相对于1000cm³楔形量雪器和250cm³楔形量雪器分别低估了积雪密度，MRPE分别为-9.6%和-11.1%，RMSE分别为30kg/m³和27kg/m³，BIAS分别为-23kg/m³和-25kg/m³；而250cm³楔形量雪器相对于1000cm³楔形量雪器的观测误差较小，仅高估了积雪密度1.9%（MRPE），RMSE为19kg/m³，BIAS仅为2kg/m³。而在深霜层（图2-9，表2-8），雪特性分析仪相对于250cm³楔形量雪器的观测误差最大，MRPE为-14.5%，RMSE和BIAS也分别达到了47kg/m³和-42kg/m³；而相对于1000cm³楔形量雪器，雪特性分析仪低估了积雪密度，MRPE为-12.1%，RMSE为39kg/m³，BIAS为-34kg/m³；250cm³楔形量雪器相对于1000cm³楔形量雪器MRPE为3.1%，RMSE为21kg/m³，BIAS为8kg/m³。3种积雪密度观测方法在非深霜层的表现都要优于深霜层。

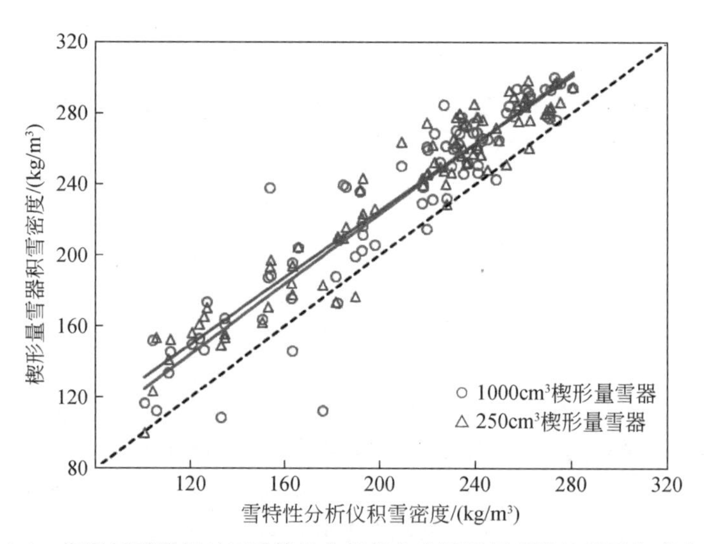

图2-8 楔形量雪器相对于雪特性分析仪在非深霜层观测的积雪密度分布

表2-7 不同积雪密度观测方法在非深霜层的准确性评估

观测方法	雪特性分析仪相对于1000cm³楔形量雪器	雪特性分析仪相对于250cm³楔形量雪器	250cm³楔形量雪器相对于1000cm³楔形量雪器
R^2	0.87	0.92	0.87
RMSE/（kg/m³）	30	27	19
BIAS/（kg/m³）	-23	-25	2
MRPE/%	-9.6	-11.1	1.9

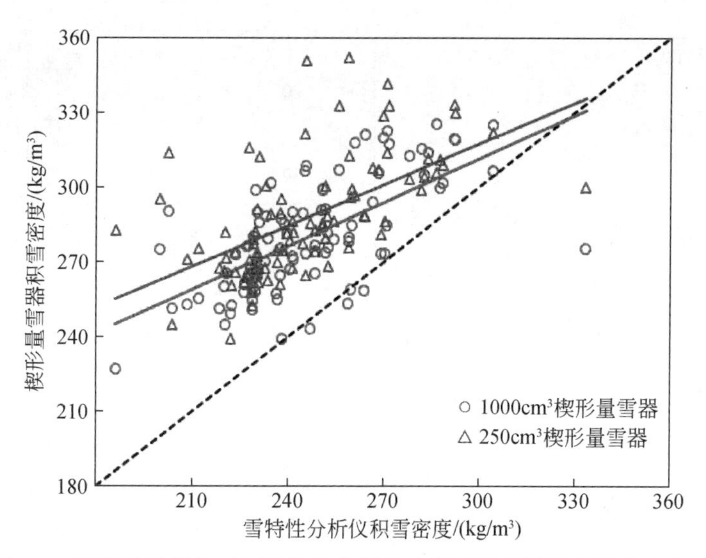

图 2-9　楔形量雪器相对于雪特性分析仪在深霜层观测的积雪密度分布

表 2-8　不同积雪密度观测方法在深霜层的准确性评估

指标	雪特性分析仪相对于 1000cm³ 楔形量雪器	雪特性分析仪相对于 250cm³ 楔形量雪器	250cm³ 楔形量雪器相对于 1000cm³ 楔形量雪器
R^2	0. 43	0. 35	0. 42
RMSE/（kg/m³）	39	47	21
BIAS/（kg/m³）	-34	-42	8
MRPE/%	-12. 1	-14. 5	3. 1

2. 5　积雪密度观测方法稳定性评估

同一种积雪密度观测方法在对同一个采样点进行观测时也会产生一定的误差，所以研究选择在草地条件下对称雪器、联邦采雪器以及雪特性分析仪的观测稳定性进行了评估，其中称雪器和联邦采雪器一共观测了 8 个观测点，平均积雪深度为 0. 96m，积雪深度范围为 0. 93 ~0. 99m，用称雪器观测的 8 个观测点的积雪密度分布范围为 147 ~ 153kg/m³，用联邦采雪器观测的 8 个样点的积雪密度分布范围为 136 ~ 149kg/m³。而使用雪特性分析仪一共观测了两个积雪剖面，共 73 组积雪密度数据，由雪特性分析仪观测的 73 组数据的积雪密度分布范围为 40 ~ 330kg/m³。研究以每组数据的平均值为参考，对不同积雪密度观测方法的稳定性进行了评估（图 2-10）。

由于积雪深度超过了 60cm，称雪器需要进行两次取样，从图 2-10 可以看出，称雪器的误差主要来源于第二次取样。尽管需要进行第二次取样，称雪器的稳定性也要优于联邦采雪器，联邦采雪器在观测积雪密度时的标准差有 5/8 超过了 6kg/m³，其他 3/8 的标准差

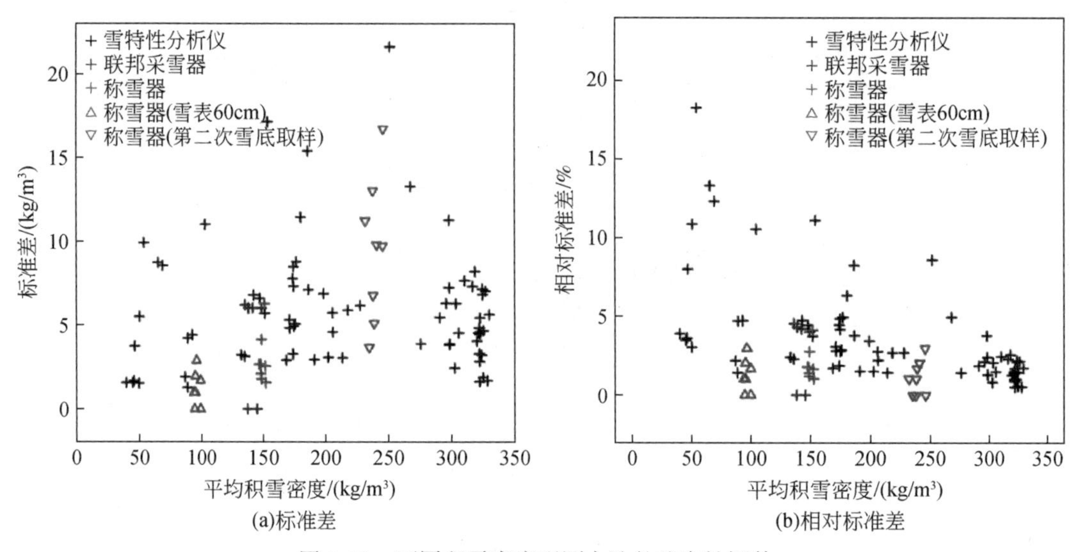

图 2-10 不同积雪密度观测方法的稳定性评估

均为 0，称雪器在观测积雪密度时的标准差有 7/8 小于 $5kg/m^3$。而对于雪特性分析仪，观测误差不超过 $40kg/m^3$。结果表明，50% 的积雪密度观测标准差均小于 $5kg/m^3$，90% 的积雪密度观测标准差不超过 $10kg/m^3$，并且雪特性分析仪在观测积雪密度时，相对观测误差随着积雪密度的增大而减小。

2.6 误差来源分析

本研究结果表明，不同的积雪密度观测方法获取积雪密度数据的差别较大，即使在有经验的操作者观测下，误差还是无法消除，这也说明积雪密度观测的误差来源于仪器本身，而不是操作者对仪器操作的不规范。除此之外，在选择采样点时，本研究严格控制了积雪密度的水平变化，所以由实际积雪密度的变化给观测带来的误差可以忽略不计。

在以前的研究中，联邦采雪器一般被认为高估了 10% 的积雪密度（Dixon and Boon，2012），而本研究通过比较发现联邦采雪器仅高估了积雪密度的 1.7%，这主要是由于研究区的积雪密度较小，而联邦采雪器的观测误差会随着积雪密度的增大而增大。联邦采雪器的狭槽设计是其误差的主要来源之一，在取样的过程中，操作者需要通过旋转雪筒，将雪筒插入积雪底部，并使雪筒底部插入泥土层，在此过程中，积雪会通过狭槽“刮”进雪筒中，从而导致过多的雪样进入雪筒，高估积雪密度，这种现象在积雪密度较大时尤其明显。而对于研究区的积雪，积雪密度较小，在清理雪筒底部的土块以及称重的过程中，雪筒发生倾斜，由于重力作用，积雪会通过狭槽从雪筒中溢出，雪筒中的雪样减少，这也是联邦采雪器在研究区仅高估积雪密度 1.7% 的主要原因之一。联邦采雪器在观测积雪密度时的误差很大程度上受积雪密度的影响，总体而言，在积雪密度较大的情况下，联邦采雪器更容易高估积雪密度。除此之外，联邦采雪器的直径较小，仅为 3.8cm，获取的雪样体积也相对较小，获取的雪样体积即使只发生微小的变化也会给积雪密度的观测带来较大的误差，并且较小直径的雪筒在插入积雪时更容易破坏积雪结构，特别是对于较硬的雪层，雪筒会导致积雪崩塌，从而产生误差。另外，由于气温等的影响，积雪会黏附在雪筒的内壁，联邦采雪器的雪筒直径较小，长度较长，完全清理雪筒内壁的积雪存在着一定的困难，造成下一次积雪密度的观测结果偏大。

直径较大且没有狭槽设计的称雪器，就不会由此产生误差。有研究指出，称雪器的秤在低温环境下敏感性降低（牛鹏高和颜永琴，2013），但本研究在研究区的温度范围内未发现此现象。由于称雪器的雪筒长度仅为60cm，对于积雪深度超过60cm的积雪需要进行二次或者多次取样。本研究表明第二次取样会给积雪密度观测带来较大的误差，这主要是因为第一次取样的过程对底部的积雪进行了扰动，破坏了底部积雪结构，并且对第二次以及后续取样的积雪深度很难控制，从而产生一定的误差。尽管需要进行多次采样，称雪器在观测积雪密度时的稳定性和准确性都要优于联邦采雪器，除了雪筒的设计外，两者的称重方式也是这一差别的主要原因。称雪器秤的精确度为5g，所以即使第二次采样会产生一定的误差，通过精确度较高的秤称量之后，仍能够将雪样的重量准确地读出，并且体积较大的称雪器对于过多或者过少取样的敏感性较小。但是对于联邦采雪器，所采用的弹簧秤的精确度较小，并且读数很不稳定，即使在采样过程中产生的误差较小，在称量的时候也会被放大，所以这也是联邦采雪器在稳定性评估时要么产生较大的偏差，要么不产生偏差的主要原因之一。

称雪器和联邦采雪器在草地条件下高估了积雪密度，而在森林条件下则低估了积雪密度。因此不同植被类型条件下积雪性质的不同会给积雪密度的观测带来一定影响，而带来这种差别的主要原因之一是两种积雪密度观测方法雪筒的封口方式。联邦采雪器需要通过提取土块将雪筒口封住，从而将全部的雪样提取出来，但是在地表树枝较多的林中（图2-11），树枝的阻挡导致无法将全部的雪样提取出来，造成联邦采雪器观测的积雪密度偏小。称雪器采用小铲将雪筒口封住，在此过程中雪筒只要稍微倾斜，就会损失一部分积雪，在树枝较多的林中观测时，损失的积雪会更多，从而导致称雪器低估了林中的积雪密度。除此之外，积雪会黏附于底部的树叶上，在对称雪器和联邦采雪器所获取的雪样中的土块和杂物进行清理时，会夹带少量的雪样，导致观测的积雪密度偏小。

本研究使用雪特性分析仪对研究区进行积雪密度观测时发现，雪特性分析仪相比其他重力观测方法较大程度上低估了积雪密度，而 Sihvola 和 Tiuri（1986）在对雪特性分析仪的评估中指出，在探头插入积雪的过程中，会压实探头周围的积雪，使测量的积雪密度比实际的积雪密度高出1%～2%。这主要是由研究区积雪性质的独特性而产生的区别。研究区位于欧亚大陆腹地，受到气候与水汽来源的影响，研究区积雪属于在大陆性气候条件下形成的干寒型积雪，与海洋性气候影响下的积雪相比，这种类型的积雪具有密度小、含水量小、深霜发育极好等特点。积雪表层的新雪密度小，上覆压力也小；在积雪剖面中部，受到上覆积雪压力的影响，中部积雪密度较大；而在积雪底部，由于上覆压力以及较大温度梯度的影响，深霜层的积雪粒径较大、结构较为松散、密度较小，只有极少的剖面由于胶结深霜和冰层的发育，积雪底部密度较大。尽管雪特性分析仪的探头较细并且带有尖

图 2-11　森林中积雪环境状况

头，但是在插入积雪的过程中，依然会使原有的积雪晶体以及探头周围积雪的整体结构遭到破坏，会使大粒径、小密度的深霜层变得更加松散，探头周围的空隙被空气填充，从而导致观测的积雪密度小于积雪的实际密度。而对于新雪层，探头的插入会使上覆压力小的新雪整体发生位移，导致观测的积雪密度偏小。通过雪特性分析仪在不同雪层的对比结果也可以发现，雪特性分析仪在深霜层观测的稳定性较差，这是由于探头在插入积雪的过程中对积雪结构的破坏程度不一样，测量得到的积雪密度波动范围较大。除此之外，研究发现在积雪密度较大的情况下，雪特性分析仪在观测积雪密度时相对较稳定。而对于 $1000cm^3$ 楔形量雪器，该方法在观测积雪密度时的量程为 0.1m，而本研究为了防止在取样过程中压实底部的积雪，取样的方式是从积雪底部往积雪表面进行采样，故导致积雪表面有一部分雪样无法被采集，并且雪表的积雪密度一般较小，因此在将 $1000cm^3$ 楔形量雪器获取的积雪密度进行深度加权平均后，再与其他方法观测的积雪密度相比较时，$1000cm^3$ 楔形量雪器观测的积雪密度偏大。除此之外，在楔形盒插入积雪过程中，积雪与地表相接触部分的雪样难以获取，特别是在地形不平整的条件下，采得的样品会包含土壤等杂质，为获得有效的样品，通常无法获取接近地面 1～2cm 的雪样。研究发现，楔形盒插入方式的不同会产生不同程度的误差，如果楔形盒底部平行地面插入，75% 体积的雪样集中在楔形盒的下半部分，采得的样品不具代表性，这些误差都来源于操作者的经验，而本研究严格按照楔形量雪器的操作规范进行观测，避免了由上述原因产生的误差。有研究认为，在低密度的积雪条件下，经验不足的操作者在观测的过程中会高估积雪密度，但是也有研究认为，高估积雪密度的误差并不是来源于操作者，而是来源于仪器本身。本研究在经验丰富的操作者进行试验的条件下，观测的积雪密度也偏大，说明 $1000cm^3$ 楔形量雪器的误差与仪器本身也有着很大的关系。Proksch 等（2016）利用 1000cm^3 楔形量雪器与微型计算机断层扫描技术相比较时发现：以积雪密度 310kg/m^3 为临界值，在密度低于临界值的积雪条件下，使用 1000cm^3 楔形量雪器会高估积雪密度，而在密度高于临界值的积雪条件下，会低估积雪密度。本研究得出的结论也表明，在研究观测积雪密度范围内（<310kg/m^3），1000cm^3 楔形量雪器观测的积雪密度偏大。在密度较大的积雪层，如胶结深霜和冰层，楔形盒很难插入积雪剖面中，导致积雪样品体积小于额定体积，从而低估了积雪密度；而在密度较小的积雪层，尤其是上覆压力较小的新雪层，楔形盒半封闭式的设计会压实积雪，从而高估了积雪密度。相比于 250cm^3 楔形量雪器，1000cm^3 楔形量雪器会低估积雪密度，这主要是质量较小的 250cm^3 楔形量雪器在将金属盖沿着楔形盒插入积雪的过程中会使楔形盒发生位移，从而导致取样的体积大于楔形盒实际的体积。

第3章 复杂地形积雪的光学遥感方法

光学遥感卫星具有较高的空间分辨率，主要用于监测积雪范围，利用亚像元分解手段，还可以获取亚像元积雪覆盖率。但是，由山区地形起伏以及风吹雪等因素导致的积雪空间分布的异质性，直接影响了积雪定量遥感研究及应用精度，使山区积雪监测成为全球积雪监测中的难题。而且，基于NDSI反演积雪范围，当下垫面为复杂地形尤其是林地时，积雪产品精度明显降低。一方面，森林冠层阻挡了辐射信号从地面到达卫星传感器；另一方面，传感器接收到的信号也包含森林冠层信息，导致森林地区的积雪制图精度明显低于非森林地区。另外，云是影响光学遥感进行积雪监测的最大障碍，当陆地被云层覆盖时，光学信号就无法穿透云层到达传感器，导致积雪产品受云的污染非常严重，无法对陆地积雪范围进行精确的统计。本章主要介绍利用光学传感器积雪监测的方法，尤其是林区积雪范围监测方法，并在此基础上，提出了一种基于多源遥感数据融合的去云算法，以期为进一步提高光学遥感积雪范围监测精度奠定基础。

3.1 光学遥感卫星资料

在众多积雪参数中，作为基本气候变量之一的积雪范围是许多气候模型和水文模型中的重要输入参数（Douville and Royer，1996），对水资源管理和水文预报具有重要的作用（Luce et al.，1998，1999）。国内外利用遥感技术进行积雪制图和监测已有40多年的研究历史，也发展了一系列的积雪范围产品和算法，如陆地卫星Landsat和地球观测卫星SPOT（Rutger and De Jong，2004）、高级超高分辨率辐射计AVHRR（advanced very high resolution radiometer）、宽视域植被探测仪VEGETATION（Xiao et al.，2002）、新一代中分辨率辐射扫描仪MODIS（moderate resolution imaging spectroradiometer）（Hall et al.，2002）等光学遥感积雪产品。目前，结合光学传感器空间分辨率较高而被动微波数据不受云干扰的特点，陆续开发了基于光学和微波数据的多源传感器融合积雪产品（Paudel and Ardersen，2011；Mazari et al.，2013；Huang et al.，2014；Deng et al.，2015）。

2011年10月28日，美国发射了新一代对地观测卫星Suomi NPP，用来取代服役年限即将到期的上一代对地观测卫星。其搭载的可见光/红外辐射成像仪VIIRS（visible infrared imaging radiometer suite）共22个波段，可见光和近红外波段9个，中红外和远红外波段12个，一个白天夜晚波段（day/night band，DNB），空间分辨率为370m和750m，具有云和积雪的探测能力（Hutchison et al.，2013；夏浪等，2014）。搭载于GCOM-W1卫星上的AMSR2（advanced microwave scanning radiometer 2）微波辐射计与Aqua卫星上的被动微波数据AMSR-E（advanced microwave scanning radiometer-earth observing system）保持了数据上的延续性，目前已经面向全球提供10km分辨率的逐日积雪厚度产品，雪水当量产品仍在研发中。

国产卫星源可用于积雪监测的主要包括风云系列气象卫星、中巴地球资源环境卫星、高分卫星（GF-1、GF-2、GF-4）以及环境小卫星。目前，利用风云系列气象卫星提取积雪已经有了成熟的算法（谢小萍等，2007）。李三妹等（2007）利用FY-2C资料，在阈值法的基础上，结合辅助因子函数积雪判识方法，提取了北半球积雪范围信息，验证精度达到85%，具有较好的积雪判识效果。民政部国家减灾中心以及众多学者利用环境减灾卫星热红外通道反演的亮度温度，结合红外相机近红外波段反射特性进行了云、雪和其他地物分离，提取出积雪覆盖范围数据（刘三超和杨思全，2010；何咏琪等，2013）。蒋璐媛等（2015）利用GF-1 WFV图像，在缺少构建NDSI的短波红外波段的情况下，使用蓝光波段和近红外波段建立了高分积雪指数，用于提取北疆地区玛纳斯河流域的积雪范围信息，精度达到93.2%。

经过长期的研究探索，利用光学遥感对积雪范围的获取有了很大发展，许多国家和机构均研制了积雪范围算法，积累了长序列全球/区域尺度的多种积雪范围产品（Estilow et al.，2015）。自1966年以来，美国国家海洋大气局（National Oceanic and Atmospheric Administration，NOAA）持续提供基于AVHRR的北半球每周积雪覆盖产品，该产品空间分辨率较低，约为190km（Ramsay，1998）。1995年至今，美国国家雪冰数据中心（National Snow and Ice Data Center，NSIDC）向全球发布基于连续7d移动合成的类逐日近实时雪冰范围产品（NISE）。该产品算法假设在连续7d窗口内只要有一天地面有积雪，就认为在这7d窗口内的第四天为有雪，否则为无雪。然后时间向前移动一天，重新进行下一个连续7d的判断，依次重复，产生类逐日产品。该产品在很大程度上高估了地表积雪日数，但目前还没有定量的评估。该产品主要采用被动微波数据SSM/I生成，空间分辨率为25km。2000年以来，MODIS积雪产品因其具有较高的时空分辨率得到广泛应用，该产品利用SNOMAP等一系列算法生成，其中MOD10A1/MYD10A1为全球逐日积雪范围产品，MOD10A2/MYD10A2为全球8d合成积雪范围产品，分辨率均为500m。MODIS积雪产品在无云时准确率很高，但通常MOD10A1图像中平均有50%的面积被云层覆盖，因此，利用该数据进行积雪监测之前，需要利用各种去云算法去除云层的干扰。于是很多研究者发展了多日融合去云算法，并生成了区域性一定时间序列的积雪范围无云产品，如青藏高原地区（黄晓东等，2012；邱玉宝等，2016a，2016b）。交互式多传感器雪冰制图系统（Interactive Multi-sensor Snow and Ice Mapping System，IMS）是将多种光学数据与微波数据融合而成的北半球积雪范围产品。1997～2004年，IMS产品提供分辨率为24km的ASCII格式数据。从2004年开始，分辨率提高到了4km，并且增加了tiff格式数据（Mazari et al.，2013）。随着传感器的增加以及融合技术的提高，2014年起IMS数据的分辨率已经达到1km。

近年来，中国的卫星数据在积雪范围探测中也得到广泛应用。中国气象局制作了1996～2010年中国区域FY-1/MVISR&NOAA/AVHRR积雪范围旬产品，空间分辨率为5km。2008年至今，中国气象局采用FY-3的中分辨率成像光谱仪（medium resolution spectral imager，

MERSI）和可见光红外扫描辐射计（visible and infrared radiometer，VIRR）积雪产品融合生成全球 MULSS 日/旬/月积雪范围业务化产品，空间分辨率为 1km。

表 3-1 是国内外主要积雪范围产品的汇总。根据获取的途径来看，积雪范围产品主要分为三种：基于光学遥感的积雪范围产品、基于微波遥感的积雪范围产品、多源数据融合的积雪范围产品。目前使用广泛的 MODIS 积雪范围产品在全球大部分区域的精度都很高，但研究表明，MODIS 产品在中国山区、森林地区存在明显的漏分情况（郝晓华等，2008；Wang X Y et al.，2015），同时该产品以云检测作掩膜处理，错误的云检测势必造成积雪的漏判，该现象在中国黄土高原等裸地区域、大小兴安岭等林地区域时有发生。基于 SMMR、SSM/I 和 AMSR-E 等微波数据的积雪范围产品空间分辨率为 25km，难以满足水文和气候分析对空间分辨率的要求。IMS 产品融合了多颗极轨与静止卫星的多种光学和微波资料，去除了云的影响，以尽可能获取准确的积雪范围，但 IMS 前期产品空间分辨率较低，而且在中国的产品精度有待进一步验证。使用 MODIS 产品以及气象站点数据对青藏高原地区 IMS 雪冰产品的初步评估表明，该产品在青藏高原存在严重的漏判现象，这可能与青藏高原积雪范围较小并且分布零散有关。目前新发展的一些融合积雪制图算法（Paudel and Ardeosen，2011；黄晓东等，2012；Huang et al.，2014；邱玉宝等，2016a，2016b），都是使用 MODIS 逐日积雪范围产品进行融合，且依然没有解决林区和山区积雪识别漏分的问题。此外，融合过程虽然有一定的物理机制，但对于积雪融化较快的区域存在高估，而且获得的产品从 2000 年开始，时间序列不长。GlobSnow 积雪范围产品受卫星轨道数据刈幅过窄、几天才能完成一次白天观测覆盖的限制，无法提供真正意义上的日产品；同时，每年的 12 月至次年 2 月，该产品将大多数积雪都误判为云，尤其在欧亚大陆的中低纬度区域。

表 3-1 国内外主要积雪范围产品

产品	覆盖范围	时间范围	空间分辨率	时间分辨率	来源	备注
Near-real-time Ice and Snow Extent（NISE）	全球	1995 年至今	25km	逐日	NSIDC	空间分辨率低
GlobSnow-snow extent	北半球	1995 年/2000 年至今	1km/500m	逐日/周/月	ESA	冬季积雪严重漏判
NH weekly AVHRR snow cover	北半球	1966 年至今	约 190km	逐周	NOAA	时空分辨率低
IMS	北半球	1997 年/2004 年/2014 年至今	24/4/1km	逐日	NOAA	早期产品空间分辨率低，精度有待检验
MOD10A1/MYD10A1	全球	2000 年/2002 年至今	500m	逐日	NASA	林区、山区和融雪区低估，云影响，时间序列短
MOD10A2/MYD10A2	全球	2000 年/2002 年至今	500m	8d 合成	NASA	林区、山区和融雪区低估，云影响，时间序列短
FY-1&AVHRR snow cover	中国	1996～2010 年	5km	逐旬	中国气象局	非多天产品合成，时间分辨率低，精度待检验

续表

产品	覆盖范围	时间范围	空间分辨率	时间分辨率	来源	备注
MODIS snow product without cloud	中国	2002 ~ 2015 年	500m	逐日	寒区旱区科学数据中心	林区、山区低估，时间序列短
MODIS snow product without cloud	青藏高原	2002 ~ 2015 年	500m	逐日	中国科学院遥感与数字地球研究所	林区、山区低估，时间序列短，覆盖范围小
FY-3/MULSS snow cover	全球	2008 年至今	1km	逐日/周/月	中国气象局	时间序列短，云影响

3.2 积雪范围光学遥感反演

3.2.1 光学遥感积雪监测原理

积雪在可见光和红外波段特有的光谱特征，是区分积雪与其他地物和确定积雪范围的基础。如图3-1所示，积雪在波长约为0.5μm时具有较高的反射率，而在波长约为1.6μm和2.1μm时反射率较低，通常在可见光范围（340 ~ 760nm）内纯净的新雪表面反射率在0.8以上。遥感积雪信息的提取主要根据积雪的这种反射特征，通过数字图像处理技术，获得积雪空间覆盖的信息。但是，相对于其他环境遥感监测，积雪遥感监测又有其特殊的复杂性。积雪对太阳辐射的反射和自身的辐射特性，不仅与积雪表面状态有关，如光洁程

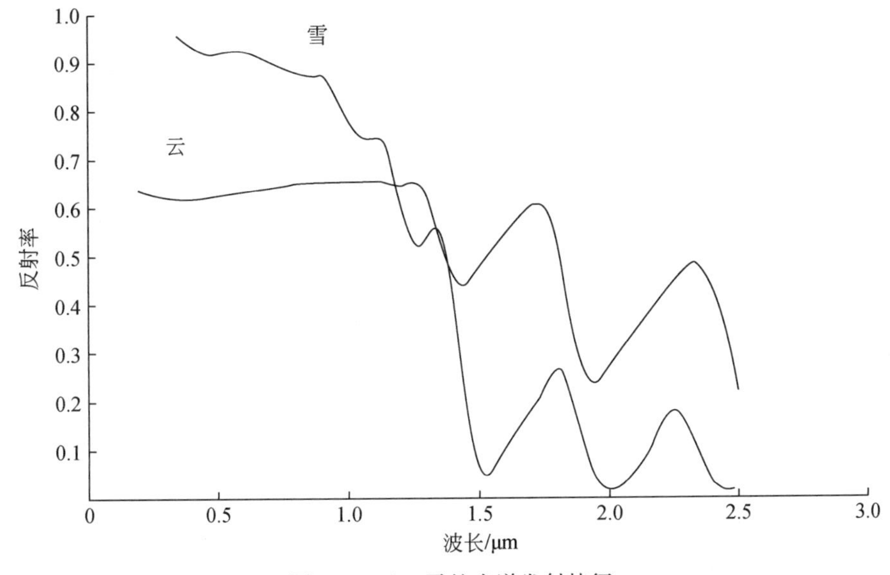

图3-1 云、雪的光谱发射特征

度，尤其是黑炭污染会对积雪反射率产生很大的影响（Painter et al.，2009），而且与积雪的内部结构，如积雪厚度、液态水含量、粒径等有很大关系，这给利用光学传感器提取积雪信息带来了一定的困难（王建等，2000）。

3.2.2 常见光学积雪遥感资料

目前 NOAA 的 AVHRR 是持续观测时间最长、应用最为广泛的光学传感器之一，也被用作积雪监测。国内外科学家利用 AVHRR 在积雪信息提取方面已经做了大量的研究。在 NOAA/AVHRR 的第 1、第 2 通道，积雪反射率明显高于裸地，而在第 3、第 4 通道，积雪的热辐射率却低于裸地，其中，第 1、第 4 通道对积雪与云最为敏感，只选择其中 1 个通道的单阈值判断法和同时选择 2 个通道的双阈值判断法是目前有效区别积雪区和裸地的常用方法。云体（尤其是低云）与积雪具有相似的光谱特征，但研究表明，云在可见光和近红外通道的反射率比积雪高 3%，而在热红外通道亮度温度要低 3℃ 左右（Hall et al.，2002）；同时，云是运动的，观测量随时间变动较大，而积雪则相对稳定。根据这一特征，利用 NOAA 卫星高时间分辨率的特点，采用多时相的最小亮度合成法（刘玉洁等，1992），可以消除云对积雪区域判定的影响。积雪厚度是雪灾监测的另一个重要参数，但受 NOAA 探测器 AVHRR 穿雪能力的限制（仅能穿透 1cm 积雪），估算起来比较困难，一些建立在积雪厚度与 AVHRR 探测器的第 1、第 2、第 4 通道组合参数关系基础上的统计模型也具有相当的不稳定性和饱和性（Xu and Tian，2000），很难推广使用。积雪厚度的空间分布与降雪量、风力、温度、地形等参数的共同作用有关，当温度状况始终维持在 0 ℃以下时（即雪无消融），积雪空间分布模型的形成可以简单视为降雪量在风力作用下的再分配过程。风对雪的再分配受控于风向、风速与地形状况等；迎风处风速加大，侵蚀增强；背风处风速减小，堆积明显。迎风坡积雪易受侵蚀，背风坡积雪易堆积。各地形部位由于其本身的形态特征、与风向的夹角以及与周边地形的空间相对位置关系等方面的差异，对风向的阻挡作用各不相同，间接影响着积雪厚度的分布。虽然积雪厚度空间分布模型形成的机制比较复杂，但就大范围的雪灾监测而言，按照上述认识，只要建立起研究区基础空间数据库（基本上包含了影响积雪厚度的各项因子），就可以较好地估算积雪深度。其中，降雪量的空间分布可用气象站的降雪量资料在 GIS 软件中插值得到，地形参数可用数字高程模型（digital elevation model，DEM）数据经 GIS 软件的空间分析派生形成（史培军和陈晋，1996）。

表 3-2 提供了目前应用于积雪观测的常用遥感资料。虽然 NOAA/AVHRR 资料拥有 5 个包括了从可见光到远红外的观测通道，但这 5 个观测通道中并不包含用于区分云和积雪的理想波段 1.55～1.75μm。TM 和 SPOT 资料具有较高的空间分辨率，但由于资料比较昂贵，扫描幅宽覆盖范围太小，且时间分辨率较低，不适于对全球范围内积雪信息的提取。MODIS 以其较高的光谱分辨率、时间分辨率和空间分辨率，逐渐成为冰雪研究者的关注焦点（Liang D et al.，2008）。

表 3-2 用于积雪监测的常用光学遥感资料

已发射卫星或卫星发射计划	承担国家	搭载积雪监测传感器	发射年份	重访周期/d	空间分辨率/m	获取方式
NOAA	美国	AVHRR	1960	0.5	1 100	https：//www.avl.class.noaa.gov/saa/products/welcome*
Landsat 系列	美国	MSS/TM	1972	16	15、30、60、120	http：//www.gscloud.cn/
Nimbus-T	美国	SMMR	1978	5～6	25 000	https：//www.nasa.gov/
DMSP	美国	SSM/I	1987	3	15 000～70 000	https：//www.nasa.gov/
FY 系列	中国	FY-1/FY-2	1988/1997	10.61	1250～5000	http：//satellite.nsmc.org.cn/portalsite/default.aspx
JERS-1	日本	SAR	1992	44	18	http：//www.jaxa.jp/
TRMM	美国/日本	TMI、PR	1997	0.33～1	6 000～50 000	http：//trmm.gsfc.nasa.gov/
EOS/Terra	美国	MODIS	1999	0.5	250、500、1 000	http：//TERRA.nasa.gov/
ADEOS II	日本	AMSR	2002	16	250～1 000	http：//www.jaxa.jp/
EOS/Aqua	美国	MODIS/AMSR-E	2002	16	6 000～750 000	http：//aqua.nasa.gov/

* 风云卫星遥感数据服务网。

3.2.3 MODIS 积雪制图算法及产品

MODIS 的高光谱分辨率、高空间分辨率和高时间分辨率决定了其在地球资源观测中具有绝对的优势。MODIS 第 4 通道（0.543～0.565μm）解决了积雪监测时的传感器饱和问题，是积雪监测的绝佳波段。MODIS 扫描宽度为2330km，覆盖范围很广，整个中国只需3条数据就可以全部覆盖，相对高分辨率的遥感影像，更适合较大尺度范围的监测。相对AVHRR 资料，MODIS 第 1、第 2 通道的空间分辨率提升到 500m。表 3-3 介绍了 MODIS 用于提取积雪信息的几个重要波段的信息。

表 3-3 MODIS 传感器对冰雪进行遥感监测的光谱通道和特征

通道	波谱/μm	空间分辨率/m	类型
1	0.645	250	可见光
2	0.865	250	近红外
4	0.555	500	可见光
6	1.640	500	中红外

MODIS 积雪信息提取主要采用阈值法。MODIS 自动化积雪检测算法利用了积雪的光谱特点，使用第 4 通道 MODIS4（0.545 ~ 0.565μm）和第 6 通道 MODIS6（1.628 ~ 1.652μm）的反射率（R_4、R_6）计算 NDSI，采用一套分组决策测试方法检测积雪（Hall et al.，2002）。对进行积雪检测的像元，要求其为晴空、陆地或内陆水域，且数据没有质量问题。关于云检测，积雪产品算法提供了两种办法：一种是利用 MOD35_L2 云检测算法中的若干检测方法来探测云。该方法基于 MODIS 资料的 MOD35_L2 数据，利用 MODIS 36 个通道中的 19 个，根据不同的路径采用不同的检测方法，对每个像素有没有云给出 4 个层次的判断：无云（confident clear）、可能无云（probably clear）、可能有云（uncertain）、有云（cloudy），最后对每个像素的去云结果用 48 个二进制位表示。另一种是利用 MOD35_L2标准的云掩膜来标识云。该方法主要应用阈值法对云进行提取，针对云的特殊反射率特性进行判定，产品中存储遥感图像上每个像元的云信息，分为有云、无云、可能有云和晴空。很显然，对同一地区来说，采用前一种云检测方法比采用后一种能够绘制更多的积雪像元。

NDSI 是较高反射率和较低短波红外反射率波段的一种组合指标，其表达式可写为

$$\mathrm{NDSI}=(R_4-R_6)/(R_4+R_6) \tag{3-1}$$

式中，R_4 为积雪在可见光波段（MODIS 第 4 通道）的反射率；R_6 为积雪在短波红外波段（MODIS 第 6 通道）的反射率。

一般而言，积雪具有比地表其他地物类型较高的 NDSI 值这一特性。当像素 NDSI 值≥0.40 时，便认为是积雪（Hall et al.，1995）。此外，还有两个其他分类标准也可用于积雪的分组决策测试。第一个标准是利用第 2 通道（0.841 ~ 0.876μm）绝对反射率（R_2）高于 11%，可区分积雪与可能有较高 NDSI 值的水体；第二个标准是利用第 4 通道绝对反射率高于 10%，可防止将具有较高 NDSI 值的黑色物体划分为积雪（Hall et al.，1995）。

上述积雪判别规则可总结为：对没有密集林地覆盖的区域内的像元，当 $\mathrm{NDSI}\geq 0.4$ 时，则该像元划分为积雪；当 $\mathrm{NDSI}<0.4$ 且 $R_2>11\%$ 时，则该像元划为水体；当 $\mathrm{NDSI}\geq 0.4$ 且 $R_4>10\%$ 时，则该像元划为无积雪覆盖的地表。这样可以防止将诸如黑色的云杉林地这类色调极暗的地物划分为积雪，主要是色调极暗的地物具有很低的光谱反射率，导致 NDSI 公式［式（3-1）］中的分母变得相当小，NDSI 值偏大。在积雪覆盖的林区，NDSI 值可能远低于 0.40，利用归一化植被指数（normalized difference vegetation index，NDVI），有助于区分有积雪和无积雪覆盖的林区。NDVI 的计算公式为

$$\mathrm{NDVI}=(R_2-R_1)/(R_2+R_1) \tag{3-2}$$

式中，R_1 和 R_2 分别为 MODIS 第 1、第 2 通道的反射率值，空间分辨率为 250m。

比较研究森林被积雪覆盖前后的光谱变化特征可用于识别和绘制林区积雪分布图。由于在可见光波段积雪比土壤、树叶或树皮具有更高的反射率，可见光波段光谱反射率的变化特征对区分积雪具有重要的意义。另外，积雪引起的林地光谱变化的基本特征是可见光波段反射率通常随着近红外波段反射率的增加而增大。这个特点可用 NDVI 来反映，积雪会使 NDVI 值降低，NDVI 和 NDSI 结合起来可以改进生长茂密的林区积雪区分结果。对于这些区域，当 $\mathrm{NDSI}<0.4$ 且 $\mathrm{NDVI}<0.1$ 时，也应该划分为积雪类型（Vikhamar and Solberg,

2003a，2003b；Salomonso and Appel，2004；Zhou et al.，2005）。

建立 NDSI 可区分雪和大部分积云，但难以区分由云层、气溶胶、海岸地带、沙地等影响所形成的与积雪相似的地物。除考虑森林覆盖区的情况外，2001 年 10 月 3 日，热掩膜算法引入 MODIS 资料的处理，可消除图像上由上述原因造成的积雪类似物，这在全球许多地方早期的 MODIS 积雪分类结果中比较常见。

使用 MODIS 近红外波段 31（10.78～11.28μm）和 32（11.77～12.27μm），热掩膜算法采用分割窗技术可估算地表温度。当一个像素的温度大于 277K，那么该像素就划分为非积雪类。这对积雪覆盖地区的分类结果影响不大，但可极大地改进温暖地区的积雪分类精度。Ault 等（2006）认为，热掩膜温度应提高到 280K 或 283K。

NDSI 可以区别大量云和积雪，但是不能区别薄云和雪。MODIS 及 AVHRR 数据都有自己的云掩膜产品。MODIS 积雪算法可以读取云掩膜的数据质量信息。如果像素数据位设置为“某种云层”，那么在积雪产品中该像素就定义为云。这个数据位的其他设置都解释为地表视域清楚，像素定义为存在积雪。

云掩膜产品的云检测方法主要应用阈值法对云进行提取，针对云的特殊反射率特性进行判定。云掩膜产品中存储遥感图像上每个像元的云信息，分为有云、无云、可能有云和晴空。自 2000 年 2 月 24 日 MODIS 开始收集科学数据以来，云掩膜算法已进行过几次修正，2000 年 9 月，一种新的云掩膜算法应用于数据产品的生产系统。即使使用了这种新的算法，在某些情况下仍然存在雪与云混淆的状况（Wang et al.，2008）。

NASA 提供 MODIS 全球数据产品，共有 44 种标准产品，具有不同的时间和空间分辨率，均由分布式数据存档中心（Distributed Active Archive Center，DAAC）存储和发布。地球观测系统（earth observing system，EOS）EDG 为用户提供 MODIS 数据的搜索和预订及下载服务。若按观测的区域划分，主要有陆地、海洋和大气等产品；若按处理级别划分，可以分为如下 6 种产品。

1）0 级产品：指由进机板进入计算机的数据包，也称原始数据（raw data）。

2）1 级产品：指 1A 数据，已经被赋予定标参数。

3）2 级产品：指 1B 级数据，经过定标定位后数据，本系统产品是国际标准的 EOS-HDF（earth observing system-hierarchical data format）格式。可用商用软件包（如 ENVI）直接读取。

4）3 级产品：在 1B 数据的基础上，对由遥感器成像过程产生的边缘畸变（Bowtie 效应）进行校正，产生 3 级产品。

5）4 级产品：用参数文件提供的参数，对图像进行几何纠正、辐射校正，使图像的每一点都有精确的地理编码、反射率和辐射率。4 级产品的 MODIS 图像进行不同时相的匹配时，误差小于 1 个像元。该级产品是应用级产品不可缺少的基础。

6）5 级及以上产品：根据各种应用模型开发 5 级产品。

MODIS 标准数据产品根据内容的不同分为 0 级、1 级数据产品，在 1B 级数据产品之后，划分 2～4 级数据产品，包括陆地标准数据产品、大气标准数据产品和海洋标准数据产品三种主要标准数据产品类型，总计分解为 44 种标准数据产品类型。其中，MOD10 是陆地 2 级、3 级标准数据产品，内容为积雪，每日数据为 2 级数据，空间分辨率为 500m，旬、月数据为 3 级数据，空间分辨率为 500m。数据产品类型有 MOD10_L2、MOD10L2G、MOD10A1、MOD10A2、MOD10C1、MOD10C2 和 MOD10CM 等，由 NSIDC 负责数据的分发和管理。

MOD10_L2 是一种分轨产品数据，空间分辨率为 500m。一幅图像由沿轨 2030km 和垂直飞行方向 2330km 的区域构成。MODIS 分轨图像的积雪制图算法可用于区分积雪和地球表面其他地物。该产品无地图投影，但格网化的经纬度值作为独立的数据层存放于产品中，每个像素中心经度和纬度是已知的，这有利于对每个像素进行准确的定位和对图像进行几何纠正。该产品利用以下数据生成：①MODIS Level 1B 数据 MOD02HKM（500m，7 个波段）和 MOD02QKM（250m，1~2 个波段）；②云掩膜数据 MOD35_L2；③陆地和水体边界等的地学定位产品 MOD03 数据。

MOD10L2G 是将 MOD10_L2 产品的各个像素地理定位到正弦地图投影坐标系上形成的一种分辨率为 500m 的每日雪盖产品，包含在一天内覆盖每个像素的一些单轨图像中的所有观测值。每颗卫星在高纬度地区一天内会生成多幅图像，在赤道地区每天会成像一次。这样，对任何单个像素而言，其观测次数是不一样的。

MOD10A1 是一种每日积雪覆盖分类产品，空间分辨率为 500m。如果 MOD10L2G 产品当天记录的一个像素都是积雪，那么该像素将定义为被积雪覆盖的类型。如果当天记录的一个像素不是积雪，也不是云层，那么该像素就赋予一个数值（如代表水体、无积雪覆盖的陆地等），否则，该像素将定义为云层（表 3-4）。

表 3-4　MOD10A1 和 MOD10A2 编码及其意义

编码	地表类型及意义
0	传感器数据丢失（sensor data missing）
1	未定（no decision）
4	有错误的数据（erroneous data）
11	黑色体、夜晚、终止工作或极地区域（darkness or night，terminator or polar）
25	没有积雪覆盖的陆地（land，free of snow）
37	内陆水体或湖泊（inland water or lake）
39	海洋（ocean）
50	云（cloud obscured）
100	积雪覆盖的湖冰（snow-covered lake ice）
200	积雪（snow）
254	传感器饱和（sensor saturated）
255	填充的数据（无数据）（fill data_no data expected）

MOD10A1 是一种按照 ISIN 全球投影格式存放的雪覆盖数据产品，它把全球影像数据划分为 36 列×18 行的方格网，每一格表示一个文件产品的存放区域，以 0 开始记录文件的位置行列号，如文件名中的 *h*23*v*4 表示第 23 行第 4 列所在位置；*h*24*v*4 表示第 24 行第 4 列所在的位置。如图 3-2 所示。

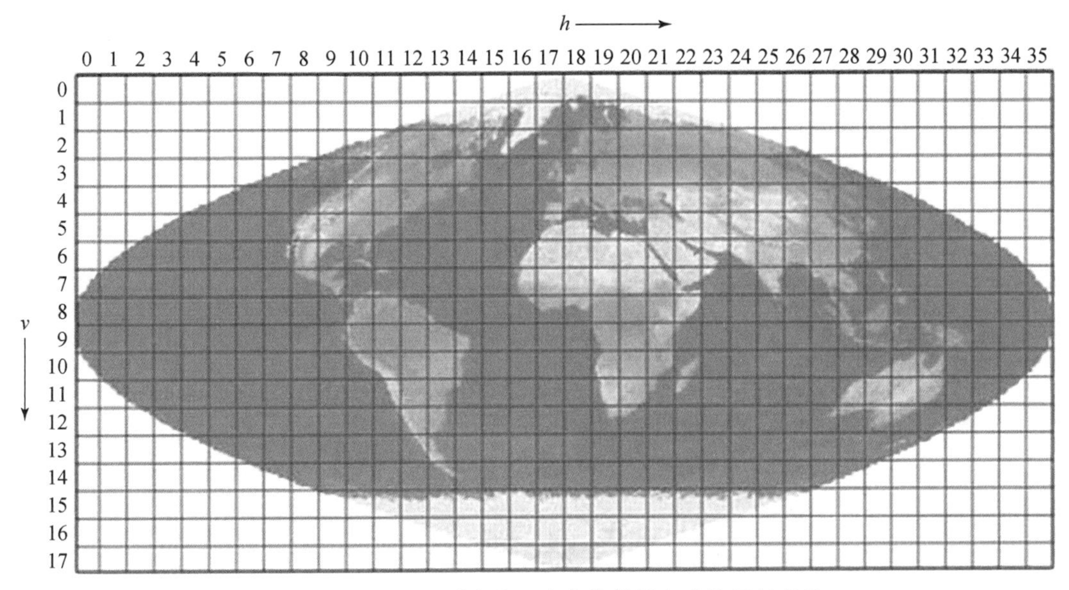

图 3-2　MODIS 积雪产品正弦曲线投影全球位置行列号

MOD10A2 是用 MOD10A1 产品合成的 8d 雪盖产品，空间分辨率为 500m。它由 8d 中的每日 500m 分辨率的积雪覆盖产品按分块合成，8d 时间从每年的第 1 天开始计算。合成产品的编码与 MOD10A1 相同（表 3-4）。

8d 合成积雪算法的目标是使有云的像素数目最少，而有积雪的像素数目最大。因此，8d 合成积雪产品反映 8d 内最大的积雪覆盖范围。当一个像素在 8d 内一直被积雪覆盖或某些天有积雪时，则该像素的数值标记为积雪代码；当该像素在 8d 内没有积雪，但有一个除云以外的对应于某种类型地物的数值代码，且该代码重复一次以上时，则该代码数值就存放于 MOD10A2 文件对应的像素中。

MOD10C1 是由 MOD10A1 生成的 0.05°气象模型格网（climate modeling grid，CMG）的逐日积雪范围产品。按照一个格网内积雪像元个数占总共 320 个 MOD10A1 的比例计算单个 CMG 像元的积雪范围。像元内云的覆盖率计算方法与积雪范围相同。

MOD10C2 是全球 8d 合成积雪范围产品，由 8d 积雪合成产品 MOD10A2 生成。空间分辨率为 0.05°。积雪与云覆盖率的计算方法同 MOD10C1。澳大利亚的一项研究中发现，该产品的多测误差非常小，仅在 0.02% ~0.10% 波动。如果在 8d 合成期限内出现大降雪，而且 8d 内都是阴天，MOD10C2 就不会准确地识别积雪，造成积雪监测面积制图精度降低，这不能称为误差，是由可见光遥感无法穿透云层对地表进行观测所导致的。

MOD10CM 是月平均积雪范围产品，由逐日积雪范围产品 MOD10C1 合成。如果

MOD10C1 单个 CMG 像元内无云的比例超过 70%，该像元就用来计算月积雪范围，月积雪范围就是所有像元在一个月内的平均值。该产品像元编码意义见表 3-5。

表 3-5　月积雪范围产品 MOD10CM 编码及其意义

编码	意义
0～100	单个像元内积雪比例（percent of snow in cell）
211	夜晚（night）
250	不确定地表类型（no decision）
254	水体（water mask）
255	填充值（fill）

3.3　林区可见光积雪遥感

森林会影响遥感观测到的地表反射率，导致利用光学遥感 NDSI 往往低估森林区积雪覆盖范围，因此对森林区积雪识别算法进行改进以提高其精度。

3.3.1　林区光学积雪遥感的研究进展

当下垫面为山区林地时，林地冠层与积雪的混合光谱与纯积雪像元的光谱有很大的差异。其可见光波段的反射率明显降低，导致 NDSI 值变小且分布离散，使用 NDSI 将明显低估森林地区的积雪范围（Hall et al.，1995）。已有研究表明，在非森林和地形均一的地区，MODIS 积雪范围反演的误差在 1% 以内，而在森林区误差达到 5%～10%。为提高林区积雪的识别精度，Klein 等（1998）利用不同指数差异提取雪像元，对比 Landsat TM 影像无雪林地和有雪林地的光谱，发现 NDSI 的值变化不大。但是林地中的积雪使近红外波段和可见光波段的反射率同时增加。当有积雪存在时，林地的 NDVI 值从 0.4～0.8 降低到接近 0（图 3-3）。因此综合 NDVI 和 NDSI 的变化可以识别有雪林地和无雪林地。

在覆盖率较高的山区常绿针叶林，林地有雪的情况下，传感器所获得的可见光波段的反射率仍然很低，因此 NDSI 易受噪声的干扰，分布离散，NDVI 没有如此显著的变化。使用 NDSI 结合 NDVI 并不能很好地识别林地积雪。森林积雪反射率来自于 4 个部分：太阳照射到的冠层、太阳照射到地面、阴影冠层和阴影地面（Vikhamar and Solberg，2003a，2003b）。

积雪对总反射率的贡献依赖于积雪自身的反射率，冠层的面积比例以及太阳照射的角度和观测角度。因此，从不同角度观测的反射率差异受到地表状态的影响。多角度成像仪（multi-angle imaging spectroradiometer，MISR）的冬季与夏季多角度数据可以有效识别天山

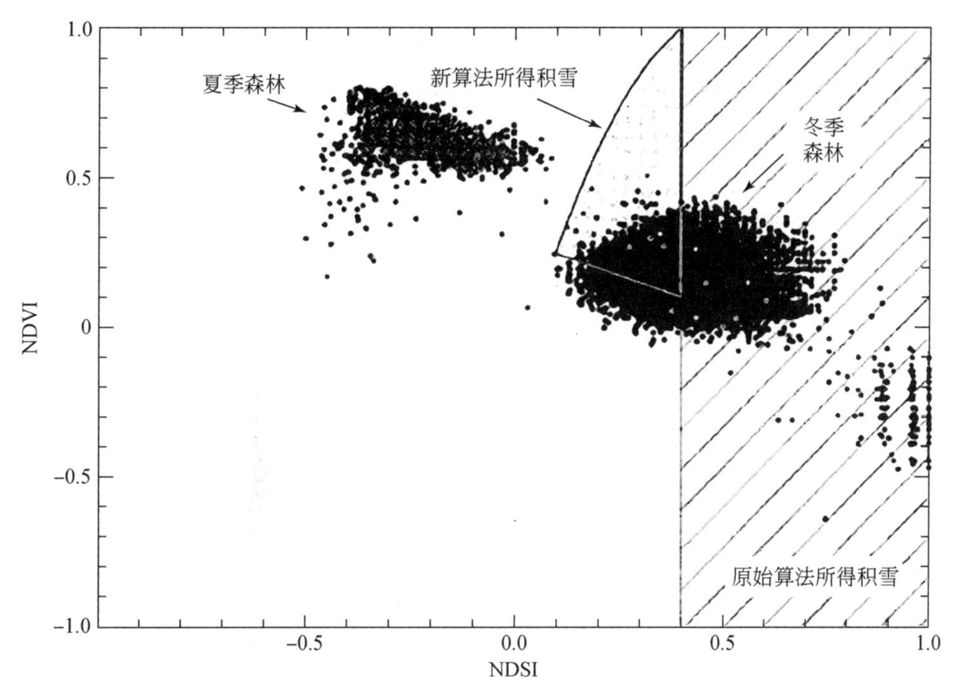

图 3-3　BOREAS 研究区森林区针叶林和落叶林地 NDSI 和 NDVI 分布散点图

灰色表述的数据来自 1990 年 8 月 6 日 TM 影像，黑色表示 1994 年 2 月 6 日的 TM 影像（Klein et al.，1998）

林带内的积雪，但是，MISR 数据的空间分辨率较低，而山区林地通常呈斑块状或条带状分布，在影像上会存在大量林地与非林地的混合像元，因而 MISR 数据不能很好地用于流域尺度的山区林地积雪识别。

森林区光学积雪遥感研究在芬兰开展较早，基于积雪、树和无雪地面的线性光谱混合模型 SnowFrac，通过光谱分解来估计积雪范围比例，该模型的运行需要高精度的森林覆盖图作为先验知识（Vikhamar and Solberg，2003a，2003b）。基于反射率的 SCAmod 模型是用单波段通道的卫星观测反射率作为积雪范围比例的函数，通过建立积雪覆盖面积与目标区反射率的回归方程，模拟像元的反射率值进行判断，该方法被用于芬兰平原地区的森林积雪制图，并取得了较好的结果。该模型的模拟精度依赖于输入的反射率值，在山区林地复杂的环境下，地表异质性明显，使用统一反射率作为模型输入会影响积雪制图的结果。近年来，基于人工神经网络的方法被用于山区林地积雪范围比例估计，并取得较高的精度。但是机器学习方法算法复杂、计算速度慢，不适用于大面积积雪比例制图。

3.3.2　山区林地积雪制图算法

常用的归一化积雪指数（normalized difference snow index，NDSI）在有森林覆盖的地区往往低于积雪判别的阈值而导致森林区积雪范围的低估。冬天常绿针叶林在近红外波段有较高反射率，当积雪存在时，反射率进一步提高，而短红外波段反射率下降。根据这一现象发展了森林积雪归一化指数（normalized difference of forest snow index，NDFSI）来提取常绿针叶林积雪范围，NDFSI 的定义如下

$$\text{NDFSI}=\frac{\rho_{\text{nir}}-\rho_{\text{swir}}}{\rho_{\text{nir}}+\rho_{\text{swir}}} \tag{3-3}$$

式中，ρ_{nir}和ρ_{swir}为近红外和短波红外波段的反射率。

NDSI 与 NDFSI 相结合的积雪识别过程如下：

1）首先对所有像元使用 NDSI 进行积雪提取，NDSI 的阈值确定 0.4。

2）短波红外的强吸收作用使水体也具有较高的 NDSI 值。但是与积雪相比，水体在近红外波段的反射率很低，可以通过对近红外波段设定阈值进行水体的去除。通常，近红外波段的反射率小于 11% 的像元被判别为水体。

3）由于冠层遮挡，部分积雪林地的 NDSI<0.4。对该部分像元使用 NDFSI 进一步判别。根据图 3-4 分析的结果，NDFSI 的阈值设定为 0.4，NDFSI≥0.4 的像元识别为林地积雪，其余部分为非积雪像元。

(a)OLI影像　(b)GF-1融合影像

(c)NDSI识别结果　(d)NDSI和NDFSI结合识别结果

图 3-4　林地积雪识别结果

该方法的具体流程如图 3-5 所示。

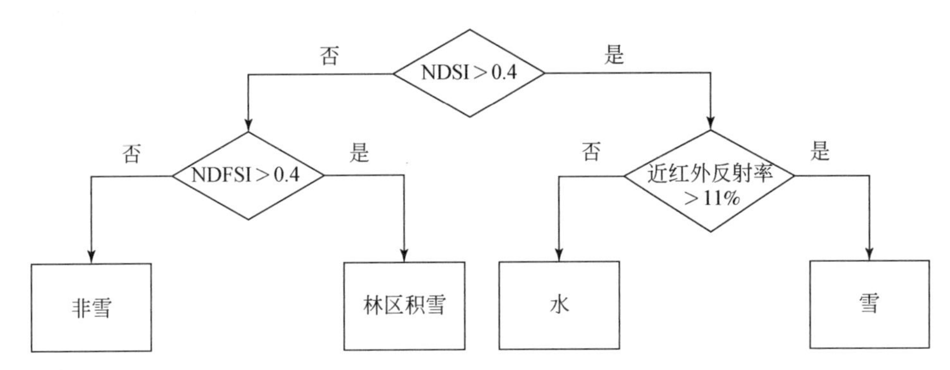

图 3-5 基于 NDSI 和 NDSFI 方法提取森林区积雪范围流程

选取祁连山青海云杉林和新疆北部阿尔泰山区泰加林为试验区，采用该方法均取得了较好的成果，利用高分辨率遥感数据验证表明其精度高达 93.9%。

结果表明：

1）积雪林地的 NDSI 值偏低，分布离散；NDFSI 值较高，分布集中。

2）研究区选取 NDFSI 阈值为 0.4，可以有效区分积雪林地和无雪林地。

3）NDSI 和 NDFSI 相结合的方法简单有效，不需要提供林地分布图等辅助数据，可以有效提高山区林地积雪制图的精度。

本研究中 NDSI 选取传统的阈值 0.4，根据样本的统计特征，NDFSI 的阈值也定义为 0.4。在以后的研究中，需进一步讨论森林密度、积雪的物理特性、太阳光照等因素对 NDFSI 的影响，以实现大面积山区林地积雪制图中 NDFSI 阈值的自适应调整。

3.4 光学积雪遥感产品去云处理

由于积雪和云具有相似的反射光谱特性，使用光学遥感资料监测积雪受天气状况的极大限制，而被动微波遥感具有不受天气干扰的能力，是光学遥感的重要补充。近年来，国内外针对光学遥感积雪产品在消除云污染研究方面已研发出一系列算法和积雪产品。例如，Liang T G（2008）以新疆北部地区为研究区，利用 MODIS 逐日积雪产品开发出自定义多日积雪合成产品，有效地去除了大部分云的污染。在此基础上，通过融合上下午星 MODIS 逐日积雪产品，进一步提高了多日合成算法的精度（Wang and Xie，2009）。利用被动微波数据不受云干扰的特点，与光学积雪遥感产品进行融合，可以生成不受天气影响的逐日积雪产品。但被动微波数据空间分辨率低，造成合成产品在云量较大时产生较大的误差（Liang T G，2008；Gao et al.，2010；Wang Y Q et al.，2015）。唐志光等（2013）以青藏高原地区为研究对象，提出了一个基于三次样条函数插值的去云处理方法，但利用函数变化曲线进行拟合的方法不足以适应复杂多变的天气情况，且仅适用于部分区域尺度的积雪监测。SNOWL（snow line）去云算法是基于高程对云像素重新分类，以期达到去云效果的新算法（Parajka et al.，2010）。经过重分类，云像素被分类成积雪、非积雪和片雪，但是被分类成片雪的像素具有一定的不确定性，无法对积雪覆盖面积进行有效的统计。黄晓东等（2012）综合以上去云方法，结合多源遥感积雪产品，开发出逐日无云积雪产品，使云像素重新分类成积雪像素的精度提高到71%，有效提高了积雪范围的监测精度。具体步骤如下。

（1）MODIS 每日积雪产品合成

根据云移动的特点，对上下午星 MODIS 积雪数据进行合成处理，算法如下：①如果 MOD10A1 像元是云，MYD10A1 像元是积雪或陆地，则合成产品像素分类成积雪或陆地；②如果 MOD10A1 像元是积雪或陆地，MYD10A1 像元是云，则合成产品像素分类成积雪或陆地。

（2）邻近日分析

一般而言，积雪降落在地表会停留一段时间。对合成后的每日积雪产品进行分析，如果当日合成积雪产品为有云像素，而前一日与后一日相同位置像元为积雪，则当日云像素分类成积雪；如果前一日与后一日相同位置像素为陆地，则当日云像素分类成陆地；如果前一日与后一日像素不一致，则云像素赋值不变。

（3）SNOWL 去云判断

积雪具有一定的地带性分布规律，在同一个区域内相同地理条件下积雪的分布具有相似性。SNOWL 算法就是依据积雪在局部区域的空间分布相似性，对云像素进行重新分类的去云方法。利用数字高程模型（SRTM-DEM），提取 MODIS 每日合成积雪图中积雪、陆地和云像素的高程，通过 SNOWL 算法对云像素进行判别分析及重新分类，得到有积雪、片雪、陆地及其他地物类型的无云积雪图像。判别依据如下：①同一景积雪影像，如果云像素高程大于或等于积雪像素平均高程，则云像素分类成积雪；②如果云像素高程小于或等于陆地像素平均高程，则云像素分类成陆地；③如果云像素的高程介于积雪像素平均高程和陆地像素平均高程，则云像素分类成片雪。因为青藏高原地区面积广，积雪空间异质性较大，直接采用 SNOWL 算法会造成较大误差，所以根据研究区的高程信息，对研究区进行高程分带，针对不同高程带使用 SNOWL 算法可以有效降低积雪空间异质性导致的积雪误分类。

（4）MODIS 和 AMSR-E 图像合成

虽然经过上述步骤可以消除所有的云像素，但是被分类成片雪的像素仍然具有一定的不确定性。依据微波数据不受云干扰的特点，可以对合成后的 MODIS 积雪资料片雪区和被动微波数据 AMSR-E 每日雪水当量产品进行对比分析。因为 AMSR-E 每日产品在中纬度地区有裂隙，为了与 MODIS 每日积雪资料进行有效的对比，首先利用 AMSR-E 每日雪水当量产品的前后日图像与当日图像，生成最大值合成图像，去除裂缝，然后与 MODIS 每日积雪资料进行对比分析，条件如下：①MODIS 片雪像素相同位置的每日雪水当量大于0，则片雪分类成积雪；②如果每日雪水当量等于0，则片雪分类成陆地（图 3-6）。

图 3-7 以 2011 年 2 月 18 日为例，上下午星获取的积雪图像受到云的严重干扰，其中 MOD10A1 云量为67.5%，MYD10A1 云量为70.8%，基本无法直接利用该数据监测积雪覆盖面积；利用上下午星合成生成的单日图像 MOYD10A1 云量降到58.0%；经过邻近日

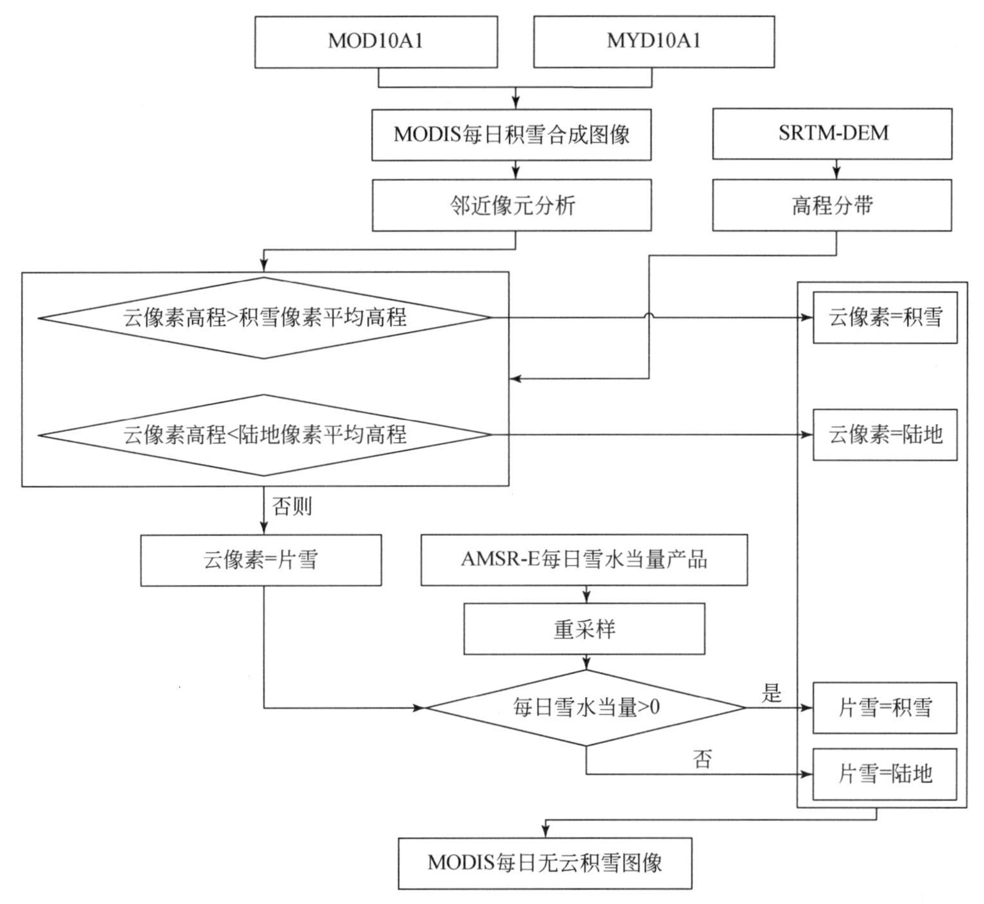

图3-6 MODIS 每日无云积雪图像算法流程

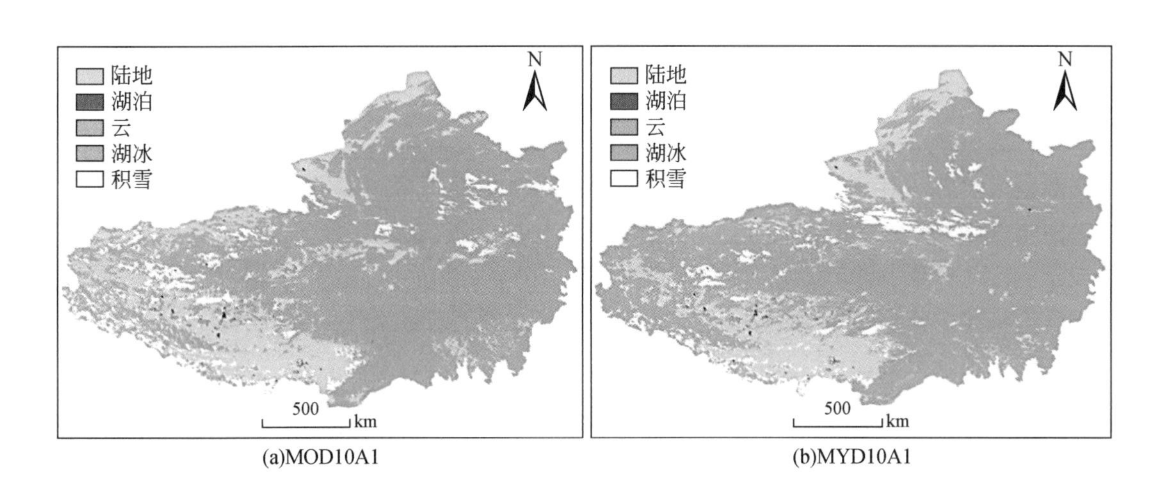

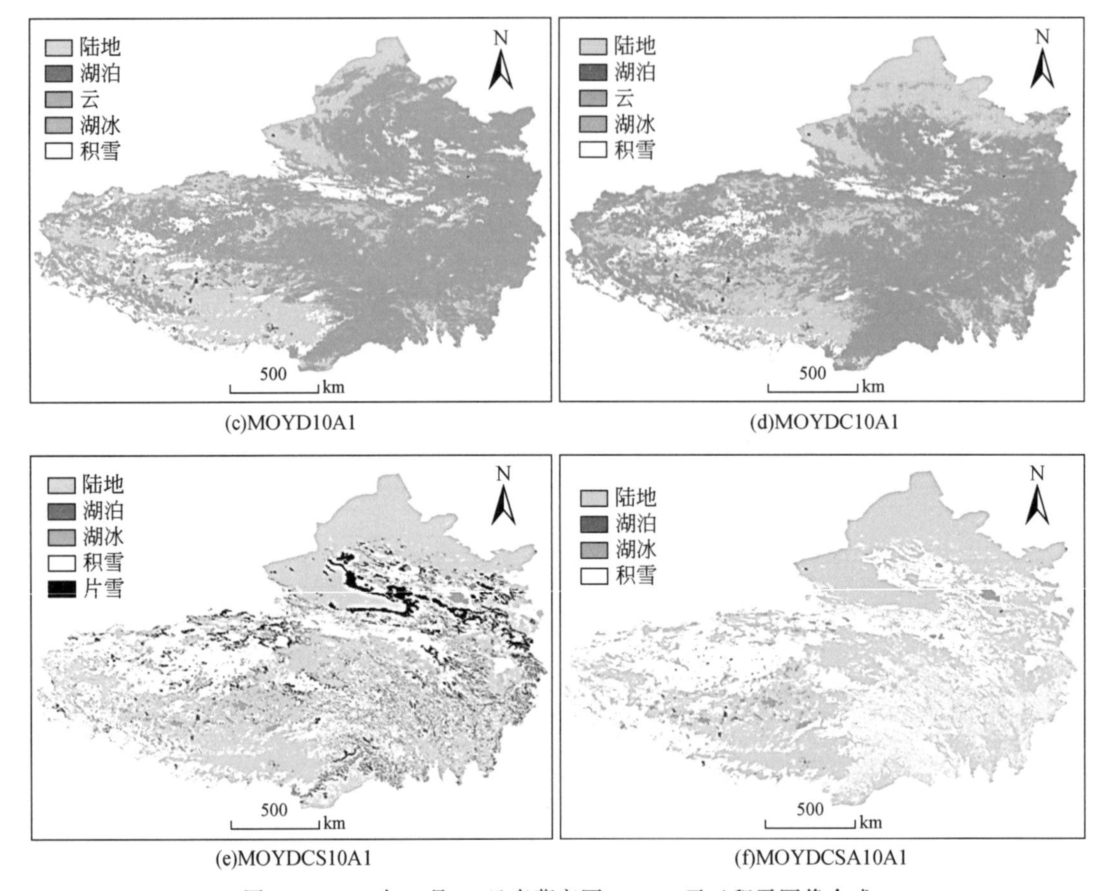

图 3-7　2011 年 2 月 18 日青藏高原 MODIS 无云积雪图像合成

分析后，云量降到了 54.4%（MOYDC10A1），仍然超过研究区一半的面积，不能直接应用于积雪覆盖面积的监测；SNOWL 算法去除了所有的云像素，但是被分类成片雪的积雪像元占整个研究区的 6.7%（MOYDCS10A1），因为片雪的情况特殊，无法确切判断是否为积雪，只有和被动微波数据进行比对后，才能将片雪区进行重新分类，由此得到单日不受云干扰的积雪图像（MOYDCSA10A1），可以对研究区积雪范围进行准确的统计，统计得到青藏高原在该日积雪范围占研究区总面积的 38.3%，积雪主要分布在喀喇昆仑山脉、冈底斯山脉、喜马拉雅山脉、念青唐古拉山脉、昆仑山脉及祁连山脉，青藏高原腹地及北部地区积雪分布面积较小。

经过上述算法流程，MODIS 逐日积雪产品的云像素已经被完全消除，但还需对合成的逐日无云积雪图像进行精度验证。表 3-6 分析了 MOD10A1 和 MYD10A1 云像素重分类结果的精度。2010 ~ 2012 年积雪季上下午星积雪标准图像与地面观测台站对应像元总计为 11 225对，其中积雪一致性为 78.1%，陆地一致性为 86.9%，积雪和陆地的分类误差分别为 21.9% 和 13.1%。结果表明，本研究积雪图像去云处理的结果比较理想。对合成的最终逐日积雪产品精度分析表明，积雪一致性达到 87.1%，陆地一致性达到 92.0%，总体分类精度为 90.7%（表 3-7）。2010～2012 年积雪季降雪较少，且台站积雪厚度观测结果显示积雪厚度<3cm 的样本数据所占比例较大，约为 68%，导致最终评价结果小于 MODIS 标准积雪产品在晴空状况下的分类精度。当积雪厚度<3cm 时，MODIS 标准积雪产品本身精度较差（Hall et al.，1991），如果除去积雪厚度<3cm 的积雪观测数据，积雪合成图像的精度将达到 91.9%（表 3-8），基本上达到了 MODIS 标准积雪产品在晴空状况下的分类精度，说明该逐日积雪合成去云算法在青藏高原地区完全适用，可以用于积雪范围的动态监测。

表 3-6　MODIS 逐日积雪产品（MOD10A1、MYD10A1）云像素重新分类结果验证

指标		MODIS 合成图像		
气象站	积雪	2 714（78.1%）	761（21.9%）	3 475
	陆地	1 015（13.1%）	6 735（86.9%）	7 750
	总计	3 729	7 496	11 225
总精度		84.2%		

表 3-7　MODIS 无云积雪合成产品精度验证

指标		MODIS 合成图像		
气象站	积雪	3 557（87.1%）	528（12.9%）	4 085
	陆地	911（8.0%）	10 474（92.0%）	11 385
	总计	4 468	11 002	15 470
总精度		90.7%		

表 3-8　MODIS 无云积雪合成产品精度验证（积雪厚度>3cm）

指标		MODIS 合成图像		
气象站	积雪	1 195（91.7%）	109（8.3%）	1 304
	陆地	911（8.0%）	10 474（92.0%）	11 385
	总计	2 106	10 583	12 689
总精度		91.9%		

第4章　复杂环境下的积雪微波遥感方法

全球雪深反演算法严重高估我国的积雪深度，通过站点雪深对全球算法进行订正，并引入被动微波遥感判识积雪的决策树算法，显著提高了我国雪深产品的精度。本章重点介绍近年来在复杂环境条件下的雪深反演算法，特别是通过引入积雪属性时空变化的先验信息以及森林透过率等，发展了被动微波遥感雪深反演系列算法，与当前国际算法相比，其精度远高于现有算法，该算法也将用于全球雪深产品的制备。

4.1　被动微波遥感获取中国雪深长时间序列产品

被动微波遥感是目前全球和区域尺度雪深监测的最有效手段。微波具有较强的穿透力，可以穿透雪层获取雪深信息，不依赖太阳光，可以全天时全天候工作。被动微波雪深反演的基本原理是雪粒子对微波辐射的散射削弱，导致亮度温度降低，并且随着频率的增加散射削弱增强，随着雪深增加散射削弱增加。在此原理的基础上，Chang 等（1976）发展了亮度温度梯度方法，即 $19GH_2$ 和 37GHz 的亮度温度差与雪深或雪水当量存在线性关系。但由于亮度温度梯度不仅受雪深的影响还受粒径的影响，Che 等（2008）针对中国积雪特性，建立了中国雪深与亮度温度差的关系，对 Chang 算法进行了修正，发展了中国雪深反演方法。

4.1.1　数据

1）被动微波数据：目前，国际上可用于积雪遥感的多频被动微波传感器主要有 Nimbus-7 卫星携带的 SMMR（6.6GHz、10.7GHz、18GHz、21GHz 和 37GHz），DMSP 系列卫星携带的 SSM/I 和 SSMI/S（19GHz、22GHz、37GHz 和 85GHz），Aqua 和 Terra 卫星携带的 AMSR-E（6.9GHz、10.7GHz、18.7GHz、23.8GHz、36.5GHz 和 89GHz），GCOM-W1 卫星携带的 AMSR2（6.9GHz、10.7GHz、18.7GHz、23.8GHz、36.5GHz 和 89GHz）以及中国风云气象卫星携带的 MWRI（10.65GHz、18.7GHz、23.8GHz、36.5GHz 和 89GHz）。而 Che 算法中应用的是 Nimbus-7 卫星携带的 SMMR 和 DMSP 系列卫星携带的 SSM/I数据。

2）气象站点雪深：这里的气象站点数据误差不是指测量误差，而是站点数据的代表性误差。气象站一般设在城镇，而且有些站点位置选取不能代表 SSM/I 像元（约为 25km×25km）这么大一个地区的积雪情况。我们已经知道 SSM/I 在 19GHz 和 37GHz 亮度温度差可以反映一个地区的雪深情况。因此，对于那些观测一直无雪记录，但亮度温度差经常显示有雪的，在反演时不采用这些站点的数据。

4.1.2 反演方法

对 1980 年和 1981 年气象站点观测雪深与 SMMR 在 18GHz 和 37GHz 的水平极化亮度温度差进行线性回归，得到

$$SD = 0.78(T_{b,18} - T_{b,37}) + offset \tag{4-1}$$

式中，SD 为雪深；$T_{b,18}$和 $T_{b,37}$分别为 18GHz 和 37GHz 亮度温度；offset 为月偏移。统计结果表明，式（4-1）估计雪深的标准差为 6.22cm。

利用同样的方法对 2003 年气象站点观测雪深与 SSM/I 在 19GHz 和 37GHz 的水平极化亮度温度差进行线性回归分析，得到

$$SD = 0.66(T_{b,19} - T_{b,37}) + offset \tag{4-2}$$

统计结果表明，该方程估计雪深的标准差为 5.99cm。SMMR 算式的雪深反演系数和 NASA 算法完全一致，SMM/I 算式比 NASA 算法的雪深反演系数要小。

4.1.3 其他散射体的剔除

虽然利用 SSM/I 数据反演积雪深度的算法已经确定，但是还不足以描述全国范围内的积雪信息。事实上，被动微波反演积雪深度的算法在某些地表特征下并不适应，包括降雨、寒漠、冻土。这是因为积雪深度的反演算法利用了积雪层的散射特性，积雪越厚，散射效率越高，表现在 19GHz 和 37GHz 上的亮度温度差越大，而降雨、寒漠、冻土等地表特征同样会产生类似于积雪层的散射特征，如图 4-1 所示，（Grody，1991；Grody and Basist，1996）。如果不将这些散射体与积雪区分，计算的积雪结果将必然高估积雪范围和

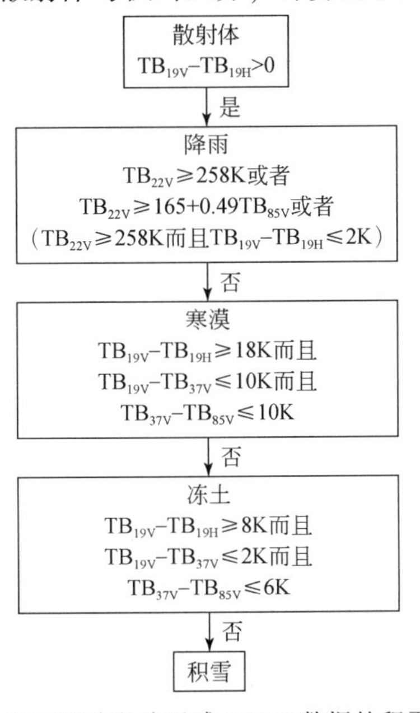

图 4-1　基于被动微波遥感 SSM/I 数据的积雪分类树

雪深。通过研究不同地表特征的微波亮度温度特征，利用 SSM/I 数据识别积雪分类树算法，剔除地表的非积雪像元，大大提高了积雪深度反演算法的精度。

4.1.4 精度分析

以 MODIS 积雪产品中的积雪覆盖面积为参考，间接对 SSM/I 数据的积雪深度反演结果进行验证，其误差矩阵见表 4-1。

表 4-1 由 SSM/I 数据反演积雪深度结果和 MODIS 雪盖产品建立误差矩阵判别依据

内容	条件							
SSM/I 反演雪深	>2cm	<2cm	>2cm	<2cm	>2cm	<2cm	>2cm	<2cm
MODIS 雪面积	有	无	无	有	有	无	无	有
MODIS 云遮蔽	有	有	有	有	无	无	无	无
验证结果	(1，1)	(2，2)	×	(1，2)	(1，1)	(2，2)	(2，1)	(1，2)

注：(i，j) 表示该条件符合误差矩阵中的 i 行 j 列；×代表该条件下无法验证，不进行评价。

总体精度的一个缺点是像元类别的小变动可能导致其比例变化。Kappa 分析是一种离散的多变量精度评估技术，Kappa 分析产生的评价指标被称为 Khat 统计，Khat 统计是一种测定两幅图之间吻合度或精度的指标，其公式为

$$K_{\text{hat}} = \frac{N\sum_{i=1}^{r} x_{ii} - \sum_{i=1}^{r}(x_{i+}x_{+i})}{N^2 - \sum_{i=1}^{r}(x_{i+}x_{+i})} \tag{4-3}$$

式中，r 为误差矩阵中总列数（即类别的总数，这里 $r=2$）；x_{ii} 为误差矩阵中第 i 行、第 i 列上像元数量（即正确分类的数目）；x_{+i} 和 x_{i+} 分别为第 i 行和第 i 列的总像元数量；N 为用于精度评价的像元总数。对同期 SSM/I 反演结果和 MODIS 雪盖产品进行 Kappa 分析，结果除个别几天外，大都在 0.60 以上，均值为 0.66，最大值为 0.86，如图 4-2 所示。

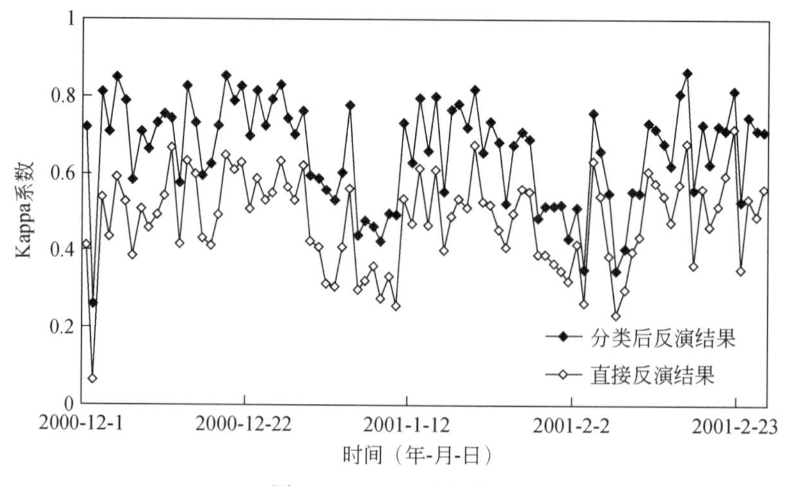

图 4-2 Kappa 分析结果

4.2 基于积雪特性先验信息的被动微波雪深反演算法

虽然区域上的统计方法得到的积雪厚度和雪水当量能反映研究区内整个积雪季节总体情况，但在整个积雪季节内，由于积雪密度和积雪粒径随着雪龄而变化，会出现积雪初期低估和积雪晚期高估的现象。因此，获取积雪厚度在时间上的变化特征要求发展动态积雪厚度或雪水当量反演算法。本书以新疆地区为研究区开展了积雪特性调查，获得了新疆地区积雪特性先验信息，发展了基于先验信息的被动微波雪深反演方法。

4.2.1 建立查找表

基于先验信息的雪深和雪水当量反演的关键在于查找表的建立。首先，利用多层积雪微波辐射（MEMLS）模型模拟不同积雪特性下不同频率的亮度温度，建立积雪特性先验信息和 10GHz、18GHz 及 36GHz 亮度温度的查找表。查找表建立流程如图 4-3 所示。这些先验信息包括积雪粒径、积雪密度、积雪温度、雪–土界面温度、积雪分层以及它们在整个积雪季节的变化。

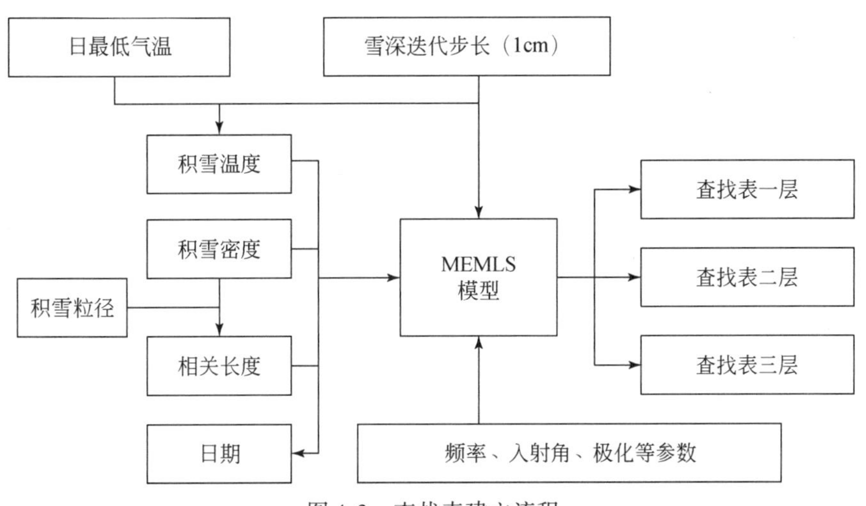

图 4-3 查找表建立流程

在使用查找表提取雪深和雪水当量的过程中，使用亮度温度差来查找对应的雪深，因为亮度温度除了受积雪的散射特性影响外，还受下垫面土壤温度的影响，且影响很大，而亮度温度差在很大程度上消除了下垫面温度和积雪温度对亮度温度差的影响（Chang et al.，1976）。

MEMLS 模型描述了从土壤发射出来的亮度温度经过多层积雪散射到达传感器的亮度温度（Wiesmann and Mätzler，1999）。MEMLS 模型模拟亮度温度需要 3 个参数和 8 个变量。3 个参数为频率、入射角和极化。该方法使用的卫星数据为 AMSR-E 被动微波亮度温度数据，所以这3个参数和AMSR-E传感器参数一致。8个变量为每层的雪深（cm）、积雪密度（kg/m^3）、相关长度（mm）、积雪温度（K）、液态水含量（%）、含盐量（%）以及积雪覆盖的土壤温度（K）和大气下行辐射亮度温度（K）。假设在积雪季节，积雪下土壤冻结，其各频率水平方向的发射率约为0.93；土壤物理温度和雪-土界面温度相等。根据Rose（2009）和Qiu等（2010）的研究，10.7GHz、18.7GHz和36.5GHz的空气背景亮度温度分别为5K、15K和25K。因为选择夜间过境的亮度温度来反演雪深和雪水当量，所以积雪的液态水含量也设为0，并假设含盐量为0。因此，下面需要重点考虑的变量为每层的雪深（积雪分层方案）、积雪密度、相关长度和积雪温度。

（1）积雪分层方案

根据研究区的积雪调查，新疆地区的积雪一般可分三层。上层为新雪，积雪松散，积雪密度和积雪粒径都很小。下层为旧雪，由于压实和冻融循环，积雪经历了密实化过程，积雪粒径和积雪密度相对较大。但是由于深霜层的存在，积雪密度从上到下的增长过程小于积雪粒径的增长过程，甚至有下降的趋势。中间层的积雪密度和积雪粒径介于上层和下层。在水平方向上，假设积雪特性一致。虽然在这三层之间偶尔有一两层的夹层，但该方法关注积雪的主要特征，当雪深较浅时，积雪可以看为一层或两层。

根据考察，雪深大于20cm时，积雪一般可以分为三层，在西北地区，上层和下层的厚度总体上小于中间层。为方便起见，我们假设上层的厚度与下层的厚度相等，而中间层的厚度是其他层厚度的两倍。当雪深在10～20cm时，积雪一般分为两层，且两层的积雪厚度基本相等。当雪深小于10cm时，积雪可以看为一层。

（2）积雪密度

根据研究区的积雪调查，在垂直方向上，积雪上层为新雪，积雪密度低；积雪下层为旧雪，经历密实化和积雪粒径增长过程，积雪密度相对较高。气象站点的数据显示，积雪季节（12月15日至次年3月20日）西北地区积雪密度从0.12g/cm^3稳定增长到0.22g/cm^3，但在积雪季节开始和快结束的一段时间内有波动。根据这些数据，对整个积雪季节积雪密度的变化以及在垂直方向的变化进行概括。表4-2所示为西北地区积雪为三层情况下积雪密度的变化情况。如果是两层，则保留三层中的上层和中间层；如果是一层，则保留上层。

表4-2　西北地区积雪密度随雪龄的变化　（单位：g/cm^3）

时间	上层	中间层	下层
12月15日前	0.11	0.15	0.20
2月1日	0.11	0.16	0.215
3月1日	0.13	0.195	0.235
4月1日及以后	0.17	0.235	0.25

（3）相关长度

相关长度是MEMLS模型中描述积雪散射的关键参数（Mätzler，2002），但该参数不容易获取。根据Davis和Dozier（1989），相关长度与积雪粒径和积雪密度有关，因此首先要确定积雪粒径和积雪密度。积雪密度在前面有讨论。据观测，雪粒子形状不一致，观测时分层记录了雪粒子的长轴和短轴。总体上，当长轴小于 3mm 时，短轴为长轴的 2/3 ~ 1，而当长轴更长时，短轴在 3mm 以内，并且一般情况下都是薄片。在垂直方向上，雪粒子大小的分布和积雪密度相似，都是从上到下增加。但在深霜层，积雪粒径尤其大，而积雪密度却变化微小。事实上，积雪粒径与积雪密度以及雪龄相关。

根据野外试验数据和 10a 的台站观测数据分析，我们归纳总结了不同分层情况下积雪粒径在整个雪季的变化情况，见表 4-3，其为三层积雪粒径演变过程；对于两层积雪，上层和三层的上层相同，而下层则是三层的中间层和下层的平均；对于一层，则只保留上层的积雪粒径特性。

表 4-3　西北地区不同分层情况下积雪粒径在整个积雪季节的变化情况　　（单位：mm）

时间	上层	中间层	下层
12 月 15 日前	0.4 ~ 0.7	0.5 ~ 1.2	1.0 ~ 2.0
2 月 1 日	0.4 ~ 0.7	0.7 ~ 1.5	1.5 ~ 2.5
3 月 1 日	0.5 ~ 1.1	1.0 ~ 2.0	2.0 ~ 3.0
4 月 1 日及以后	0.7 ~ 1.5	1.5 ~ 3.0	3.0 ~ 4.0

采用 Davis 和 Dozier（1989）提供的方法将积雪粒径和积雪密度转化成相关长度，然后根据 Mätzler（2002）将相关长度乘以常数 0.75 得到指数相关长度。对于在一定空间内分布均匀的积雪，其相关长度的计算如式（4-4）~ 式（4-7）所示

$$S=2N \tag{4-4}$$

$$P_c=4v(1-v)/S \tag{4-5}$$

$$P_c=2\left(\frac{\rho}{917}-\frac{\rho^2}{917^2}\right)/N \tag{4-6}$$

$$P_{ex}=0.75P_c \tag{4-7}$$

式中，S 为单位体积的冰表面积；v 为冰粒子的体积比例；N 为空气–冰面的截面密度，定义为沿某一方向单位长度上空气–冰面的接触面个数；P_c 为相关长度；P_{ex} 为指数相关长度；ρ 为积雪密度。根据野外观测，冰粒子的形状为柱形。短边长度为长边长度的 2/3 ~ 1。假设冰粒子分布均匀，根据冰粒子的长边长度范围随即产生 100 个粒子（因为观测时，一般看的是长边，也就是最大粒径），然后分别对这 100 个粒子长边长度随机产生 2/3 ~ 1 倍长轴的短边长度。这时总共生成了 10 000 个冰粒子。如果这 10 000 个冰粒子放入一个立方体盒子内，根据积雪密度和边长计算出粒子体积，则可以得到这个立方盒子的体积。截面密度 N 则可以表示如下

$$N=2\times a/n \tag{4-8}$$

式中，a 为立方体的边长；n 为沿立方体边长方向上冰粒子的个数。

根据式（4-3）~ 式（4-6）计算出研究区的积雪相关长度，典型积雪粒径情况下的相关长度见表 4-4。这些结果与 Wiesmann 和 Mätzler（1999）及 Mätzler（2002）中实地观测的相关长度结果一致。根据积雪的分层信息和积雪粒径范围计算出研究区整个积雪季节的

相关长度信息。

表 4-4 典型积雪粒径和积雪密度下的相关长度

积雪密度/(g/cm³)	积雪粒径/mm				
	0.1~0.5	0.5~1	1~1.5	1.5~2	2~3
0.10	0.046	0.085	0.118	0.146	0.184
0.15	0.057	0.105	0.145	0.179	0.227
0.20	0.065	0.119	0.164	0.204	0.257
0.25	0.070	0.128	0.177	0.220	0.277
0.30	0.073	0.134	0.185	0.229	0.290

(4) 积雪温度

相对于积雪粒径和积雪密度，积雪温度对利用被动微波数据反演雪深和雪水当量的影响相对较小，但也不容忽视。在以往的研究中，很少考虑积雪的分层，在积雪温度参数化上更是简单。Kelly 等 (2003) 假设积雪温度为一个常数，而 Tsutsui 等 (2007) 则假设整个积雪层的温度等于积雪下垫面的温度。本书积雪下垫面和积雪层的温度由空气温度和雪深确定。

垂直剖面上的积雪温度在一天之内随着气温和太阳照射的变化而变化。积雪剖面一般都在白天观测，白天由于太阳照射，表层温度比底层温度要高，并不能反映 AMSR-E 过境时刻的温度剖面，本研究选取了 21 个在晚上观测的积雪温度剖面来对积雪温度在垂直方向的变化进行分析。当雪深小于 30cm 时，空气温度和积雪-土界面温度之间的差随雪深呈线性增加，而积雪-空气界面的温度和空气温度接近（表 4-5，图 4-4）。在这里，积雪-空气界面温度用来表示积雪深度为 0 时的积雪温度。当积雪深大于 30cm 时，积雪-土界面温度保持在-2℃，这是由深雪的隔热作用造成的。因此，根据观测的空气温度（T_{air}）、雪深（SD）和积雪-土界面温度（T_s）可以得到如下关系

$$T_s = T_{air} + 0.77\text{SD} \quad (\text{SD}<30\text{cm}) \tag{4-9}$$

$$T_s = -2℃ \quad (\text{SD} \geq 30\text{cm}) \tag{4-10}$$

式中，T_s 和 T_{air} 的单位为℃；SD 的单位为 cm。

表 4-5 无太阳照射下观测的 21 个积雪温度剖面的雪深、积雪-土界面温度和空气温度

位置	时间	剖面	SD/cm	T_{air}/℃	T_{snow}/℃	$T_{snow}-T_{air}$/℃
44.12°N，87.75°E	2010 年 12 月 4 日；1:00	1	0	-11.5	-11	0.5
			5	-11	-7	4
	2011 年 2 月 21 日；1:00	2	0	-20	-20	0
			7	-20	-12	8

续表

位置	时间	剖面	SD/cm	T_{air}/℃	T_{snow}/℃	$T_{snow}-T_{air}$/℃
46.98°N, 89.52°E	2010 年 12 月 15 日; 3:00	3	33	-13	-2	11
	2010 年 12 月 14 日; 1:00	4	34	-16	-1.5	14.5
	2010 年 12 月 13 日; 1:00	5	29	-16.3	-2	14.3
	2011 年 2 月 22 日; 1:00	6	33	-20	-3.5	16.5
	2011 年 2 月 22 日; 1:00	7	32	-25	-2.5	22.5
	2011 年 2 月 22 日; 1:00	8	2	-23	-22.5	0.5
			30	-23	-2	21
44.30°N, 88.13°E	2011 年 2 月 24 日; 22:00	9	23	-25	-8	17
	2011 年 2 月 24 日; 22:10	10	17	-26	-12	14
	2011 年 2 月 24 日; 22:20	11	15	-26	-14	12
45.38°N, 86.99°E	2011 年 2 月 26 日; 7:00	12	21	-23	-8.3	14.7
	2011 年 2 月 26 日; 7:10	13	20	-23	-8.5	14.5
	2011 年 2 月 25 日; 2:00	14	14	-19	-9	10
	2011 年 2 月 25 日; 2:13	15	11	-19	-12	7
47.75°N, 88.06°E	2011 年 3 月 1 日; 7:30	16	60	-20	-1	19
48.30°N, 126.49°E	2012 年 1 月 10 日; 8:55	19	20	-27.5	-11	16.5
48.69°N, 126.20°E	2012 年 1 月 10 日; 14:00（阴天）	20	12	-23	-15	8
49.53°N, 127.35°E	2012 年 1 月 11 日; 13:07（阴天）	21	9.5	-21.9	-16.9	5
43.88°N, 125.35°E	2013 年 1 月 17 日; 0:00	17	20	-31.2	-13.1	18.1
	2013 年 1 月 18 日; 0:00	18	20	-28.13	-10.64	17.49

注：SD 为雪深；T_{air}为空气温度；T_{snow}为积雪-土界面温度，其中剖面 1 和剖面 2 中的雪深为 0 时，该值表示积雪-空气界面温度，剖面 8 中的雪深为 2cm 时，该值表示从雪表面往下 2cm 处的温度。

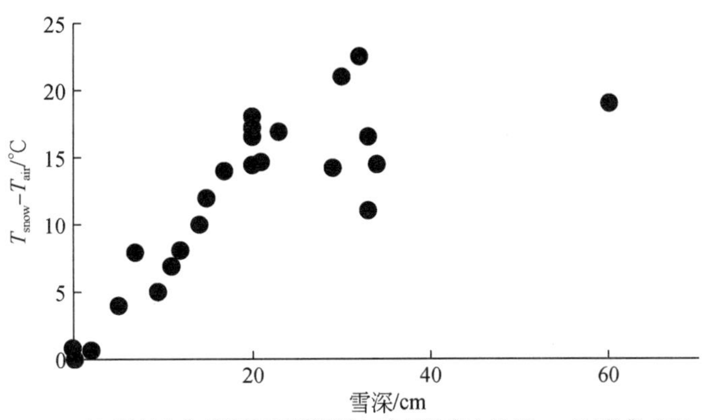

(a) 所有点的雪深和积雪温度与空气温度之差($T_{snow}-T_{air}$)的散点图

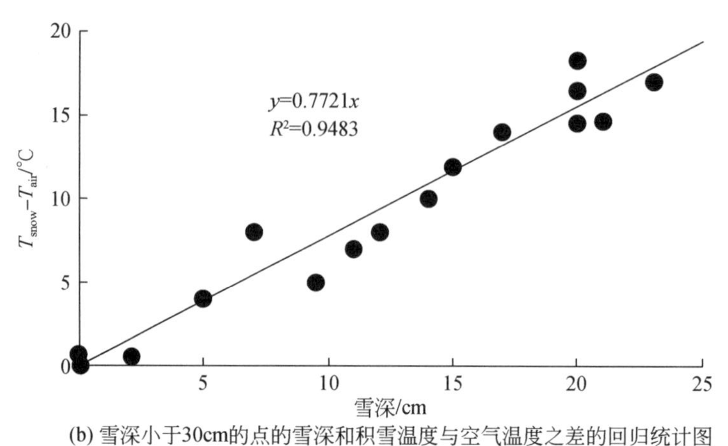

(b) 雪深小于30cm的点的雪深和积雪温度与空气温度之差的回归统计图

图 4-4 雪深和积雪温度与空气温度之差间的统计关系

(5) 建立查找表

MEMLS 用来建立 3 种分层（一层、二层和三层）条件下的查找表。设雪深的变化范围为 1～100cm，步长为 1cm。日最低气温从气象站点获取，其他参数（3 个参数和 8 个变量）在前面已讨论，绝对亮度温度受下垫面温度影响很大，所以本章采用亮度温度差方法提取雪深和雪水当量。18. 7GHz 和 36. 5GHz 的亮度温度差是常用的提取雪深的参数，考虑到在某些深雪区 36. 5GHz 亮度温度出现饱和，加入了 10. 7GHz 和 18. 7GHz 的亮度温度差作为提取较大雪深的参数。根据 Tedesco 和 Narvekar（2010）的研究，当雪深超过 60cm 时，18. 7GHz 和 36. 5GHz 的亮度温度差随着雪深的增加不变或是下降。在本研究区，由于粒径较大，36. 5GHz 的亮度温度在 40cm 左右达到饱和。为方便起见，用 TBD1 代表 18. 7GHz 和 36. 5GHz 的亮度温度差，TBD2 代表 10. 7GHz 和 18. 7GHz 的亮度温度差。以确定的参数为输入，得到积雪季节中每天 3 个查找表（一层、二层和三层）。

4. 2. 2 反演方案

根据先验信息（积雪分层、积雪粒径、积雪密度、积雪温度和积雪-土界面温度）MEMLS 计算每天 3 个查找表。这些查找表中包含了积雪属性和相应的 TBD1 和 TBD2。根据查找表提取雪深和雪水当量，首先要选取合适的查找表，这涉及两个方面：一方面是卫星过境的日期，根据日期确定是哪天的查找表；另一方面是分层，根据雪深进行分层。对于第二个方面，用 Che 等（2008）中的算法和 AMSR-E 的 TBD1 估算雪深来决定积雪分层。但实际上，当雪深接近 10cm 或 20cm 不同分层的过渡区时，不同的积雪属性导致在这附近产生了模糊区，因此在这两个过渡区，采用两种分层下亮度温度的平均值。具体分层标准见表 4-6。

表 4-6　分层标准

层数	分层标准
一层	TBD1 ≤7K
一层和二层之间	7K< TBD1 ≤12K
二层	12K < TBD1 ≤20K
二层和三层之间	20K < TBD1 ≤25K
三层	TBD1 >25K

当查找表确定后，根据 AMSR-E 的亮度温度差 TBD1 就可以查找出对应的雪深（图 4-5），相应的积雪属性也可得知，雪水当量则通过雪深和积雪属性中的密度相乘而得。然而，根据 MEMLS 模拟，当雪粒径较大而雪深达到一定的深度时，由于饱和现象（Vachon，et al.，2010；Tedesco and Narvekar，2010），TBD1 不会随着雪深的增加而增加。在这种情况下，用 TBD2 来提取雪深和雪水当量，因为波长越长穿透深度越深，对粒径的敏感性相对较弱（Tedesco and Narvekar，2010）。因此当 TBD1 大于 40K 时，使用 TBD2 来查找最优的雪深和雪水当量。

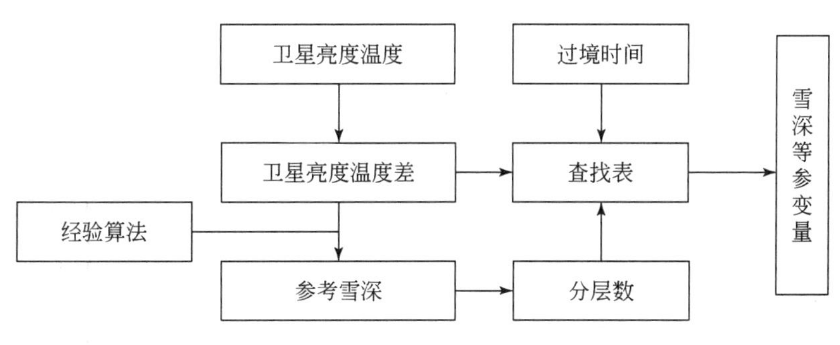

图 4-5　基于查找表反演流程

4.2.3　验证

（1）与野外观测雪深比较

2011 年 2 月 25 日 ~3 月 2 日，在新疆北部的准噶尔盆地进行野外观测，沿途采集雪深。考察期间没有新降雪，具体的采集点显示如图 4-6（a）所示。从图 4-6 可以看出，估计的雪深和观测雪深有较高的一致性。统计得到两者的偏差为 2.6cm，均方根误差为 7.3cm，相关性为 0.8。被动微波的分辨率较低，某些观测点并不能代表整个像元的有效雪深，如在观测路线的北部，观测点 32、34 和 38 的观测雪深和反演雪深存在较大的偏差，而事实上，观测点 34、35 和 36 在同一个像元，观测点 35 和 36 与观测有很好的吻合，而观测点 34 偏差较大。

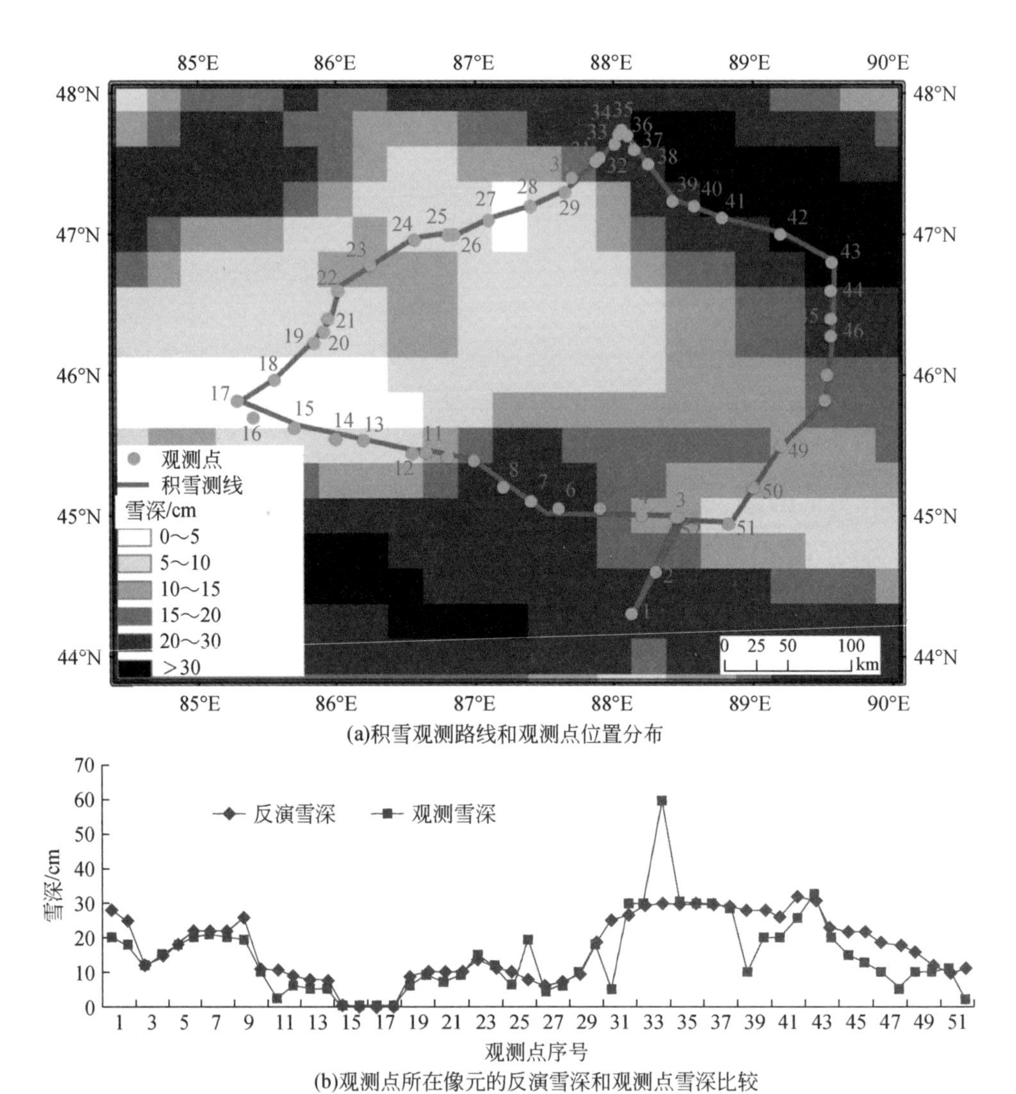

(a)积雪观测路线和观测点位置分布

(b)观测点所在像元的反演雪深和观测点雪深比较

图 4-6　反演雪深和观测雪深的空间分布对比

（2）与已有雪深/雪水当量产品比较

NSIDC 提供了全球 2002～2011 年从 AMSR-E/Aqua 亮度温度数据提取的每日雪水当量（SWE）产品。该产品投影方式为 EASE-Grid，以 EOS-HDF 的格式存储，包括南半球和北半球 25km 等积极地方位投影的 SWE 及它们各自的质量指标（http：//nsidc. org/data/ae_dysno)。这些数据为 721×721 的矩阵，存储的 SWE 数值为整数，数值为 0～240mm，实际 SWE 为存储值乘以 2。不在这个范围的数值分别表示不同的非雪地面类型。产品提取的算法是在 Chang 亮度温度梯度法基础上发展的。湿雪的微波特性不同于干雪，首先，通过一个判别公式剔除湿雪：$TB_{36H}<245K$ 并且 $TB_{36V}<255K$。非雪的陆地、海洋、冰川等通过 MODIS 数据反演并将其掩膜。其次，进行积雪的雪深提取，该算法考虑了森林的影响，针对森林（SD_f）和非森林（SD_0）发展不同的雪深反演方法

$$SD_f(cm)=1/\lg(pol_{36})\cdot(TB_{18v}-TB_{36v})/(1-fd\cdot0.6) \quad (4\text{-}11)$$

$$SD_0(cm)=[1/\lg(pol_{36})\cdot(TB_{10v}-TB_{36v})]+\left[\frac{1}{\lg(pol_{18})}\cdot(TB_{10v}-TB_{18v})\right] \quad (4\text{-}12)$$

式中，fd（数据来自马里兰大学）为高分辨率的（500m）森林密度重采样成 1km；pol_{36} 和 pol_{18} 分别为 36GHz 和 18GHz 垂直和水平极化差。

再次，根据森林覆盖率（f）来获取整体雪深（森林覆盖率数据来自 IGBP[①]）

$$SD=f\cdot SD_f+(1-f)\cdot SD_0 \quad (4\text{-}13)$$

最后，SWE(mm)=SD(cm)×density(g/cm)×10.0，其中积雪密度为在加拿大和俄罗斯获取的实测密度，然后根据季节积雪分类图推广到全球。进而得到雪水当量重采样成 25km×25km 的 EASE-Grid 投影格式。详细的算法和辅助数据的来源在 Kelly（2009）、Tedesco 和 Narvekar（2010）研究中有详细说明。

ESA 提供了 1979～2011 年北半球 25km×25km 逐日雪水当量产品（http：//nsidc. org/data/NSIDC-0595），其投影方式为等积极地方位投影，大小为 721×721 的矩阵。存储格式为 HDF，包含两层，一层是 SWE 估计，另一层是误差估计。该产品的数据源为 NSIDC 的 EASE-Grid SMMR（1979～1987 年）、SSM/I（1987～2002 年）和 AMSR-E（2002～2011 年）亮度温度数据。产品提取的方法为数据同化方法（Takala et al. ,2011），该方法在 Pulliainen（2006）中有详细论述。其流程如下：①站点观测的雪深（来自欧洲中期气象预报中心）通过克里金插值法采样成 25km EASE-Grid 格式的数据。②把雪深带入到 HUT 模型中进行模拟，同时输入森林参数（材积/生物量）和密度常数（0.24g/cm^3）与卫星观测的亮度温度进行比较对积雪粒径进行参数优化。③通过克里金插值法把第二步中得到的站点的有效积雪粒径插值到整个区域。④最后通过第三步中得到的有效积雪粒径和陆地覆盖为输入参数以及 HUT 模型得到 SWE。

寒区旱区科学数据中心（WESTDC）提供了 1979～2011 年中国地区逐日的雪深数据产品，其算法见 4.4 节。

以气象站观测的雪水当量数据为参考，对上述 3 种积雪产品与本节产生的雪水当量进行比较。NSIDC 和 ESA 提供的是雪水当量产品，而 WESTDC 提供的是雪深产品。因此，通过乘以气象站观测的积雪密度把 WESTDC 的雪深转化成雪水当量产品。然而，当雪深小于 5cm 时，气象站没有观测雪压，故得不到雪水当量，所以新疆地区 4 种雪水当量的比较只在中雪和深雪站点进行。

4 种雪水当量与站点观测的雪水当量进行比较，分别得到均方根误差和偏差。按照本节算法（新算法）、WESTDC、ESA 和 NSIDC 得到的雪水当量顺序，新疆地区 2003～2008 年积雪季节：深雪区的均方根误差分别为 14.6mm、18.4mm、23.8mm 和 75.8mm；中雪区的均方根误差分别为 8.9mm、12.9mm、26.8mm 和 41.3mm。深雪区的偏差分别为 -0.9mm、0.0mm、17.8mm 和 63.6mm；中雪区的偏差分别为 -1.6mm、-2.8mm、17mm 和 26.6mm，见表 4-7。

① IGBP 是指国际地圈生物圈计划（International Geosphere-Biosphere Programme）。

表 4-7 新算法、WESTDC、ESA 和 NSIDC 提取新疆地区 10 个气象站点的积当量误差统计

（单位：mm）

项目	站点	站点 ID	平均 SWE	偏差				均方根误差			
				新算法	WESTDC	ESA	NSIDC	新算法	WESTDC	ESA	NSIDC
2003～2008 年所有数据统计结果	深雪站点	51087	9.7	3.6	1.9	9.2	48.1	10.6	9.1	18.4	83.9
		51706	16.9	-0.9	-4.3	5.8	49.7	16.2	18.7	14.7	71.7
		51431	6.8	0.2	-1.1	4.1	15.9	7.1	9.8	11.9	34.8
		51437	9.1	1.2	0.9	1.7	28.3	6.3	8.9	12.6	48.7
		平均	10.6	1.0	-0.7	5.2	35.5	10.1	11.6	14.4	59.8
	中雪站点	51241	8.1	4.2	-0.1	6.4	19.0	17.5	12.5	16.1	42.3
		51053	4.4	0.1	0.2	7.3	7.7	3.8	6.5	20.9	15.1
		51288	9.2	-3.0	-5.3	4.6	7.7	10.4	31.9	11.7	39.1
		51346	3.5	0.6	-0.1	5.6	5.1	5.8	47.0	14.4	50.1
		51379	9.1	0.8	-2.8	1.3	22.2	7.7	9.5	8.6	54.3
		51068	5.4	-2.4	-3.2	6.7	8.4	6.5	5.1	17.6	30.8
		平均	6.6	0.1	-1.9	5.3	11.7	8.6	18.8	14.9	38.6
2003～2008 年积雪季节的统计结果	深雪站点	51087	33.4	0.5	7.4	25.6	84.6	14.8	15.0	30.1	105.1
		51706	49.5	-2.4	-12.0	17.1	70.6	20.6	23.8	26.4	85.4
		51431	30.5	-3.1	-2.8	17.9	38.0	13.8	19.6	20.7	38.8
		51437	33.8	1.3	7.4	10.7	61.1	9.0	15.1	18.1	74.0
		平均	36.8	-0.9	0.0	17.8	63.6	14.6	18.4	23.8	75.8
	中雪站点	51241	18.8	-2.0	-1.9	20.8	12.4	5.3	10.0	29.4	18.8
		51053	25.7	-3.6	-5.7	21.8	-6.4	11.6	13.9	36.8	16.7
		51288	24.6	3.5	4.2	10.7	20.1	10.5	15.6	18.1	16.3
		51346	16.4	-0.4	-4.7	20.75	37.8	6.4	8.4	27.8	54.0
		51379	28.6	-3.0	-3.9	4.3	73.5	10.3	13.7	15.8	99.4
		51068	22.4	-4.3	-4.8	23.5	21.9	9.2	15.9	33	42.7
		平均	22.8	-1.6	-2.8	17.0	26.6	8.9	12.9	26.8	41.3

NSIDC 雪水当量产品的均方根误差和偏差均最大，是因为全球算法中本研究区的积雪粒径和积雪密度信息不准确（Foster et al.，1997）。ESA 采用的算法同化了站点的雪深数据，其产品精度远高于 NSIDC。WESTDC 采用的算法是统计方法，用站点观测的雪深和亮度温度差（TBD1）进行线性回归分析。虽然该算法没有直接考虑本研究区的积雪特性，但经验公式已经包含了当地信息，该产品的精度相对较高。本节的新算法详细考虑了本研究区的积雪特性及其变化规律，其结果与观测结果最接近。

4.3 森林地区被动微波雪深反演方法

植被覆盖不同程度地影响地表的微波辐射，尤其是森林地区，地表辐射的微波信号受到森林的削弱，同时森林自身向上的辐射贡献，使卫星或航空传感器无法准确获得地表的微波信息（Ferrazzoli et al.，2002；Pampaloni，2004）。被动微波积雪厚度反演利用的是低频和高频的亮度温度差（Chang et al.，1987；Foster et al.，1997；Kelly et al.，2003），而不同频率的微波信号受到森林的削弱作用不同，森林在不同频率的发射率也有差异，森林往往降低了地表辐射的亮度温度差，导致反演积雪厚度和雪水当量出现低估。车涛研究组以东北森林区为研究区，结合积雪微波辐射传输模型和森林微波过程对东北森林的透过率进行优化，最后通过森林透过率消除森林的影响，提取东北地区的雪深。

4.3.1 森林积雪微波辐射传输过程

星载微波辐射计获取的森林地区亮度温度是积雪下垫面温度经过积雪层和森林两层介质作用后到达传感器的亮度温度，它经过了积雪的散射、森林的削弱和辐射，到达传感器的亮度温度来自于6个部分。

1）土壤辐射出被积雪层和森林削弱以及大气透过后到达传感器的亮度温度；

2）积雪辐射的亮度温度被森林削弱和大气透过后达到传感器的亮度温度；

3）积雪向下辐射的亮度温度被积雪-土界面反射后经森林削弱和大气透过后的亮度温度；

4）森林向下辐射的亮度温度经积雪反射和森林削弱以及大气透过后的亮度温度；

5）森林辐射经大气透过后的亮度温度；

6）大气下行辐射被森林和积雪反射、大气透过后的亮度温度以及大气直接向上发射的亮度温度。

前四个部分可以看作从积雪面辐射出的亮度温度被森林削弱后的亮度温度。该过程可用一个简单的辐射传输方程表示：

$$T_{\text{b-forest-SAT}}=t_a(t_f T_{\text{b-snow}}+(1-\omega)e_f T_f+r_f T_{\text{b-atm}\downarrow})+T_{\text{b-atm}\uparrow} \tag{4-14}$$

式中，$T_{\text{b-forest-SAT}}$为到达传感器的亮度温度；t_a为大气透过率；t_f为森林透过率；$T_{\text{b-snow}}$为从林下积雪表面的出射辐射；ω为森林单次散射反照率；e_f为森林发射率；T_f为森林温度；$T_{\text{b-atm}}$为大气辐射；↓、↑分别为下行辐射和上行辐射。

通常在一个微波像元内，森林和非森林同时存在。卫星观测到的亮度温度来自森林和非森林的共同贡献，根据像元内的森林覆盖率（f），卫星观测到的单个像元的亮度温度表示为

$$T_{\text{b-SAT}}=f\cdot T_{\text{b-forest-SAT}}+(1-f)\cdot T_{\text{b-snow-SAT}} \tag{4-15}$$

$$T_{\text{b-snow-SAT}}=t_a\cdot T_{\text{b-snow}} \tag{4-16}$$

式中，$T_{\text{b-snow}}$为非森林区积雪表面辐射出的亮度温度，不等同于式（4-14）中的$T_{\text{b-snow}}$。

4.3.2 透过率优化

（1）优化过程

本研究区的森林透过率通过优化方法获取。一方面从搭载在风云三号卫星上的 MWRI 被动微波亮度温度数据中提取 76 个积雪剖面 18GHz 和 36GHz 的亮度温度；另一方面正向模拟到达卫星的 76 个积雪剖面的亮度温度（$T_{\text{b-SAT}}$）。在模拟过程中，确定其他参数，而 18GHz 和 36GHz 的森林透过率为 0.4～1，步长为 0.001。建立卫星观测的亮度温度和模拟的亮度温度之间目标函数（本节的目标函数为标准差 RMSE）（图 4-7）。最小目标函数值对应的森林透过率则为最优透过率。目标函数的表达式为

$$\text{RMSE} = \frac{1}{3}\sum_{i=1}^{n}(\sigma^2_{\text{Tb18}} + \sigma^2_{\text{Tb36}} + \sigma^2_{\text{Tb18-Tb36}}) \tag{4-17}$$

式中，i 为第 i 个积雪剖面；n 等于 76；σ^2_{Tb18} 和 σ^2_{Tb36} 分别为 18GHz 和 36GHz 亮度温度的标准差（RMSE）；$\sigma^2_{\text{Tb18-Tb36}}$ 为 18GHz 和 36GHz 亮度温度差（TBD）的标准差。图 4-7 为 18GHz 和 36GHz 森林透过率优化过程。

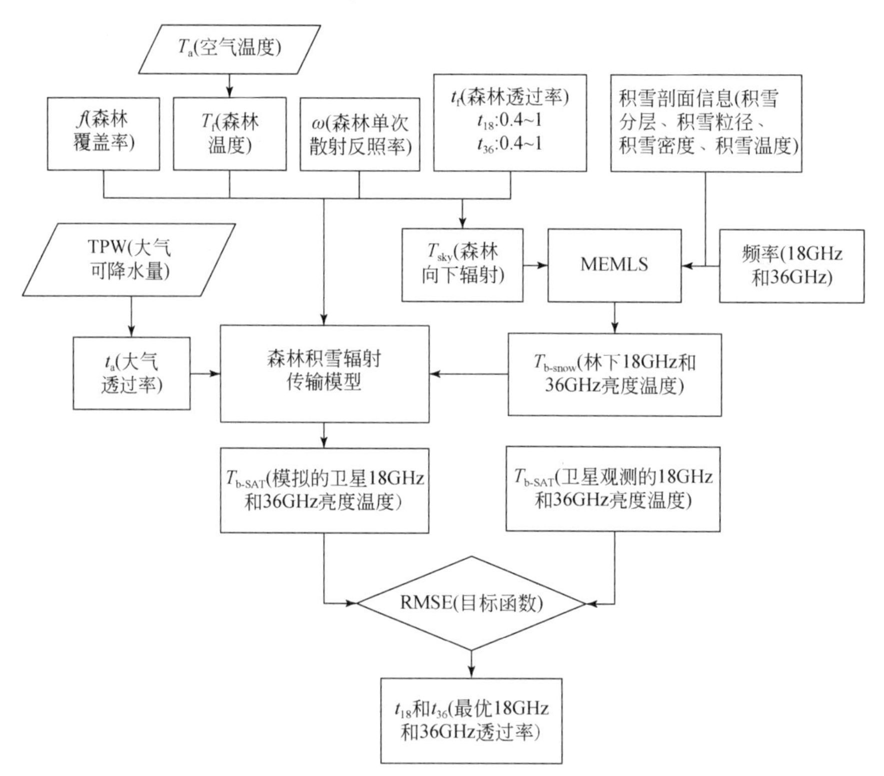

图 4-7　18GHz 和 36GHz 森林透过率优化过程

辐射传输过程中涉及大气、森林和积雪三方面的参数。

1）大气涉及的参数有大气透过率（t_a）和大气辐射（$T_{\text{b-atm}}$）。本节采用 Langlois 等（2011）、Kerr 和 Njoku（1990）建议的方法来计算t_a和$T_{\text{b-atm}}$。

$$t_a = e^{\tau \sec\theta} \tag{4-18}$$

式中，θ 为星载被动微波传感器的观测角度；τ 为天顶角大气光学厚度。

$$\tau_v = a \cdot \mathrm{TPW} + b \tag{4-19}$$

式中，TPW（total precipitable water）为大气可降水量（mm）；τ_v 为频率；a 和 b 为经验系数。在 Langlois 等（2011）中，a、b 在τ_{18}和τ_{36}的计算公式中分别为 0.025 89、0.010 43 和 0.022 48、0.035 78。

$$T_{\text{b-atm}} = c \cdot \mathrm{TPW} + d \tag{4-20}$$

式中，c 和 d 为经验系数，c、d 在 18GHz 和 5.9GHz 分别为 6.9、3.16 和 5.9、9.74（Langlois et al.，2011）。TPW 采用了 MODIS 的大气产品（MOD05）（Gao and Goetz，1990；Kaufman and Gao，1992）。

2）辐射传输过程中涉及 5 个森林参数：森林单次散射反照率 ω、森林发射率e_f、森林温度T_f、森林透过率t_f以及森林覆盖率 f，其中$e_f = 1 - t_f$。根据其他研究者的研究，ω 是一个非常小的量。对于热带森林，在 AMSR-E 所拥有的频率上，ω 的值从 0.055 变化到 0.07（Meissner and Wentz，2010），而 Roy 等（2012）的研究显示黑云杉 18GHz 和 36GHz 的 ω 非常接近，约为 0.064，还有一些研究认为 ω 非常小，可以忽略（Kruopis et al.，1999；Langlois et al.，2011）。由此可见，ω 对频率并不敏感，值相对比较稳定。本研究区以落叶林为主，其值应相对较小，并假设 18GHz 和 36GHz 的 ω 值相等且为 0.05。

T_f则用气温表示，卫星过境时刻是当地时间 0 点左右，所以采用气象站最低气温表示森林温度T_f。森林覆盖率 f 根据中国 1km 土地覆盖类型图计算。

3）从积雪表面辐射出的亮度温度$T_{\text{b-snow}}$用 MEMLS 模型模拟。前面已提到微波像元内微波辐射传输过程中涉及两个$T_{\text{b-snow}}$：一个是非森林区的$T_{\text{b-snow}}$，另一个是林下的$T_{\text{b-snow}}$。两者都通过 MEMLS 模型模拟获取，模型所需要的积雪特性（积雪分层、积雪粒径、积雪密度、积雪温度）参数从野外观测试验中获取，观测角度为 45°，与 MWRI 观测角度相同，而两者不同的地方在于天空背景值不同。模拟非森林区的$T_{\text{b-snow}}$时，天空背景值为大气下行辐射亮度温度，取值在 18GHz 和 36GHz 时分别为 15K 和 20K。而模拟森林区的$T_{\text{b-snow}}$时，天空背景值为森林的下行辐射，为（$1-\omega$）$e_f T_f$。

（2）优化结果

通过优化过程得到不同森林透过率下的目标函数值（图 4-8），最小目标函数值所对应的 18GHz 和 36GHz 的森林透过率分别为 0.895 和 0.656。本节利用其他 3 种方法计算了东北森林透过率，并将结果与本节成果进行比较。

4.3.3 雪深反演结果与验证

（1）雪深反演过程

一方面从卫星观测数据获取$T_{\text{b-0}}$；另一方面根据积雪特性先验信息，利用 MEMLS 模型模拟不同积雪特性下的亮度温度，建立非森林条件下的雪深（雪深为 1～100cm，步长为 1cm）和亮度温度查找表，以及根据森林参数和积雪特性建立森林区的林下积雪亮度温度

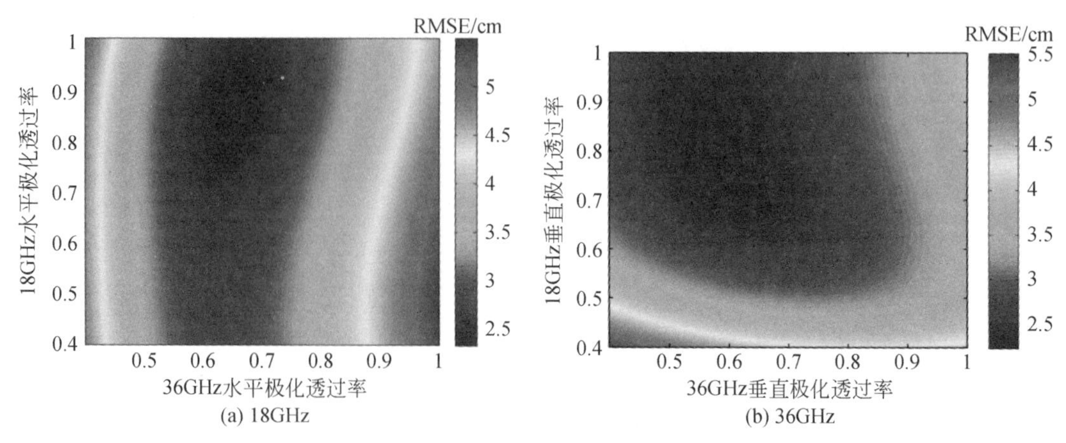

图 4-8 不同 18GHz 和 36GHz 的森林透过率组合下目标函数值的分布

和雪深的查找表，然后根据像元的森林覆盖率获得没有森林影响下的像元亮度温度（$T_{b\text{-}M}$），最后根据基于查找表方法提取雪深。卫星数据获取$T_{b\text{-}O}$的过程以及混合像元查找表的建立过程如图 4-9 所示，关于查找表的详细过程在图 4-3 中有详细描述。

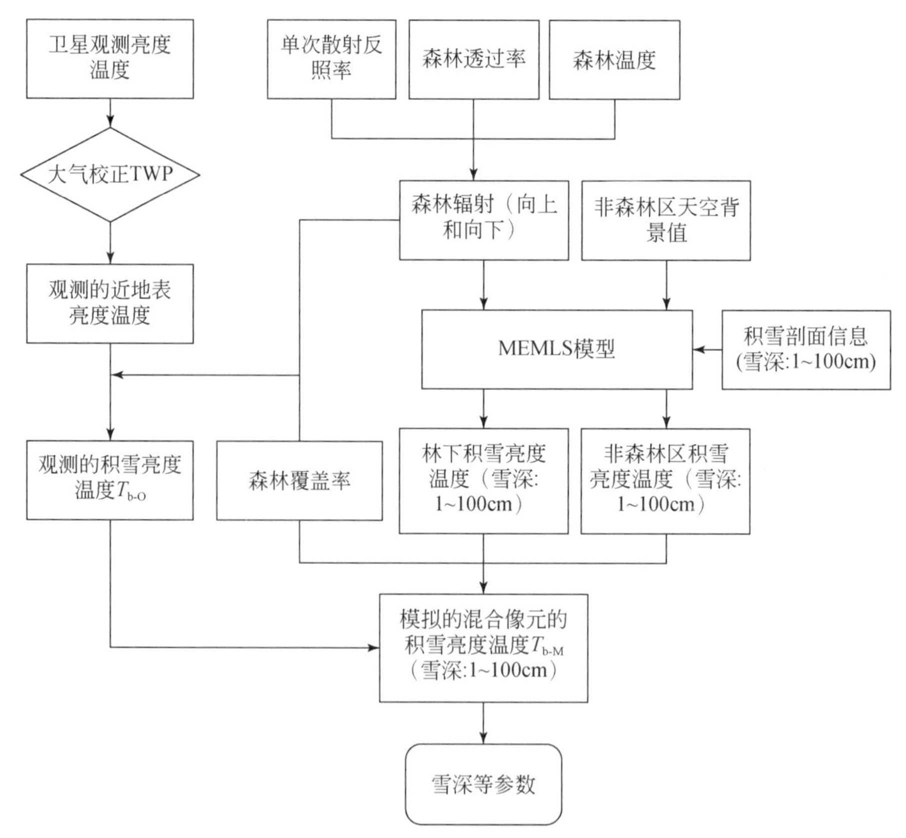

图 4-9 森林和非森林混合像元条件下雪深反演过程

积雪亮度温度模拟过程以及通过利用森林参数和辐射传输过程获取卫星观测的混合像元的积雪亮度温度的贡献过程

（2）结果与验证

通过对东北地区103个气象站点2003～2008年的反演雪深和观测雪深比较分析得出，森林区站点29个，非森林区74个。当全年数据纳入统计时，在森林和非森林地区两者的偏差在0.3cm以内，均方根误差（RMSR）分别为2.1cm和2.3cm；相关系数分别为0.88和0.85；当只统计有积雪存在的数据时，偏差分别为-0.3cm和0.3cm，RMSE分别为6.0cm和4.2cm，相关系数分别为0.60和0.53（表4-8）。

表4-8 东北地区103个气象站点的平均雪深以及反演雪深与观测雪深的误差统计

森林覆盖率	站点数/个	平均雪深/cm	偏差/cm	RMSE/cm	相关系数	统计范围
f>15%	29	2.8	0.3	2.1	0.88	全年
		10.2	-0.3	6.0	0.60	雪季
f < 15%	74	1.2	-0.2	2.3	0.85	全年
		7.1	0.3	4.2	0.53	雪季

注：根据森林覆盖率（*f*）分为森林区（*f*>15%）和非森林区（*f*<15%）。

东北地区4次野外试验中总共采集了401个雪深样点，平均雪深约为18.6cm。本节提取了4条积雪路线上的雪深并与观测雪深进行比较，发现反演雪深和观测雪深有较好的一致性（图4-10）。误差统计显示，偏差、RMSE和相关系数分别为：-0.14cm、5.3cm和0.83（表4-9）。

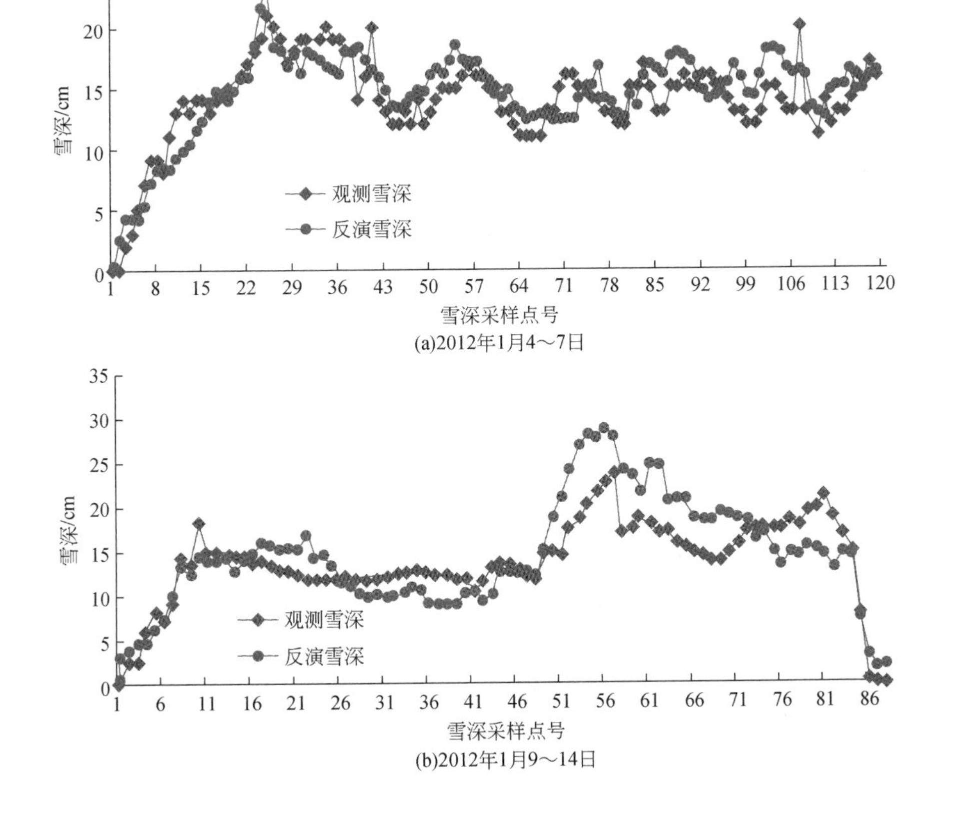

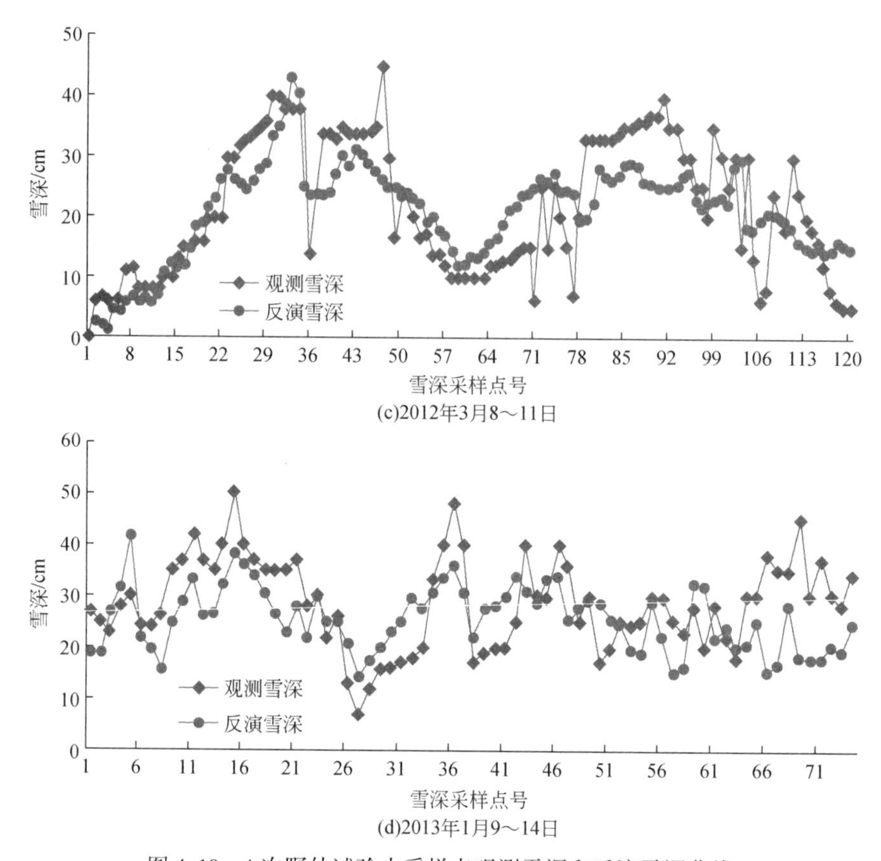

图 4-10 4 次野外试验中采样点观测雪深和反演雪深曲线

表 4-9 积雪路线上反演雪深和观测雪深的误差统计

积雪路线	样点数/个	平均雪深/cm	偏差/cm	RMSE/cm	相关系数
(a)	119	14.03	0.49	2.06	0.85
(b)	88	13.59	0.78	3.49	0.83
(c)	119	21.92	-0.72	7.02	0.77
(d)	75	27.92	-1.5	7.37	0.58
总计	401	18.64	-0.14	5.3	0.83

注：积雪路线（a）~（d）序号与图 4-10 中序号一致。

此外，与国际已有的雪深/雪水当量产品（NASA、ESA 雪水当量产品）进行比较，新算法无论是在偏差还是均方根误差（RMSE）上都小于其他产品（表 4-10）。NASA 算法出现严重的高估现象，主要存在两个方面的原因：一方面 NASA 产品主要基于美国和俄罗斯的积雪特性发展，并未充分考虑中国的积雪特性状况；另一方面东北森林区以混合像元为主，在混合像元里并没有考虑森林和非森林对亮度温度的贡献。ESA 算法依赖站点数据，但对山区进行掩膜，因为山区站点稀少并且与平地积雪特性存在差异。再者，ESA 算法并没有纳入中国地区的站点数据。新算法相对于其他两者通过透过率消除或降低森林对亮度温度的影响，并且对东北地区的积雪特性进行了大量的调查，获取了积雪特性先验信息，因此，精度高于 NASA 和 ESA 的算法。

表 4-10 新算法、ESA 和 NASA 提取东北地区 13 个气象站点的 SWE 误差统计

森林覆盖率	站点 ID	样本数/个	平均 SWE/mm	偏差/mm			RMSE/mm		
				新算法	ESA	NASA	新算法	ESA	NASA
$f>15\%$	54284	805	25.3	−7	−11.33	29.9	12.8	17.5	44.9
	50774	694	18.3	−3.5	1.3	25.4	6.8	7.2	33.6
	54276	646	15.6	−0.5	−5.4	30.3	8.9	11.8	45.1
	50349	915	22.6	−1.2	6.1	42.6	9.4	12.2	51.8
	50434	934	23.4	−2.1	1.4	40.4	6.4	6.3	48.4
	54346	391	9.2	4.3	−4.1	11.9	8.1	8.8	23.1
	平均	731	19.1	−1.7	−2	30.1	8.7	10.6	41.2
$f<15\%$	50618	735	12.9	1.3	2.1	23.2	9.1	7.1	38.4
	50888	583	14.7	1.4	8.7	22.3	10.1	17.2	42.7
	50557	729	9.1	−1.2	5.8	9.7	5.2	10.3	16.8
	50603	669	5.6	−0.5	3.3	8.7	3.4	6.2	12.4
	50834	381	6.3	1.0	4.5	18.9	6.3	8.3	27.7
	50953	507	10.3	1.3	0.7	2.7	9.1	6.5	16.0
	54049	254	4.8	1.4	2.2	6.9	10.1	5.8	11.7
	平均	551	9.1	−1.2	3.9	13.2	5.2	8.8	23.7

4.4 积雪同化方法

数据同化方法是科学数据与科学模型研究之间的桥梁，是两者的最佳融合手段。通过数据同化方法的研究，从根本上解决了观测的时空不连续问题，改善了模型的动态演化轨迹，使其更为接近观测。一方面我们可以提高模型的预报能力，另一方面我们获得了有模型模拟约束和数据观测约束的时间及空间连续的高质量数据集。

4.4.1 同化系统

积雪数据同化系统由数据、模型、同化方法和误差估计四部分组成。

4.4.1.1 数据

积雪数据同化系统中贯穿始终的就是数据。

(1) 积雪过程模型输入数据

积雪过程模型所需数据包括驱动数据和相应的参数集，如大气驱动数据集、地表土壤热力学参数等。这些数据使积雪过程模型得以运行，它们的质量直接影响积雪过程模型模拟积雪状态变量的精度。因此，这些数据制备工作越准确和越充分，提高积雪数据同化结果就越容易。

随着地球观测系统（earth observing system，EOS）时代的到来，地球系统科学领域的科学家，尤其是大气研究领域，对这些基础性的工作给予了更多、更深入的研究。在数值天气预报、大气数据再分析资料、陆面过程模型与气候模式的耦合等方面，开展了积雪过程模型和其他模型所需要的大气驱动数据集研究，以 NCAR/NCEP 再分析资料的使用率最高，也有通过 NCAR/NCEP 再分析资料同化大气观测资料的同化结果。近些年，在全球开展了大量的地面观测网，希望通过高密度的地面观测集成其他数据集（如卫星观测与大气模式），以达到全球研究的目的，如美国 NASA 启动的 CLPX 计划，IGOS-P 框架下由世界气候研究计划（World Climate Research Programme，WCRP）、世界气象组织（World Meteorological Organization，WMO）和国际卫星对地观测委员会（Committee of Earth Observation Satellite，CEOS）组织的 CEOP，等等，这些高质量的数据集也可以被积雪数据同化系统所用。

地表水热参数同样受到地球系统科学界的广泛关注，如 1986 年由国际科学联盟理事会（International Council of Scientific Unions，ICSU）发起的国际地圈生物圈计划（International Geosphere-Biosphere Programme，IGBP）制作的全球 1km 植被数据集，联合国粮食及农业组织（Food and Agriculture Organization of the United Nations，FAO）产生的全球土壤数据集，以及 EOS 计划 MODIS 数据产品系列，等等，这些也都可以作为积雪数据同化系统中地表水热参数集，用以支持积雪过程模型的运行。

(2) 积雪过程模型输出数据

积雪过程模型输出数据是积雪数据同化系统中的先验知识，或者称为背景场估计。积雪状态变量预报的优劣，会直接影响同化系统的分析结果。不同的积雪过程模型对积雪状态变量的模拟各有侧重，但是基本的变量，如雪深、雪水当量、积雪密度、积雪层温度等都有模拟，只是积雪反照率、积雪粒径等特殊参数有些模型考虑较少或不考虑。对于精细的一维积雪过程模型，如 SNTHERM 几乎涉及积雪层的各种物理参数估计，而且对积雪的分层考虑非常细致。事实上，在许多情况下，一些陆面过程模型更多的关注于全球尺度的模拟以及与全球气候模式的耦合，对积雪过程有很大程度的简化，如 SSiB（Sellers et al.，1996）只考虑一层积雪的情况，而且假定积雪的导热率和顶层土壤的一样。

(3) 积雪观测数据

积雪数据同化系统以同化积雪状态变量为主，主要包括三大类，第一类是积雪状态变量的直接观测，如地面站点的积雪深度、积雪密度、雪面温度等；第二类是积雪状态变量的遥感反演结果，如 MODIS 积雪面积产品和地表温度产品、被动微波遥感（SMMR、SSM/I 和 AMRS-E）雪深数据产品等；第三类是积雪地表的综合观测，如不同波段的遥感观测、可见光遥感获得的地表反射率、红外遥感探测的地表热辐射、雷达观测的后向散射系数以及微波辐射计观测的亮度温度等。

这些观测从不同的时间、空间上对积雪状态变量进行观测，可以用不规则来形容这些观测数据源。根据不同的观测，积雪数据同化系统利用不同方式将其融合到积雪过程模型的预报信息中。例如，对于直接观测数据和间接遥感反演数据，可以采用直接同化或插值方法（Daley，1993）；对于综合观测数据，需要利用相应的转换模型，一般是利用不同波段的辐射传输模型将积雪过程模型模拟的积雪状态变量转换为综合的观测量，再进行同化。

4.4.1.2 模型

模型包括积雪过程模型和观测转换模型。

（1）积雪过程模型

积雪过程模型在积雪数据同化系统中也称为模型算子。积雪过程模型大多属于陆面过程模型或水文模型中的子模型，通过土壤-植被-雪盖-大气多层过程的耦合，来描述地球表层过程的状态变化。通过积雪物理属性和界面过程中的参数化结果比较分析表明（Xue et al.，2003），合理地模拟雪深、雪水当量、雪面温度和表面径流，积雪的分层和压实过程是最为关键的。在融雪期，雪面的反照率是影响雪水当量和表面径流最关键的因子。

下面简单介绍有关积雪过程模型中的主要控制方程。

1）总的能量平衡（Q^*）方程。

$$Q^* = Q_S^* + Q_L^* + Q_H + Q_{ES} + Q_B + Q_{HPR} \tag{4-21}$$

式中，Q_S^* 为短波辐射；Q_L^* 为长波辐射；Q_H 为感热；Q_{ES} 为潜热；Q_B 为土壤热通量；Q_{HPR} 为降水带来的能量输入。这些热通量是雪面温度变化的函数

$$Q(T_S^{n+1}) = Q(T_S^n) + \left.\frac{\partial Q}{\partial T}\right|_n (T_S^{n+1} - T_S^n) \tag{4-22}$$

式中，T_S^n、T_S^{n+1} 分别为第 n、第 $n+1$ 时刻的雪面温度。

2）总的质量平衡（M^*）方程。

$$M^* = M_{PS} + M_{PR} + M_V - M_A \tag{4-23}$$

式中，M_{PS} 为固体降水输入；M_{PR} 为液态降水；M_V 为水汽通量；M_A 为径流。

3）积雪内部的水热过程。

热传导：

$$C_S\rho \frac{\partial T}{\partial t} = \frac{\partial}{\partial z}\left(K \frac{\partial}{\partial z} T\right) \tag{4-24}$$

式中，C_S 为积雪的比热；ρ 为积雪密度；K 为有效热导系数，一般认为 K 是密度的函数；T 为积雪温度。

水汽通量：

$$\frac{\partial}{\partial z} M_V = -\frac{\partial}{\partial z}\left(D \frac{\partial v}{\partial z}\right) = -\frac{\partial}{\partial z}\left(D \frac{\partial T}{\partial z}\frac{\partial v}{\partial T}\right) \tag{4-25}$$

式中，D 为积雪中的水汽有效扩散系数，一般认为是温度和压力的函数；V 为水汽含量；z 为垂直高度，该式为水汽的垂直梯度。

4）积雪的融化和冻结过程。

当积雪温度高于或低于冻结点温度后，相变会改变局部热平衡状况，融化后的液态水和冻结后的冰晶分别用水和冰的水热计算方程。

5）积雪中的短波辐射传输过程。

$$Q_S(z) = Q_S^* \exp[-v(h-z)] \tag{4-26}$$

式中，v 为积雪的消光系数；h 为积雪层总的厚度。

6）积雪中的液态水输送过程。

积雪的持水力 C^R 一般认为是干雪质量（积雪密度 ρ 和积雪层总的厚度 h 的乘积）和最大持水力（m_w^R）的函数

$$C^R = \frac{m_w^R}{\rho h} \tag{4-27}$$

7）积雪的变质过程。

积雪的变质过程一般考虑 3 个方面：重力作用引起的压实过程、温度梯度引起的结构变化过程和积雪反复冻融引起的粒雪形成过程（Jin et al.，2009）。

8）积雪内部的质量平衡和能量平衡。

质量平衡积分方程：

$$M_{t1} - M_{t0} = \int_0^{h(t1)} [\rho(z, t1) + w(z, t1)]\mathrm{d}z - \int_0^{h(t0)} [\rho(z, t0) + w(z, t0)]\mathrm{d}z \tag{4-28}$$

式中，M_{t1}、M_{t0} 分别为 t_1、t_0 时刻的质量。

能量平衡积分方程：

$$\begin{aligned} E_{t1} - E_{t0} = &\int_0^{h(t1)} [\rho(z, t1)T(z, t1)C_S + w(z, t1)T_0(t, t1)c^*]\mathrm{d}z \\ &- \int_0^{h(t0)} [\rho(z, t0)T(z, t0)C_S + w(z, t0)T_0(t, t1)c^*]\mathrm{d}z \end{aligned} \tag{4-29}$$

式中，$c^* = C_E + L_F/T_0$；C_E 为冰的热容［1900J/（Kg·K）］；L_F 为冰的融化潜热；T_0 为冻结点温度（273.15K）。

上述积雪过程中还没有考虑边界条件，事实上，积雪过程模型的边界条件非常重要。例如，降雨和降雪的判断等。积雪的反照率在能量平衡方面有至关重要的影响，尤其是在融雪期，积雪反照率的变化在不同时间尺度上有不同的反映。雪面反照率的日变化表现在反照率随着一天中不同时刻太阳高度角的变化而变化，雪面反照率的季节变化表现在春季小于冬季，夏季最低，而且雪面反照率随着雪深的变化而变化。不同的积雪过程模型对积雪的反照率有不同的参数化方案（Slater et al.，2001；Xue et al.，2003），目前对这些参数化方案的优劣还没有定论。

积雪的分层也是很有意义的研究，目前针对积雪分层方案对积雪水热模拟结果的影响研究表明，简单的分层就可以得到与非常详细的分层模型近似的结果，如 CLM 模型根据雪深最多分 5 层（Dai et al.，2003），SAST 模型将积雪分为 3 层（Sun et al.，1999）。

即使是一维的积雪过程模型，积雪覆盖面积比例和雪深之间的关系也很重要，这是因为积雪覆盖面积比例进一步影响能量平衡。利用雪深计算积雪覆盖面积转换关系的研究很多（Wu T W and Wu G X，2004），并且开展了次网格积雪过程模型的研究（Liston，2004）。

（2）观测转换模型

转换模型在积雪数据同化系统中也称为观测算子。当直接同化或间接同化积雪观测时，我们一般采用直接同化或插值后同化的方法融合观测数据。而更有意义的是同化遥感观测数据，如可见光遥感的反射率、SAR 的后向散射系数、被动微波遥感的亮度温度等时需要引入积雪的辐射传输模型。对于被动微波遥感的亮度温度数据，采用积雪微波辐射传输模型将积雪过程模型的模拟值转换为遥感的可观测量。

4.4.1.3 同化方法

（1）经典 Kalman 滤波

Kalman 滤波是一个线性递推滤波算法，当模型误差和观测误差均为高斯分布的白噪声时，Kalman 滤波方法是最优的。系统预报方程写为

$$\boldsymbol{X}^f(t_k)=M\boldsymbol{X}^a(t_{k-1}) \tag{4-30}$$

式中，$\boldsymbol{X}^f(t_k)$ 为雪状态矢量；M 为模型算子；$\boldsymbol{X}^a(t_{k-1})$ 为前一时刻 t_{k-1} 的分析结果。相应的误差协方差矩阵

$$\boldsymbol{P}^f(t_k)=MP^a(t_{k-1})M^{\mathrm{T}}+\boldsymbol{Q} \tag{4-31}$$

式中，P^a 为协方差矩阵；$\boldsymbol{Q}$ 为一个先验的协方差矩阵。

那么，当前时刻的优化结果 $\boldsymbol{X}^a(t_k)$ 可以描述为

$$\boldsymbol{X}^a(t_k)=\boldsymbol{X}^f(t_k)+\boldsymbol{K}_k[Y^0(t_k)-\boldsymbol{H}_kX^f(t_k)] \tag{4-32}$$

式中，Y^0 为观测算子；$\boldsymbol{H}_k$ 为观测转换模型，用于将积雪状态矢量转换为观测量（如积雪的辐射传输模型），$\boldsymbol{K}_k$ 为 Kalman 增益系数矩阵

$$\boldsymbol{K}_k=\boldsymbol{P}^f(t_k)\boldsymbol{H}_k^{\mathrm{T}}[\boldsymbol{H}_k\boldsymbol{P}_f(t_k)\boldsymbol{H}_k^{\mathrm{T}}+\boldsymbol{R}(t_k)]^{-1} \tag{4-33}$$

$\boldsymbol{P}^a(t_k)$ 为当前的误差协方差矩阵

$$\boldsymbol{P}^a(t_a)=(I-\boldsymbol{K}_k\boldsymbol{H}_k)\boldsymbol{P}^f(t_k) \tag{4-34}$$

（2）集合 Kalman 滤波

经典的 Kalman 滤波要求积雪过程模型和观测转换模型是线性的（或者是可线性化的），事实上，积雪过程的复杂性以及模型中的大量参数化方案已经使积雪过程模拟成为非线性问题，如果观测不是积雪状态参量（如被动微波遥感观测的亮度温度），积雪的辐射传输模型同样很难线性化。一个可行的方法是发展模型的伴随模型，即模型的数值梯度，依靠变分法实现同化。这里介绍的集合 Kalman 滤波是利用集合预报的方法，从统计角度出发，利用集合的统计信息来实现优化的（Evensen，1994；Burgers et al.，1998），因此模型可以是非线性化的。

式（4-31）在集合 Kalman 滤波中由集合样本计算

$$\boldsymbol{P}^f=\boldsymbol{P}_e^f=\overline{[\boldsymbol{X}^f(t_k)-\overline{\boldsymbol{X}^f(t_k)}][\boldsymbol{X}^f(t_k)-\overline{\boldsymbol{X}^f(t_k)}]^{\mathrm{T}}}$$

$$\boldsymbol{P}^f=\boldsymbol{P}_e^f=\overline{[\boldsymbol{X}^f(t_k)-\overline{\boldsymbol{X}^f(t_k)}][\boldsymbol{X}^f(t_k)-\overline{\boldsymbol{X}^f(t_k)}]^{\mathrm{T}}} \tag{4-35}$$

式中，$\boldsymbol{P}_e^f$ 的 e 是指通过集合（ensemble）来计算误差协方差矩阵。

式（4-33）中，

$$\boldsymbol{P}^f(t_k)H_k^T=\overline{[\boldsymbol{X}^f(t_k)-\overline{\boldsymbol{X}^f(t_k)}][\boldsymbol{H}^f(t_k)-\overline{\boldsymbol{H}^f(t_k)}]^{\mathrm{T}}} \tag{4-36}$$

$$\boldsymbol{H}_k\boldsymbol{P}_f(t_k)\boldsymbol{H}_k^{\mathrm{T}}=\overline{[\boldsymbol{H}^f(t_k)-\overline{\boldsymbol{H}^f(t_k)}][\boldsymbol{H}^f(t_k)-\overline{\boldsymbol{H}^f(t_k)}]^{\mathrm{T}}}$$

$$\boldsymbol{H}_k\boldsymbol{P}_f(t_k)\boldsymbol{H}_k^{\mathrm{T}}=\overline{[\boldsymbol{H}^f(t_k)-\overline{H^f(t_k)}][H^f(t_k)-\overline{H^f(t_k)}]^{\mathrm{T}}} \tag{4-37}$$

以随机模拟为基础的集合 Kalman 滤波方法是一种高效的优化算法，可以处理模型算子和观测算子的非线性与不连续性问题，又可以依据集合预报结果得出误差估计。在积雪数据同化系统中，积雪过程模型模拟的积雪状态变量作为反演的先验知识，通过集合 Kalman 滤波方法融合积雪观测（常规的积雪状态变量和遥感观测资料），随着系统不断的运行，不断的引入观测，最终获取连续的积雪状态变量数据集。

4.4.1.4 误差估计

积雪数据同化系统是在积雪过程模型模拟和积雪数据观测两者的误差基础上进行动态优化，积雪数据同化系统的成功与否，很大程度上取决于对模型和数据误差的理解和应用。系统中的观测误差认为在时间上独立，随着系统的运行，模型模拟的误差协方差将随着优化控制动态更新。

无论是积雪变量的直接观测，还是遥感获取的卫星数据，总是有不同程度的误差。观测仪器的误差主要考虑传感器本身的系统误差，可以根据传感器的技术指标来估计。

（1）观测转换模型的误差

对于积雪状态变量的直接观测，如地面的实地测量，需要考虑积雪层参数的空间不匹配引起的代表性误差。对于遥感反演的积雪变量，需要考虑遥感反演方法的精度和误差。对于由点观测数据空间插值法获取的积雪状态变量的数据，需要考虑插值引起的误差。对于由积雪辐射传输模型模拟的遥感观测数据，需要考虑辐射传输模型的误差和大气中水汽等引起的误差。

（2）积雪过程模型的误差

积雪过程模型模拟误差包括由积雪过程参数化引起的简化误差，大气强迫数据引起的驱动误差，时间差分引起的误差以及初始场估计误差。这些误差和积雪层的物理变化有关，是动态变化的。

常见的误差估计是用地面点观测手段验证，模型空间分辨率和点观测所代表的空间分辨率不一致，使一个或几个点的观测无法代表模型格网尺度上的模拟，很难定量的估计这些误差的分布规律。也有一个思路是，利用多个积雪过程模型同步运行，总体估计积雪过程模型的误差，但是还需要进一步探讨。

4.4.1.5 系统集成方案

利用 NASA 的寒区地表过程试验数据与 CEOP 计划在西伯利亚泰加林研究的试验数据，开展了同化系统的单点试验。本系统采用戴永久教授开发的通用陆面模型（common land model）(Dai et al., 2003)，积雪的微波辐射传输模型采用 Wiesmann 和 Mätzler (1999) 发展的 MEMLS 模型。同化方法以集合 Kalman 滤波算法为基础，系统中估计误差主要通过经验给出，并假定系统中的误差服从高斯分布。其集成的积雪数据同化系统流程如图 4-11 所示。

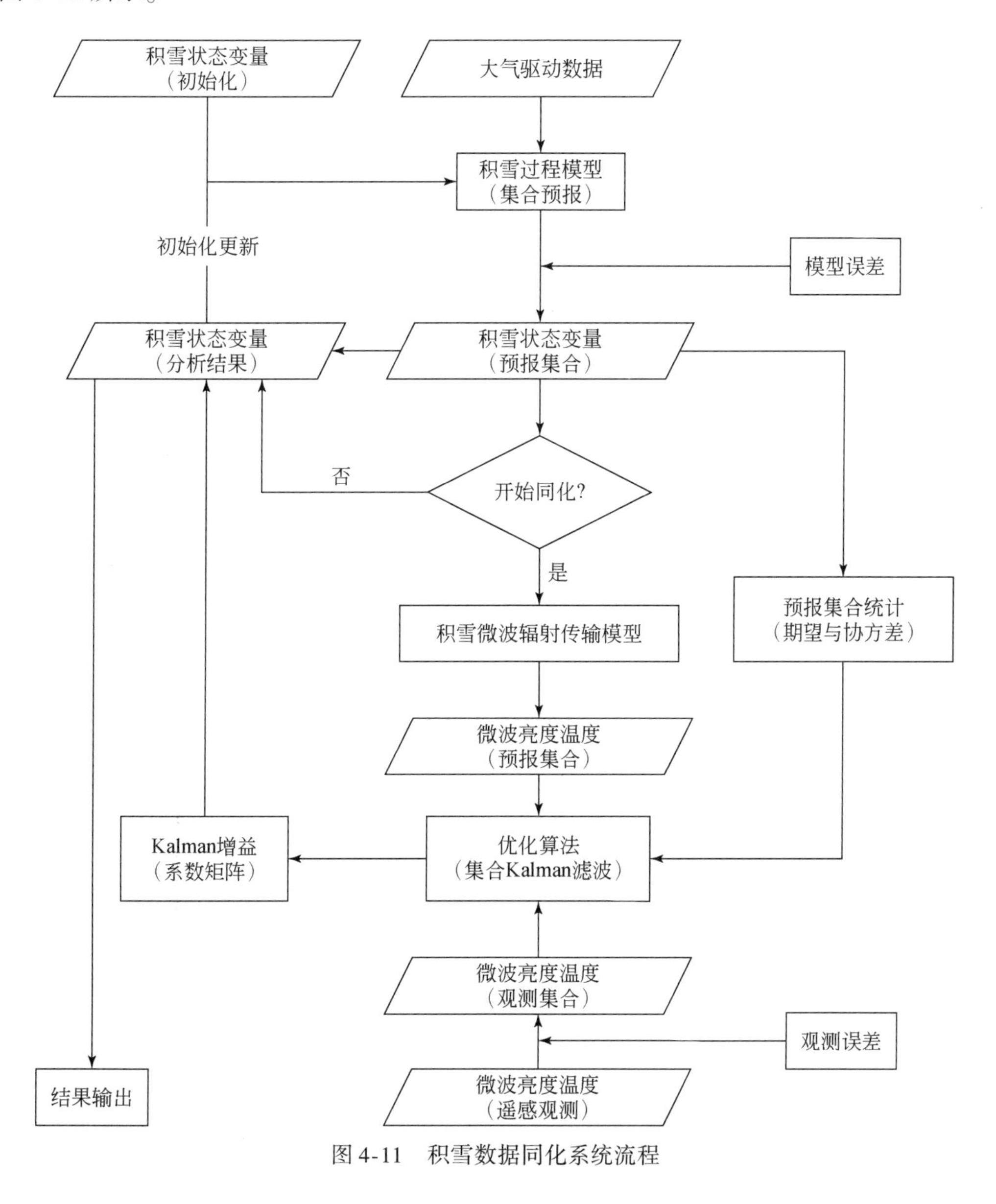

图 4-11 积雪数据同化系统流程

4.4.2 实验与结果

4.4.2.1 试验数据介绍

积雪数据同化系统的驱动数据来自北美陆面数据同化系统（North American Land Data Assimilation System，NLDAS）的 1/8 度逐小时大气数据再分析资料（Cosgrove et al.，2003），该驱动数据集在气象卫星合作研究中心的 Eta 数据同化系统（EDAS）和数据产品的基础上，融合了降水和辐射的观测资料。降水资料来自美国国家环境预防中心（National Centers for Environmental Prediction，USA，NCEP）气候预报中心（CPC）逐日的雨量桶观测和美国气象服务部逐小时的 Doppler 雷达降水分析资料，其中雷达数据用于将日观测降水量重采样为逐小时。短波辐射来自地球静止业务环境卫星辐射数据，该数据由马里兰大学和美国环境卫星数据信息服务部处理。地表水热参数（土壤颜色、土壤质地、植被类型和高程）使用美国地质勘探局（United States Geological Survey，USGS）提供的全球数据产品。

（1）观测数据

遥感数据来自被动微波遥感 SSM/I 的观测亮度温度。积雪深度观测数据主要来自加强观测期内的积雪 transect 测量，该地区有雪面通量观测（FLOSS），也有积雪深度的观测，但是由于该雪深自动观测传感器误差很大而没有采用，只用积雪 transect 测量结果进行了定性的验证分析。

积雪数据同化方案分为两种：第一种方案是同化 SSM/I 反演的积雪深度，这时不需要进行积雪微波辐射传输模型参与；第二种方案是同化亮度温度，因为积雪同化中最感兴趣的研究是积雪深度，而积雪深度与 19GHz 和 37GHz 的亮度温度差关系最为密切，所以试验中使用亮度温度差作为观测数据，此时积雪微波辐射传输模型作为转换模型。

同时，也使用了 NLDAS 的雪面温度输出结果，作为假定的观测数据来同化 CLM 模型模拟的雪面温度。同化 NLDAS 的输出结果只是为了验证积雪数据同化系统的性能，而不应理解为 NLDAS 的结果就是真实的观测。

（2）CLM 模型模拟的积雪数据

在大气数据驱动下，利用 CLM 模型计算了 2001 年 1 月 1 日～2003 年 8 月 31 日雪深与雪面温度，作为检测积雪数据同化系统功能的参考（图 4-12～图 4-14）。

4.4.2.2 同化积雪变量的直接与间接观测试验

（1）雪深数据同化结果

以遥感反演的雪深和 NLDAS 的雪面温度作为观测数据，利用 100 个集合进行雪深和雪面温度的同化结果表明，同化后的结果明显要比独立运行结果更接近观测值（图 4-15 和图 4-16）。

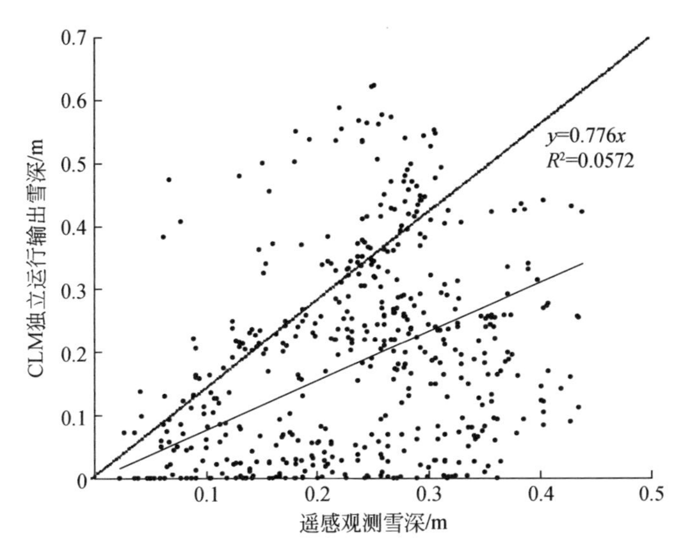

图 4-12　CLM 独立运行输出雪深与被动微波遥感反演雪深散点图

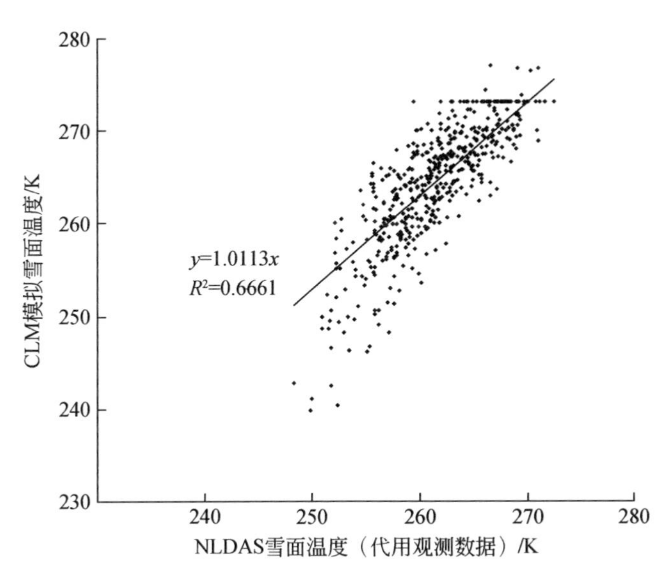

图 4-13　CLM 模拟雪面温度与 NLDAS 雪面温度散点图

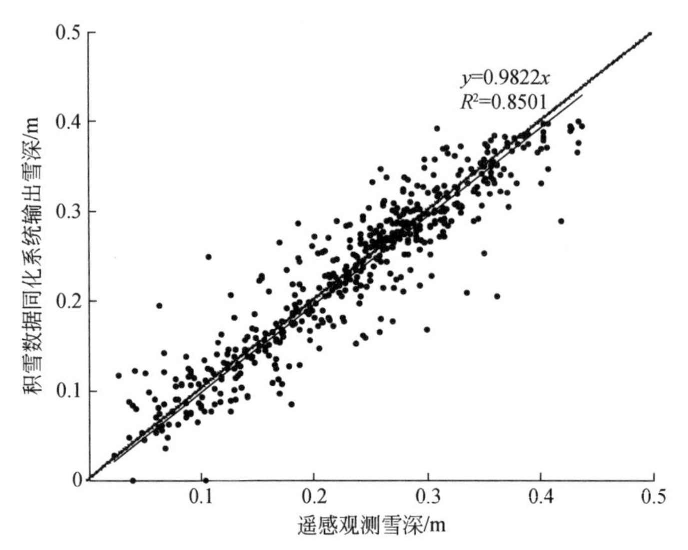

图 4-14　积雪数据同化系统输出雪深与被动微波遥感反演雪深散点图

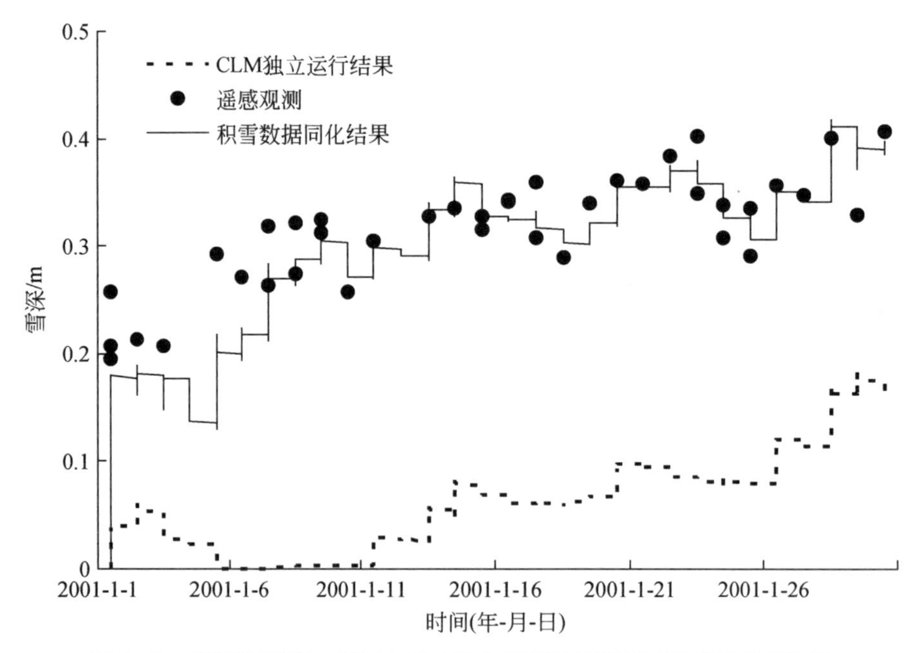

图 4-15　积雪数据同化系统与 CLM 独立运行对雪深模拟的响应过程比较

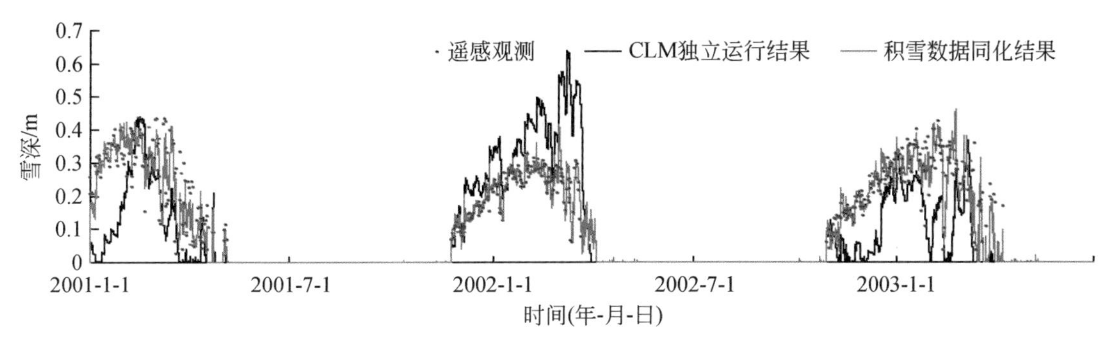

图 4-16　被动微波遥感观测、CLM 独立运行和积雪数据同化的雪深时间序列
(2001 年 1 月 1 日 ~ 2003 年 8 月 31 日)

在积雪数据同化系统运行初期，并没有对 CLM 模型的积雪状态变量严格地初始化，只是设置为无雪覆盖。可以看出，如果独立运行 CLM 模型，需要运行几个月才能正常模拟积雪过程，而同化不到 10d 积雪深度的遥感数据后，系统就已经趋于稳定（图 4-17）。这说明，当积雪过程模型的初始状态无法估计时，积雪数据同化方法可以快速实现合理的初始化。

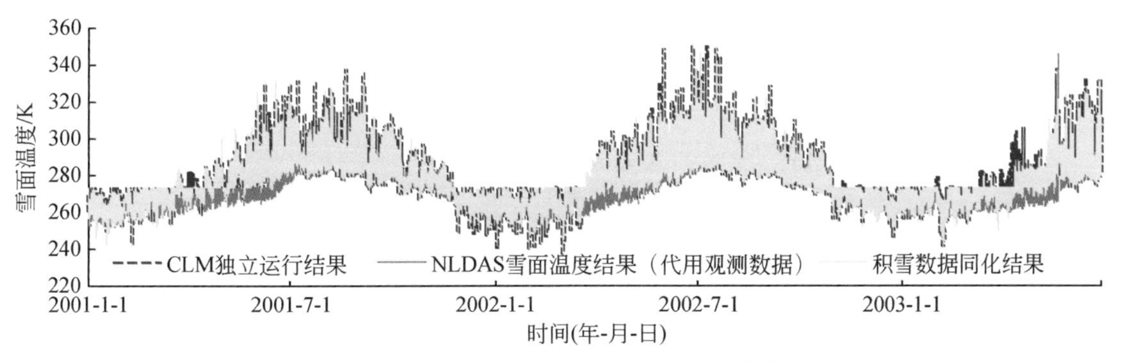

图 4-17　CLM 独立运行、NLDAS 输出和积雪数据同化系统的雪面温度时间序列
(2001 年 1 月 1 日 ~ 2003 年 8 月 31 日)

(2) 雪面温度数据同化结果

将 NLDAS 雪面温度结果作为代用的观测数据，以期说明同化系统的功能，并不代表真实的观测。图 4-17 是试验点 CLM 模拟、NLDAS 输出和积雪数据同化系统的雪面温度时间序列比较。可以看出当积雪处于消融期时，CLM 和 NLDAS 之间有较大的差异。由于数据量较大，特别截取了 2001 年 1 月 1 ~ 10 日的数据进行对比，可以看出，积雪数据同化系统的雪面温度融合了两者的信息（图 4-18）。也可以从散点图（图 4-19）看出同化后的雪面温度更接近于 NLDAS 的雪面温度结果（代用观测数据）。

4.4.2.3　同化被动微波亮度温度试验

积雪数据同化系统最大的优势在于可以融合卫星观测，对于最为关心的雪深，被动微

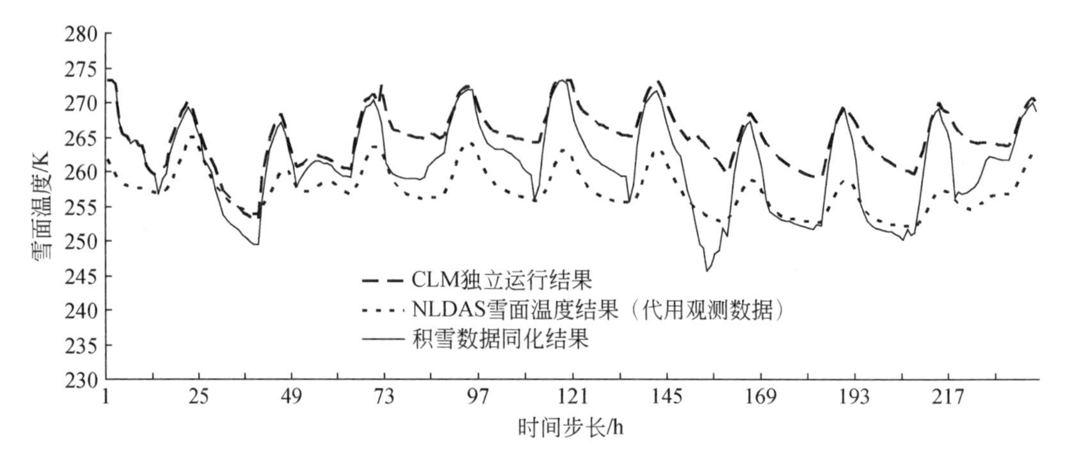

图 4-18　CLM 独立运行、NLDAS 输出和积雪数据同化系统的雪面温度时间序列（2001 年 1 月 1 ~ 10 日）

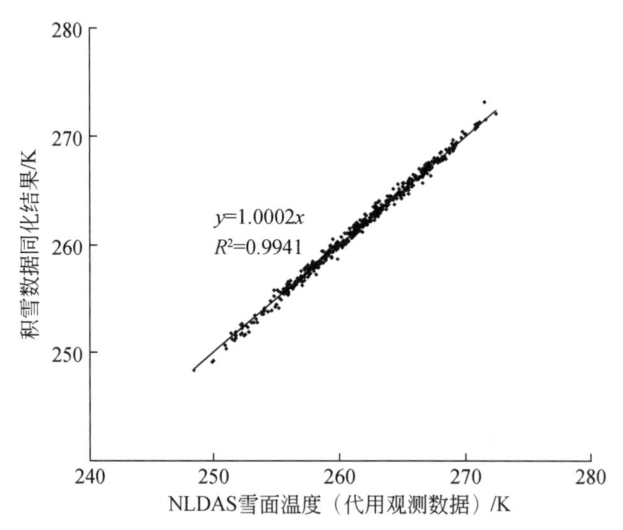

图 4-19　积雪数据同化系统结果与 NLDAS 雪面温度散点图

波遥感亮度温度是理想的观测数据，因此需要引入积雪微波辐射传输模型。雪深及被动微波遥感的 19GHz 和 37GHz 的亮度温度差关系最为密切，因此，以 SSM/I 的 19GHz 和 37GHz 亮度温度差为观测数据进行积雪数据同化。

将积雪微波辐射传输模型作为观测算子的积雪数据同化系统，在同化了 SSM/I 的 19GHz 和 37GHz 亮度温度差后，获取的雪深时间序列数据明显优于 CLM 独立运行结果（图 4-20）。更为重要的是，获取了利用 SSM/I 直接反演所不能得到的时间连续的雪深数据。

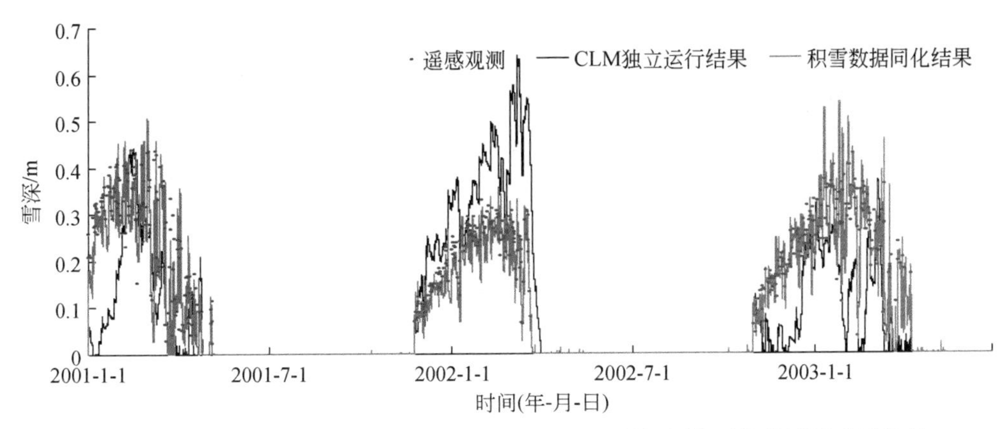

图 4-20 被动微波遥感观测、CLM 运行结果和积雪数据同化系统的雪深时间序列（2001 年 1 月 1 日 ~ 2003 年 8 月 31 日，研究区 1）

4.4.2.4 积雪 transect 测量与积雪数据同化系统结果的定性比较

CLPX 计划执行期间一共有 4 次加强观测，每次进行积雪 transect 测量，其中本次试验所选的研究区 1 是积雪 transect 测量的三个研究区之一。利用 CLPX 加强观测期（IOP）积雪测量定性的比较 CLM 模拟结果和积雪数据同化结果（表 4-11）。

表 4-11 积雪数据同化系统、CLM 和 CLPX 加强观测期地面测量雪深比较

指标	IOP1（2002 年 2 月 21 日）	IOP2（2002 年 3 月 27 日）	IOP3（2003 年 2 月 21 日）	IOP4（2003 年 3 月 28 日）
采样数量/个	500	464	533	510
有积雪点数/个	128	24	377	332
雪深均值/cm	8. 11	—	7. 54	4. 91
雪深最大值/cm	36	—	51	34
雪深标准差/cm	10. 01	—	8. 01	3. 13
CLM 模拟雪深/cm	41	14	2. 7	3
同化结果/cm	26	0	34	19

在第一个积雪积累期（IOP1），积雪数据同化系统输出雪深（同化结果）小于雪深最大值，而大于雪深均值，CLM 模拟雪深此时远远大于雪深均值，而且比雪深最大值还大。

在第二个积雪积累期（IOP3），CLM 低估了雪深，比雪深均值还小，而积雪数据同化结果依然处于雪深均值和雪深最大值之间。

在第一个积雪消融期（IOP2），从积雪的实地测量来看，积雪融化已经接近后期，而且数据记录中显示已有的 24 个积雪采样均标志为湿雪、融雪或湿雪。同化结果雪深为 0，与观测基本一致，而此时 CLM 显示雪深为 14cm，这可能与 CLM 中积雪表面反照率的参数化方案以及大气驱动数据（尤其是降水）有关。

在第二个积雪消融期（IOP4），从积雪的实地测量来看，有积雪点数占到总采样数量的60%以上，说明积雪融化开始不久，还有大面积的积雪覆盖，这时CLM显示积雪深度很小（3cm），小于雪深均值。而这时积雪数据同化结果显示还有较厚积雪的存在，处于测量的雪深均值和雪深最大值之间。

从CLPX的积雪transect测量结果可以看到，积雪的空间异质性非常强，利用地面测量与低分辨率网格模拟结果比较存在很大的不确定性。这里综合考虑测量的雪深最大值和标准差以及有积雪采样占总采样数量的比例，对结果进行定性的描述。

4.5 主动微波积雪反演

4.5.1 主动微波积雪范围提取

采用2008年3月开展的黑河流域上游寒区水文遥感–地面同步观测试验获取的ENVISAT-ASAR数据和地面积雪参同步观测，开展了C波段SAR数据提取山区积雪范围和雪水当量研究工作。

高级合成孔径雷达（ASAR）是欧洲太空署ENVISAT卫星搭载的C波段合成孔径雷达，ASAR可提供多模式、多极化方式、多入射角和高空间分辨率数据。表4-12列出了使用的10景ASAR数据。数据均为30m分辨率，VV与VH极化降轨模式。SAR数据处理主要分5步：第一步进行SAR数据辐射定标，将数据由强度图像转换为后向散射系数；第二步斑噪滤波，采用9×9窗口的Frost滤波对辐射校正后的数据进行斑噪滤波处理；第三步地形校正，采用30m分辨率DEM对斑噪滤波后的数据进行多普勒地形校正；第四步地形掩膜，根据DEM数据进行SAR图像模拟处理，获取图像叠掩、阴影等扭曲变形掩膜像元；第五步计算获取变化检测数据。其具体过程表达如图4-21所示。

表4-12　ENVISAT-ASAR数据与MODIS图像积雪覆盖情况

时间	时间（UTC）	波束模式	流域中心入射角/(°)	MODIS积雪
2011年4月10日	3:28	IS4	34	积雪
2011年4月18日	3:34	IS2	25	积雪
2011年4月21日	3:25	IS5	38	少雪
2011年5月7日	3:38	IS1	20	少雪
2011年5月18日	3:35	IS2	25	无雪
2011年6月1日	3:22	IS6	42	无雪
2011年6月9日	3:29	IS4	34	无雪
2011年6月17日	3:35	IS2	25	无雪
2011年9月7日	3:30	IS4	34	无雪
2011年9月15日	3:37	IS2	25	无雪

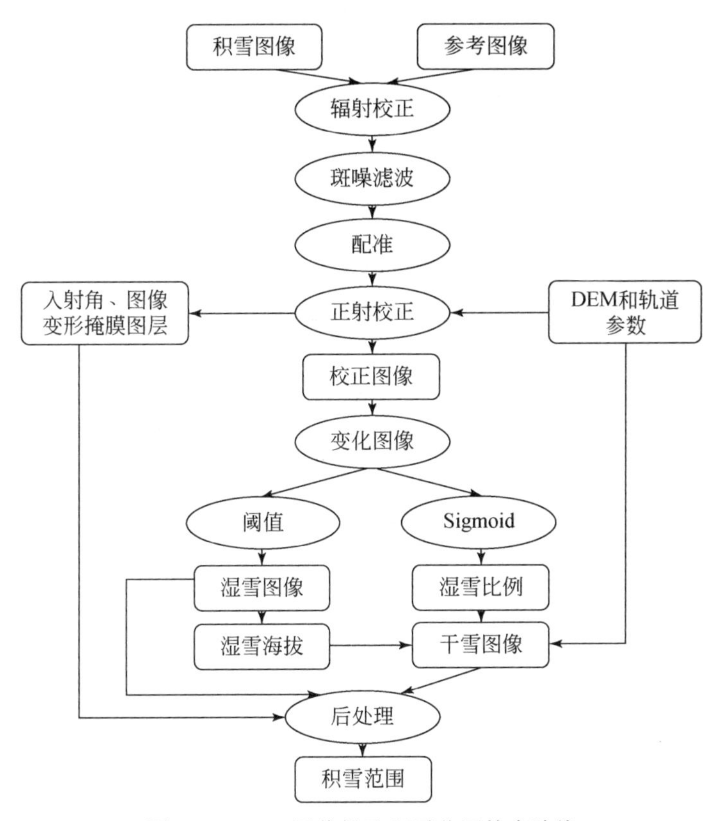

图 4-21　SAR 图像提取积雪范围技术路线

选取表4-12 中2011 年6 月9 日与9 月7 日 SAR 数据，求取平均值作为4 月 10 日积雪数据的参考数据。阈值决定变化检测图像上的像元是否被判别为湿雪，理想情况下的阈值是独立于地区和时间的常数，如普遍采用的 SAR 湿雪判别的–3dB 阈值。然而由于不同地区环境的差异（如气候、植被覆盖等)，阈值通常有细微差异。分析对比采用国内外研究者给定阈值提取的湿雪面积参数，并与验证光学数据对比，发现–2dB 阈值提取研究区湿雪面积精度更高。考虑山区 SAR 数据扭曲变形，对研究区入射角 θ 大于 78°、小于 18°区域和阴影、叠掩区域进行掩膜处理。由于 SAR 系统噪声影响，去除后向散射系数小于–20dB的像元。湿雪提取算法如下

$$\begin{cases} \text{如果}\begin{bmatrix} L=\text{True 或者 } S=\text{True} \\ \text{或者 } \theta<18^\circ \text{或者 } \theta>78^\circ \end{bmatrix} & \text{无后向散射} \\ \text{如果}\left[R\leqslant \text{TR 并且} \sigma_{\text{ws}}\geqslant -20\text{dB}\right] & \text{湿雪} \\ \qquad\text{否则} & \text{无雪} \end{cases} \tag{4-38}$$

式中，L 和 S 分别为 SAR 数据叠掩和阴影像元；θ 为入射角；TR 为湿雪判别阈值，本节中给定–2dB；R 为 SAR 变化检测图像，由融雪后向散射系数 σ_{ws} 和无雪参考数据后向散射系数 σ_r 表示为

$$R=\sigma_{\text{ws}}-\sigma_r \tag{4-39}$$

冰沟流域2011年4月10日的湿雪分布如图4-22所示。

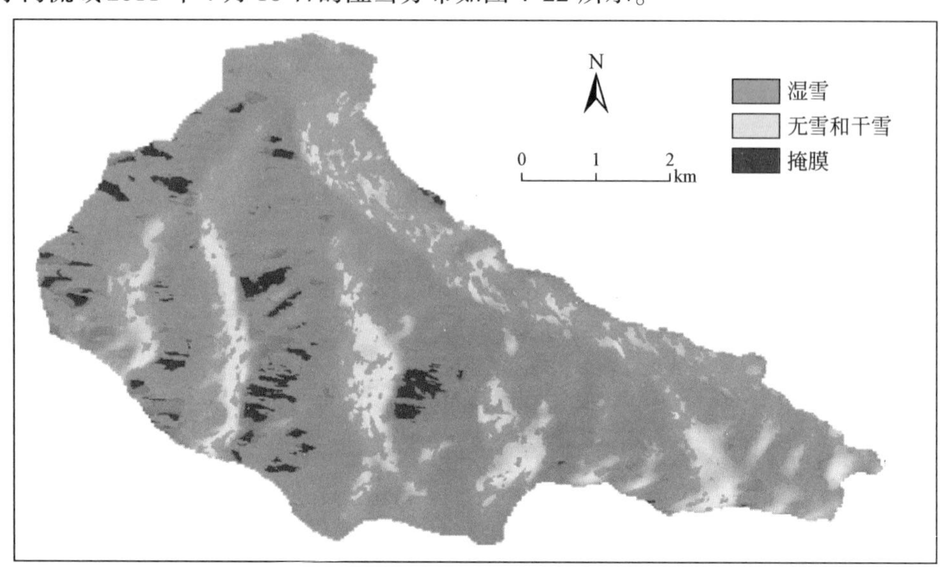

图4-22 2011年4月10日湿雪覆盖面积提取结果

SAR数据不能直接提取干雪覆盖像元，考虑干湿雪混合像元，采用Sigmoid函数代替判别阈值，获取了基于像元湿雪比例的积雪范围数据。并在此基础上考虑海拔与像元湿雪比例两个条件提取干雪像元。冰沟流域海拔较高，采用Sigmoid函数代替-2dB阈值获取像元湿雪比例、积雪范围参数。判别Sigmoid函数形式如下

$$F(R) = 50-50\tanh[a(R+3)]\% \tag{4-40}$$

式中，a为函数参数，取值为0.3。为提取干雪像元，第一步计算由采用-2dB阈值提取的湿雪面积结果（图4-22）中湿雪像元平均海拔（3864m）；高海拔山区积雪分布受风影响强烈，对于海拔大于3864m的像元直接判别为干雪像元显然不合理。第二步采用Sigmoid函数作为判别阈值提取含有积雪的像元，ASAR极化精细模式数据具有较高的分辨率（30m），这里假定积雪比例大于10%的像元为积雪像元。第三步综合海拔与像元积雪比例两个条件，对于海拔大于3864m且Sigmoid函数提取积雪范围结果中积雪比例大于10%的像元判断为干雪像元（图4-23）。

4.5.2 山区主动微波遥感反演雪水当量方法

在冰沟流域利用ENVISAT-ASAR及其积雪同步观测试验测得分层积雪观测参数，尝试建立积雪热阻与SAR变化检测图像、热阻与SWE之间两个关系式估算研究区SWE分布。

分别选取2008年3月14日和2009年9月6日的ASAR数据作为积雪数据和参考数据，并同步观测地面积雪参数，观测内容包括：雪特性分析仪积雪介电常数、含水量和密度观测、针式温度计积雪分层温度观测、手持式显微镜雪粒径观测、量尺雪深观测，并利用温湿度传感器获取土壤剖面分层温度和水分。

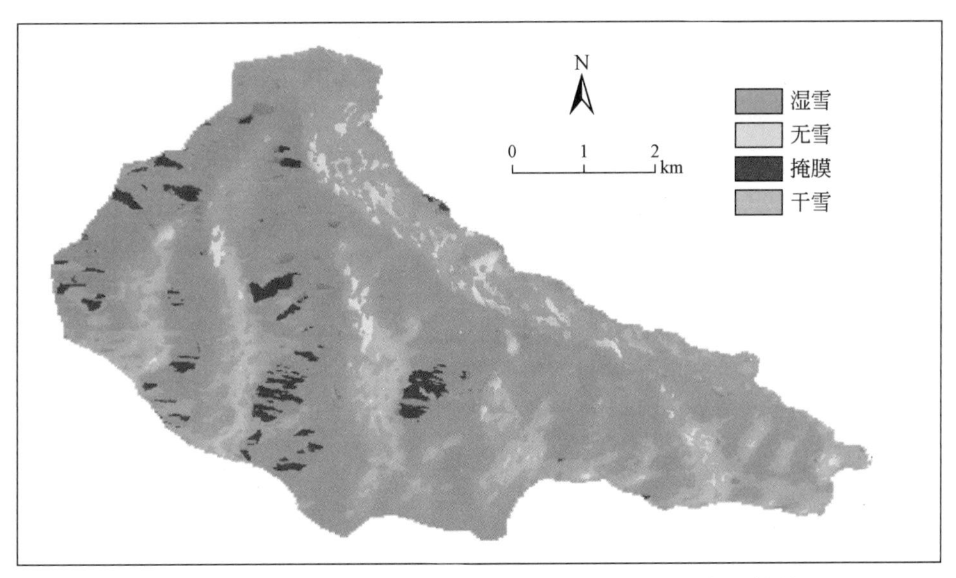

图4-23 2011年4月10日积雪（湿雪和干雪）面积提取结果

SAR数据经过处理后，选取试验期间地面积雪观测部分数据，分析SAR后向散射系数差值图像与热阻变化关系，建立热阻与后向散射差值图像关系式

$$R = \exp\left(\frac{\sigma_{\text{ratio}}}{2.4519} + \frac{8.6316}{2.4519}\right) + 0.4538 \tag{4-41}$$

式中，$\sigma_{\text{ratio}} = \sigma_s - \sigma_r$，$\sigma_s$ 和 σ_r 分别为干雪数据后向散射系数和无雪参考数据后向散射系数。如图4-24所示，R 值均大于0.5，σ_{ratio} 随 R 的增大而增大，即干雪覆盖地表与无雪地表后向散射系数差值随热阻增大而增大。积雪热阻由雪深与积雪密度决定，在本研究中季节性干雪密度取各观测点平均积雪密度，因而 R 反映了雪深大小。

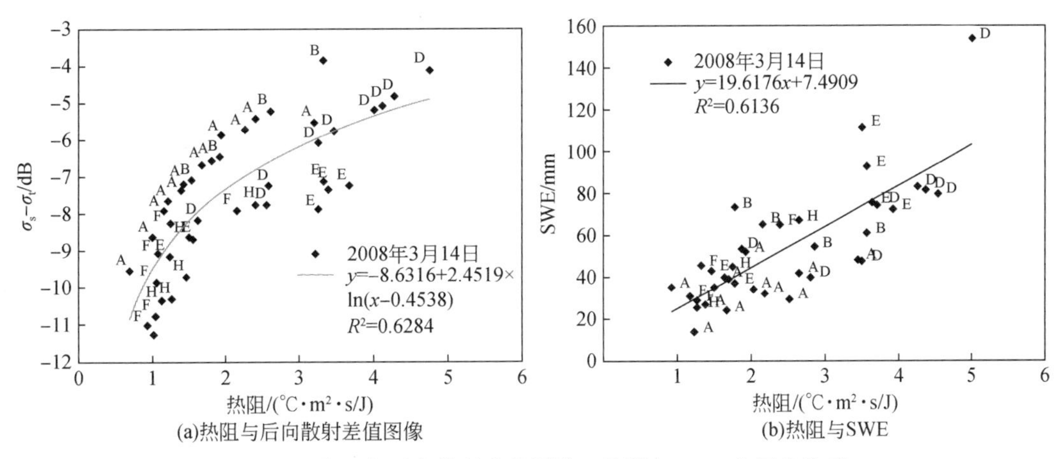

图4-24 热阻与后向散射差值图像、热阻与SWE之间的关系

图中字母为观测点位置，6个字母表示6个区域

为最终估算SWE，根据观测数据建立 R 与SWE之间关系式，因而，通过后向散射差

值即可计算 SWE。

$$SWE = 19.6176R + 7.4909 \tag{4-42}$$

通过该方法获得 2008 年 3 月 14 日冰沟流域 SWE（图 4-25）。

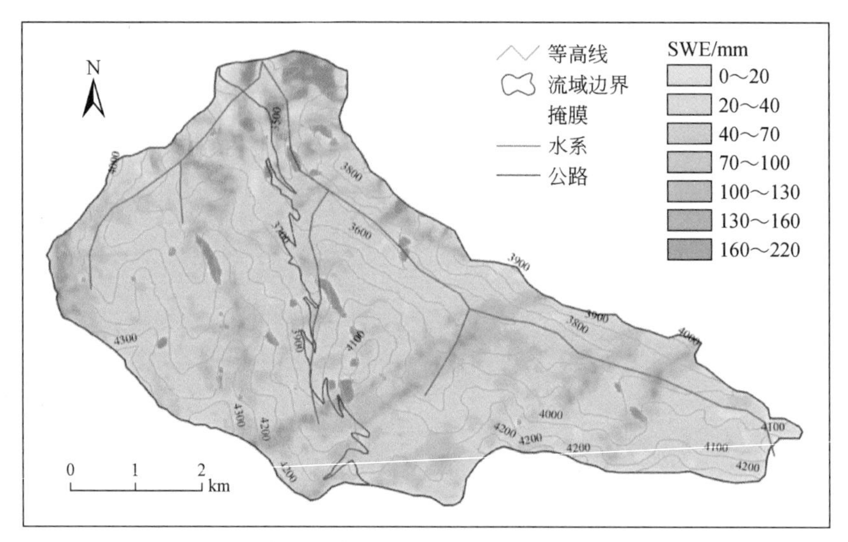

图 4-25　冰沟流域 2008 年 3 月 14 日 SWE 提取结果

第 5 章　被动微波积雪遥感算法验证

本章评估了基于 SSM/I 的两种微波雪深反演算法在不同地区不同积雪类型的反演精度，探究不同积雪类型雪深反演精度的差异。通过对大量积雪站点数据进行分类，提取站点对应的微波亮度温度数据，使用主流的两种积雪深度反演算法获得雪深，最后比较实测雪深和微波亮度温度反演雪深之间的差异，并分析影响雪深反演精度的原因，希望所得结果对积雪深度的被动微波遥感反演与验证提供参考。

5.1　资料来源与方法

5.1.1　站点数据

原苏联①境内的雪深数据由两部分构成，其一来自于世界数据中心（World Data Center，WDC）俄罗斯水文气象局（RIHMI-WDC，http：//meteo. ru/）（王卷乐和孙九林，2009），其二来自于 NSIDC（http：//nsidc. org/），这一数据集包括原苏联境内的 285 个积雪站点，数据时间为 1914～2008 年。蒙古国的 36 个站点亦来自 NSIDC，数据时间为 1969～2001 年。国内雪深数据来自国家气象信息中心提供的 1951～2005 年全国 642 个台站的资料。为排除海水对亮度温度数据雪深反演的影响，本研究剔除了位于海岛上的站点以及距离海岸 25km 以内的站点，最终原苏联境内站点 267 个，中国境内站点 626 个，蒙古国境内站点 36 个。

Sturm 等（1995）根据积雪各层的厚度、密度、粒径和颗粒形态等特征结合区域风力、降水和气温等大气因子对全球积雪进行分类。该分类结果由原苏联和阿拉斯加境内积雪长期观测的统计分析而来。该研究将全球积雪分为苔原（tundra）型积雪、泰加林（taiga）型积雪、海洋（maritime）型积雪、瞬时（ephemeral）型积雪、草原（prairie）型积雪以及山地（alpine）型积雪 6 个类型，数据可从 NSIDC 获取。原苏联、中国以及蒙古国境内的各种类型的积雪站点分布如图 5-1 所示，站点数量见表 5-1，其中中国境内无海洋型积雪，蒙古国境内无海洋型积雪、瞬时型积雪以及山地型积雪。

---

① 由于数据涉及时间和空间跨度较大，为方便计算，仍使用“原苏联”分类研究区内的部分站点。

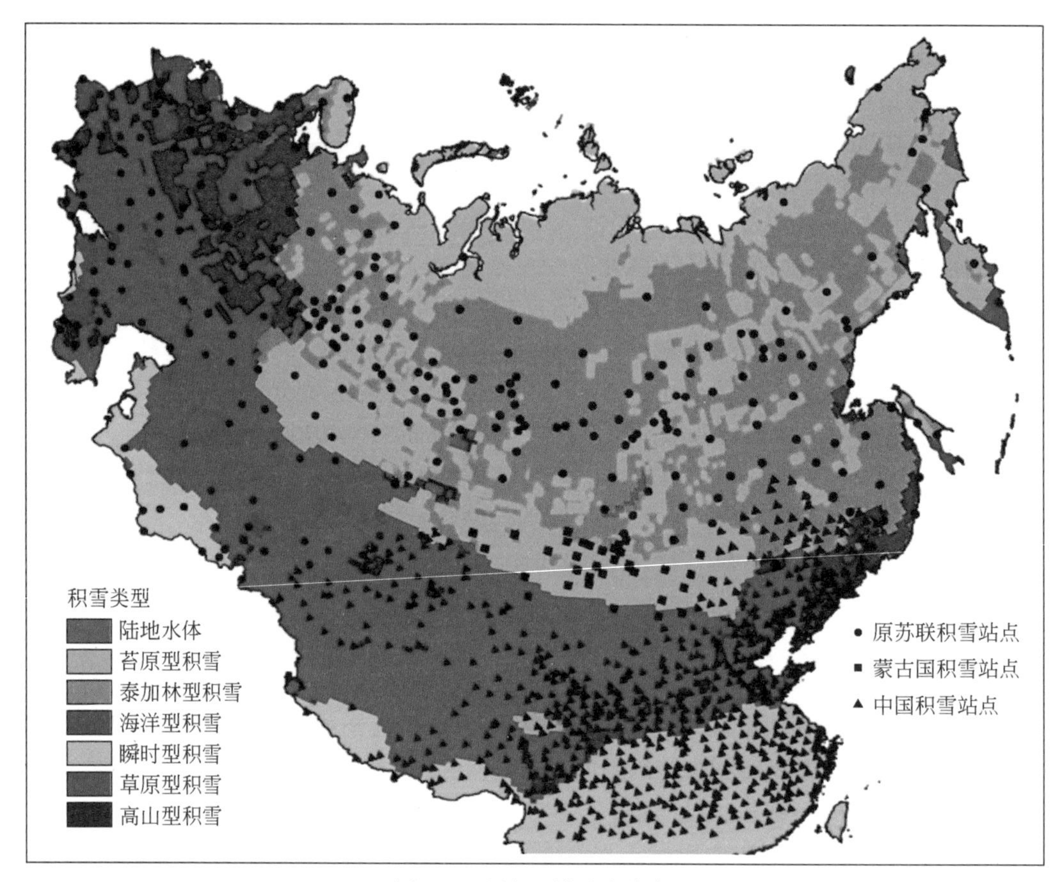

图 5-1 研究区域站点分布

表 5-1 各积雪类型站点数 （单位：个）

地区	苔原型积雪	泰加林型积雪	海洋型积雪	瞬时型积雪	草原型积雪	山地型积雪	合计
原苏联	59	99	9	9	65	26	267
蒙古国	24	7	0	0	5	0	36
中国	23	25	0	221	289	68	626

5.1.2 遥感数据

SSM/I 星载被动微波传感器由美国国防气象卫星计划（DMSP）卫星携带，于 1987 年发射升空，其轨道高度为 830km。SSM/I 采用圆锥扫描方式，扫描宽度为 1400km。该传感器有 7 个通道，19.35GHz、37GHz、85.5GHz 使用水平和垂直极化两种模式，22.235GHz 只使用垂直极化（表 5-2）。为了叙述方便，本节把 19.35GHz、37GHz、85.5GHz 的水平和垂直极化通道分别记为 19H、37H、85H 和 19V、37V、85V，把 22.235GHz 垂直极化通道记为 22V。本研究使用 NSIDC 提供的北半球 EASE-Grid 格式的 SSM/I 1987 ~ 2009 年亮度温度数据。

表 5-2 SSM/I 参数

频率/GHz	波长/mm	极化方向	沿轨道方向地表分辨率/km	横跨轨道方向地表分辨率/km	EASE-Grid 分辨率/km
19.35	15.5	水平	69	43	25
		垂直	69	43	25
22.235	13.0	垂直	50	40	25
37.0	8.10	水平	37	28	25
		垂直	37	29	25
85.5	3.50	水平	15	13	12.5
		垂直	15	13	12.5

5.1.3 被动微波亮度温度值提取

首先提取站点经纬度，将经纬度转化为 NSIDC 提供的 EASE-Grid 投影相应行列号。然后通过 NSIDC 提供的全球 EASE-Grid 格式的积雪分类数据，找到站点对应的积雪类型，并把所有站点根据积雪类型分成 6 类。Snow Course 数据一天会有多个测量数据，因此需将同一站点同一天的多个数据进行平均。NSIDC 提供的微波亮度温度数据文件名有时间信息，根据站点记录的时间信息和坐标信息转换的行列号就可以一一对应的提取站点某天对应的 SSM/I 亮度温度值。有些站点雪深数据缺失，而且 SSM/I 传感器为条带式扫描，因此并不是所有的站点都有对应的微波亮度温度值，这里删除站点中雪深缺失和未找到对应亮度温度值的记录。最后合并升轨和降轨的亮度温度提取结果。

5.1.4 被动微波积雪像元提取决策树

积雪并不是地表唯一的微波散射体，降水、寒漠以及冻土都会产生类似积雪的散射效果。Grody 和 Basist（1996）提出了一套基于 SSM/I 被动微波数据的积雪像元提取决策树。首先进行散射体的确定，若垂直极化低频波段和高频波段的亮度温度差为正值，则判断为散射体：

$$\text{SCAT}=22\text{V}-85\text{V} \quad 或 \quad \text{SCAT}=19\text{V}-37\text{V} \tag{5-1}$$

式中，SCAT 为散射因子，上述两个表达式有一者大于 0 即判断为散射体。确定散射体后，依次提取降雨、寒漠以及冻土像元，最后剩下积雪像元，具体的决策树流程如图 5-2（a）所示，决策树识别积雪像元的精度计算如下

$$A=\frac{N_{\text{snow}}+N_{n\text{snow}}}{N_{\text{all}}} \tag{5-2}$$

式中，N_{snow} 为决策树判断是积雪且站点雪深大于 0 的记录个数；$N_{n\text{snow}}$ 为决策树判断不是积雪且站点雪深为 0 的记录个数；N_{all} 为所有的站点积雪信息个数。经计算得出，该决策树

判断积雪像元的精度为71.88%。

图5-2（b）为通过决策树提取出的积雪像元的19H与37H亮度温度差与雪深的散点图，其中绿色点为原苏联境内积雪，红色点为中国境内积雪，蓝色点为蒙古国境内积雪，本章以下的图中均采用这一标示。

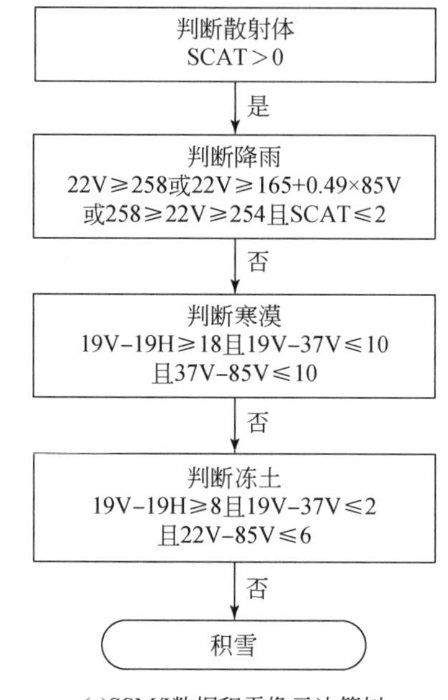

(a)SSM/I数据积雪像元决策树

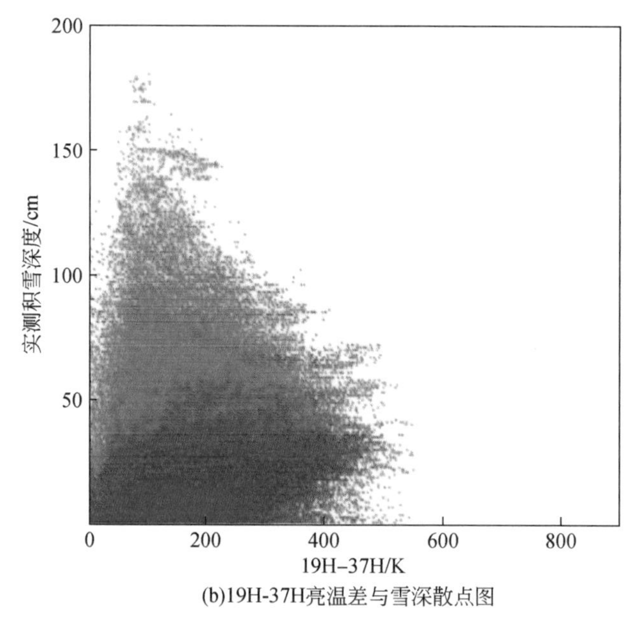

(b)19H-37H亮温差与雪深散点图

图5-2　积雪像元决策树以及亮度温度差和雪深的比较

5.1.5 两种被动微波雪深算法

本研究选取用于全球范围雪深反演研究的 Chang 算法和用于中国境内雪深反演的 Che 算法进行反演精度的比较。

Chang 等（1976）最早利用微波亮度温度数据进行雪深反演，其在辐射传输理论和米氏散射理论的基础上，假设积雪密度为 0.3g/cm^3，且积雪粒径为 0.35mm 的前提下，结合地面观测雪深资料，通过回归分析，对辐射传输模型的模拟结果作线性拟合得出利用 SMMR 被动微波亮度温度数据反演雪深的算法，成为利用 SMMR 和 SSM/I 数据反演雪深的基本算法

$$SD = 1.59\ (18H - 37H) \tag{5-3}$$

式中，18H 和 37H 分别为 SMMR 18GHz 和 37GHz 水平极化亮度温度，而针对 SSM/I 数据则需将 18H 换成 19H。之所以选择水平极化而非垂直极化，是因为前者对雪深更敏感。

此后，许多科研工作者基于 Chang 算法开展了大量验证和改进工作（Robinson et al.，1993；Tait，1998；Armstrong and Brodzik，2002），主要的结论是：该算法在大多数情况下能够较好地反映大尺度的积雪范围、雪深和雪水当量；但该算法会低估积雪，对积雪范围的低估主要源于被动微波传感器不能探测很浅的积雪，对雪深的低估主要是源于饱和问题以及森林覆盖度的影响。此外，积雪粒径的变化，特别是深霜层的发育会显著影响反演结果。

车涛（2006）以 Chang 算法为基础，利用我国地面台站的观测资料改进了雪深反演算法。在统计分析中，考虑到地面台站雪深观测误差、雪层中液态水含量和地表水体对分析结果的潜在负面影响，剔除了部分有明显偏差的台站观测数据。通过对气象站雪深观测数据和 SSM/I 19GHz 和 37GHz 的水平极化亮度温度差进行线性回归分析，得到中国境内的 SSM/I 雪深反演算法（Che 算法）

$$SD = 0.66\ (19H - 37H) \tag{5-4}$$

5.2 结果与分析

Chang 算法是全球主流雪深反演算法的基础，而 Che 算法是针对中国境内的雪深反演算法。本节旨在比较两种算法在不同地区（原苏联、蒙古国和中国）与不同积雪类型下（苔原型积雪、泰加林型积雪、海洋型积雪、瞬时型积雪、草原型积雪、山地型积雪）的反演精度，并探究反演误差随纬度、时间以及积雪深度的变化规律。

一方面，Chang 算法低估了原苏联境内的雪深，整体低估了 7.6cm，相对误差可达 -24.3%，尤其是山地型积雪与海洋型积雪，都整体低估了 10.0cm 以上［图 5-3（f）和（e）］，其中山地型积雪整体低估了 14.3cm，相对误差达 -47.3%。另一方面，Chang 算法高估了中国境内所有积雪类型雪深，整体高估了 9.2cm，相对误差可达 108.8%，尤其是苔原型积雪和泰加林型积雪最为显著［图 5-3（a）和（b）］，分别高估了 13.2cm 和 10.8cm，

相对误差分别为134.5%与115.1%。Chang算法也高估了蒙古国境内的雪深，整体高估了11.4cm，相对误差为180.9%，其中苔原型积雪最高，为12.6cm，相对误差高达196.4%。Chang算法在原苏联境内的均方根误差（RMSE）整体为26.29cm，雪深反演效果较差，除样本较少的瞬时型积雪外［图5-3（d）］，其余积雪类型的RMSE均高于15cm，其中泰加林型积雪更是高达27.83cm［图5-3（b）］。该算法在中国境内反演精度稍好一些，RMSE整体为14.9cm。位于中国东北，地表有植被覆盖的泰加林型积雪和苔原型积雪RMSE都高于15cm［图5-3（a）和（b）］，草原型积雪最低，为8.24cm。蒙古国境内Chang算法雪深反演的RMSE为15.27cm，表明Chang算法在该地区也不太适用。上述结果表明Chang算法在3个研究区域的反演效果均不是很理想。

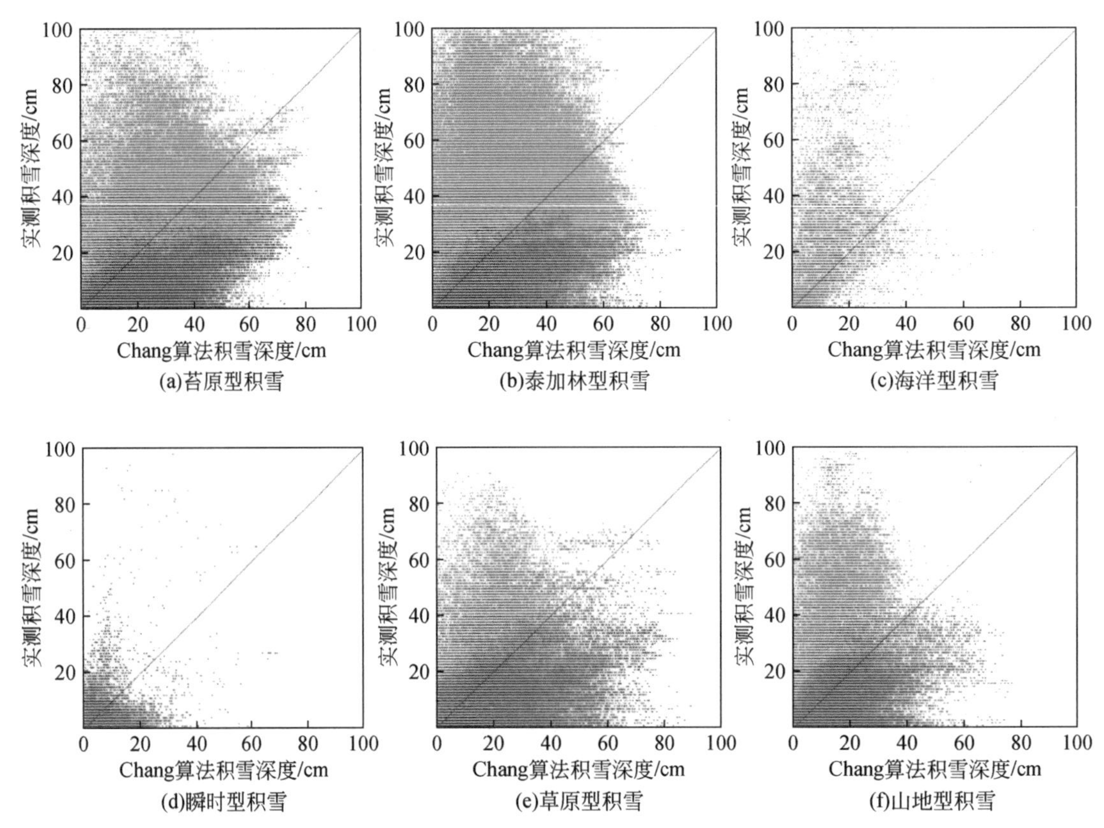

图5-3　6种积雪类型区Chang算法反演的雪深与实测雪深对比

绿色点为原苏联境内反演结果，红色点为中国境内反演结果，蓝色点为蒙古国境内反演结果

Che算法同样低估了原苏联境内的积雪深度，低估程度大于Chang算法，整体低估了21.3cm，相对误差为-68.6%，除了瞬时型积雪［图5-4（d）］整体低估了6.1cm外，其余的积雪类型都至少低估10cm，其中泰加林型积雪［图5-4（b）］甚至高达23.5cm，相对误差为-78.1%。而对于中国境内积雪，Che算法反演效果较好，整体低估了1.1cm，相对误差为-13.3%，除泰加林型积雪［图5-4（b）］高估了0.26cm外，Che算法低估了

剩下的 4 种积雪类型，其中低估最多的为瞬时型积雪［图 5-4（d）］，为 3.5cm，相对误差为-51.4%。Che 算法高估了蒙古国境内雪深 1.1cm，相对误差为 16.6%，反演效果相对较好。Che 算法应用于原苏联境内，RMSE 同样也大于 Chang 算法，RMSE 整体为 31.4cm，除瞬时型积雪［图 5-4（d）］外，剩余积雪类型的 RMSE 都大于 20cm。而中国境内，RMSE 整体为 7.4cm，瞬时型积雪的 RMSE 为 11.4cm，是唯一一个 RMSE 大于 10cm 的积雪类型，其中泰加林型积雪的 RMSE 最小，为 6.6cm。蒙古国境内雪深反演的 RMSE 较中国境内低，为 5.1cm。

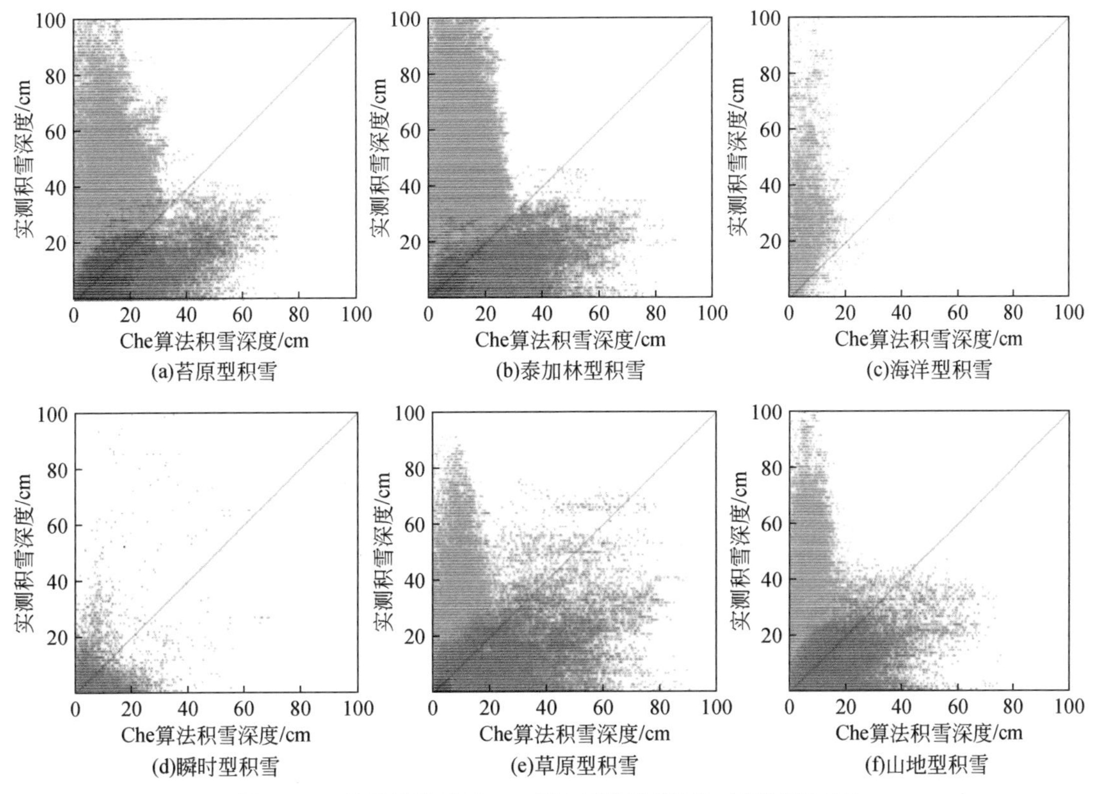

图 5-4　6 种积雪类型区 Che 算法反演的雪深与实测雪深对比

绿色点为原苏联境内反演结果，红色点为中国境内反演结果，蓝色点为蒙古国境内反演结果

无论是 Chang 算法还是 Che 算法，都是利用 19H 和 37H 这两个波段的亮度温度差线性拟合反演积雪深度，然而这种方法在原苏联境内误差很大，反演的雪深与站点观测雪深的相关系数最高的为草原型积雪，但也仅为 0.36。而对于中国境内积雪，反演的雪深与站点观测雪深的相关系数相比原苏联境内较高，除了不稳定的瞬时型积雪外，剩下的积雪类型雪深反演的相关系数都大于 0.5，其中最高的为草原型积雪，为 0.62，整体上相关系数为 0.58。蒙古国境内的相关系数为 0.59，其中苔原型积雪相关系数达到 0.64（表 5-3）。

表 5-3 反演结果比较

算法	积雪类型	绝对误差/cm			相对误差/%			均方根误差/cm			相关系数		
		原苏联	中国	蒙古国	原苏联	中国	蒙古国	原苏联	中国	蒙古国	原苏联	中国	蒙古国
Chang	苔原型积雪	-3.2	10.8	12.6	-10.3	115.1	196.4	25.6	15.9	16.3	0.21	0.57	0.64
	泰加林型积雪	-9.0	13.2	9.3	-26.5	134.5	134.9	27.8	18.1	13.1	0.19	0.56	0.35
	海洋型积雪	-13.6	—	—	-48.6	—	—	—	—	—	0.23	—	—
	瞬时型积雪	-2.6	1.2	—	-30.0	17.0	—	8.6	11.9	—	0.24	0.26	—
	草原型积雪	-2.8	8.2	4.6	-13.4	109.3	208.8	17.4	8.2	6.1	0.36	0.62	0.20
	山地型积雪	-14.3	7.3	—	-47.3	85.3	—	26.0	12.4	—	0.21	0.54	—
	合计	-7.6	9.2	11.4	-24.3	108.8	180.9	26.3	14.9	15.3	0.23	0.58	0.59
Che	苔原型积雪	-19.4	-1.0	1.5	-62.8	-10.7	23.0	29.4	7.0	5.1	0.21	0.57	0.64
	泰加林型积雪	-23.6	0.3	-0.2	-69.5	-2.6	-2.5	33.8	6.6	5.7	0.19	0.56	0.35
	海洋型积雪	-21.9	—	—	-78.7	—	—	29.6	—	—	0.23	—	—
	瞬时型积雪	-6.1	-3.5	—	-70.9	-51.4	—	9.6	11.4	—	0.23	0.26	—
	草原型积雪	-13.3	-1.0	0.6	-64.5	-13.1	28.2	20.7	7.4	2.3	0.36	0.62	0.20
	山地型积雪	-23.5	-1.9	—	-78.1	-23.1	—	31.3	7.2	—	0.21	0.54	—
	合计	-21.3	-1.1	1.1	-68.6	-13.3	16.6	31.4	7.4	5.1	0.23	0.58	0.59

从反演误差的纬度分布上来看，大体上，Chang 算法高估了 50°N 以南的雪深而低估了 50°N 以北的雪深，即误差从低纬到高纬从正值变为负值［图 5-5（a）］。而 Che 算法低估的范围要更广一些，在 40°N 以北地区低估尤为显著［图 5-5（b）］。随着纬度的增加，反演误差有由高估变为低估的趋势。30°N 以南以及 60°N 以北，Chang 算法反演雪深的相对误差基本为正值，中间部分相对误差为负值，Che 算法反演雪深的相对误差随纬度变化规律基本一致，在 30°N ~60°N 相对误差保持在-100% 左右。

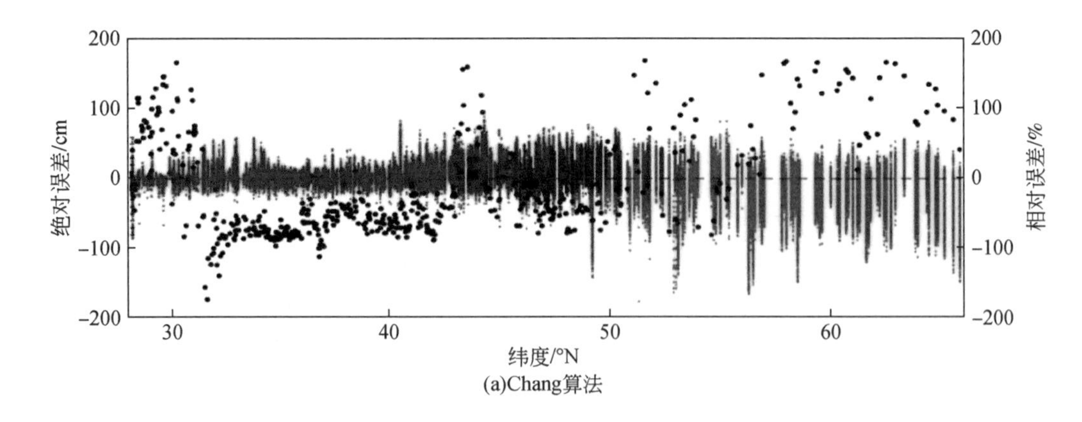

(a)Chang算法

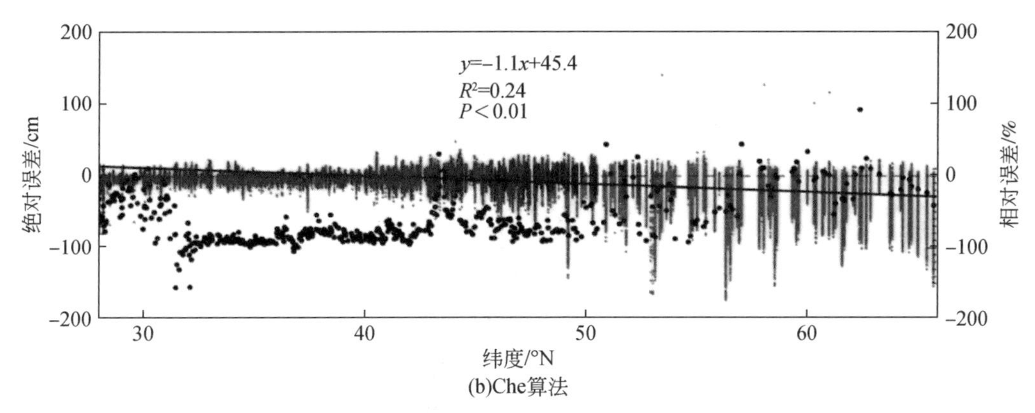

图 5-5 Chang 算法与 Che 算法反演误差随纬度变化规律

绿色点为原苏联境内绝对误差，红色点为中国境内绝对误差，蓝色点为蒙古国境内绝对误差，黑色点为相对误差

将研究区域按照 40°N 以南、40°N ~ 50°N、50°N ~ 60°N 以及 60°N 以北分为 4 个区域，进一步分析不同纬度带的误差分布规律（图 5-6）。结果显示，Chang 算法和 Che 算法在纬度较低时绝对误差都为正值，而随着纬度增加，在 60°N 以北绝对误差可达 35cm，苔原型积雪和草原型积雪的反演效果较好。相对误差呈现相同的变化，不同的是其误差最高值出现在 40°N 以南地区，由于该范围内多为瞬时型积雪，积雪稳定性很低，其相对误差可高达 300% 以上。总体上来讲，对于每种积雪类型，随着纬度的往北推移，两种算法的均方根误差都逐渐增加，纬度较低的区域和瞬时性积雪由于雪深较小，其均方根误差较小。

从反演误差的逐日变化上来看，在积雪深度较大的 1 月和 2 月，误差值也较大［图 5-7（a）和（b）］，而在 4 ~ 9 月这一段时间，北半球积雪较浅甚至没有积雪，误差值也相对较小。Chang 算法与 Che 算法相比，误差范围更大，整体低估明显。另外，10 月中旬至次年 3 月中旬，Che 算法相对误差为正值，该时期雪深较深，而雪深较浅的 6 ~ 9 月，相对误差变化极大。Chang 算法相对误差趋势与 Che 算法基本一致，全年逐日相对误差基本为负值。

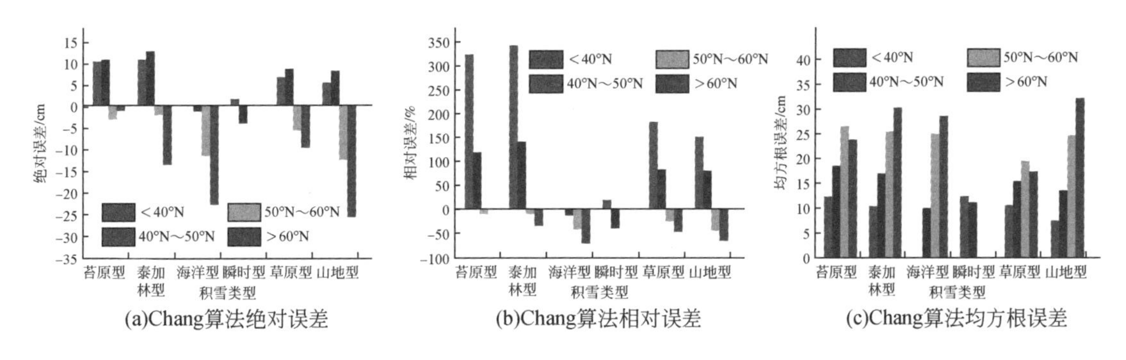

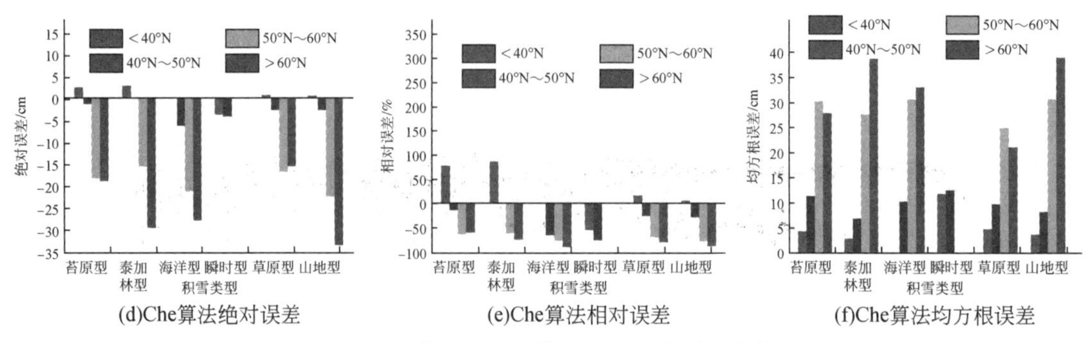

(d)Che算法绝对误差　(e)Che算法相对误差　(f)Che算法均方根误差

图 5-6　Chang 算法和 Che 算法雪深反演误差纬度分布

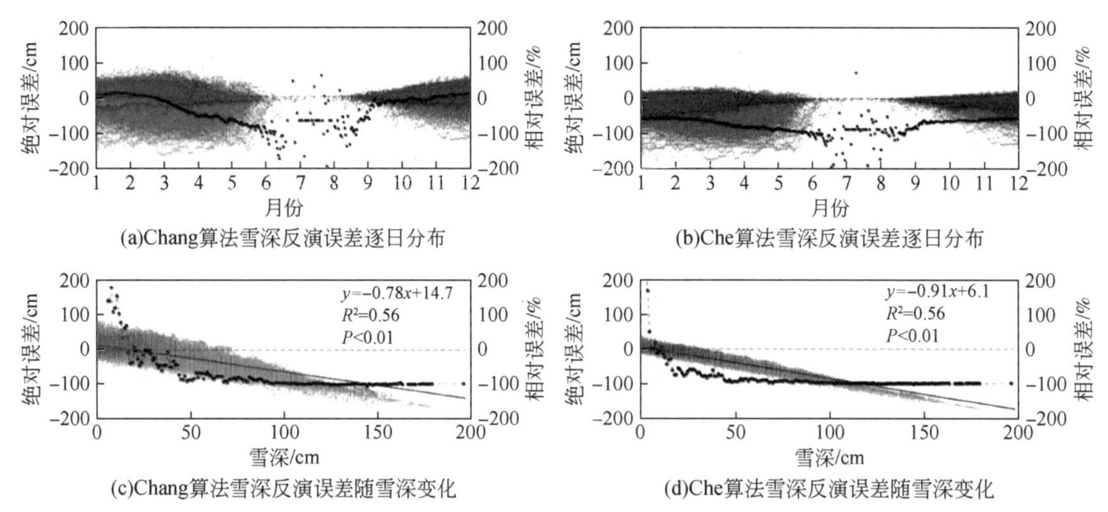

(a)Chang算法雪深反演误差逐日分布　(b)Che算法雪深反演误差逐日分布

(c)Chang算法雪深反演误差随雪深变化　(d)Che算法雪深反演误差随雪深变化

图 5-7　Chang 算法与 Che 算法雪深反演误差随时间和雪深变化分布

绿色点为原苏联境内绝对误差，红色点为中国境内绝对误差，蓝色点为蒙古国境内绝对误差，黑色点为相对误差

由图 5-7（c）和（d）可以看出：无论是 Chang 算法还是 Che 算法，随着雪深变大，微波雪深反演的误差值逐渐由正值变为负值。而在同样的雪深情况下，两种算法对中国境内的雪深反演值明显高于原苏联境内。通过 Chang 算法反演的雪深，在雪深低于 18.9cm 时表现为低估，而在雪深超过 18.9cm 时表现为高估，线性关系显著，R^2 为 0.56，对比之下，通过 Che 算法反演的雪深，在雪深低于 6.73cm 时表现为低估，而在雪深超过 6.73cm 时表现为高估，线性拟合的 R^2 为 0.91。相对误差变化也随着雪深的增加由正值变为负值。雪深大于 50cm 后，相对误差变化较小，保持在-100% 左右。

被动微波遥感雪深反演的误差随着纬度的增加由高估变为低估，在高纬地区，随着纬度的增加，低估程度也加大。同时反演误差随着积雪深度变化明显，在浅雪时表现为高估，在深雪时表现为低估。

第6章 青藏高原积雪变化及其对气候变化的关系

20世纪90年代以来，在全球气候变暖的大背景下，青藏高原地区升温加快，大部分冰川和永久积雪快速融化，雪线上升，湿地面积缩小，生态环境不断恶化。作为全球变化最为敏感的生态系统之一，全球气候变化迅速改变季节性积雪覆盖地区的雪被状况，青藏高原部分地区积雪量随全球变暖而增加，与北半球温带低地积雪范围随增温而减少形成了鲜明的对照（李培基，1995）。有研究表明，青藏高原积雪变化影响了东亚大气环流和天气系统，进而影响我国气候，该地区积雪具有重要水文、气候和生态环境意义（陈乾金和刘玉洁，2000；Hahn and Shukla，1976）。许多学者已经注意到青藏高原雪被厚度变化会明显影响印度洋夏季季风和降水量（Verma et al.，1976；Stow et al.，2004）。遥感技术为积雪覆盖监测的深入探索研究提供了一个极其重要的有利条件（Dankers and De Jong，2004）。但是，由于积雪和云的反射光谱特性，光学遥感资料监测积雪受天气状况的极大限制（Hall et al.，2002；Gafurov and Bárdossy，2009）。被动微波积雪产品不受天气状况的影响，但空间分辨率低，主要用于全球雪深、积雪覆盖范围和雪水当量的研究，在区域性的积雪动态监测中还存在较大偏差。近年来，国内外针对MODIS和AMSR-E的积雪分类及融合算法等消除云污染研究方面，研发出一系列算法和积雪覆盖产品（Liang D et al.，2008；Liang T G et al.，2008；Parajka and Blöschl，2008；Wang and Xie，2009；Hall and Riggs，2010；Parajka et al.，2010）。虽然对光学积雪产品进行多日合成可以有效去除大部分云污染，合成周期越长，去云效果越明显，但是时间分辨率也随之降低，难以满足对积雪区进行实时动态监测的需要；光学积雪产品与被动微波数据的合成可以完全消除云污染，但是微波数据空间分辨率太低，当云量很大时，二者的合成会造成合成积雪产品雪被面积监测精度降低。Huang等（2014）在上述算法的基础上，综合了不同算法的优缺点，开发了一套MODIS逐日无云积雪二值产品，且精度较高，该产品对实时监测青藏高原积雪覆盖动态变化具有重要的使用价值。

6.1 青藏高原积雪时空变化趋势分析

已有研究表明，青藏高原地区在1957~1992年积雪呈普遍增加趋势（李培基，1996；Qin，2006）；1981~1999年青藏高原冬春季积雪日数在20世纪80年代增加，从90年代开始呈减少趋势（高荣等，2003）；2000~2010年青藏高原稳定积雪区面积在逐渐扩大，常年积雪区面积在不断缩小，且趋势显著。整个青藏高原地区除念青唐古拉山系、帕米尔高原部分地区以及祁连山系部分地区积雪日数显著增加外，大部分区域积雪日数显著减少，总体积雪总量年际变化呈波动下降的趋势（孙燕华等，2014）。全球变暖是一个不争的事实，气温的升高将对高山和极地地区的积雪造成强烈的影响（Edenhofer and Seyboth，2013）。据政府间气候变化专门委员会（Intergovernmental Panel on Climate Change，IPCC）评估报告显示，全球气温在过去的100年（1906～2005年）里平均增暖0.74°C；过去50年（1951～2005年）的增暖趋势平均为0.13°C/10年，是过去100年的近2倍。在中国近50年（1951～2005年）里，平均气温升高1.3℃（IPCC，2013），其中青藏高原地区的升温幅度最大。在这种背景下，青藏高原的积雪发生了怎样的变化？

图6-1为2003～2010年积雪日数（SCD）距平值空间分布。从图6-1中可以看到2003～2010年青藏高原的SCD变化情况，2007～2010年的SCD低于2003～2006年，且青藏高原西南部积雪覆盖面积有减少的趋势。青藏高原2003～2010年SCD高于平均值的面积呈现减少的趋势，低于平均值的面积呈现增加的趋势，青藏高原SCD总体呈现减少趋势，且在2010年SCD达到最低值（图6-1和图6-2）。

使用Mann-Kendall法分析2003～2010年青藏高原SCD变化趋势（图6-3）。从图6-3中可以看出，2003～2010年青藏高原有24%的地区的SCD呈现减少的趋势（$S<0$），主要分布在西南部，其中15.37%的地区显著减少（$P<0.05$）；SCD增加的地区占整个青藏高原面积的12.79%，其中3.8%的地区显著增加，零星分布在青藏高原北部和东南部的局部地区。结果表明，青藏高原大部分地区SCD呈现减少的趋势。

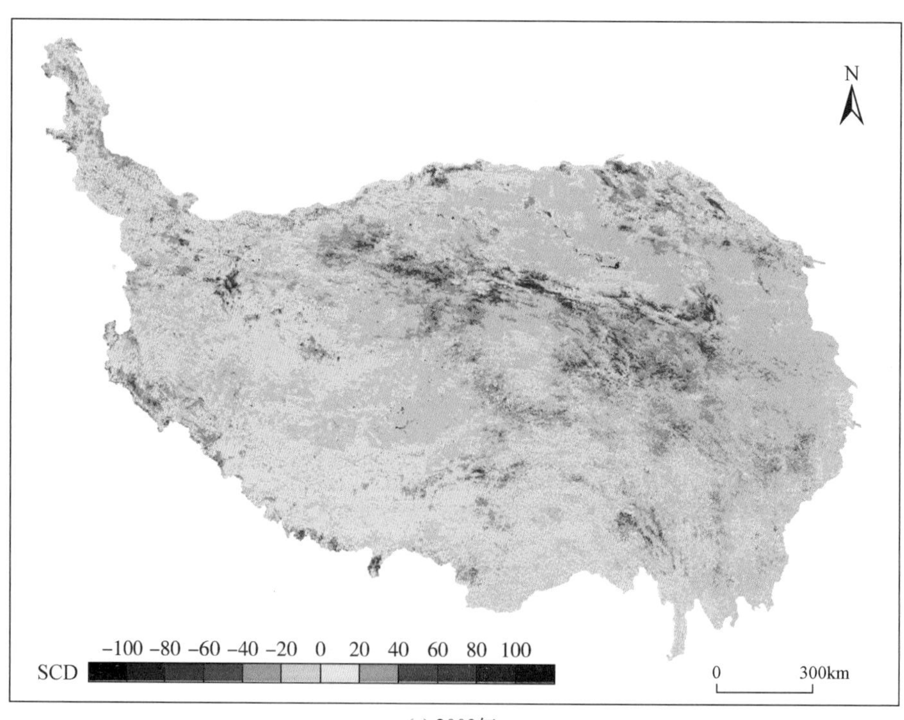

(a) 2003年

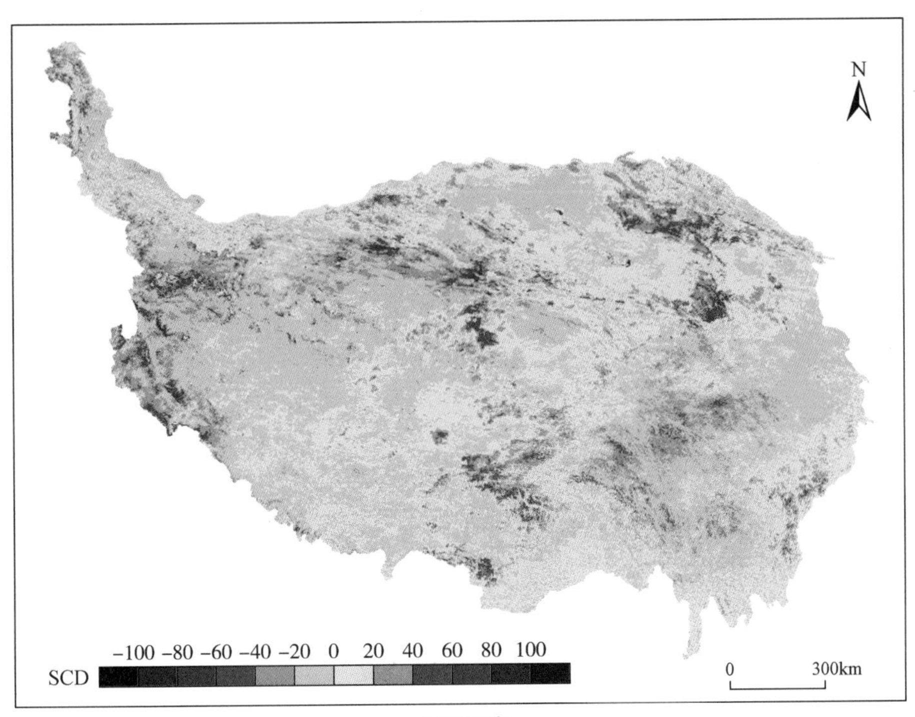

(b) 2004年

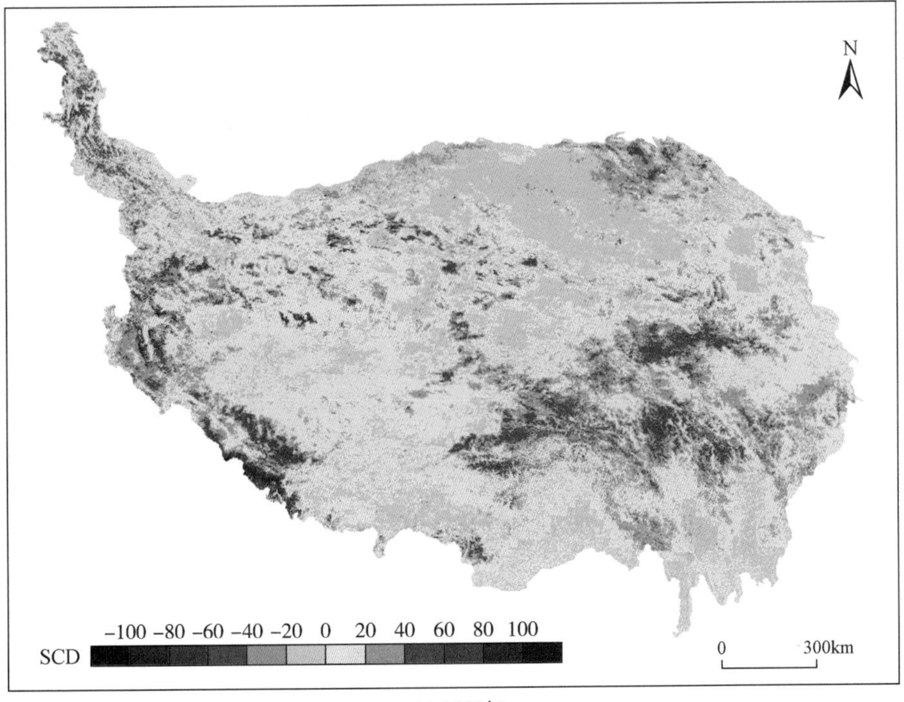

(c) 2005年

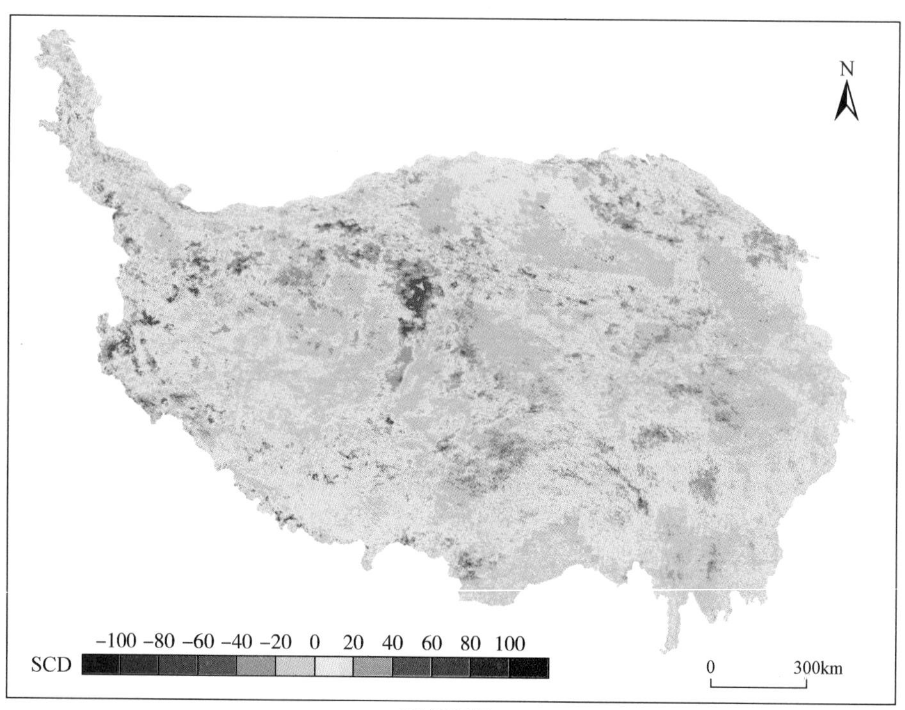

(d) 2006年

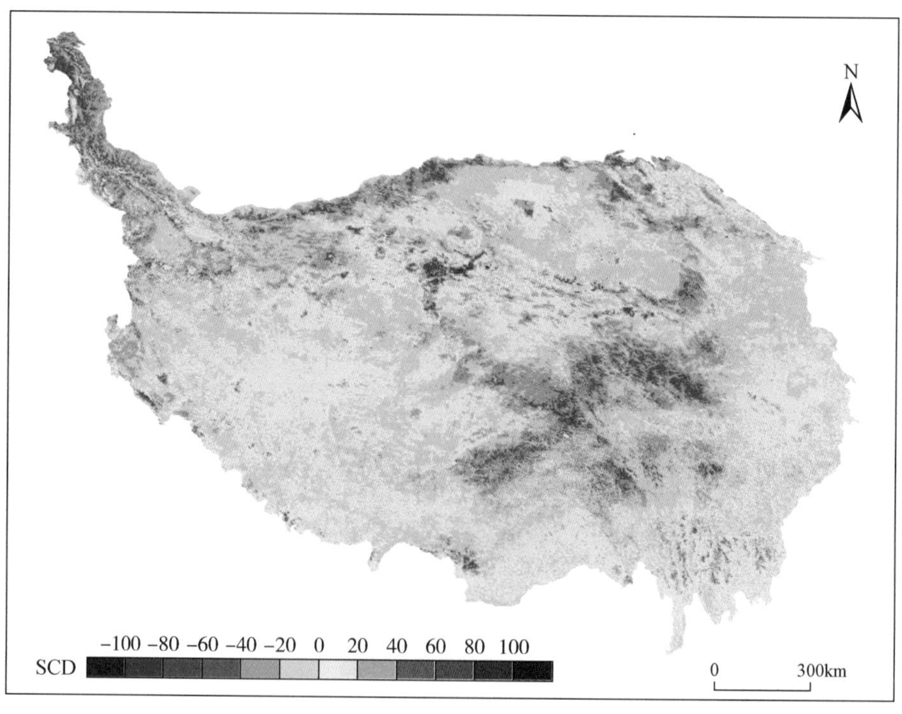

(e) 2007年

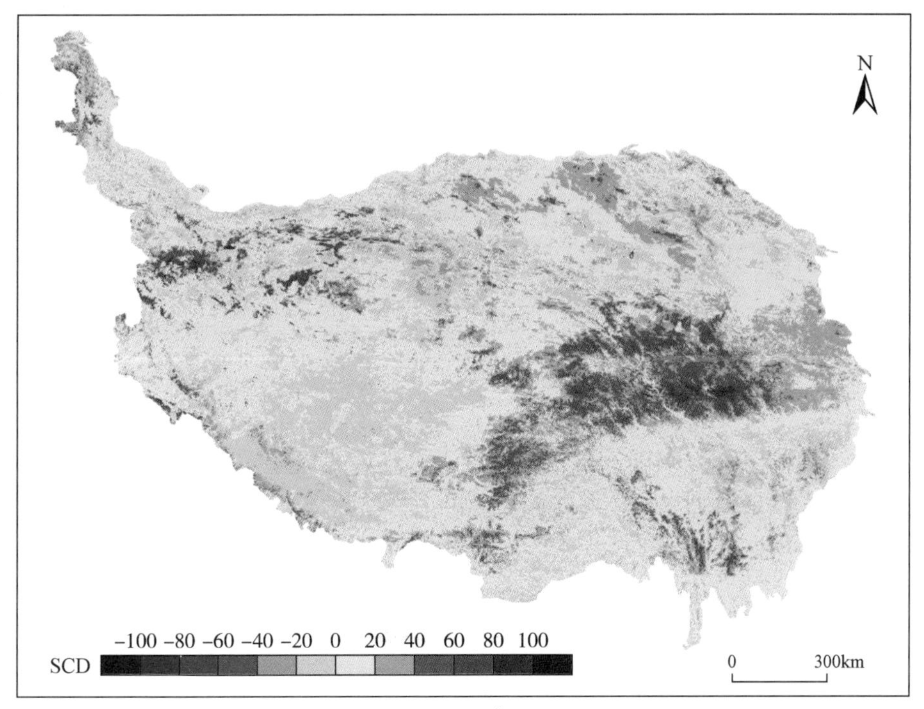

(f) 2008年

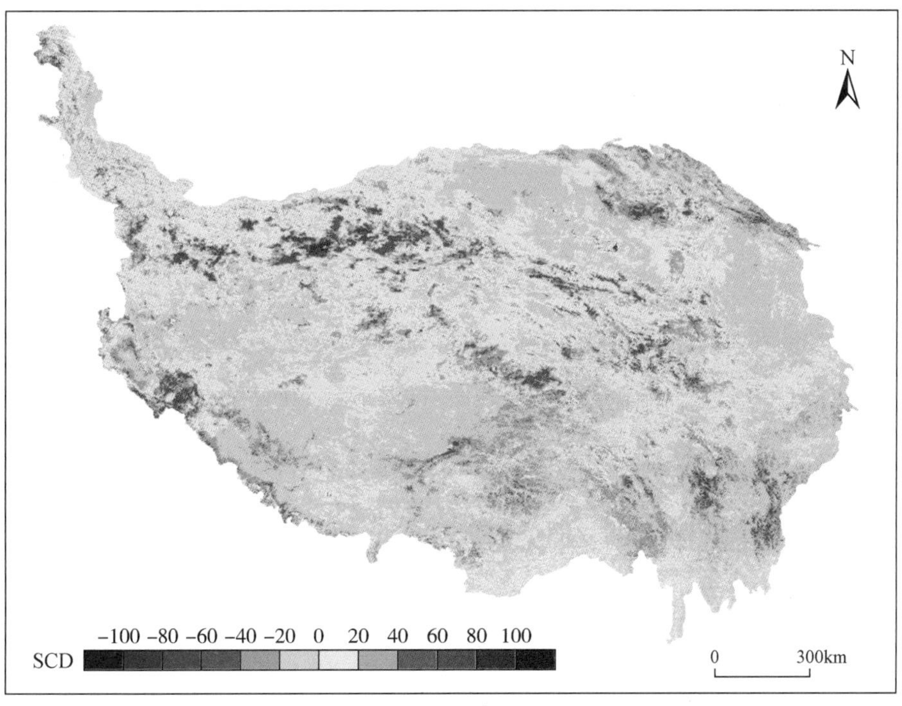

(g) 2009年

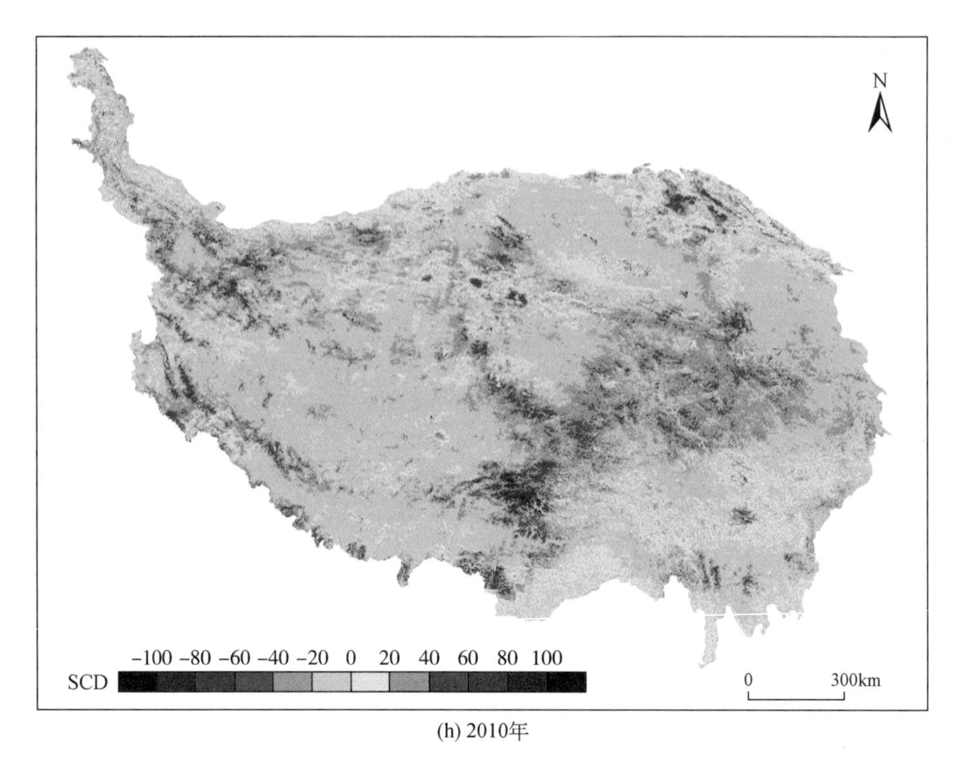

(h) 2010年

图 6-1 2003 ~ 2010 年 SCD 距平值空间分布

$$S = \frac{n \times \sum_{i=1}^{n} i \times \text{Snow}_{i,\ jk} - \sum_{i=1}^{n} i \times \sum_{i=1}^{n} \text{Snow}_{i,\ jk}}{n \times \sum_{i=1}^{n} i^2 - \left(\sum_{i=1}^{n} i\right)^2} \tag{6-1}$$

式中，i 为 1 ~ 8，表示 2003 ~ 2010 年的序号；$\text{Snow}_{i,jk}$ 为第 i 年积雪图像上第 j 行第 k 列像元的 SCD 或雪水当量值；n 为年份的数目，这里取 8。其中，S 表示 2003 ~ 2010 年变化趋势，当 $S=0$ 时，认为该区域 SCD 或 SWE 不存在增加或减少的趋势；当 $S<0$ 时，认为该区域 SCD 或 SWE 呈现减少趋势；当 $S>0$ 时，认为该区域 SCD 或 SWE 呈现增加趋势。

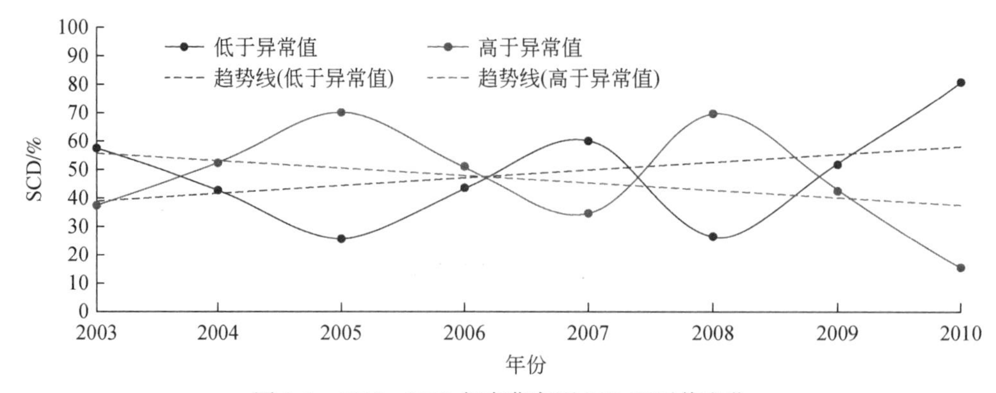

图 6-2 2003 ~ 2010 年青藏高原 SCD 距平值变化

(a) SCD变化趋势

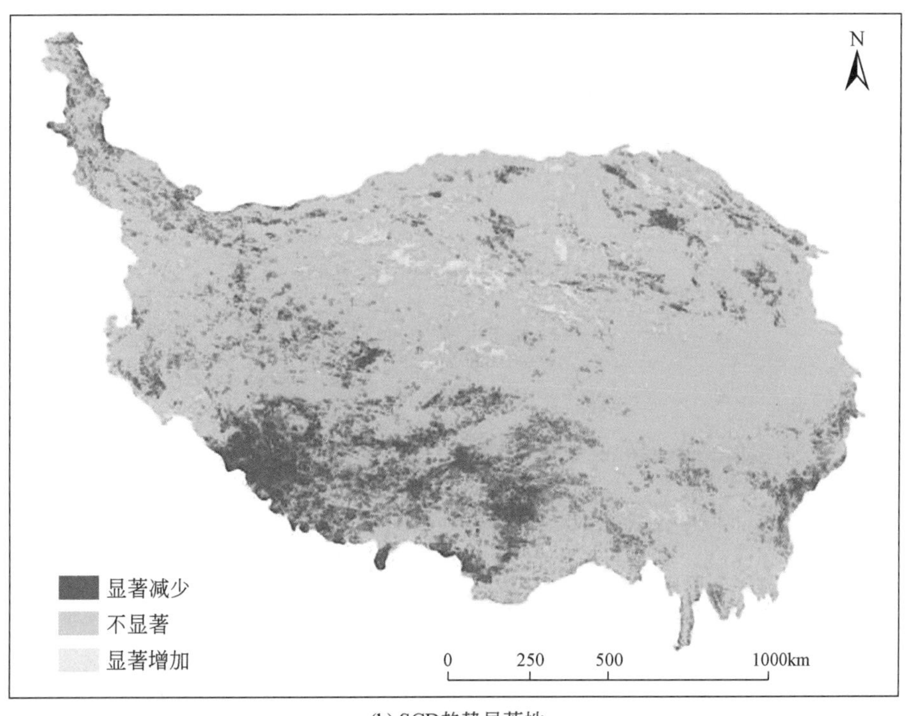

(b) SCD趋势显著性

图 6-3　基于 Mann-Kendall 法青藏高原 SCD 变化趋势分析结果

表 6-1 对积雪覆盖范围（snow cover area，SCA）进一步分析。将研究区分成七个不同的海拔带，然后统计每一年七个不同海拔带的 SCA 比例。从表 6-1 中可以看出，随着海拔的升高，七个不同海拔带的 SCA 总是增加，在海拔<4500m 的六个海拔带，2003 ~ 2010 年 SCA 几乎是呈波动增加的趋势，但是当海拔>4500m 时，SCA 呈逐年递减的趋势。这说明常年积雪的面积在缩小，部分在向季节性积雪过渡，且高原 SCA 整体呈增加的趋势。

表 6-1　2003 ~ 2010 年青藏高原不同海拔带 SCA 动态变化　　（单位：%）

海拔	2003 年	2004 年	2005 年	2006 年	2007 年	2008 年	2009 年	2010 年
<2000m	3. 34	3. 33	4. 15	4. 30	4. 02	4. 81	4. 90	4. 78
2000 ~ 2500m	8. 70	8. 62	10. 39	10. 18	10. 27	10. 66	10. 41	10. 64
2500 ~ 3000m	15. 45	15. 72	15. 62	15. 87	15. 82	15. 76	15. 70	15. 99
3000 ~ 3500m	18. 66	20. 08	20. 06	20. 28	20. 83	20. 96	22. 07	21. 99
3500 ~ 4000m	17. 78	20. 53	19. 91	20. 86	18. 52	22. 15	22. 93	24. 09
4000 ~ 4500m	15. 90	17. 64	18. 84	19. 75	21. 04	21. 06	22. 41	23. 29
>4500m	34. 90	33. 76	34. 55	34. 37	34. 30	32. 33	31. 62	30. 39

雪水当量（snow water equivalent，SWE）是反映地表积雪变化状况的关键因子，具有重要的水文、气候和生态环境意义。图 6-4 统计分析了 2003 ~ 2010 年青藏高原地区 SWE 的空间变化特点，可以发现，SWE 的变化趋势与 SCD 在空间分布上具有较高的一致性。SWE 呈现减少趋势的地区占整个青藏高原面积的 32. 75%，其中 15. 39% 的地区显著减少（$P<0.05$）；而有 19. 87% 的地区呈现增加的趋势，且显著增加的地区为 5. 14%。2003 ~ 2010 年青藏高原地区 SWE 总体呈现减少的趋势。

(a) SWE变化趋势

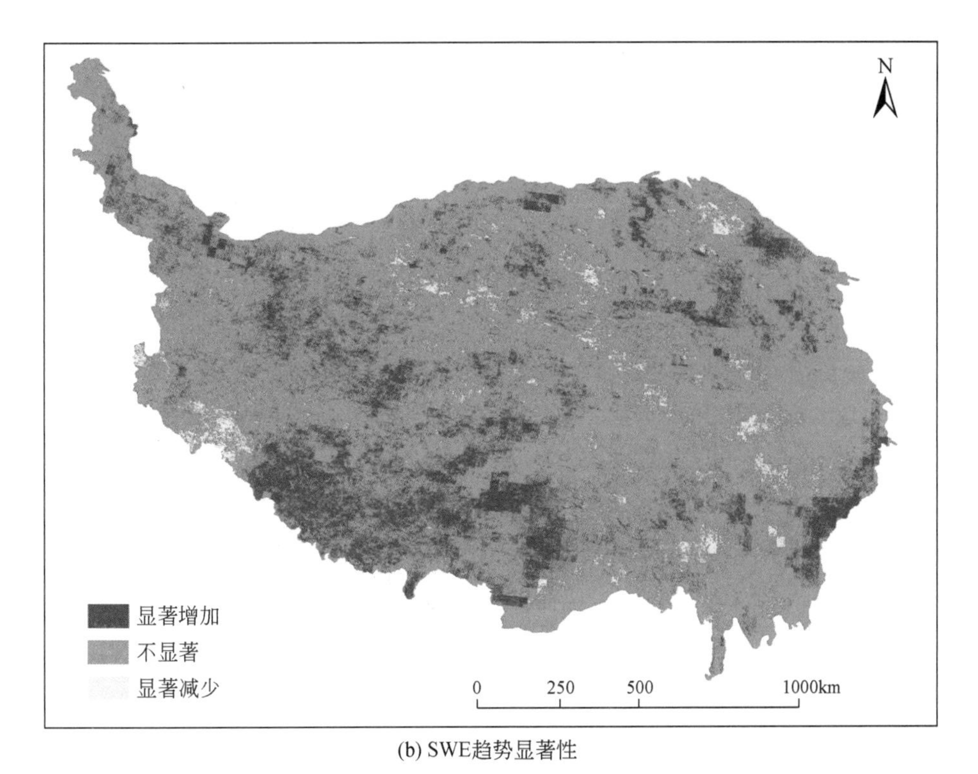

(b) SWE趋势显著性

图 6-4 基于 Mann-Kendall 法青藏高原 SWE 变化趋势分析结果

6.2 积雪变化对气候的影响

青藏高原平均海拔在 4000m 以上，山区海拔达到 5000 ~ 6000m，复杂地形导致降水和温度的空间分布差异巨大（图 6-5）。青藏高原降水量空间分布差异性显著，总体从东南向西北逐渐减少。降水量最高的地区在青藏高原东南部雅鲁藏布江峡谷地区，高达 4784mm，而在北部的柴达木地区，降水量最低为 29mm。除柴达木地区外，青藏高原年均温总体呈现由南向北逐渐降低的趋势。东南部的温度相对较高，祁连山、昆仑山和唐古拉山地区由于海拔较高，气温也相对较低。

对青藏高原年降水量和年均温变化趋势进行了分析（图 6-6），结果显示：2003 ~ 2010 年降水量增加的地区占青藏高原面积的 62.53%，其中 14.62% 的地区显著增加，显著增加的地区主要分布在青藏高原北部及喜马拉雅山北部，而降水量减少的地区占青藏高原面积的 29.38%，其中 2.25% 的地区显著减少，主要分布在青藏高原中南部地区；2003 ~ 2010 年，青藏高原 91.78% 的地区温度增加，其中 34.86% 的地区显著增加，而只有 5.81% 的地区呈现减少趋势，其中 0.79% 的地区显著减少，主要分布在柴达木地区及青藏高原东部和南部。进一步可以发现，降水量显著增加的地区，积雪呈现显著增加的趋势，且高海拔地区，温度显著增加的地区，积雪呈现显著减少的趋势。

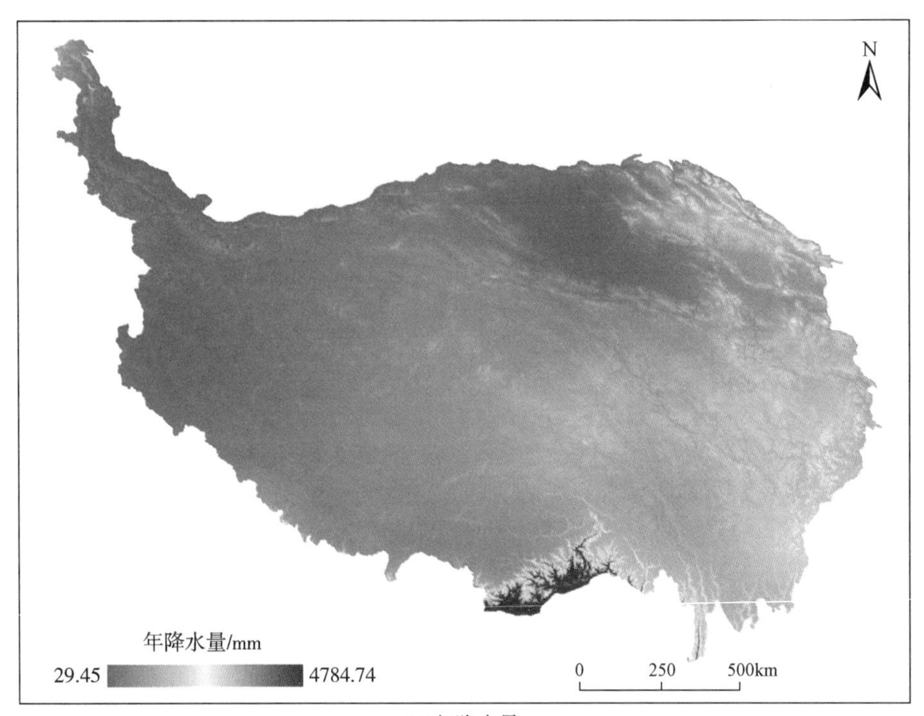

(a) 年降水量

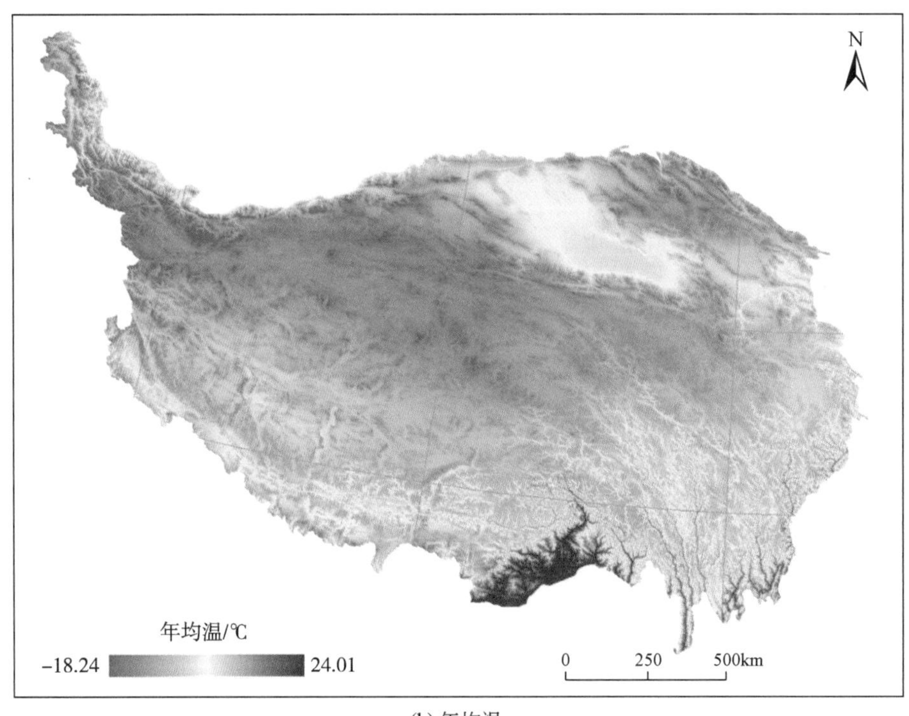

(b) 年均温

图 6-5 2003 ~ 2010 年年降水量和年均温空间分布

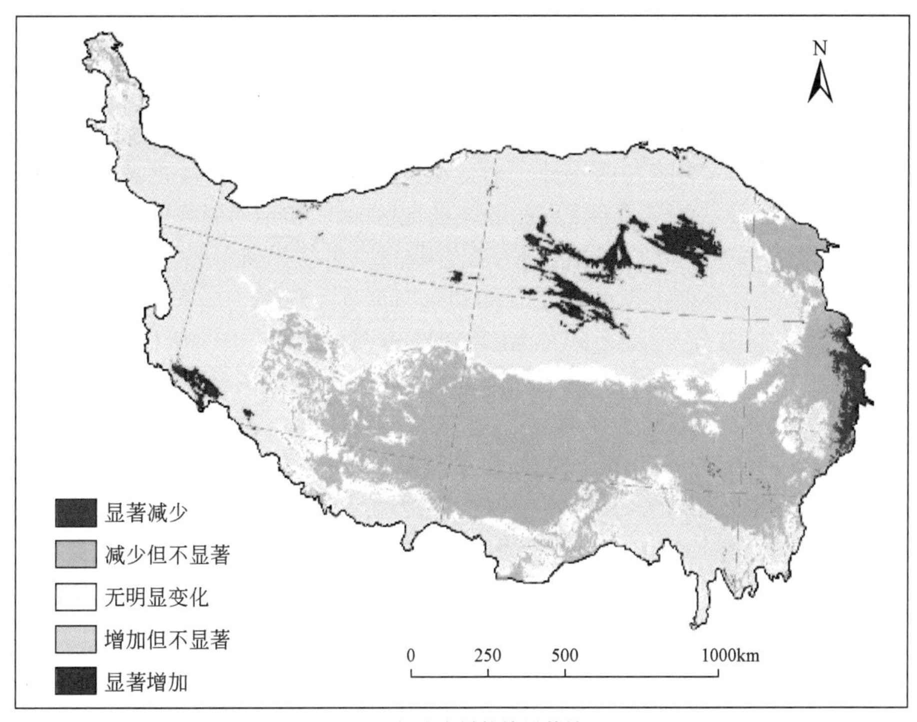

(a) 年降水量趋势显著性

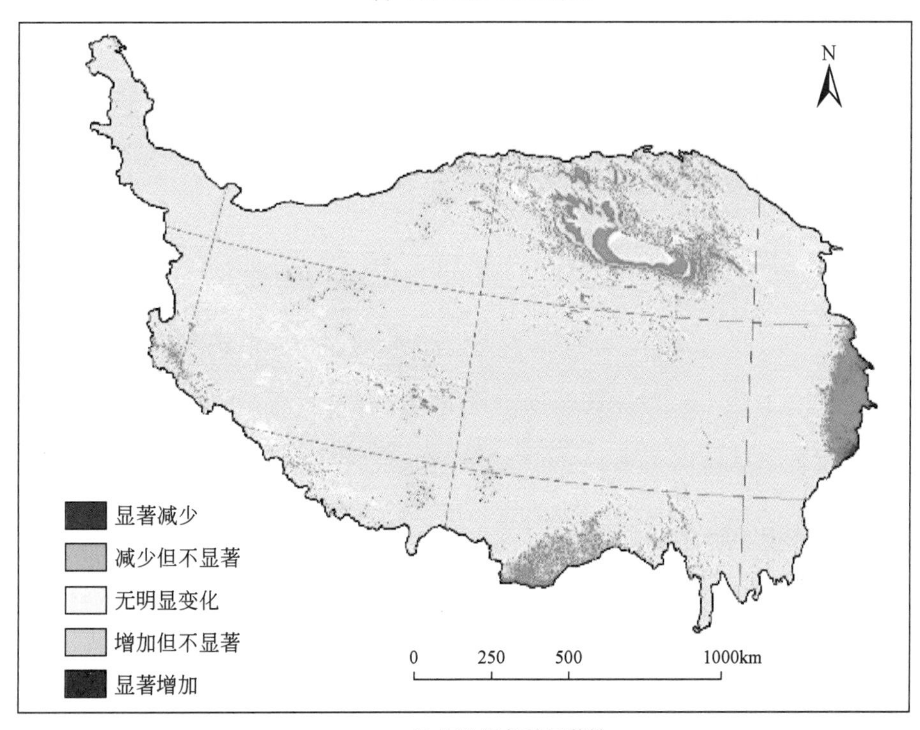

(b) 年均温趋势显著性

图 6-6　基于 Mann-Kendall 法青藏高原年降水量和年均温变化趋势显著性结果

为了找出积雪对气候的响应机制，有必要理解 SCD、SWE 与年降水量及年均温之间的关系。首先，利用 Person 系数在像元单位上分析 SCD 变化与年降水量及年均温之间的关系，发现青藏高原 53.06% 的地区 SCD 与降水量显著相关（|rSCD-R|≥0.62，$P<0.05$），其中，20.05% 的地区为负相关，33.01% 的地区为正相关［图 6-7（a）］。负相关的地区主要分布在青藏高原北部边缘和西南部，而正相关的地区主要分布在青藏高原中部和西北部。如图 6-7（b）所示，青藏高原约 54.39% 的地区 SCD 和年均温之间有显著相关性，其中 37.67% 的地区表现为负相关，主要分布在青藏高原东北部和南部的边缘；16.72% 的地区表现为正相关，主要分布在青藏高原北部和东南部（|rSCD-T|≥0.62，$P<0.05$）。其次，SWE 与年降水量及年均温之间的相关分析表明，rSWE-R/rSWE-T 的空间分布与 rSCD-R/ rSCD-T 相似（图 6-8）。SWE 和降水量之间显著相关的地区约占青藏高原面积的 57.83%，其中 22.09% 的地区为负相关，35.74% 的地区为正相关（|rSWE-R|≥0.62，$P<0.05$）。青藏高原 60.12% 的地区 SWE 和年均温之间有显著相关性，其中负相关和正相关的地区分别为 40.41% 和 19.71%（|rSWE-T|≥0.62，$P<0.05$）。所有这些结果表明，一个强大的关系存在 SCD/SWE 之间及降水量和温度之间。降水量主要起正反馈作用，温度主要起负反馈作用。

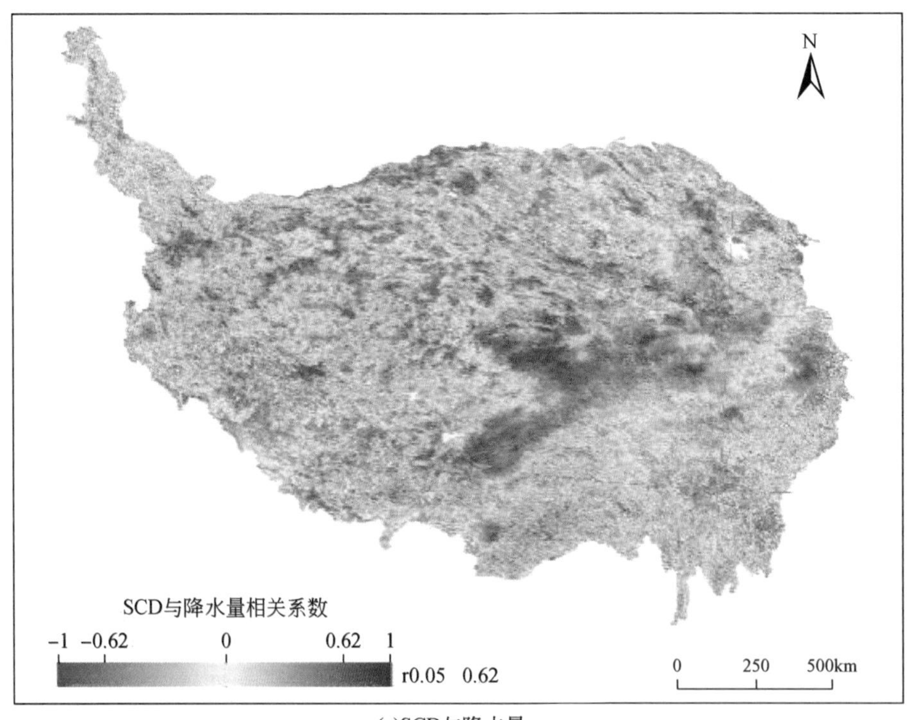

(a)SCD与降水量

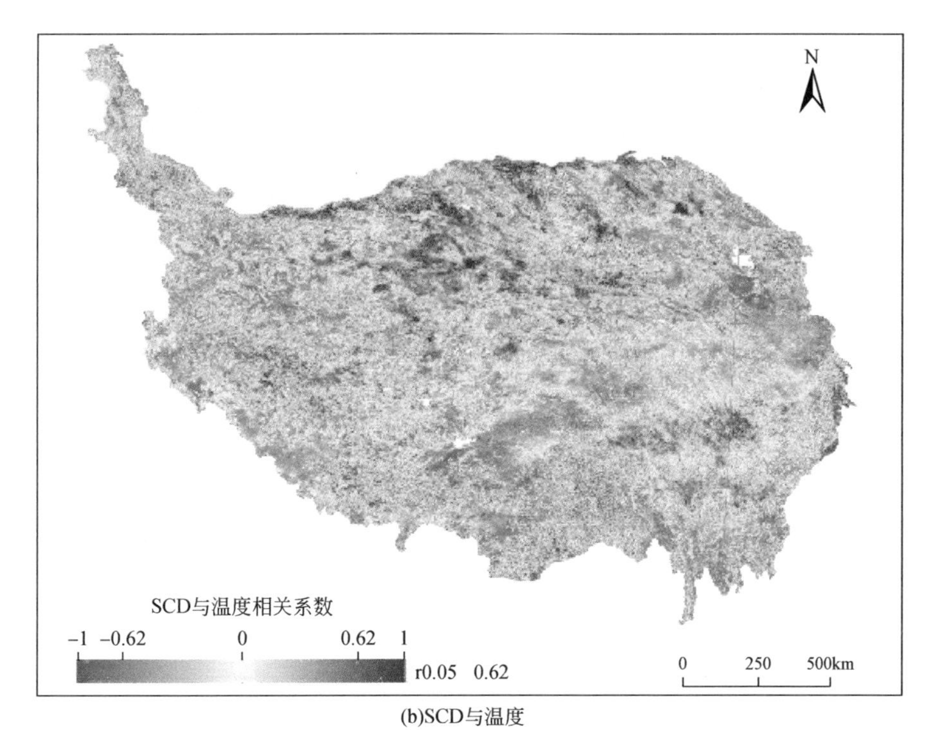

(b)SCD与温度

图 6-7 SCD 与温度和降水量相关分析

r0. 05 0. 62 指的是 F 检验下，在 $P<0.05$ 的显著性水平下，SCD 与降水量、SCD 与温度，两两之间的相关数的值以 0. 62 为临界

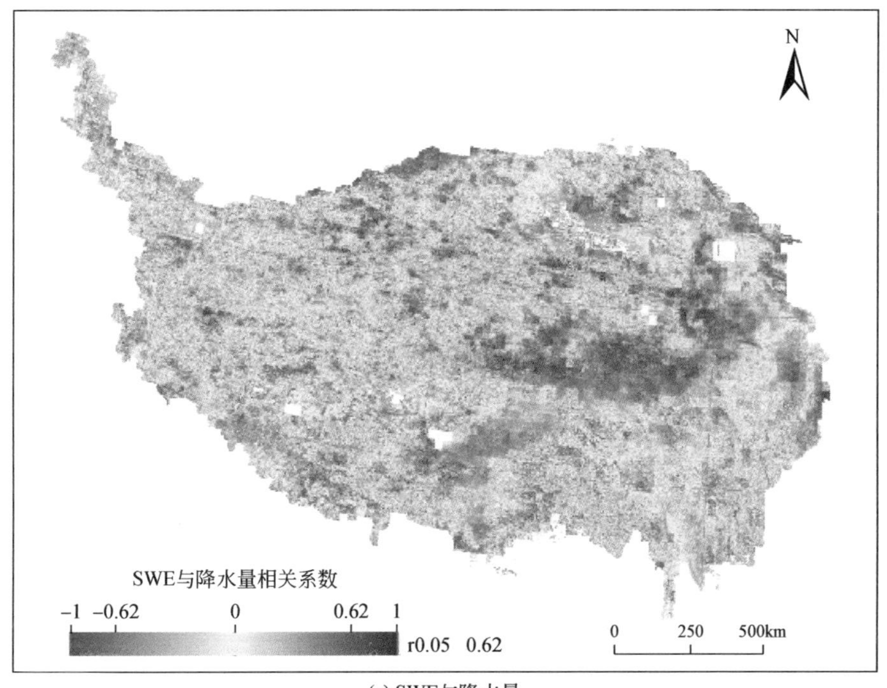

(a) SWE与降水量

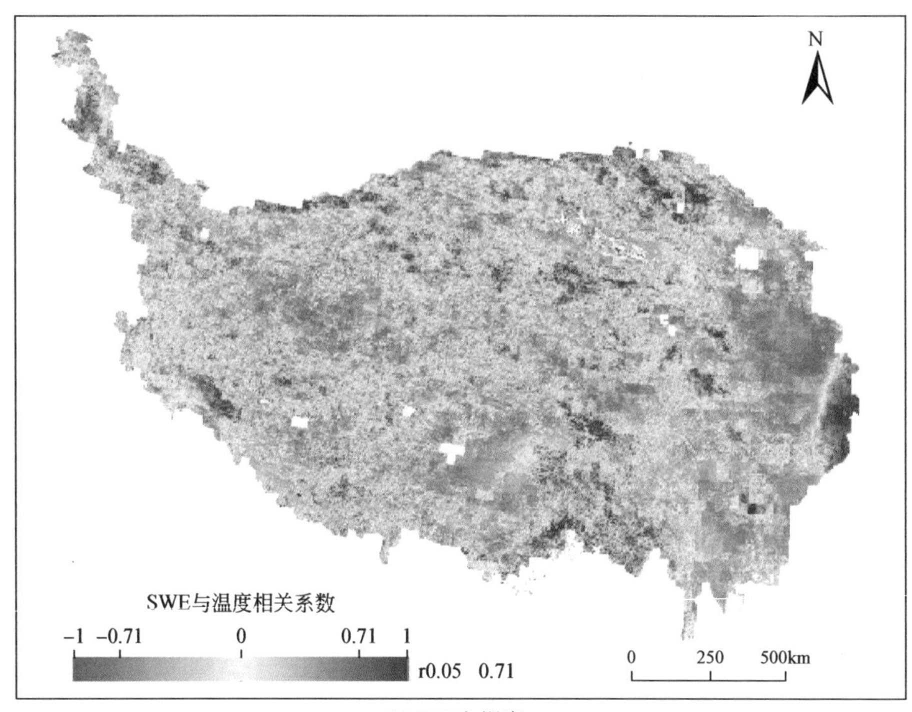

(b) SWE与温度

图 6-8　SWE 与温度和降水量相关分析

r0.05 0.62 指的是 *F* 检验下，在 $P<0.05$ 的显著性水平下，

SWE 与降水量、SWE 与温度，两两之间的相关数的值以 0.62 为临界

6.3　时空响应异质分析

进一步在网格单元上对 rSCD-R/rSWE-R、海拔和降水量及 rSCD-T/rSWE-T、海拔和温度进行分析。rSCD-R 和 rSWE-R 大部分为正值，且随着海拔的升高，并没有表现出明显的变化趋势［图 6-9（a）］；而 rSCD-T 和 rSWE-T 大部分为负值，在低海拔地区表现为正相关，随着海拔的升高，呈现一个逐渐降低的趋势［图 6-9（b）］。

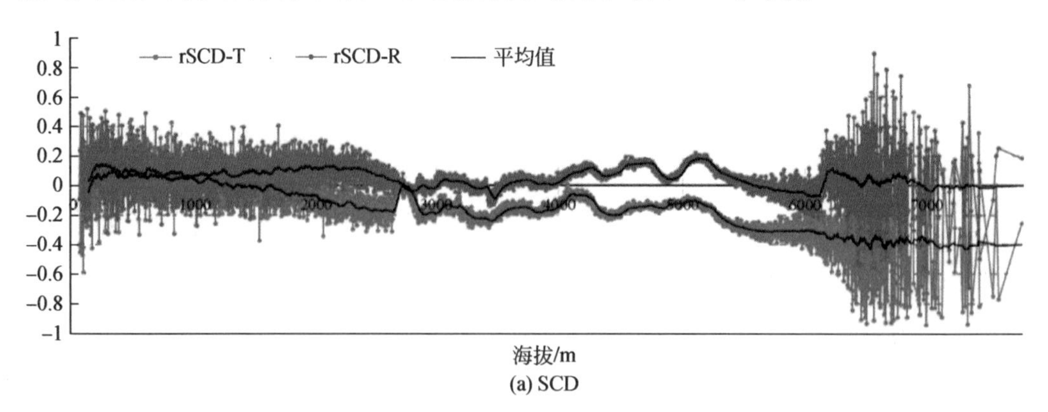

(a) SCD

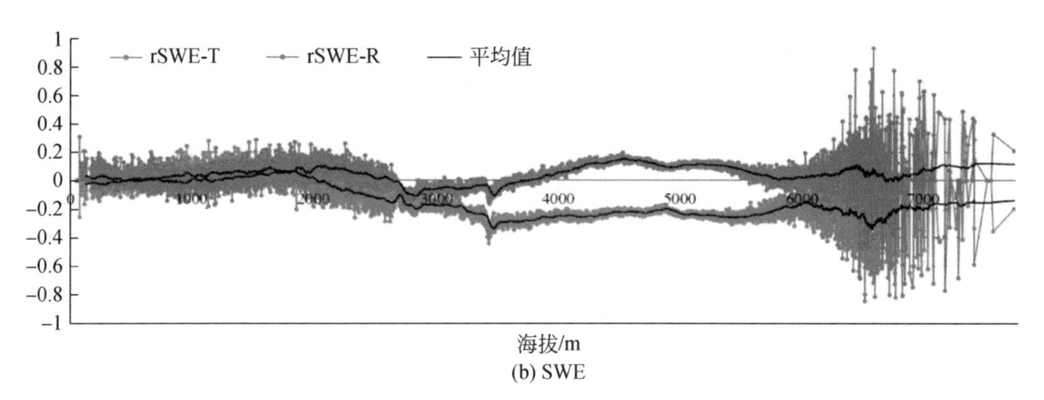

(b) SWE

图 6-9 不同海拔下 rSCD-R、rSCD-T、rSWE-R 及 rSWE-T 的变化分析

当降水量不断增加，rSCD-R 和 rSWE-R 的值呈下降趋势［图 6-10（a）和图 6-10（b）］。随着温度的升高，rSCD-T 和 rSWE-T 的值呈增加趋势，当平均气温分别为-6.32℃和-6.63℃时，rSCD-T 和 rSWE-T 达到最高值，而后，rSCD-T 和 rSWE-T 的值随气温的增加有一个轻微的降低趋势［图 6-10（c）和图 6-10（d）］。这意味着，研究区海拔、降水量和气温变化对区域 SCD、SCA 和稳定积雪分布有很大的影响。

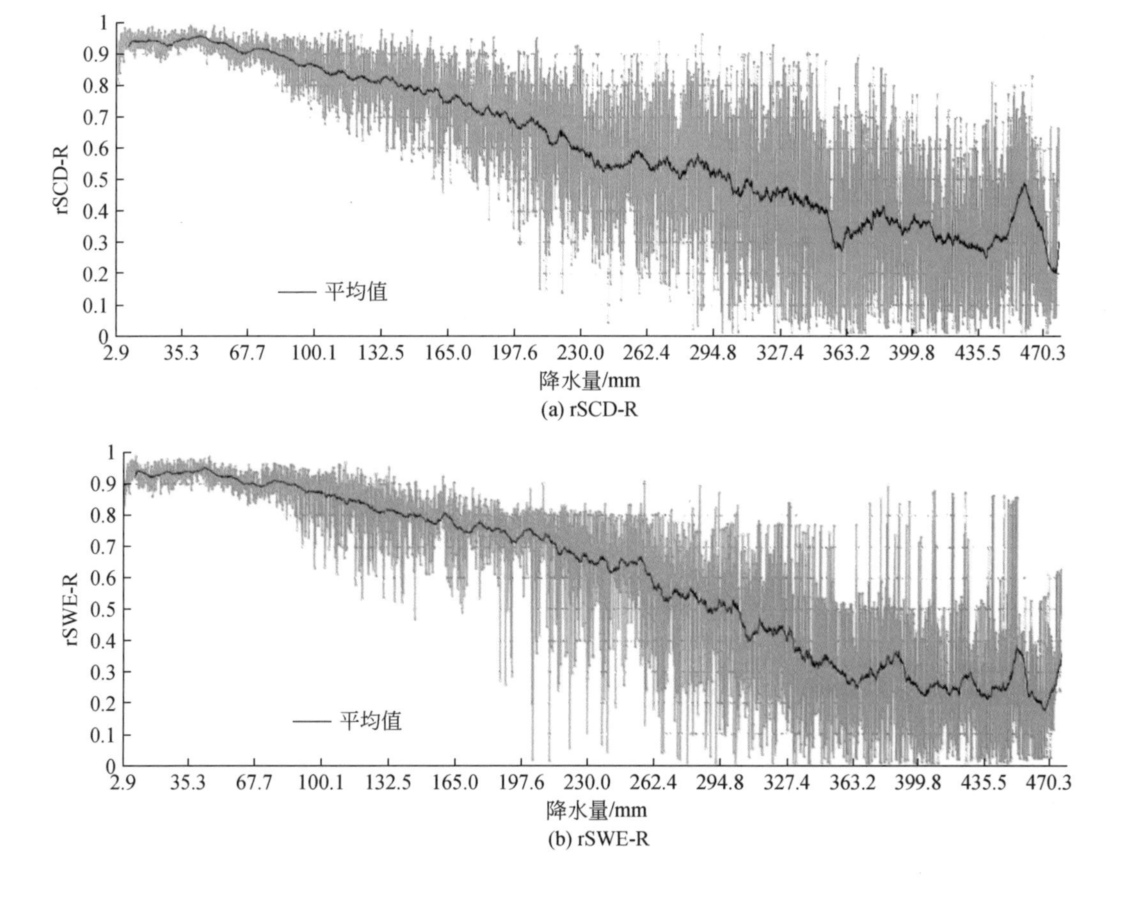

(a) rSCD-R

(b) rSWE-R

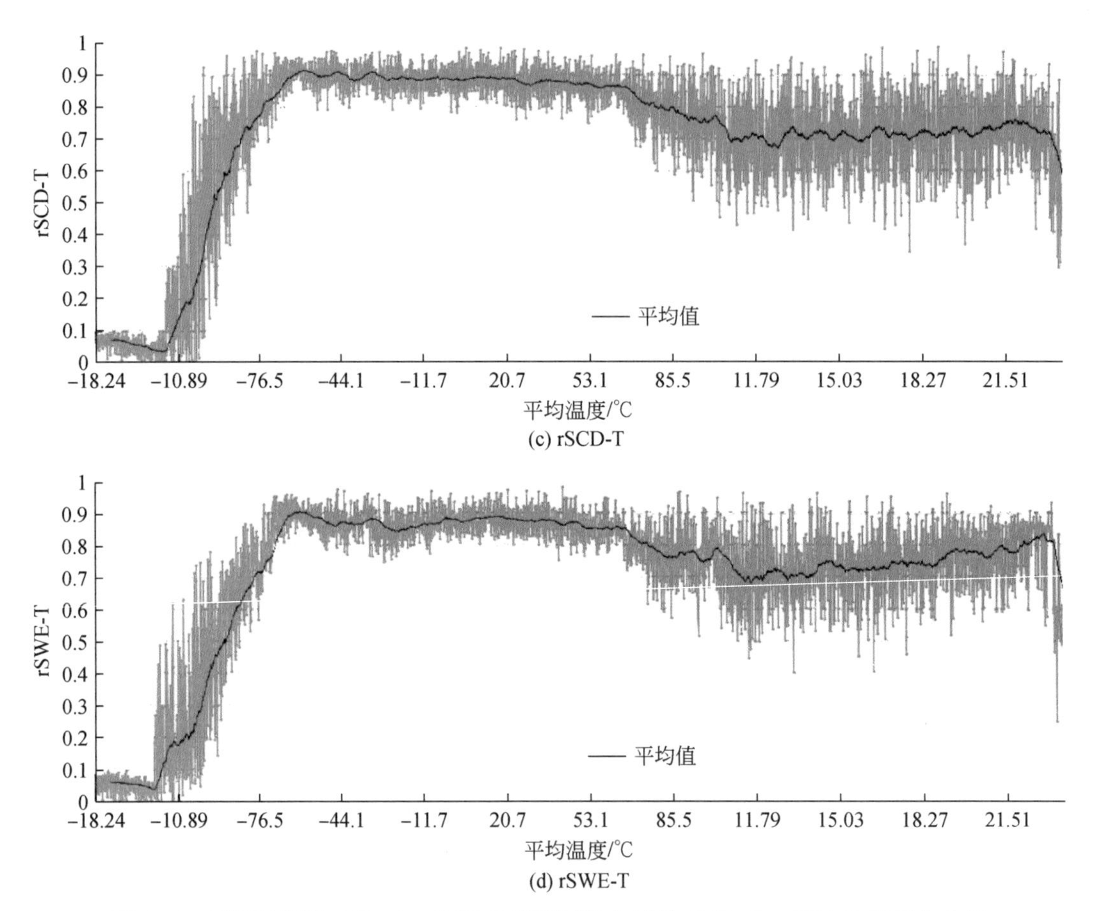

(c) rSCD-T

(d) rSWE-T

图 6-10　不同气温下 rSCD-T、rSWE-T 及不同降水量下 rSWE-R、rSCD-R 的变化分析

第7章　欧亚大陆降雪及其变化

降雪是气候系统的重要组成部分，随着气候变暖而不断变化（Räisänen，2008；Brown and Mote，2009；Kapnick and Delworth，2013；Krasting et al.，2013；Ye and Cohen，2013）。降雪也存在显著的季节性变化和年际变化，它可以通过范围、动态和属性的变化对大气环流和气候变化迅速做出反应。不同尺度上积雪累积变化远比降雪变化大得多，但是研究降雪变化仍然非常有必要（Scipión et al.，2013）。新雪的高地表反照率将更多的太阳辐射反射到大气和太空中，产生冷却效应，导致有积雪覆盖地区气温要比无积雪覆盖地区低4～8℃（Dewey，1977；Lemke，2007）。这种冷却效应通过大气遥相关还可以导致海陆热力状况改变。

过去对于气候要素的研究主要集中在温度和降水量的平均值和年际变化上，对极端气候事件研究相对不足，但由于其具有突发性强、危害性大等特点，近年来极端气候事件变化引起广泛关注（Tang et al.，2005；Chen H B et al.，2006；Changnon S A and Changnon D，2006）；但是极端降雪事件与气候变化之间的关系还尚未明确。O'Gorman（2014）研究表明在月平均温度低于0℃并且海拔低于1000m的区域，日极端降雪量减少了8%，这些结果是有物理基础并且与观测到的雨雪之间转换一致。观测和模拟结果均表明逐日极端降水（包括固态和液态降水）呈现增加趋势（Kharin et al.，2013；Westr et al.，2013）；区域性极端降雪变化年代际波动较大（Zhang X et al.，2001；Kunkel et al.，2013）。不同的降水形态对地表径流以及地球上能量流动和物质循环产生重要的影响，通常情况下我们会采用降雪比率来评估（snowfall/precipitation ratio，S/P）（Mizukami et al.，2013）。降雪比率的变化也会影响地表反照率（降雨和降雪对太阳辐射的吸收与辐射起不同的作用），从而改变地球大气系统的能量平衡（Screen and Simmonds，2012；Berghuijs et al.，2014）。

7.1　资料来源与方法

7.1.1　资料来源

本章研究欧亚大陆主要是指欧亚大陆中国部分地区和原苏联地区。本章中使用的数据集来源有两部分。中国数据集资料来源于中国气象局（国家气候中心），该数据集包含839个地面观测站点，时间跨度为1951～2014年；原苏联和中亚地区气象资料来源于俄罗斯水文气象局，该数据集包含1000多个地面观测站点，时间跨度为1966～2014年。由于在欧亚大陆合计2000多个站点中，有些站点缺失记录过多，并且缺失站点信息，我们最终选取欧亚大陆1863个地面台站逐日气温和降水观测数据为研究对象（图7-1）。

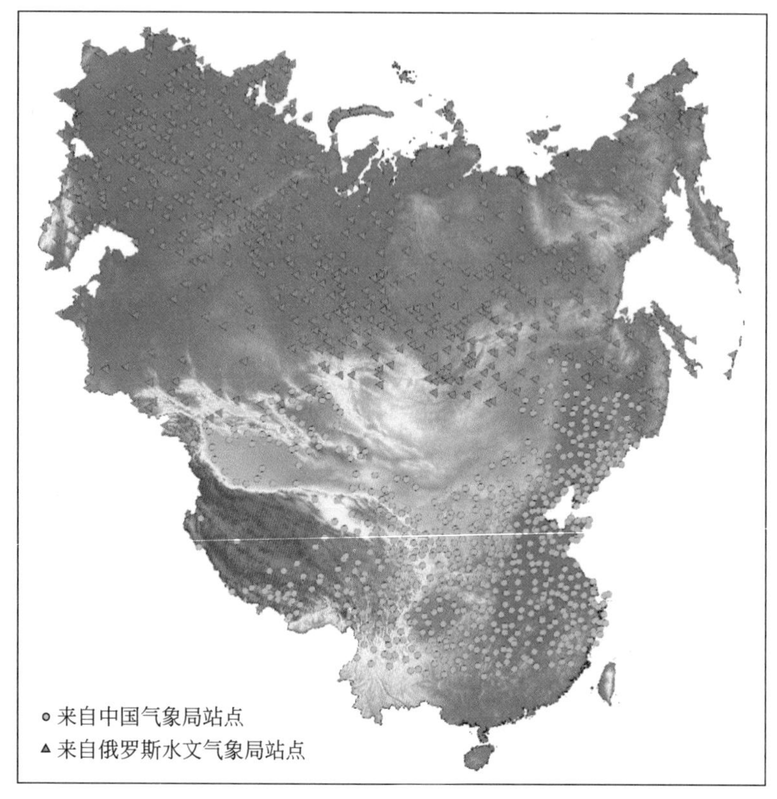

图7-1 欧亚大陆部分地区站点空间分布

7.1.2 观测数据集质量控制

站点的时空不连续性以及空间不一致性对降雪量的时空变化影响很大，因此我们对站点的数据质量进行严格控制。首先为了保证观测记录的一致性和连续性，剔除了在观测过程中位置移动过的站点；其次在分析降雪量变化时，将日降雪量低于0.1mm时认为当天无降雪，即降雪量为0；对降雪天数进行统计分析时，仍然选取日降雪量不小于0.1mm的降雪天数进行分析；最后当站点一年有效记录不足300d时，认为此年份降雪缺测。

选取1971～2000年为气候基准期，并规定选取站点数据有20年以上有效观测记录为研究对象。同时，在对单个站点分析过程中，如果站点年记录数据超过该站点气候平均值两倍的离差范围，则认为该站点当年记录为异常值，对此数据做剔除处理。

当出现以下情况时，也认为数据缺失：①若逐日降雪量不足0.1mm，则该逐日降雪量为0；②若某个站点的月累积降雪缺测天数达到10d以上，该站点的本月记录为缺失；③在降雪天气较为集中的12月至次年2月，若某个站点逐日降雪缺测天数多于20d，则该站点该年份记录为缺失；④若某个年累积降雪缺失天数达到40d，该站点记录全部为缺失；

⑤若某个站点 1971 ~ 2000 年年平均降雪深度有效记录值不到 20 年，则该站点不参与计算。通过上述数据质量控制，在 1863 个地面观测站点中，筛选出 1600 个站点来分析 1966 ~ 2011 年极端降雪的时空变化规律与特征。

由图 7-1 可以看出，地面观测站点多集中在中国中东部地区和俄罗斯西部地区，特别是欧洲平原，站点集中在以上地区主要由以下因素决定：①地势较为平坦，均匀的地形可以满足站点移动的要求；②地势较为复杂，高海拔地区站点分布稀疏，特别是青藏高原西部、中部和北部地区，站点极为稀少。为了提高对欧亚大陆年降雪变化的分析精度，需要对欧亚大陆逐日站点观测记录进行网格化处理，具体处理规则如下：

1）当网格内无站点或站点当日记录为缺测时，则该网格记为缺失值（NaN）；

2）当网格内有且仅有一个站点，并且该站点当日记录为有效值时，则该站点当日记录值为该网格有效值；

3）当网格内有多个站点时，对网格内站点求算数平均值，并将该算数平均值赋值给网格当日有效记录值。

经过上述操作后，得到网格化后的 1°×1°降雪的逐日网格化资料，对逐日网格化资料分析欧亚大陆降雪年际变化时，采用面积加权算法提高分析精度。

7.1.3 研究方法

7.1.3.1 降雪分类方法

降雪是降水的固态形式，大气中的水蒸气直接凝华或者水滴直接凝固形成雪，并在地表存在几分钟到几个月不等，这取决于雪降落的时间和地点，如果在地面累积就会形成积雪。降雪等级按照中国气象局规定，通常是指在规定时间内持续降雪量折算成降雨量为等级划分的标准，一般有 12h 和 24h 两种标准，本研究采用 24h 划分标准，其中：①零星小雪。逐日降雪量小于 0.1mm，在计算中认为当日无雪。②无雪。逐日降雪量在 0 ~ 0.1mm。③小雪。逐日降雪量在 0.1 ~ 2.5mm。④中雪。逐日降雪量在 2.5 ~ 5mm。⑤大雪。逐日降雪量在 5 ~ 10mm。⑥暴雪。逐日降雪量大于 10mm。

在定义极端降雪时，采用百分位法定义极端降雪，即采用 1971 ~ 2000 年大于 0.1mm 逐日降雪量按照升序排列，取第 95 个百分位的日降雪量为极端降雪阈值，根据求出的极端降雪阈值分析极端降雪变化。

7.1.3.2 降雪判定方法

在一定程度上区域性水资源以及年降水量分布受降水形态影响（主要有降雪、降雨和雨夹雪 3 种），从固态降水向液态降水的转变会直接导致春季地表径流提前以及夏季降水减少。因此，研究不同降水状态的变化特征非常重要。

在本章中，将雨夹雪归为降雪类型。由于数据只有降水和气温数据，并没有标定降水类型，在这种情况下，通常采用观测气象参数（包括气温和其他气象数据等）（Rauber et al.，2001）、单阈值法、双阈值法（Yang et al.，1997；Gustafsson et al.，2001）来判断降水类型。Ding 等（2014）对中国 700 多个台站数据分析结果表明：在判断降水形态上，湿球温度结果优于空气温度；降水形态与地表海拔有很大关系，并且与空气湿度密切相关。

我们忽略了海拔、气压和露点温度等因素的影响，只根据逐日降水量和气温来确定逐日降雪量（Brown，2000）。首先，当逐日平均气温不大于-2℃时，降水的形式全部为降雪；其次，当逐日平均气温不小于2℃时，降水的形式全部为降雨；最后，当逐日平均气温为-2～2℃时，降水的形式是降雨与降雪混合。公式如下所示

$$f=\begin{cases}1(T\leqslant -2℃)\\ -0.25T+0.5(-2℃<T<2℃)\\ 0(T\geqslant 2℃)\end{cases} \tag{7-1}$$

式中，f 为降雪概率；T 为逐日平均气温。

7.1.3.3 极端降雪判定方法

在研究极端降雪事件之前，对什么是极端事件要有清晰的认识。一般情况下，极端事件分为两类：一类是简单的气候学统计，按此方法，极端事件每年都会发生，如极低或者极高的气温、极强或者极弱的降水；另一类是更为复杂的极端事件，是依靠发生与否来判断的，如台风、飓风等，此类事件不常发生，即并不是每年都会发生（Easterling et al.，2000）。此外，Beniston 等（2007）总结了三种定义极端事件的方法：①事件发生导致严重的经济损失；②事件发生的概率非常低；③事件发生有极端的强度值。满足上述三个条件之一即可称为极端事件。IPCC 第四次评估报告也对极端天气事件有了明确定义（Solomon，2007）。

本章还采用国际较为流行的 Gamma 分布函数来描述极端事件（Jones，1998）。Jones（1998）指出对某个有 n 个值的气象要素（气温、降水等），将这 n 个值进行升序排列 x_1，x_2，x_3，…，x_m，…，x_n 以后，此时不大于 x_m 的概率（P）为

$$P=(m-0.31)/(n+0.38) \tag{7-2}$$

式中，n 为气象要素总个数，m 为 x_m时间的序号。假设有 30 个值，那么第 95 个百分位上的值为排列后的 x_{29}（$P=94.4\%$）和 x_{30}（$P=97.7\%$）的线性插值。x_m所在位置的气象值就是极端降雪阈值（Bonsal et al.，2010）。

极端降雪事件定义：对 1971～2000 年欧亚大陆地区 1600 余个地面观测站的逐日降雪量（逐日降雪量≥0.1mm）按照从小到大排列，当某日降雪量超过序列第 95 个百分位的值时，为 1 次强极端降雪事件；当某日降雪量超过序列第 99 个百分位的值时，为 1 次极强降雪事件（翟盘茂和潘晓华，2003）；当某日降雪量低于序列第 5 个百分位的值时，为 1 次弱极端降雪事件；当某日降雪量低于序列第 1 个百分位的值时，为一次极弱降雪事件。本章选择 1971～2000 年逐日降雪量来获得极端降雪阈值。超过极端降雪阈值的概率、频率在一般情况下应低于定义极端降雪阈值时的百分位数，但是在 1971 年前及 2000 年后降雪频次、发生概率会有所不同。

在研究和分析欧亚大陆降雪事件的时空分布特征过程中，用到了一些基本统计方法，主要有数据格网化算法、Mann-Kendall 检验以及 Cressman 插值算法等。

7.1.3.4 数据格网化算法

欧亚大陆站点的空间分布十分不均匀，在低纬度的中国中南部地区站点分布密集，而在高纬度高海拔地区站点分布稀少，特别是中国青藏高原和俄罗斯中西伯利亚高原地区，站点空间分布不均对研究欧亚大陆降雪量的变化影响重大，因此需要将欧亚大陆数据网格化。

对欧亚大陆逐日站点数据进行网格化处理，最后得到 1°×1°的网格资料，在网格化过程中，将网格内站点进行算数平均处理，当该网格内无数据时记为 NaN，有且仅有一个站点时，将该站点日降雪量赋值于该站点，当有多个站点时，求取算数平均值作为该网格日降雪量。

通过数据格网化算法得到每个网格的降雪属性数据集后，由于在不同纬度地区单个网格面积不同，在降雪属性分析中所占权重必然不同，在此采用区域平均序列计算方法，更加精确降雪变化趋势。将各网格的值应用面积加权平均算法，得到该地区的时间序列变化趋势

$$\hat{\gamma}_k = \frac{\sum_{i=1}^{M}(\cos\theta_i) \times \gamma_{ik}}{\sum_{i=1}^{M}\cos\theta_i} \tag{7-3}$$

式中，$\hat{\gamma}_k$ 为第 k 年区域降雪平均值；$i = 1, 2, 3, \cdots, M$（M 为网格数）；γ_{ik} 为第 i 个网格第 k 年的平均值，θ_i 为第 i 个网格中心的纬度。

7.1.3.5 Mann-Kendall 检验

Mann-Kendall（M-K）检验是一种在气象上常用的非参数化检验方法，具有样本不需要遵从一定的分布，并且不受异常值干扰的特点，从而被国际气象组织（International Meteorological Organization，IMO）推荐用来检测连续时间序列的趋势，n 个样本容量的时间序列 x，构造一个秩序列

$$s_k = \sum_{i=1}^{k} r_i,\ k = 2, 3, \cdots, n \tag{7-4}$$

其中，

$$r_i = \begin{cases} 1, & \text{当} x_i > x_j \\ 0, & \text{当} x_i \leqslant x_j \end{cases},\ j = 1, 2, \cdots, i \tag{7-5}$$

由此可知，s_k 为第 i 个时刻数据大于 j 时刻数值个数的累积。

首先，假设时间数列随机独立，定义统计变量

$$\mathrm{UF}_k = \frac{s_k - E_{(s_k)}}{\sqrt{\mathrm{var}(s_k)}},\ k = 1, 2, \cdots, n \tag{7-6}$$

式中，UF_1 为 0；$E_{(s_k)}$ 、$\mathrm{var}(s_k)$ 为累积数 s_k 的平局值和方差，当 x_1，x_2，x_3，…，x_n 相互独

立且连续分布时，可以用以下公式算出

$$\begin{cases} E_{s_k} = \dfrac{k(k-1)}{4} \\ \mathrm{var}(s_k) = \dfrac{k(k-1)(2k+5)}{72} \end{cases},\ k = 2,\ 3,\ \cdots,\ n \tag{7-7}$$

当 UF_i 为标准正态分布时，按时间序列 x 的顺序 x_1，x_2，x_3，…，x_n 计算出统计量序列，给定显著水平 α，查找正态分布表，若 $|UF_i| > U_\alpha$，则表示序列存在显著趋势变化。

按 x 的逆序列，依次重复以上步骤，同时令 $UB_k = -UF_k$；$k = n$，$(n-1)$，…，2，1；$UB_1 = 0$。

该算法不仅简单，而且可以明确突变时间点以及突变区域，所以该算法是一种常用的突变检测方法。

7.1.3.6 Cressman 插值算法

Cressman 插值算法经常用在气象应用中，是比较早的客观分析方法，由 Cressman 在 1959 年提出。该算法将离散站点数据内插到网格的格点上，并且引起误差较小的一种逐步订正的内插方法。首先给定一个猜测场，然后用实际场去订正第一猜测场，直到订正后的场无限逼近实际观测记录为止。其公式为

$$\alpha' = \alpha_0 + \Delta\alpha_{ij} \tag{7-8}$$

其中，

$$\Delta\alpha_{ij} = \frac{\sum_{k=1}^{K}(W_{ijk}^2 \Delta\alpha_k)}{\sum_{k=1}^{K} W_{ijk}} \tag{7-9}$$

式中，α 为气候场要素（如降水、温度等）；α' 为 α 在（i，j）处第一猜测，α' 为该格点处的订正值；$\Delta\alpha_{ij}$ 为该格点处观测值与猜测值之间的差值；W_{ijk} 为权重因子，由权重函数决定，取值在 0 ~ 1；K 为影响 R 半径内的站点数。

Cressman 插值中最为重要的便是权重系数 W_{ijk} 的确定，一般公式为

$$W_{ijk} = \begin{cases} \dfrac{R^2 - d_{ijk}^2}{R^2 + d_{ijk}^2}, & d_{ijk} < R \\ 0, & d_{ijk} \geqslant R \end{cases} \tag{7-10}$$

一般取 1、2、7、10 四个常数。d_{ijk} 为格点（i，j）到观测点 k 的距离。

7.2 欧亚大陆降雪空间分布特征

受欧亚大陆复杂地形影响，降雪量空间分布具有较大差异。近年来随着全球变暖日益加剧，降雪在年际、月尺度上也有显著变化趋势。基于上述背景，本节详细分析了欧亚大陆 1966 ~ 2011 年降雪量空间分布特征。

7.2.1 多年平均降雪空间分布特征

1971～2000年年降雪量的气候平均值揭示了其基本的空间特征（图7-2）。欧亚大陆降雪量具有明显的纬度地带性，随着纬度的增加，降雪量逐渐增加；具体为纬度每增加1°，降雪量增加4.57mm。多年平均最大降雪量位于西西伯利亚西南部、叶尼塞河上游流域的NENASTNAYA（54.75°N，88.81°E，1183m）站点，多年平均降雪量达到948mm。降雪量最小值出现在中国的内蒙古沙漠地区，多年平均降雪量不足5mm，此外，此处受降雪量小、风力大、蒸发量大等影响，很难形成积雪。

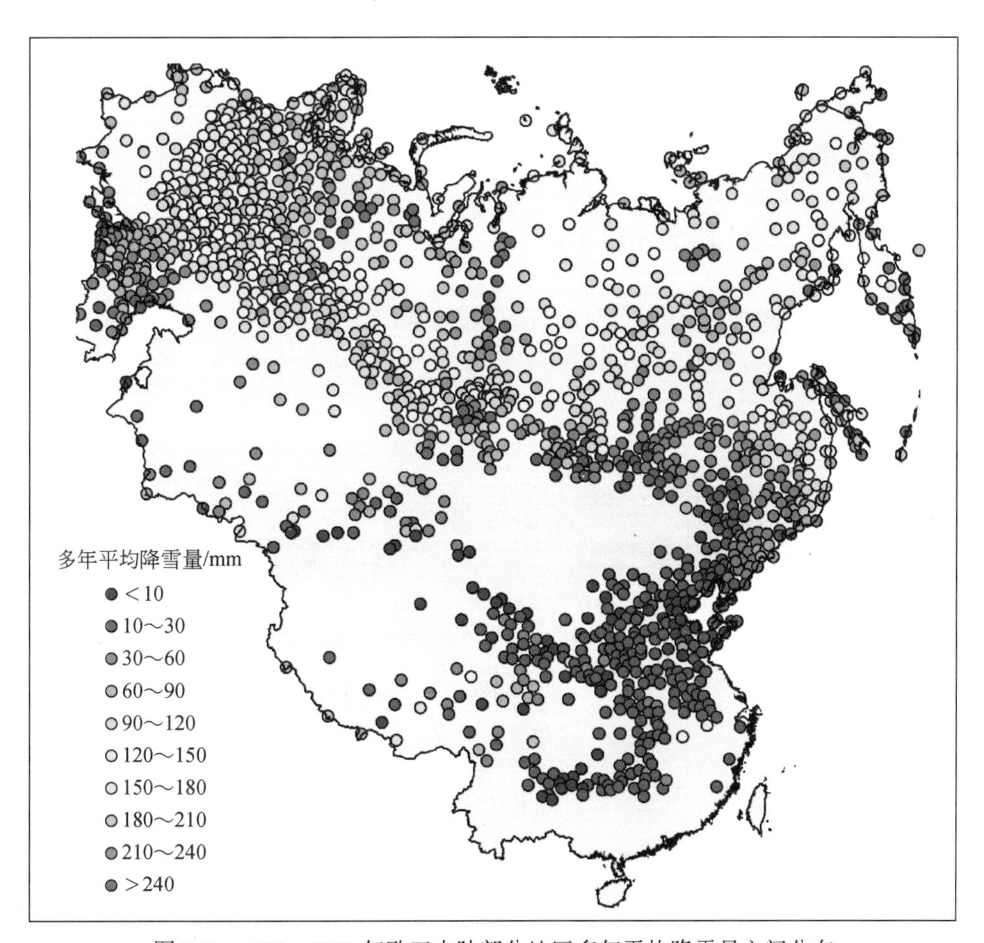

图7-2 1971～2000年欧亚大陆部分地区多年平均降雪量空间分布

中国部分地区三大降雪高值区与积雪分布类似，主要分布在青藏高原、东北地区和西北地区的新疆北部、天山南北地区。青藏高原降雪高值区主要分布在长江、黄河源头流域以及西南部、喜马拉雅山脉北麓；其中西南部、喜马拉雅山脉北麓聂拉尔站多年平均降雪量高达204.8mm，清河站、嘉黎站多年平均降雪量也都达到100mm。值得注意的是，位于中国湖南山区的南岳站（27.3°N，112.7°E，1268m）多年平均降雪量达到230mm，四川峨眉山站（29.517°N，103.333°E，3049m）多年平均降雪量达到184mm。中国降雪低值区主要分布在新疆南部、长江以南地区、内蒙古高原西部，这些地区多年平均降雪量不足10mm。

俄罗斯地区多年平均降雪总量整体在30mm以上，高值区主要分布在俄罗斯欧洲部分的东欧平原东部地区、西西伯利亚平原、东部沿海地区以及俄罗斯远东地区、堪察加半岛和库页岛地区，其中NENASTNAYA（54.75°N，88.81°E，1183m）多年平均降雪量高达949.8mm，OLEN' YA RECHKA（52.8°N，93.23°E，1514m）和SEVERO-KURIL-SK（50.68°N，156.13°E，1514m）多年平均降雪量也都达到500mm以上。中西伯利亚高原地区1971～2000年降雪平均值相对于欧亚大陆北部其他降雪丰富地区较低，一般在60～180mm。俄罗斯年降雪低值区主要分布在里海西南部、中西伯利亚高原及东部奥伊米亚康地区，多年平均降雪量在10～60mm，其中里海附近站点降雪最少，多年平均降雪量不足20mm。中亚地区站点较为稀疏，多年平均降雪量维持在10～60mm，其中哈萨克斯坦北部地区降雪较多，多年平均降雪量可达到90mm以上。

7.2.2 逐月降雪空间分布特征

欧亚大陆降雪还具有显著的月尺度空间分布特征（图7-3）。对欧亚大陆的9月至次年5月的多年平均逐月降雪量的分析结果表明，与多年平均降雪量一致，多年平均逐月降雪量主要分布在俄罗斯东欧平原、西西伯利亚平原地区以及中国青藏高原。

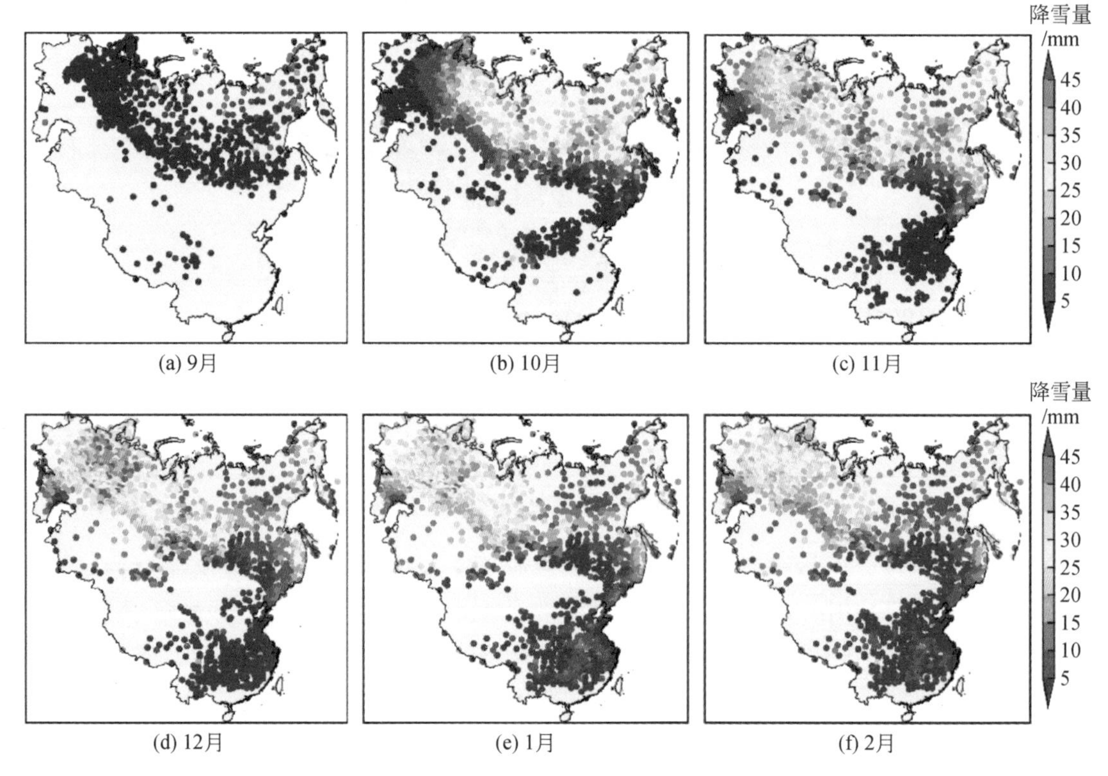

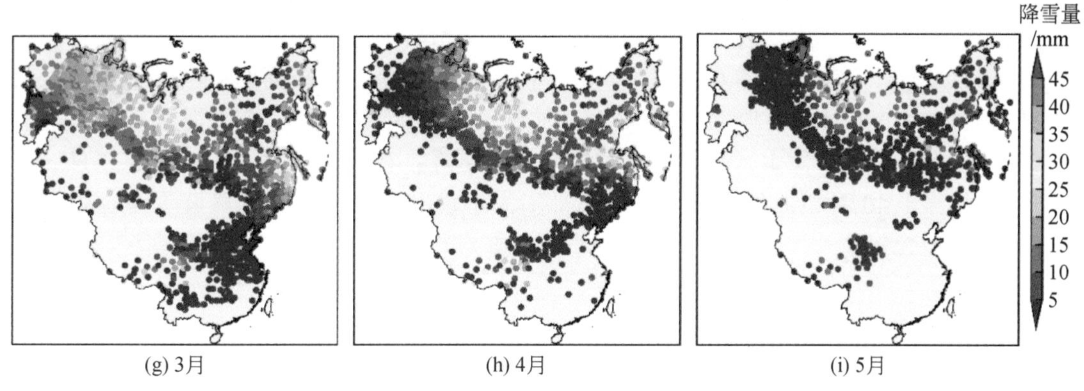

图 7-3　1971 ~ 2000 年欧亚大陆部分地区多年平均逐月降雪量空间分布

9 ~ 11 月为降雪累积期，其中 9 月有降雪记录的站点不多，主要分布在 50°N 以北地区以及中国青藏高原东部和南部边缘地区，月降雪量不足 15mm。中国的东北平原和新疆北部地区零星站点有降雪记录，但降雪量不足 10mm。9 月降雪在东西伯利亚高原以东地区较大，最大月降雪量可达 30mm。与之相比，中国出现降雪地区的降雪量相对较小。

10 月，随着温度下降，降雪增加，降雪带向南移动，同时降雪量也增大。在俄罗斯地区，月降雪量已经超过 10mm，但在俄罗斯东部平原西北部地区以及西西伯利亚平原南部地区，月降雪量还是不足 10mm，有些地方甚至不足 5mm。中国的内蒙古高原中部，以及青藏高原大部分地区均出现降雪事件。最大月降雪量达到 50mm 以上，位于叶尼塞河中下游地区。另外，中国南方的少数海拔较高站点也出现降雪。

11 月，气温继续降低，降雪带向南移动，其中中国的中纬度地区陆续出现降雪现象。降雪大值区主要分布在西西伯利亚平原和俄罗斯东部沿海地区，中国东北平原边缘地区月降雪量达到 20mm。11 月降雪带向南移动到 30°N 地区以及以南的部分山区。中国新疆南部属于沙漠地区，降水少，因此无降雪出现。俄罗斯地区降雪继续增加，并且范围继续扩大，特别是东欧平原和俄罗斯东部沿海地区、远东地区，最大月降雪量可达到 50mm 以上。

12 月至次年 2 月属于降雪稳定期，降雪范围达到最大，同时在 12 月俄罗斯地区降雪量达到最大。在 12 月，东欧平原月降雪量达 30mm 以上，最高可达 50mm 以上；西西伯利亚平原月降雪量在 12 月也达到最大值，同时在西西伯利亚平原地区，降雪主要集中在叶尼塞河流域上游；中西伯利亚高原降雪量较 11 月而言相对维持稳定；俄罗斯东部沿海地区降雪量增加。对于中亚地区，12 月降雪量基本维持相对稳定状态。中国 12 月降雪地区继续向南移动，最南端可到 25°N 地区；此时中国东北平原和阿尔泰山北部地区降雪量维持相对稳定状态。1 月降雪地区继续增加，东欧平原和西西伯利亚平原月降雪量明显减少，与此同时，中西伯利亚高原地区降雪维持稳定状态。2 月东欧平原和西西伯利亚平原月降雪量继续减少，中国降雪地区继续增加，并在 2 月降雪地区达到最广。此时，东欧平原月降雪量最大不足 35mm，而西西伯利亚平原月降雪量不足 30mm。青藏高原月降雪量在冬季比较稳定，基本维持在 15 ~ 30mm，但是藏西南地区月降雪量较大，最大月降雪量可达 50mm 以上。

3～5月为降雪减少期，在此期间，由于温度增加，降水主要以降雨的形式降落地面，降雪地区也逐渐向北移动。在3月，除了俄罗斯东部沿海地区和北部沿海地区以外，欧亚大陆月降雪量整体下降，基本在35mm以下。值得注意的是，青藏高原东南部部分地区月降雪量反而增加；在4月，降雪向北移动，在35°N以南地区，除了个别海拔较高站点以外，基本已无降雪事件发生，东欧平原整体降雪量下降；在5月，除了青藏高原以外，降雪事件已北移至40°N以北地区，俄罗斯东部沿海地区和北部沿海地区月降雪量也继续下降，一般不足25mm。

7.2.3 分类降雪空间分布特征

按照逐日降雪量的不同将降雪分为小雪、中雪、大雪和暴雪四类，并分析这四类降雪的时空分布特征（图7-4）。小雪空间分布差异最大，中雪、大雪次之，暴雪最小。

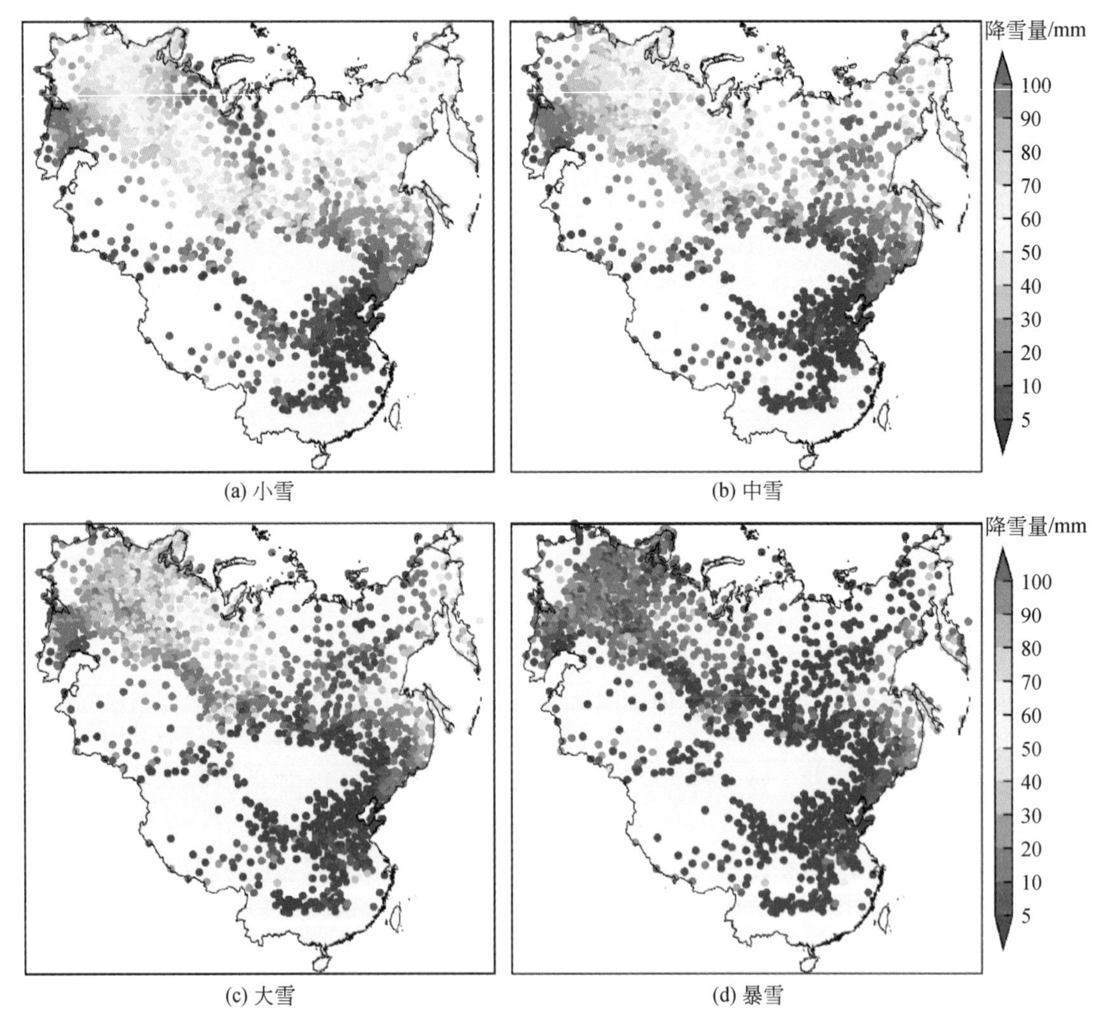

图7-4 1971～2000年欧亚大陆部分地区多年平均分类降雪量空间分布

欧亚大陆多年平均小雪量整体不足 120mm，并且主要分布在东欧平原东部和西西伯利亚平原地区；东欧平原和西西伯利亚平原地区多年平均小雪量纬度地带性更加明显，而俄罗斯东部沿海地区和中西伯利亚高原地区多年平均小雪量相对较少，整体不足 80mm。中国多年平均小雪量整体在 40mm 以下，其中中部大部分地区多年平均小雪量甚至不足 5mm。中国西北阿勒泰地区多年平均小雪量在 10～20mm；东北平原多年平均小雪量整体在 40mm 以下，东部沿海地区多年平均小雪量相对较高；青藏高原多年平均小雪量在 10～40mm。

多年平均中雪量地域特征稍微比多年平均小雪量空间分布弱，中国高值区主要分布在青藏高原东部边缘、东北部地区以及天山北麓，俄罗斯高值区主要分布在西西伯利亚平原和东北部沿海地区。欧亚大陆多年平均中雪量整体在 60mm 以下，其中西西伯利亚平原地区多年平均中雪量最大，可达到 60mm。中国地区多年平均中雪量与多年平均小雪量相同，且范围也基本一致。

多年平均大雪量在中国地域分布特征更不明显，青藏高原地区和东北平原分布类似，集中在 20mm 左右，个别站点多年平均大雪量不足 5mm。中国西北阿勒泰地区与东北平原地区分布相似，集中在 20mm 左右。东欧平原多年平均大雪量集中在 40mm 左右，西西伯利亚平原局部地区可达 80～100mm，俄罗斯东部沿海地区多年平均大雪量相对较高，堪察加半岛可达 120mm。

多年平均暴雪量空间分布差异最小，俄罗斯东部沿海地区暴雪量最大可达 160mm 以上，特别是堪察加半岛地区。东欧平原和西西伯利亚平原多年平均暴雪量集中在 20mm 左右，其中个别站点不足 5mm。中西伯利亚高原多年平均暴雪量整体不足 5mm。中国长江中下游山区多年平均暴雪量可达 80mm，其余均在 5mm 以下。

在四种降雪分类中，暴雪的地域特征最不明显，中国多年平均暴雪量高值区仅在青藏高原西南部的喜马拉雅山脉北麓和地形复杂的山地地区出现，其多年平均暴雪量高达 90mm 以上，其余多年平均暴雪量均在 1～10mm，俄罗斯多年平均暴雪量高值区主要分布在西西伯利亚平原以西（包括整个东欧平原）、俄罗斯东部沿海（包含堪察加半岛和库页岛），西西伯利亚平原以西地区多年平均暴雪量在 20mm 以上，东部沿海地区多年平均暴雪量在 30mm 以上，最高值出现在堪察加半岛东部地区。

7.3 欧亚大陆降雪时空变化特征

本节对欧亚大陆降雪距平的时间序列做了详细分析。为了获取准确的研究结果，对欧亚大陆降雪进行了面积加权算法。首先，利用 1°×1°网格资料计算逐年平均降雪量距平，并计算 1966～2011 年各个网格降雪属性的距平变化；然后，对全部网格按照纬度求加权平均，计算整个欧亚大陆 1966～2011 年降雪量年际变化趋势，从而分析欧亚大陆降雪年际变化趋势。

7.3.1 降雪时空变化特征

1966～2011 年欧亚大陆降雪年际变化趋势如图 7-5 所示。欧亚大陆年降雪量最大值出现在 1977 年，最小值出现在 2011 年。逐年降雪量距平年际变化不显著，但是存在较大的年际波动。从年际变化趋势分析来看，20 世纪 60 年代中期到 70 年代中期，年平均降雪量呈现减少趋势，减少了约 10mm，随后至 21 世纪初，年平均降雪量呈现年际波动趋势，但是波动不大，2000 年以后，年平均降雪量呈现显著减少趋势，并在 2011 年出现极小值，逐年降雪量在 2008 年以后波动范围较大。

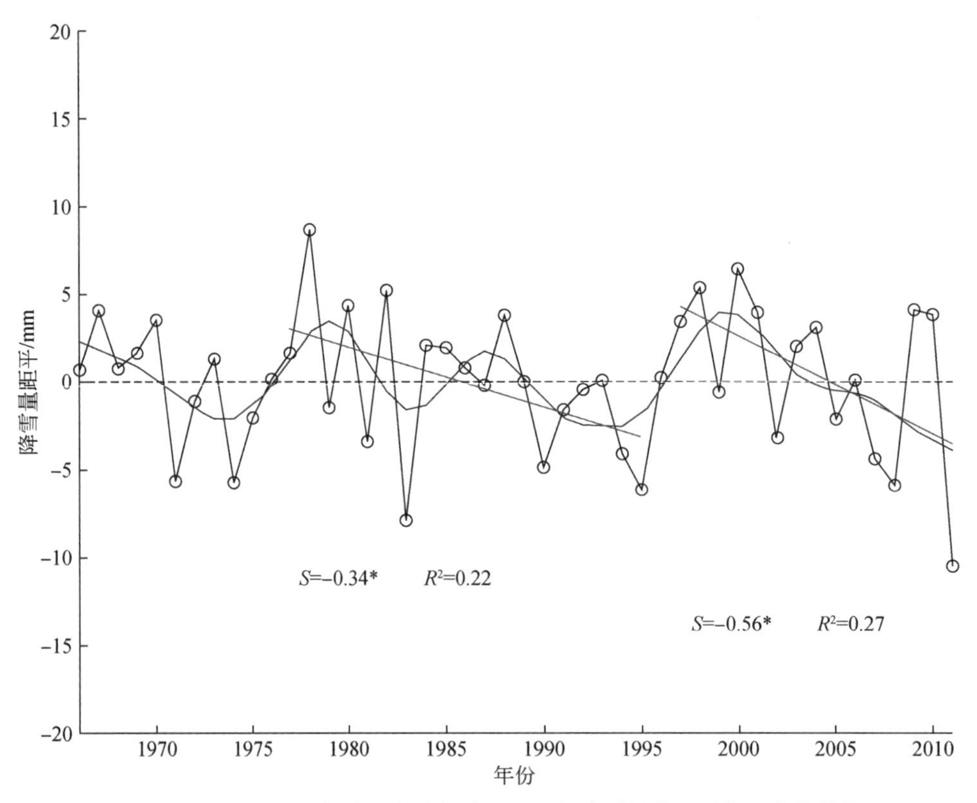

图 7-5　1966～2011 年欧亚大陆部分地区逐年降雪量的距平年际变化趋势

*为 95% 置信区间，点线为逐年降雪量距平，蓝色实线为小波去噪分析，虚线为距平分析平均值 0 值线

多年平均降雪量变化较大的站点基本都位于俄罗斯地区（图 7-6）。其中，俄罗斯 TAZOVSKIJ（67.46°N，78.73°E，8m）站点的多年平均降雪量增加速度达到 6.2mm/a，多年平均降雪量变化趋势减少最快的站点是位于俄罗斯的 MYS LOPATKA（50.86°N，156.68°E，47m），减少速度达到 7mm/a。值得注意的是中国的五台山站（38.95°N，113.517°E，2210m），多年平均降雪量减少速度达到 4.1mm/a。堪察加半岛虽然多年平均降雪量很大，但是整个半岛地区均呈现下降趋势，并且下降趋势非常大；俄罗斯库页岛多年平均降雪量则呈现明显上升趋势；俄罗斯远东地区也呈现显著下降趋势；中西伯利亚高原多年平均降雪量变化空间差异性较大，沿河流域多年平均降雪量呈现显著增加趋势，而在远离河流的地区则呈现下降趋势；在东欧平原内陆地区以上升趋势为主，在东欧平原北部靠近沿海地区则以下降趋势为主。

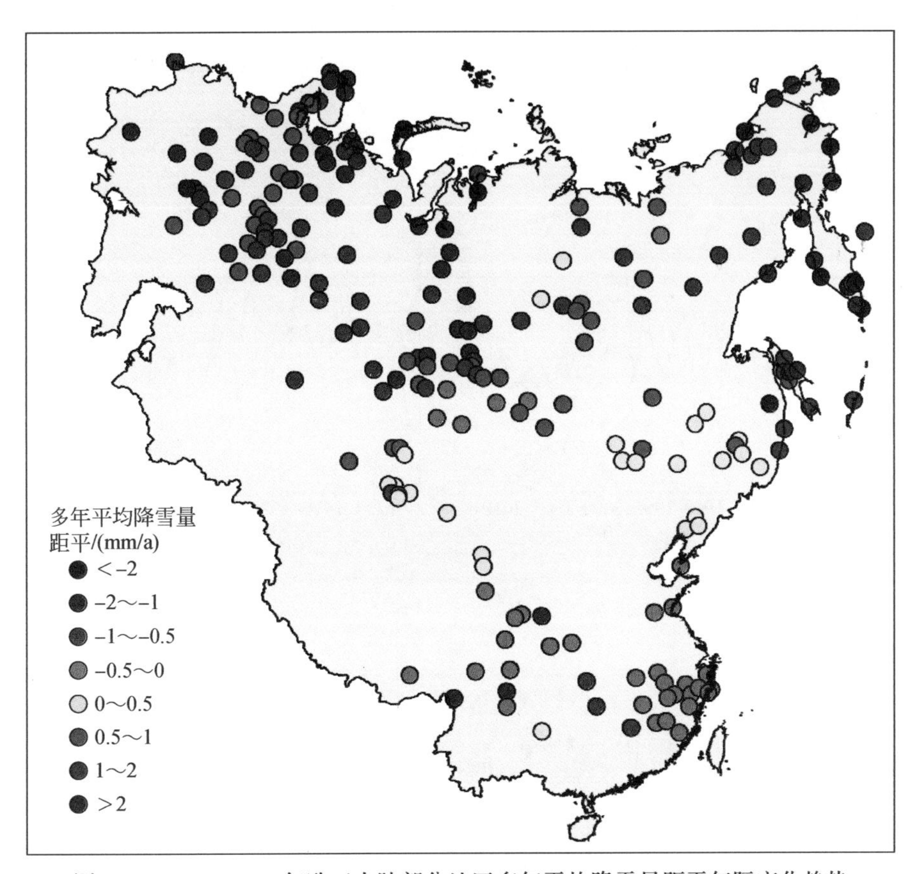

图 7-6 1966 ~ 2011 年欧亚大陆部分地区多年平均降雪量距平年际变化趋势
仅显示变化趋势达到 95% 置信水平的站点

中国降雪站点中有显著变化趋势的站点并不是很多。其中，增加趋势站点主要集中在中国的东北和北疆阿勒泰地区天山北麓；虽然多数站点均呈现逐年增加趋势，但增加速度比较缓和。另外，从空间变化上可明显看出，在中国黄河以南地区，多年平均降雪量变化均呈现显著下降趋势。

在搜集的 100 多个中亚地区站点中，呈现显著变化的站点仅有两个，而且均位于哈萨克斯坦境内，均呈现显著下降趋势。

7.3.2 逐月降雪时空变化特征

7.3.1 节研究结果表明 1966 ~ 2011 年欧亚大陆逐年降雪量变化趋势不显著，那么在月尺度上降雪量又是如何变化呢？图 7-7 给出了在时间序列上（9 月至次年 5 月）逐月降雪量年际变化趋势。

秋季，9 月和 10 月降雪量呈现降低趋势，变化速率分别为 -0.06mm/a 和 -0.1mm/a；9 月，在 2000 年前，降雪量基本在平均值上下波动，波动范围为 -4 ~ 4mm，在 2000 年后，降雪量处于平均值以下；11 月降雪量年际变化不显著。秋季，逐月降雪量月尺度波动较大，其中 11 月年际波动较大，波动范围为-5 ~ 5mm，特别是在 20 世纪 80 年代至 21 世纪初期这段时间内。

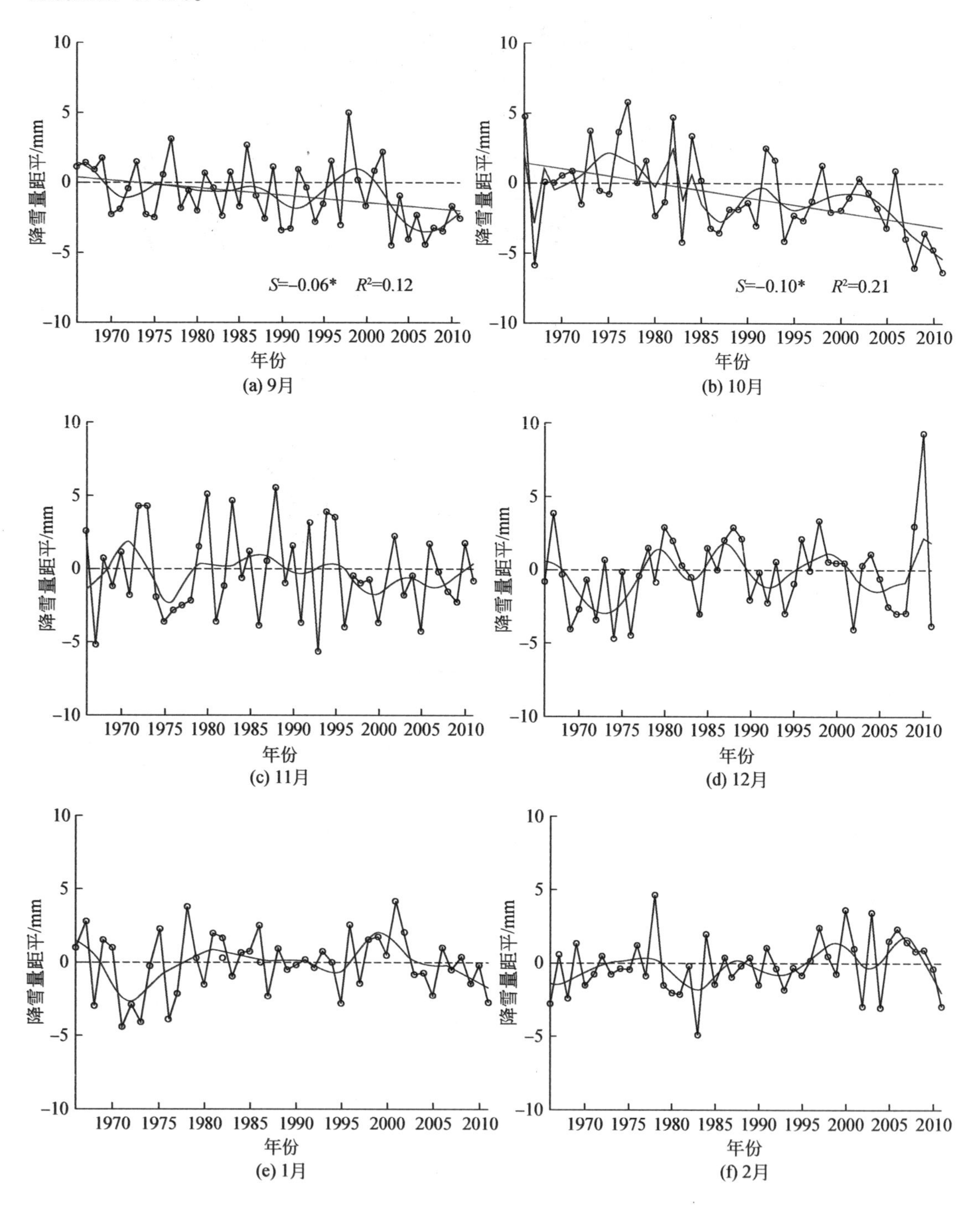

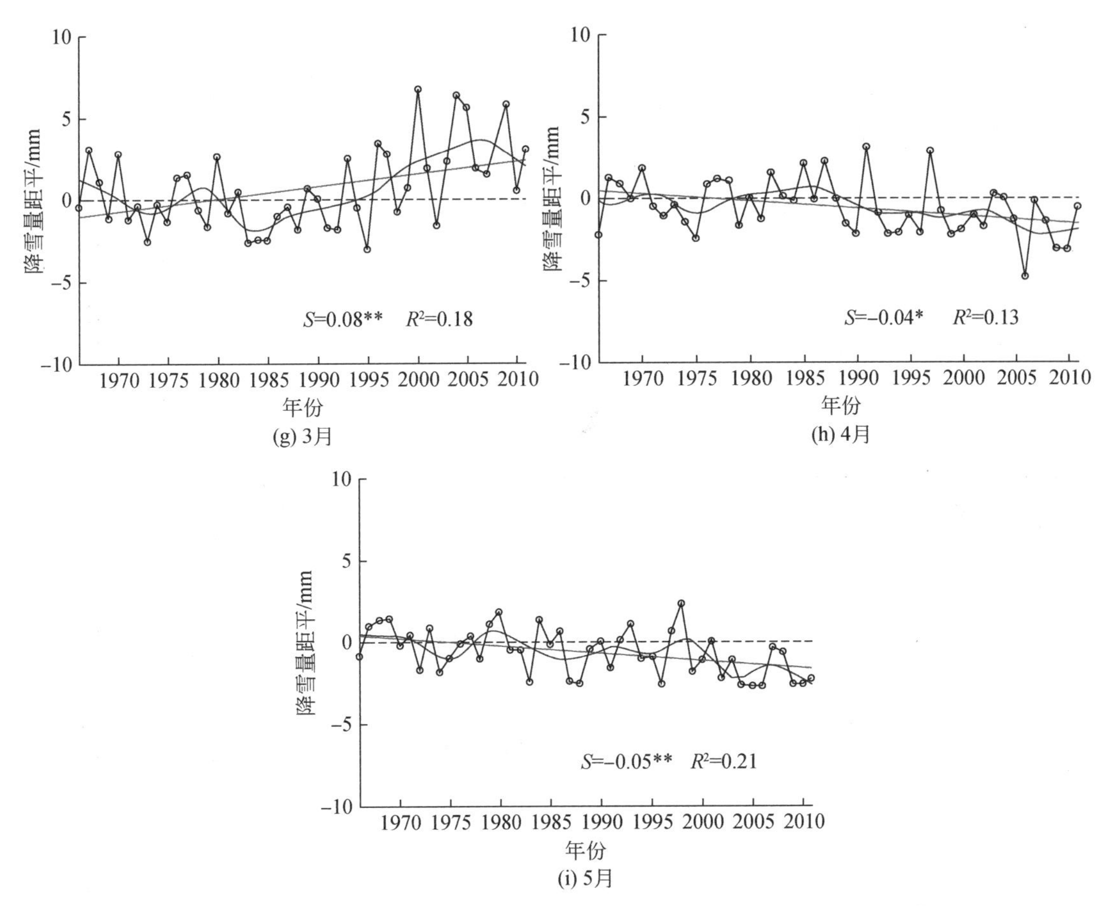

图7-7　1966～2011年欧亚大陆部分地区逐月降雪量的距平年际变化趋势

*为95%置信区间，**为99%置信区间，点线为各月逐年降雪量距平，蓝色实线为小波去噪分析线，虚线为距平分析平均值0值线

整个冬季逐月降雪量变化趋势均不显著；相对秋季，冬季逐月降雪量比较稳定。12月年际波动范围较大，在1978年前，降雪量处于平均值以下；1980～1985年，降雪量呈增加趋势，并且在1986～1990年，降雪量迅速减少，这种周期性波动持续到2009年；在2010年后，降雪量波动范围突增，以致在2010年降雪量比平均值增加近10mm。1月和2月降雪量则比较稳定，基本在平均值上下波动。

春季，3月降雪量显著增加，4月和5月降雪量显著减少。3月降雪量呈现增加趋势，增长率为0.08mm/a，并通过了95%的显著性检验。在20世纪80年代中期之前，3月降雪量有微弱减少趋势，之后至2009年，降雪量呈现明显增加趋势，此后3月降雪量波动范围为0～5mm/a；4月和5月降雪量波动范围较小，基本在平均值3mm处波动，同时4月和5月降雪量呈现显著增加趋势，但是减少趋势很平缓；1966～2011年4月和5月降雪量分别增加了1.88mm和2.35mm。

对欧亚大陆逐月降雪量空间变化特征进行分析，在分析结果中仅显示达到置信水平为

95%的显著性检验的站点。空间上，欧亚大陆逐月降雪量年际变化空间差异较大（图7-8）。

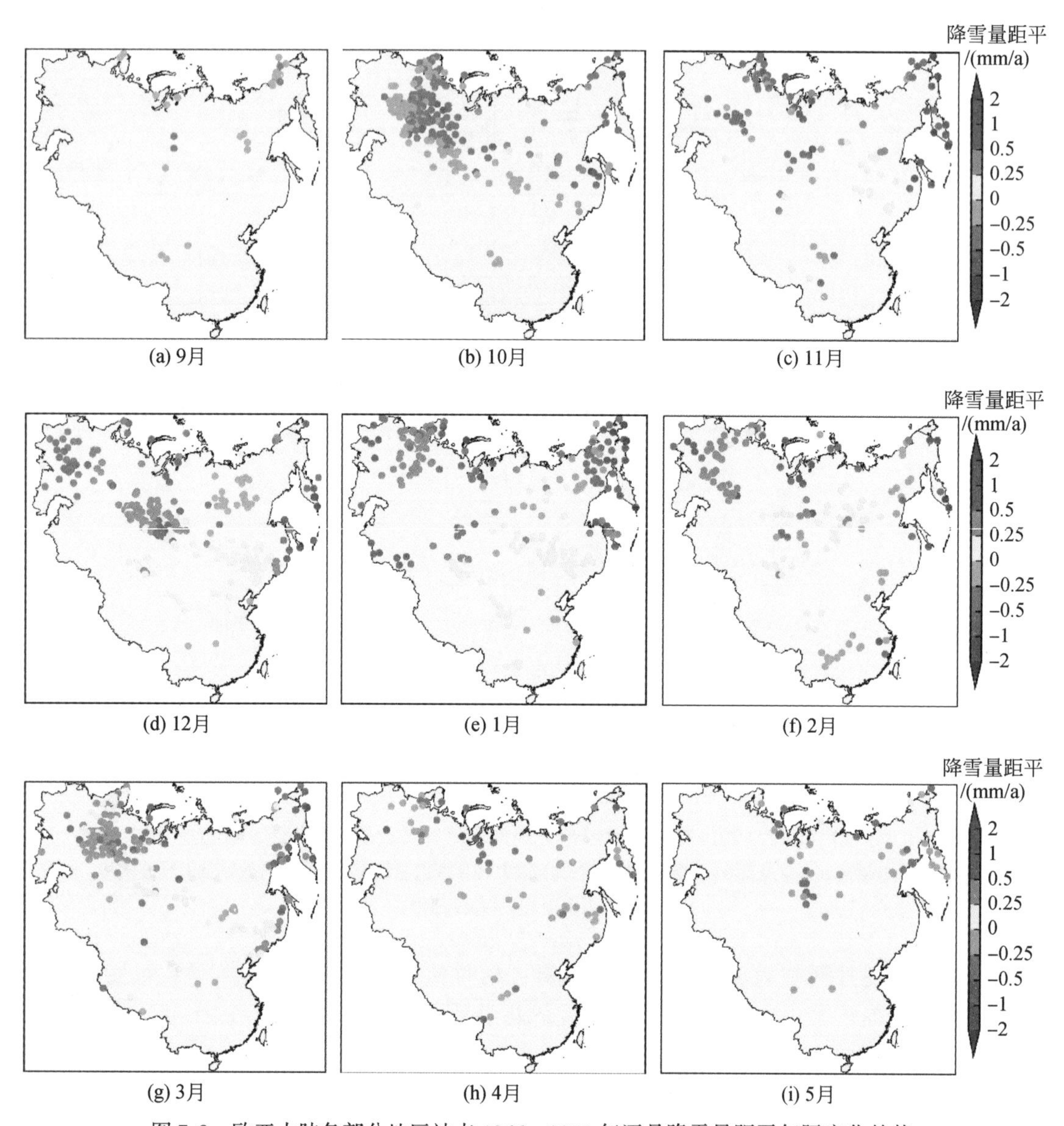

图7-8　欧亚大陆各部分地区站点1966～2011年逐月降雪量距平年际变化趋势
（仅显示变化趋势达到95%置信水平的站点）

秋季，在50°N以南地区，除中国青藏高原以外，其他地区基本无降雪事件出现，因此逐年降雪量有显著变化趋势的台站也出现在50°N以北地区及中国青藏高原地区；9月有显著变化的台站只有零星几个，位于中国青藏高原东北部以及俄罗斯北部沿海地区以及西伯利亚部分地区，并且多呈现减少趋势；10月降雪量显著变化的台站显著增加，东欧平原地区、中国青藏高原地区和欧亚大陆东部沿海呈现显著减少趋势，而西伯利亚地区则以增加趋势为主；11月降雪量呈现显著变化趋势的台站相对于10月较为分散，并且变化趋势也较为复杂，东欧平原地区有显著变化的站点急剧减少，且多数分布在东欧平原南部及北部沿海地区。

冬季逐月降雪量有显著变化趋势的台站向南延伸到30°N 地区，并且变化多呈现显著增加趋势。12月中国青藏高原地区降雪量较为稳定，无显著变化趋势，仅藏东北祁连山地区降雪量呈现微弱增加趋势，在中国东北地区和内蒙古东部地区，以及新疆北部阿勒泰地区，12月降雪量呈现微弱增加趋势，增加幅度一般在0～0.25mm/a，个别台站可达到0.5mm/a；西西伯利亚平原西南部则以增加趋势为主，西部地区和中西伯利亚高原则呈现显著减少趋势。

春季逐月降雪量变化空间差异较大。3月降雪量在东欧平原、俄罗斯东部沿海地区以及中国东北部以增加趋势为主，俄罗斯和中亚西部地区则呈现微弱减少趋势，其余地区变化不显著；4月和5月降雪量显著变化的台站急剧减少，集中在50°N 以北地区和中国青藏高原地区。

7.3.3 分类降雪时空变化特征

1966～2011年分类降雪量的年际变化情况如图7-9所示。虽然欧亚大陆多年平均降雪量无显著变化趋势，但是分等级多年平均降雪量却有着与多年平均降雪量不同的变化趋势。1966～2011年小雪降雪量呈显著减少趋势，达到1mm/10a，1966～2011年减少近4.5mm；1996～2011年中雪降雪量变化趋势不明显，但是在1999年前，呈逐年增加趋势(0.6mm/10a)，1999年后，呈逐年减少趋势（-2.4mm/10a)；1966～2011年大雪降雪量呈增加趋势；1996～2011年暴雪量无显著变化趋势，但是在1990年前，呈逐年减少趋势(-1.5mm/10a)，1990年后，呈逐年增加趋势（2.9mm/10a)。值得注意的是，大雪量、暴雪量在2005年后，波动范围较大。

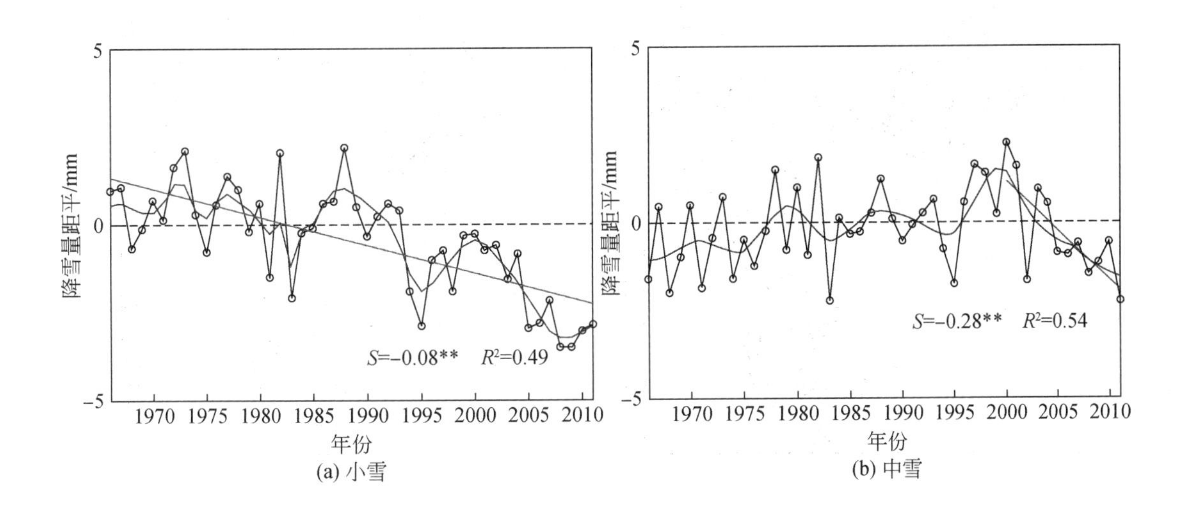

(a) 小雪　(b) 中雪

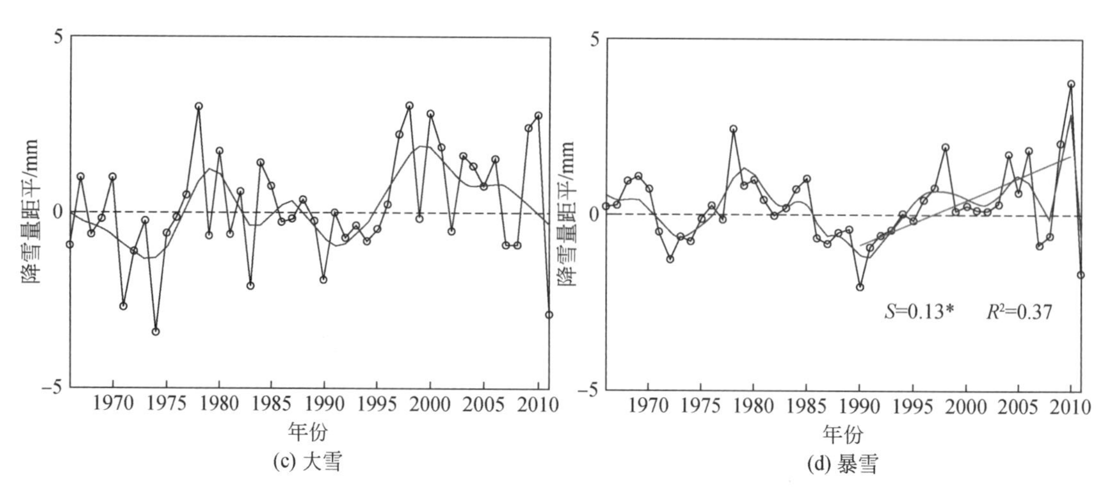

(c) 大雪　(d) 暴雪

图 7-9　1966 ~ 2011 年欧亚大陆部分地区分类平均降雪量的距平年际变化趋势

*为 95% 置信区间，**为 99% 置信区间，点线为分类降雪量距平，蓝色实曲线为小波去噪分析趋势线，虚线为距平分析平均态 0 值线

在各个站点分等级逐年变化趋势的空间分布上，仅展示降雪量距平逐年变化趋势达到或者超过 95% 置信度水平的站点（图 7-10）。

1966 ~ 2011 年小雪降雪量变化趋势空间分布特征：俄罗斯大部分地区、中国黄河以南地区均呈逐年减少趋势，中国东北部和新疆北部呈逐年增加趋势，从纬度分布上讲，40°N ~ 50°N 以北地区，小雪降雪量年际变化呈逐年减少趋势，40°N ~ 50°N 大部分站点呈逐年增加趋势，但增加趋势较为平缓，整体在 0. 25mm/10a 以下。其中逐年小雪降雪量增加最大值位于俄罗斯的 PEVEK（69. 7°N，170. 25°E，3m），增加速度为 1. 1mm/a。

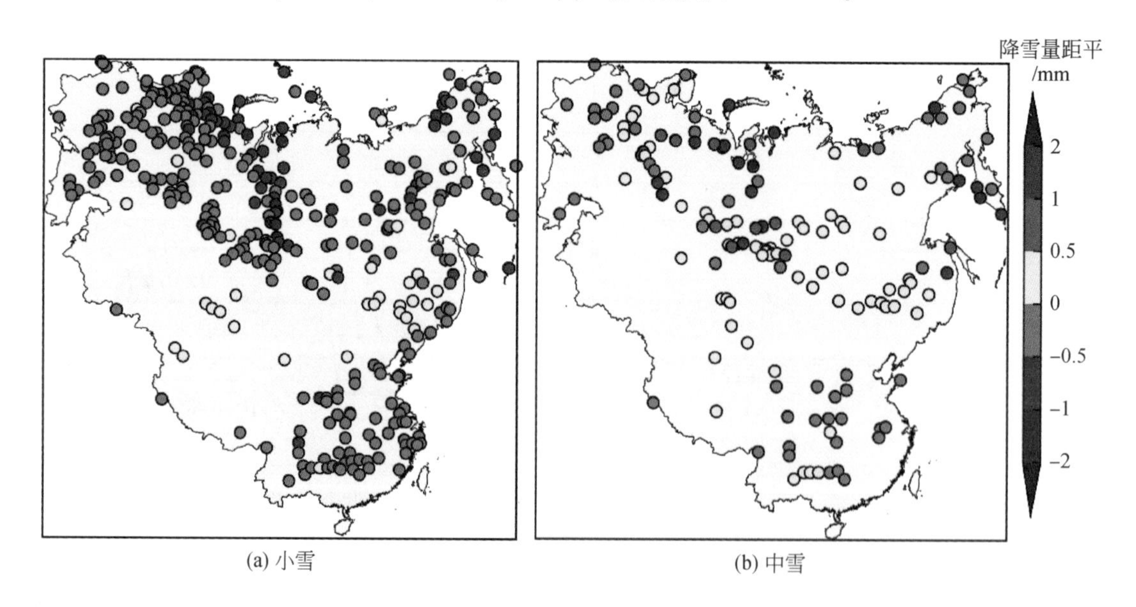

(a) 小雪　(b) 中雪

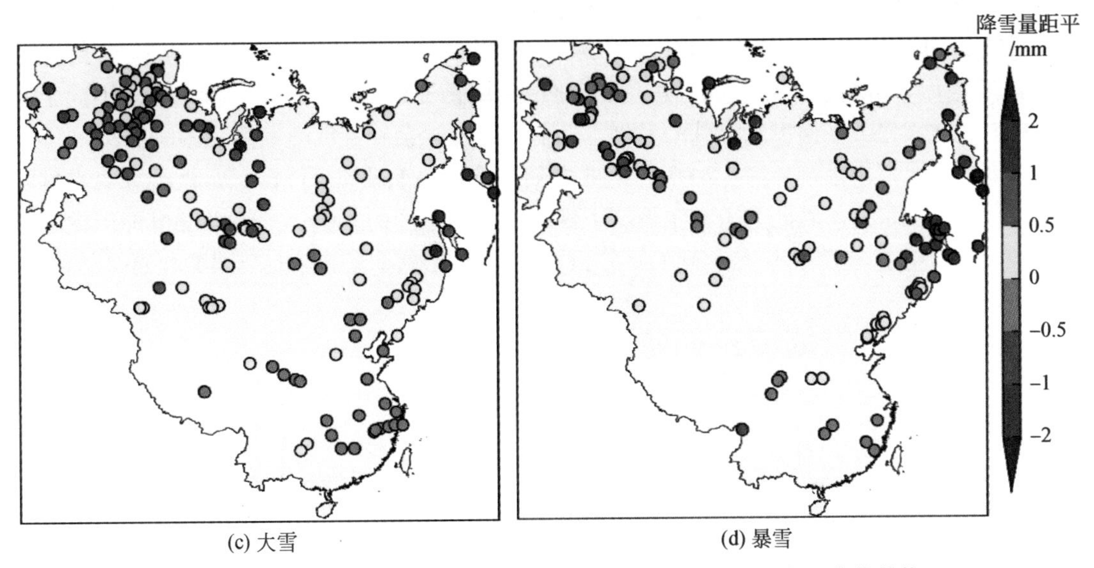

图 7-10　1966～2011 年欧亚大陆部分地区分类降雪量距平年际变化趋势
仅显示变化趋势达到 95% 置信水平的站点

1966～2011 年中雪降雪量变化趋势空间分布特征：中国黄河以南地区和俄罗斯东北部沿海地区整体呈逐年减少趋势，中国的东北地区、新疆北部地区以及西西伯利亚平原东部及中西伯利亚高原地区整体呈逐年增加趋势；对于俄罗斯东欧平原地区，则变化趋势比较复杂，东欧平原西部及北部沿海地区呈逐年减少趋势，中部呈逐年增加趋势。

1966～2011 年大雪降雪量变化趋势空间分布特征：与小雪降雪量、中雪降雪量逐年变化趋势一致，中国黄河以南地区和俄罗斯东北部沿海地区整体呈逐年减少趋势，中国东北部、新疆北部地区整体呈逐年增加趋势；东欧平原西部和北部沿海有个别站点呈逐年减少趋势；东欧平原其他区域、西西伯利亚平原及库页岛附近均呈逐年增加趋势。

1966～2011 年暴雪降雪量变化趋势空间分布特征：与其他等级降雪量逐年变化趋势不同，暴雪降雪量在中国黄河下游、长江以南地区以及俄罗斯北部沿海零星站点呈逐年减少趋势；在中国东北部沿海地区、新疆北部个别站点，俄罗斯库页岛、东欧平原、西西伯利亚平原地区大部分呈逐年增加趋势。

从整体上分析，欧亚大陆小雪降雪量呈逐年减少趋势，而大雪降雪量和暴雪降雪量整体上则呈逐年增加趋势，并且增加区域集中在中国东北部地区、新疆北部地区，以及俄罗斯的东欧平原、西西伯利亚平原地区，这与欧亚大陆小雪降雪量逐年变化趋势的空间分布一致。

7.4　欧亚大陆极端降雪空间分布特征

全球变暖造成世界上区域性极端气候事件发生强度和次数都呈增加趋势，特别是高纬度高海拔地区（Bader，2014；Walsh，2014；Wang et al.，2014）区域性差异大（杨金虎等，2008）。IPCC 第五次评估报告结果指出，近 30 年（1981 ~ 2012 年）是自 19 世纪中叶以来最暖时期，而且更可能是北半球近 1400 年最暖 30 年。

与气候平均值相比，极端事件对气候变化更为敏感（Katz and Brown，1992）。不同于气候平均值变化缓慢，任何极端事件的发生都会对当地的社会和自然产生重要影响。2008 年中国中南部地区大范围极端降雪、2003 年欧亚大陆夏季热浪等极端事件都是由极端天气事件引发的自然灾难性事件。因此为了减少极端事件对社会和生产的影响，弄清极端事件产生原因与机理、变化趋势非常必要。本节主要分析欧亚大陆极端降雪事件的空间变化特征。

7.4.1 极端降雪阈值空间特征

对欧亚大陆部分地区 1971 ~ 2000 年极端降雪阈值（图 7-11）分析表明，欧亚大陆极端降雪阈值在东部沿海地区、原苏联西部地区和中国青藏高原地区较大，中部内陆地区极端降雪阈值较小。位于中国 30°N 的地区由于海拔较高，属于典型山区，极端降雪阈值较大。欧亚大陆极端降雪阈值呈片状分布，俄罗斯东部沿海地区极端降雪阈值在 8mm/d 以

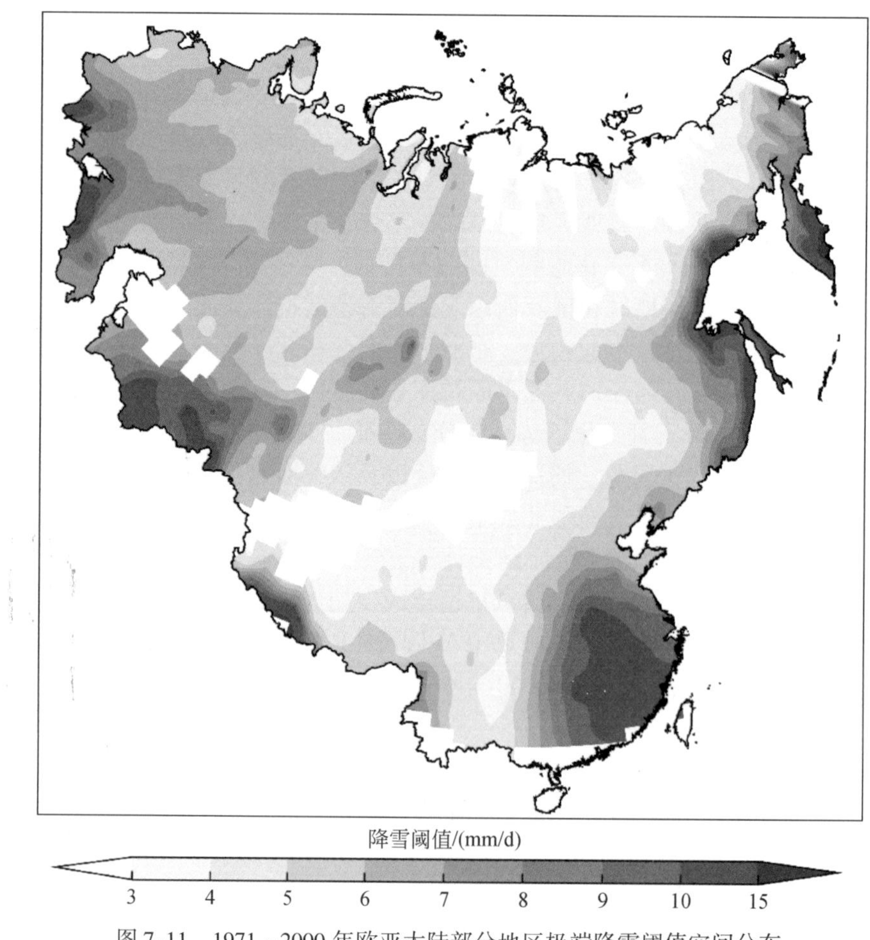

图 7-11　1971 ~ 2000 年欧亚大陆部分地区极端降雪阈值空间分布

上，其中最大值位于俄罗斯堪察加半岛，达 25mm/d；俄罗斯以及中亚西部地区极端降雪阈值在7 ~ 30mm/d，其中最大值达到 29mm/d，位于俄罗斯和格鲁吉亚交界处。欧亚大陆中部地区除叶尼塞河上游地区外，极端降雪阈值都在 6mm/d 以下，其中内蒙古高原西部地区在 3mm/d 以下。

7.4.2 极端降雪空间分布特征

对欧亚大陆部分地区 1971 ~ 2000 年极端降雪量（图 7-12）分析表明，欧亚大陆多年平均极端降雪量呈显著的纬度地带性，随着纬度增加，多年平均极端降雪量增大。在中国，除了青藏高原西南部局部地区多年平均极端降雪量可达到 30mm 以上外，其他地区均在 30mm 以下。多年平均极端降雪量最大值可达 180mm，位于西西伯利亚平原南部叶尼塞河和鄂毕河之间的流域地区最小，不足 5mm。中西伯利亚高原和东部里海附近多年平均极端降雪量较低，一般在 26 ~ 150mm；东欧平原、西西伯利亚平原以及俄罗斯东部沿海地区多年平均极端降雪量较大，一般在 30mm 以上，其中东部沿海地区以及西西伯利亚平原北部沿海地区达到 50mm 以上。由于中亚地区站点稀疏，只能零星看出一些分布特征，其中整个中亚地区极端降雪事件发生频率较低，多年平均极端降雪量总体较低，一般在 10mm 以下。

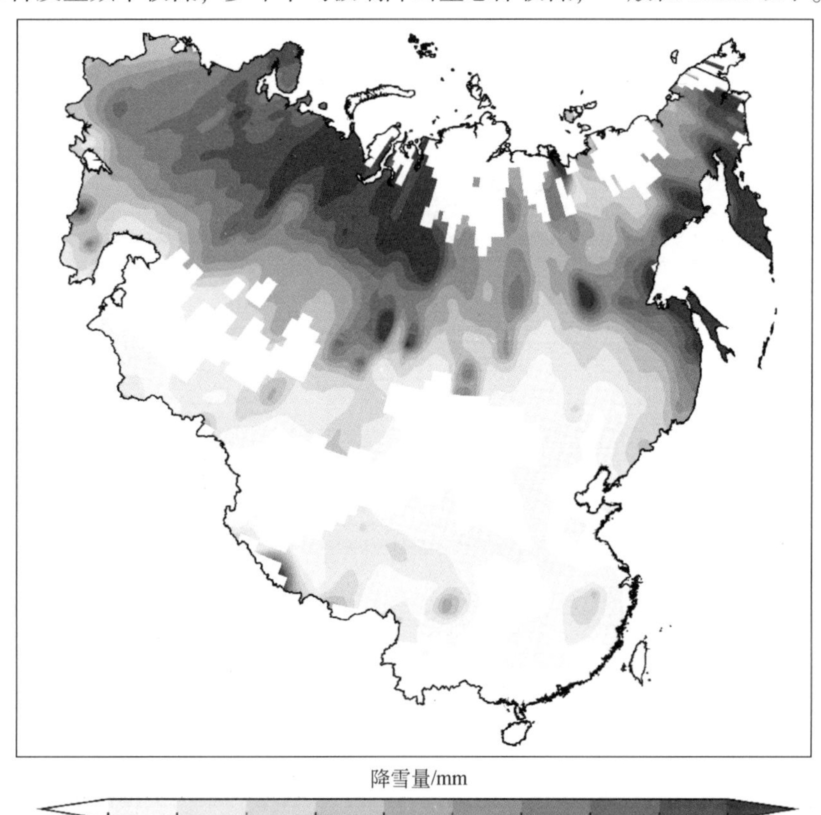

图 7-12 1971 ~ 2000 年欧亚大陆部分地区多年平均极端降雪量空间分布

7.4.3 极端降雪天数空间分布特征

对欧亚大陆部分地区 1971 ~ 2000 年多年平均极端降雪天数（图 7-13）分析表明，欧亚大陆多年平均极端降雪天数与多年平均极端降雪量相似，同样具有纬度地带性，多年平均极端降雪天数随着纬度增加而增多。中国降雪地区多年平均极端降雪天数一般不会超过 4d；中国青藏高原东北部、东部平原和内蒙古高原东部，以及新疆北部阿勒泰地区多年平均极端降雪天数在 1 ~ 4d，相对而言，中国东部 40°N 以南地区多年平均极端降雪天数不足 0.5d。中亚地区，多年平均极端降雪天数在 1 ~ 3d，极个别地区，如土库曼斯坦，多年平均极端降雪天数不足 1d。俄罗斯地区，多年平均极端降雪天数在俄罗斯西部地区，特别是西西伯利亚平原以西地区，有非常好的纬度地带性；北部沿海地区多年平均极端降雪天数在 7d 以上，特别是西西伯利亚中部地区，多年平均极端降雪天数达到 8d 以上，最多可达 11d；相对而言，多年平均极端降雪量非常大的俄罗斯东部沿海地区多年平均极端降雪天数却不足 6d，一般在 4 ~ 6d；东欧平原多年平均极端降雪天数一般在 3 ~ 7d。

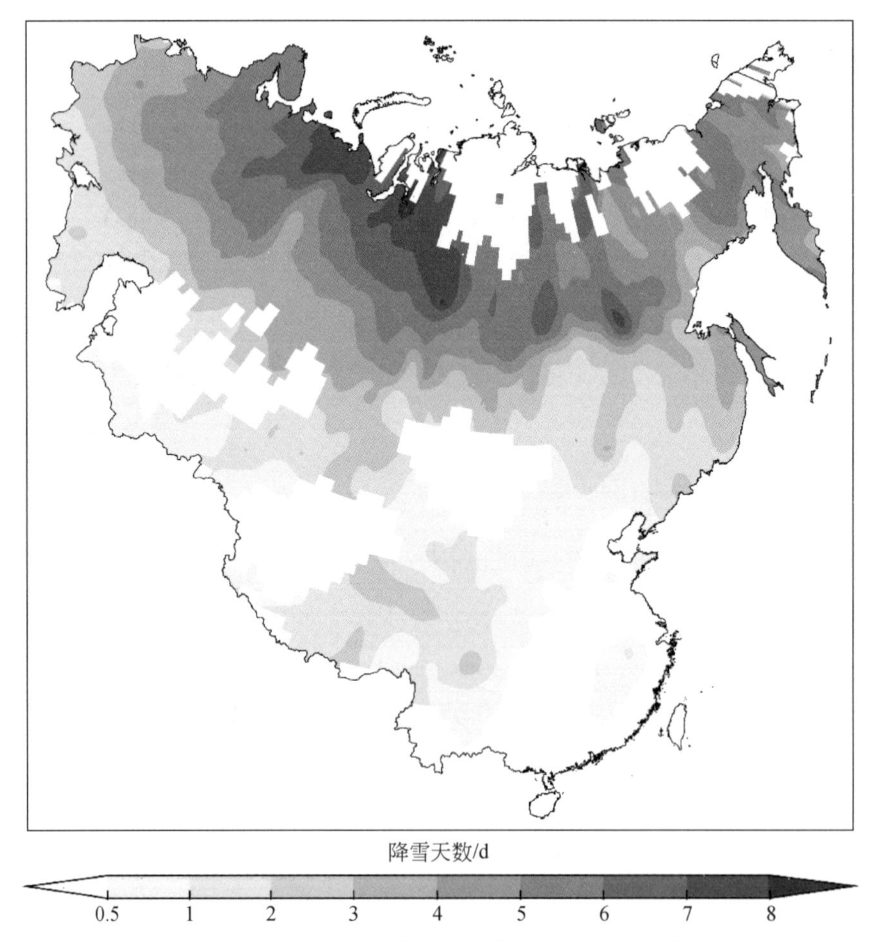

图 7-13　1971 ~ 2000 年欧亚大陆部分地区多年平均极端降雪天数空间分布

7.5 欧亚大陆极端降雪时空变化特征

1966～2011 年欧亚大陆部分地区极端降雪量空间变化趋势不是很明显，仅有极少部分站点能够达到 95% 置信水平检验（图 7-14）。中国东北部、新疆北部阿勒泰地区、内蒙古西部地区以及中南部山地地区逐年平均极端降雪量呈现缓慢减少趋势，增加速率为 -1.6～0mm/a，以及其个别站点达到 -1.6mm/a 以下。中亚地区由于站点本身极其稀少，呈现显著变化的台站几乎没有。俄罗斯北部沿海地区逐年平均极端降雪量呈现减少趋势，但是西西伯利亚地区以及东欧平原部分站点则呈现显著增加趋势。

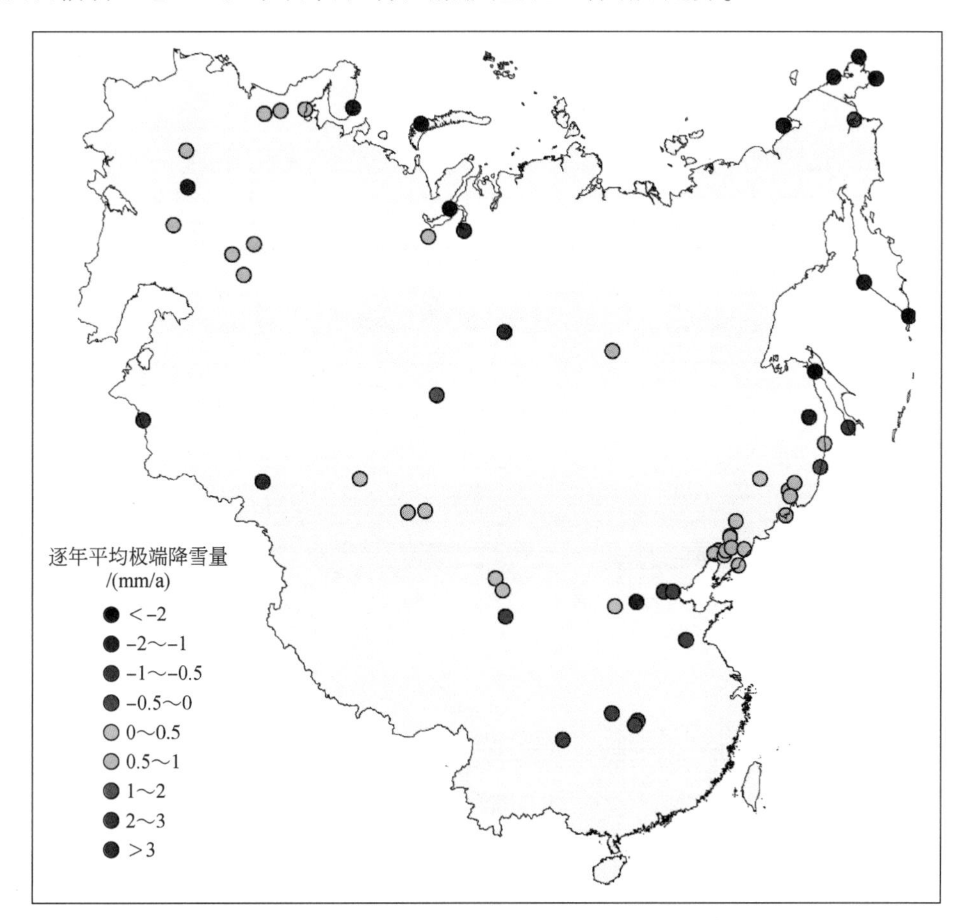

图 7-14　1966～2011 年欧亚大陆部分地区各站点逐年平均极端降雪量空间变化趋势
红色代表减少趋势，蓝点代表增加趋势，图中仅显示变化趋势达到 95% 置信水平的站点

极端降雪量空间变化趋势在图 7-14 中做了详细分析，那么欧亚大陆 1966～2011 年整体的年际变化趋势怎么样呢？本节对此也做了分析（图 7-15）。1966～2011 年极端降雪天数呈现微弱的增加趋势，1966～2011 年增加了 0.47d。另外，逐年极端降雪天数年际波动较大，在 20 世纪 70 年代前，极端降雪天数高于平均值；在 1970～1978 年，极端降雪天

数均在平均值以下；在 1979 ~ 1985 年，极端降雪天数在平均值之间波动；在 1986 ~ 1995 年，极端降雪天数又处于平均值之间；在此之后，极端降雪天数多数处于平均值之上，并且波动范围在 2010 年左右最大。在前面分析结果中指出欧亚大陆降雪天数呈现显著减少趋势，但是极端降雪天数却呈现显著增加趋势，这正说明在全球变暖条件下，极端降雪事件整体呈现显著增加趋势。

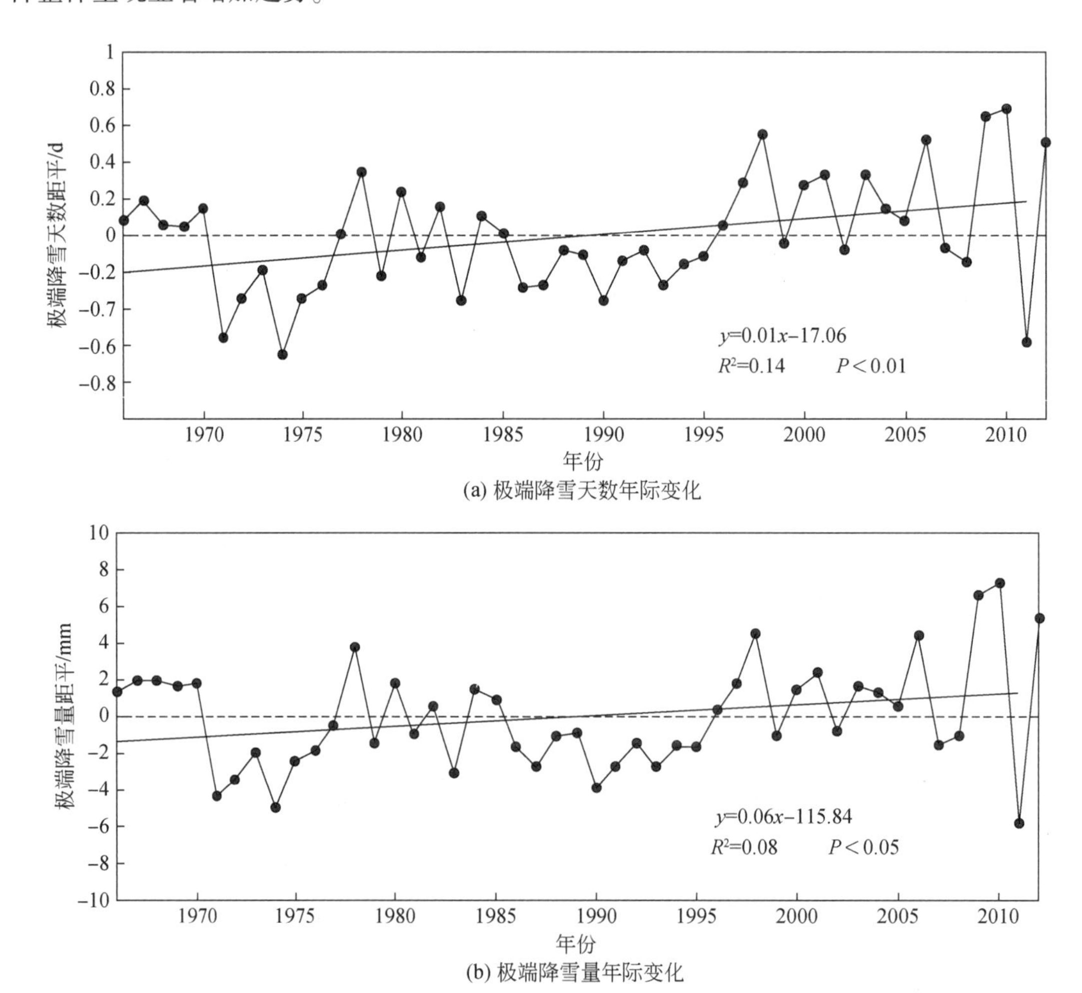

图 7-15　1966 ~ 2011 年欧亚大陆部分地区逐年极端降雪年际变化趋势

（a）极端降雪天数年际变化趋势，其中圆点折线表示年极端降雪距平，直线表示变化趋势；（b）极端降雪量年际变化趋势，其中圆点折线表示年极端降雪距平，直线表示变化趋势

与此同时，极端降雪量同样呈现显著上升趋势，但上升趋势非常缓慢，1966 ~ 2011 年极端降雪量共增加了 3.76mm。极端降雪量年际波动趋势和极端降雪天数类似，同样在 2010 年后波动范围突增，最大在 2010 年和 2011 年，两年极端降雪量相差超过 12mm。

上述分别分析了欧亚大陆极端降雪量和极端降雪天数长时间序列年际变化趋势，为了进一步研究其变化过程中的突变情况，我们对极端降雪量和极端降雪天数分别进行 M-K

检验（图 7-16）。从极端降雪天数 M-K 检验分析结果得出，极端降雪天数发生突变的位置在 20 世纪 90 年代中期，同时在 2000 年以后呈现显著上升趋势；极端降雪量发生突变的位置在 90 年代末期，极端降雪变化趋势不显著，没有达到 95% 显著性水平。

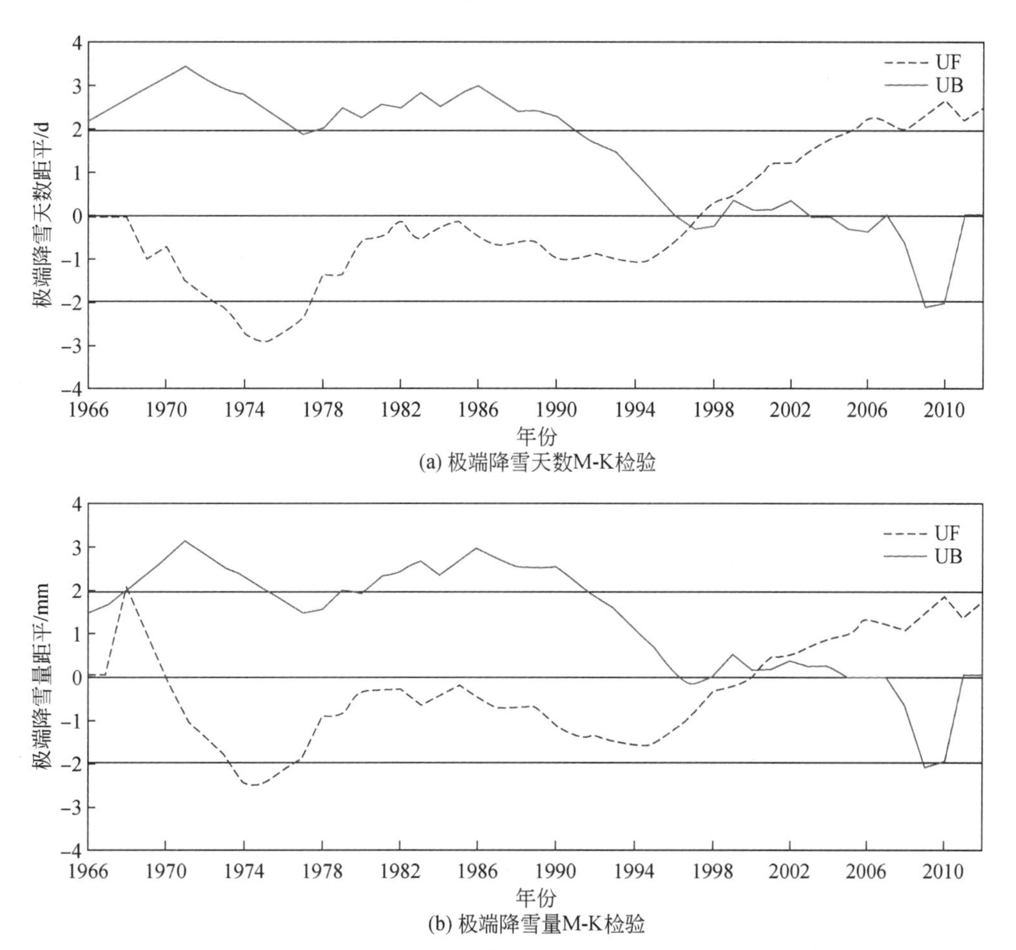

图 7-16　1966 ~ 2011 年欧亚大陆部分地区逐年降雪 M-K 检验统计曲线

直线表示 95% 显著性水平临界值，虚线表示 UF 曲线，加粗黑色线表示 UB 曲线

第8章　欧亚大陆积雪及其变化

积雪是冰冻圈的重要组成部分，也是联系冰冻圈其他组成要素的重要纽带。积雪存在着显著的季节和年际变化，其可以通过范围、动态和属性的变化对大气环流和气候变化迅速做出反应；同时积雪对地表能量平衡、水体通量、水文过程、大气及海洋循环等具有显著影响和反馈作用，是气候变化的重要指示器（Brown and Goodison，1996；Armstrong and Brun，2008；King et al.，2008）。随着全球变暖，气候变化日益明显，气候极端事件发生的频率不断增加，积雪及其属性也在发生改变，继而影响冰冻圈和其他圈层的变化。因此，分析积雪的分布特征和规律，研究积雪及其属性的变化，探讨积雪与气候的关系尤为重要。

全球约有98%的积雪分布于北半球（Armstrong and Brodzik，2001）。每年冬季，北半球陆地最大积雪范围约为$47\times10^6km^2$，占北半球陆地面积的近50%（Robinson et al.，1993），占地球地表面积的8%（Barry and Gan，2011）。其中，欧亚大陆为北半球积雪的主要分布区，冬季积雪占北半球积雪总量的60%~65%（Parkinson，2006），积雪期较长，俄罗斯北极部分地区积雪期甚至长达8个月以上（Bulygina et al.，2009）。欧亚大陆地面气象观测台站拥有长期、大尺度的积雪观测数据，最早的积雪记录可追溯到1881年（拉脱维亚）（Armstrong，2001），这些观测为积雪变化研究提供了宝贵的数据信息。欧亚大陆具有多变的地形条件和自然环境，积雪分布深受其影响。因此，欧亚大陆是研究积雪变化及其与气候关系的重要地区。

目前对欧亚大陆积雪特性的研究多集中在西伯利亚、青藏高原等特定区域，从大陆或大区域尺度上对积雪时空变化的研究较少；积雪属性研究中对积雪密度的研究甚少；以往研究以遥感数据资料为主，未获取第一手大陆尺度范围内地面观测资料辅以补充、验证。由于地面观测数据获取受限，部分地区资料空白，基于此，本章主要利用俄罗斯、蒙古国、中国部分地区的地面台站积雪观测资料重点分析欧亚大陆该区域内积雪时空分布特征，以期为提高被动微波积雪遥感反演精度和模型模拟与预测提供重要科学依据。

8.1　数据来源与方法

8.1.1　站点观测资料

欧亚大陆站点积雪资料记录时间早，持续性较为完善，目前已对积雪深度、积雪时间、积雪密度以及雪水当量的站点资料进行了搜集整理，共获取研究区内2160个站点的积雪数据，时间跨度为 1881 ~2013 年（图 8-1）。

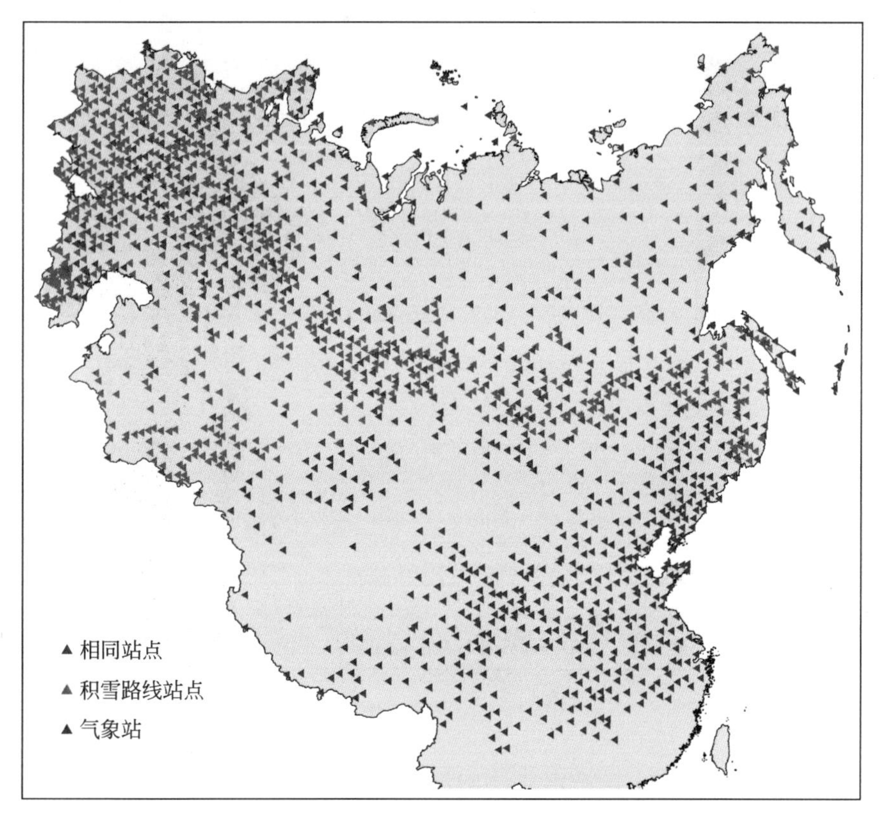

图 8-1　欧亚大陆部分地区积雪深度观测点分布

积雪深度站点资料包括两个数据集：①逐日积雪深度；②积雪路线（snow course）调查积雪深度数据。气象站点的积雪深度数据用刻度尺测量读数获取，单位为厘米（图 8-2）。积雪路线观测方法在美国、加拿大、俄罗斯和欧洲各国已进行了长期应用。该方法的测量样带在森林区长一般为 500m，在空旷地区长一般为 1 ~2km。其中，林地每隔 10m、空地每隔 20m 进行一次积雪深度测量；0.5 ~1.0km 样带每隔 100m、2km 样带每隔 200m 进行一次全面的积雪属性测量，重点观测积雪深度、积雪密度、雪水当量、雪层内液态含水量等积雪属性（Bulygina et al.，2011）。完成一个样带积雪路线观测后，计算该样地积雪属性平均值，以长距离线上积雪属性分布情况代表样地积雪属性的总体分布。积雪路线观测在冷季每 10 d 观测一次，积雪消融期每 5d 观测一次。使用量雪筒（图 8-2）对雪水当量进行观测。观测前先将量雪筒置于室外，测量时，将量雪筒垂直于雪表插入雪中，依据管壁外刻度尺读取雪深数据，铲开量雪筒一边的雪，利用铲子插入量雪筒底沿取出量雪筒，将量雪筒翻转，擦去外壁余雪进行称重，读取数值即为雪水当量值，利用式（8-1）计算积雪密度。

$$\rho = SWE/SD \tag{8-1}$$

式中，ρ 为积雪密度；SWE 为雪水当量；SD 为积雪深度。

图 8-2　积雪观测仪器

本章中，逐日积雪深度记录站点共计 1152 个，时间跨度为 1881 ~ 2013 年；积雪密度和雪水当量数据有 1259 个站点由积雪路线数据集获取，时间跨度为 1966 ~ 2011 年；另有 427 个站点积雪密度和雪水当量数据来源于气象站点观测记录，记录时间为各站点建站起至 2013 年（图 8-3），依据逐候雪压与对应日期积雪深度计算得到逐日积雪密度及雪水当量，测量方法与积雪路线雪水当量观测相同。

由于获取的欧亚大陆地面台站和积雪路线站点观测数据时间序列长、数据量大，在进行分析前对数据进行了质量控制。用于分析积雪变化的站点必须满足以下条件：①站点每月逐日积雪记录大于 20d；②以 30 年为一个气候参考时段，站点需满足在 1971 ~ 2000 年有 20 年以上积雪记录；③与站点多年平均积雪值相比，逐日积雪数据不得超过平均值±2 倍标准差。

8.1.2　积雪时间的定义

积雪范围在每年 7 ~ 8 月达到最小，根据积雪的季节变化特征，将当年 7 月 31 日至次年 6 月 30 日定义为一个积雪年。一个积雪年中，第一次出现积雪记录的时间为积雪首日，最后一次出现积雪记录的时间为积雪终日；积雪期是在一个积雪年中积雪首日至积雪终日这一时间段的累积天数；积雪天数是一个积雪年中积雪首日和积雪终日之间有积雪记录的累积天数。

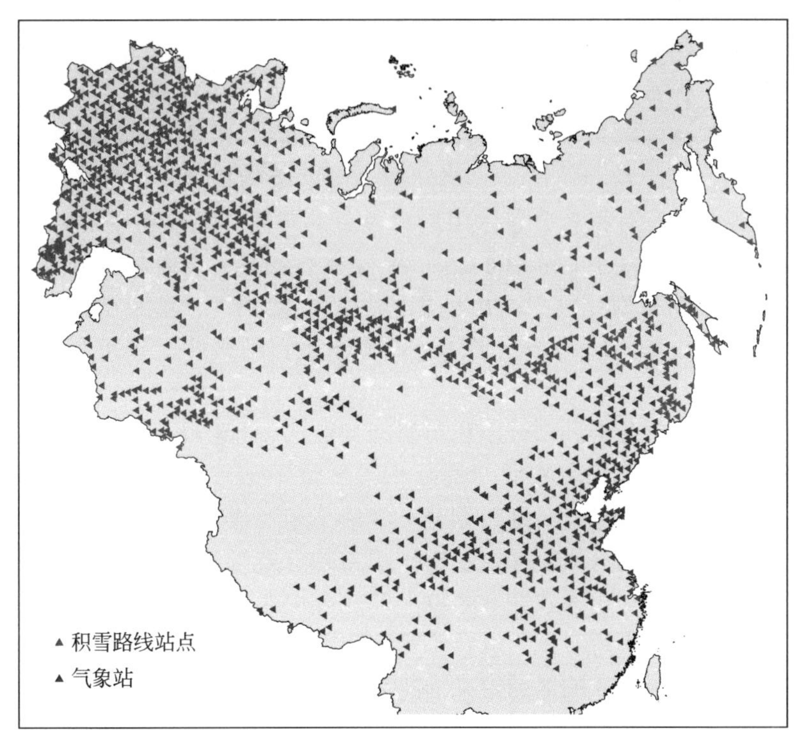

图 8-3　欧亚大陆部分地区积雪密度和雪水当量观测点分布

8.2　欧亚大陆积雪分类

8.2.1　分类方法

积雪分类是依据积雪的性质和特点，将积雪进行有规律的区域划分和归类。目前，积雪分类方法基本依据积雪属性、地形、植被以及气候条件进行划分（Sturm et al.，1995）。Formozov（1946）首先提出利用植被和生态区域作为标准对苏联季节性积雪进行划分，将积雪划分成苔原型（tundra）积雪、森林型（forest）积雪、草原和沙漠型（steppes and desert）积雪以及高山型（mountain）积雪4种类型。1970年提出通过植被带对积雪进行分类的方案是在假设自然植被和区域气候有密切关系的前提下进行的。这种方案符合大的生态分区归类，但是对于土地利用和气候变化不敏感，对积雪物理特性描述不完整。此后对积雪分类的研究日益增多，但并未形成统一的标准。但标准主要分为积雪物理属性和物理过程（雪深、积雪持续时间、积雪密度、硬度、雪温、液态水含量、积雪粒径大小等）划分（Rikhter，1954；Gold and Williams，1957；Irwin，1979；Benson，1982），以及外部环境（植被类型、生态环境、气候分区、行政区划等）划分两大类（Formozov，1946；Roch，1949；Potter，1965；McKay and Findlay，1971；Benson，1982）。

尽管早期的积雪分类研究都在尝试构建大尺度的积雪分类体系，但都是出于不同研究目的而建立的基于不同要素的积雪分类方法，这些方法仅适用于局部区域而在更大范围或其他区域并不适用。针对这一问题，Sturm 等（1995）在对以往研究分析的基础上，将积雪最为显著且便于观测和获取的基本属性作为重要参数，不仅考虑了积雪深度、积雪密度、雪层分层结构、积雪粒径、雪温、热导率、湿度等物理属性，还考虑了雪层相互关系、积雪演化过程，以及对积雪分布作用最为显著的气温、降水和风的影响进行了分析，利用二叉树分类法，建立了 Sturm-Holmgren 积雪分类体系，从而将其划分为六个基本类型：苔原型积雪、泰加林型积雪、高山型积雪、海洋型积雪、草原型积雪以及瞬时型积雪，并将这一分类方法扩展应用于北半球，该方法是目前被普遍认可和接受的积雪分类方法。

在苏联和中国对积雪分类的划分以积雪时间为依据。苏联将积雪分为稳定积雪（连续积雪天数超过一个月）和不稳定积雪（连续积雪天数不足一个月）两类。中国学者在此基础之上又对我国积雪类型进行了细致划分。李培基和米德生（1983）在 20 世纪 80 年代通过对多年平均积雪天数的分析，探讨了中国积雪的分类与分区，并将不稳定积雪区进行了亚区分类。将多年平均积雪天数在 60d 以上的地区定义为稳定积雪区，多年平均积雪天数不足 60d 的地区定义为不稳定积雪区；不稳定积雪区又以 10d 为界限，将每年出现积雪且年平均积雪天数在 10～60d 的区域定义为年周期性不稳定积雪区；将不是每年出现积雪或多年才出现一次积雪且年平均积雪天数在0～10d 的区域定义为非年周期性不稳定积雪区。该方法表明积雪区在积雪天数上的空间差异，但对积雪在时间上是否连续，以及积雪累积的持续性考虑较少。何丽烨和李栋梁（2012）在原有积雪分类方法的基础上，提出采用积雪年际变率划分积雪类型，该方法划分结果更符合中国西部积雪的分布特征。尽管该方法能够反映积雪持续时间的波动状况，但仍然是基于年平均积雪天数的划分方式，同样对积雪的稳态特性考虑较少。张廷军和钟歆玥（2014）考虑积雪分布连续性和持续性问题，提出利用连续积雪天数划分欧亚大陆积雪类型。

8.2.2 欧亚大陆季节性积雪类型的划分

依据积雪时间进行积雪分类，主要应用于中国的积雪研究。但受获取观测资料的限制，目前对于稳定积雪和不稳定积雪分布范围的研究仅限于中国境内，在欧亚大陆甚至北半球并未开展。此外，中国对稳定积雪和不稳定积雪划分所采用的标准以多年平均积雪天数为依据，对积雪在时间上是否连续，以及积雪累积的持续性和稳定性考虑较少。本节依据地面台站逐日积雪深度观测资料（图 8-1），对欧亚大陆积雪类型进行了重新划分。

利用欧亚大陆 1152 个地面台站的逐日积雪深度观测数据统计各站点连续积雪天数，当站点逐日积雪深度等于或超过 1cm，气象站点视野范围内地表面积 50% 以上被积雪覆盖时，记作一个积雪日（Bulygina et al.，2009）。计算每个气象站点多年平均连续积雪天数时，首先计算每个积雪年中出现连续积雪的天数，从中选取最大值作为该积雪年的连续积雪天数。然后以连续积雪天数作为界定标准，多年平均连续积雪天数超过 30d 为稳定积雪，不足 30d 为不稳定积雪。其中，不稳定积雪又分为周期性不稳定积雪和非周期性不稳定积雪，同样以连续积雪天数为划分界限，多年平均连续积雪天数达到 10 ~ 30d 为周期性不稳定积雪；多年平均连续积雪天数在 1 ~ 10d 为非周期性不稳定积雪。无积雪深度记录的地区为无积雪区。

以多年平均连续积雪天数为界定标准，对研究区季节性积雪类型进行了划分（图 8-4）。俄罗斯平原、西伯利亚地区、哈萨克丘陵大部分区域、蒙古高原北部、中国天山山脉以北以及东北平原大部和内蒙古高原东北部地区为稳定积雪区。里海附近区域、中央卡拉库姆沙漠和克孜勒库姆沙漠大部分地区、蒙古高原中部和南部地区、中国塔里木盆地和吐鲁番盆地以北地区、塔里木盆地西部、喜马拉雅山脉、唐古拉山中段、青藏高原东部、祁连山脉以北大部分区域、黄土高原大部、内蒙古高原中部，以及辽河流域大部分地区至黄土高原北部为周期性不稳定积雪区；非周期性不稳定积雪区主要包括里海西南部部分沿海地区、中央卡拉库姆沙漠东部的小部分区域、中国东北平原西南部部分地区以及天山山脉、内蒙古高原、东北平原一线以南的大部分地区。

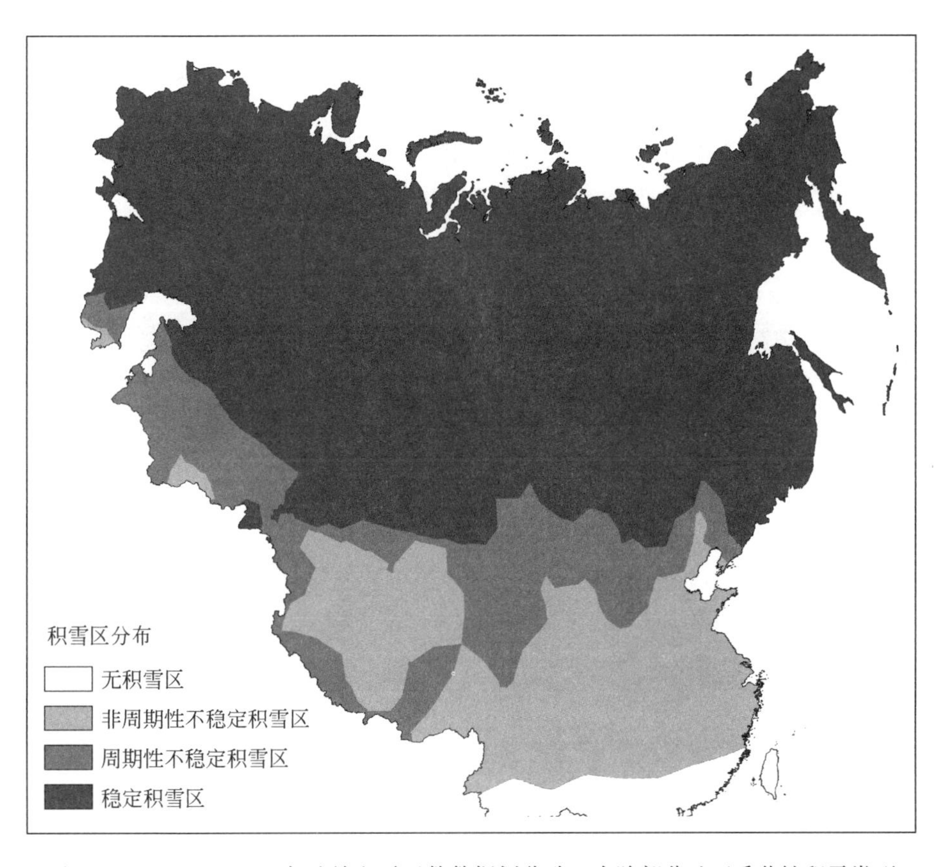

图 8-4　以 1966 ~ 2012 年连续积雪天数数据划分欧亚大陆部分地区季节性积雪类型

8.2.3 与原有划分方法的比较

依据李培基和米德生（1983）对中国积雪类型划分标准，将两组划分结果进行了比较分析，结果显示两种方法对积雪类型的分区存在显著差异。与多年平均累积积雪天数划分方法相比（图8-5），采用多年平均连续积雪天数划分方法的欧亚大陆北部积雪类型差异并不明显，稳定积雪区仅在里海西南部、哈萨克丘陵东南部以及克孜勒库姆沙漠北部一小部分地区略有差异。利用多年平均累积积雪天数划分方法，欧亚大陆北部并无非周期性不稳定积雪区，而多年平均连续积雪天数划分方法的结果显示在里海东南部沿海地区以及中央卡拉库姆沙漠东部的小部分区域有非周期性不稳定积雪区，这些地区一部分位于沿海，另一部分地处沙漠地带，气温较高，虽然多年平均累积积雪天数较多，但积雪持续累积性较差，多年平均连续积雪天数较少，因而将其划分为非周期性不稳定积雪区更具合理性。

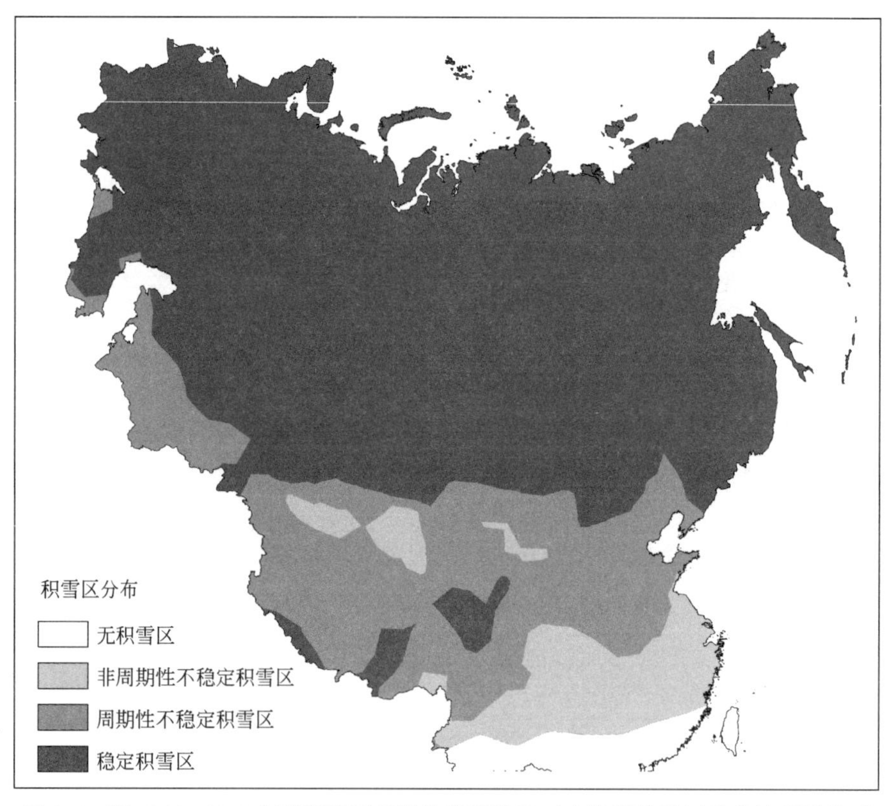

图8-5　以1966～2012年累积积雪天数数据划分欧亚大陆部分地区季节性积雪类型

利用累积积雪天数对蒙古高原积雪类型进行划分的结果显示，蒙古高原大部分地区均为稳定积雪区，仅小部分地区为周期性不稳定积雪区（图8-5）。但以连续积雪天数为界定标准，蒙古高原稳定积雪区明显减小，周期性不稳定积雪区显著扩大。

两种划分积雪类型的方法在天山山脉、内蒙古高原、东北平原一线以南区域的分区结果存在重大差异。其中稳定积雪区的范围，在天山以北一带差异并不显著；东北平原和内蒙古高原东部积雪区的分布略有变化，采用累积积雪天数划分的稳定积雪区主要位于内蒙古高原中东部大部分地区以及东北平原大部。与之相比，采用连续积雪天数划定的稳定积雪区范围明显缩小。此外依据累积积雪天数划分结果显示，在青藏高原东部、唐古拉山中段以及喜马拉雅山脉地区亦为稳定积雪区，虽然这些地区长年存在积雪，被认为中国雪深大值区，但多年平均连续积雪天数不足 30d，积雪累积的连续性不稳定，因此连续积雪天数划分方法将其归为周期性不稳定积雪区。对周期性和非周期性不稳定积雪区的划分，两种方法的差异最为明显。累积积雪天数划分的周期性不稳定积雪区主要包括中国西部大部分地区，以及东部辽河流域至秦岭、大别山之间的广大地区；塔里木盆地、吐鲁番盆地和柴达木盆地，藏东南山区，内蒙古高原西部部分地区，以及秦岭、大别山以南的大部分地区为非周期性不稳定积雪区。相比而言，连续积雪天数划分方法除了将新疆西部部分区域、青藏高原东部、唐古拉山中段、喜马拉雅山脉地区、祁连山山脉以北地区以及黄土高原大部分地区的积雪区划分为周期性不稳定积雪区外，其余地区均为非周期性不稳定积雪区，这其中既包括沙漠、盆地、低地势等气温较高的地区，也包括青藏高原、云贵高原等高海拔地区，虽然这些高海拔地区的累积积雪天数较多，但积雪存在的连续期较短，积雪持续性较差，无法连续长时间稳定累积，因此将这些地区划分为非周期性不稳定积雪区可能更为合理。

通过对研究区积雪区划分和比较分析的结果表明，两种积雪类型划分方法对欧亚大陆北部地区积雪类型区划的差异不大，但以连续积雪天数作为界定标准，蒙古高原以南的稳定积雪区明显缩减，青藏高原地区无稳定积雪区，天山山脉、内蒙古高原、东北平原一线以南大部分地区为非周期性不稳定积雪区。与累积积雪天数划分方法相比，连续积雪天数划分方法更能体现积雪累积的连续性和持久性，以此作为界定标准更符合对稳定积雪和不稳定积雪的定义。

8.3 欧亚大陆积雪时间及其变化

由于积雪对气候变化高度敏感，气候变暖所产生的影响会在积雪时间的变化中首先体现出来。积雪时间作为积雪的主要特性之一，不仅受气候体系变化的影响，同时也会通过反照率的变化对气候系统进行反馈，并对地表能量平衡、水文过程、环境生态系统以及人类社会经济体系产生重要影响（Brown and Goodison，1996；Armstrong and Brun，2008；King et al.，2008；Bulygina et al.，2009）。

8.3.1 积雪时间的空间分布特征

通过对欧亚大陆重点区域的积雪时间研究发现，该区域积雪首日最早出现在北极沿海地区，而东南沿海大部分地区积雪首日在 2 月才出现（图 8-6）。在俄罗斯平原东部、西伯利亚大部分地区以及俄罗斯远东地区积雪首日出现较早，一般在 10 月就有积雪记录。俄罗斯平原西部和哈萨克丘陵中部大部分区域，积雪首日一般出现在 11 月。靠近里海和黑海的沿海地区、哈萨克丘陵南部以及中亚沙漠区积雪首日出现的时间较晚，一般在 12 月才有积雪记录。蒙古高原北部大部分地区积雪首日一般出现在 10 月，但南部受纬度、气温、降水等方面的影响，积雪首日出现的时间较晚，一般在 11 月或 12 月。中国新疆阿勒泰山、青藏高原中东部和东部、内蒙古高原东北部以及东北平原的北部区域，积雪首日出现时间均在 10 月或 11 月。其余地区积雪首日时间随纬度由北至南逐渐延后。

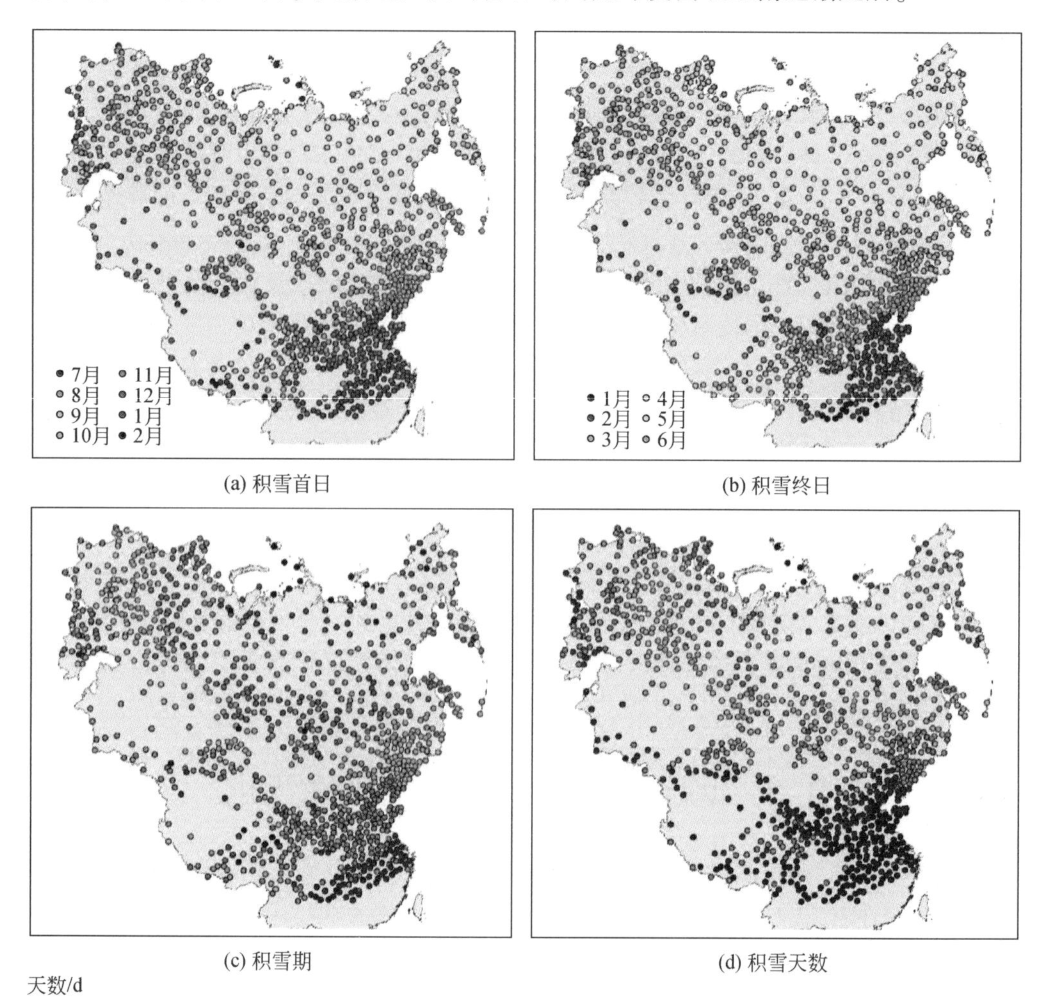

(a) 积雪首日　(b) 积雪终日

(c) 积雪期　(d) 积雪天数

天数/d
≤10　10～30　30～60　60～90　90～120　120～150　150～180　180～210　210～240　240～270　>270

图 8-6　欧亚大陆部分地区积雪时间的空间分布

积雪消融时间最早出现在长江中下游平原和云贵高原部分区域，1 月已融化消失，但在北极沿海区域积雪消融最晚，6 月积雪才完全融化。俄罗斯平原东北部、西伯利亚地区北部大部分地区以及中国青藏高原中东部的唐古拉山脉地区积雪消失的时间最晚，直到 5 ~6 月底积雪才完全融化。俄罗斯平原东部、西伯利亚南部大部分地区、哈萨克丘陵北部和东部、蒙古高原北部、中国阿勒泰山脉、内蒙古高原东北部、东北平原西北部部分地区，以及青藏高原大部分地区积雪完全消失的时间在 4 月。俄罗斯平原西部和南部、里海和黑海附近区域、哈萨克丘陵南部、中国天山以北、东北平原大部分地区、黄土高原以及云贵高原西北部部分地区积雪终日出现的时间大多发生在3月。塔里木盆地、华北平原、长江中下游平原和云贵高原大部分地区积雪终日出现的时间较早，一般在1月或2月积雪就完全消失了。

受积雪首日和积雪终日分布的影响，研究区大部分区域的积雪期和积雪天数随纬度的递增而延长，西伯利亚北部部分地区积雪期和积雪天数超过270d，中国长江中下游平原积雪期不足30d，积雪天数不足10d。积雪期的大值区主要分布在俄罗斯平原东部、西伯利亚大部分地区、蒙古高原北部、中国青藏高原中东部以及内蒙古高原东北部局部地区，积雪期达到180d以上。在中国的天山山脉、内蒙古高原、东北平原一线以北的大部分地区，积雪期一般在90～180d，其中在中央卡拉库姆沙漠和克孜勒库姆沙漠地区，虽然积雪期相对较短，但一般也超过了60d。中国的天山山脉、内蒙古高原、东北平原一线以南地区，积雪期由西北向东南依次递减，积雪期最短的地区主要位于塔里木盆地、长江中下游平原以南大部分地区以及云贵高原部分地区，积雪期仅在10～30d，个别地区不足10d。

积雪天数只考虑了有积雪记录的天数，因此与积雪期相比，积雪天数的空间分布有显著差异。积雪天数超过180d的地区较积雪期的大值区相比有明显缩减，主要位于俄罗斯平原东北部、科拉半岛、西西伯利亚平原北部、中西伯利亚高原中部和北部以及俄罗斯远东大部。

在俄罗斯平原大部分地区、西伯利亚地区南部、哈萨克丘陵大部、蒙古高原北部、中国新疆天山以北大部分地区、内蒙古高原中东部和东北部、东北平原北部以及青藏高原局部地区，积雪天数一般在90d以上。青藏高原西南部、中部和东部部分地区积雪天数一般可以超过30d。里海附近局部地区、中央卡拉库姆沙漠区、蒙古高原西南部局部地区以及中国的天山山脉、内蒙古高原、东北平原一线以南大部分地区的积雪天数偏少，一般不足30d。而中国的塔里木盆地、柴达木盆地和长江以南大部分地区，积雪天数最少，一般不足10d。

通过分析积雪时间与纬度的关系发现，研究区积雪时间总体具有纬度地带性（图8-7），其中，积雪首日随纬度增加而提前，纬度每增加1°积雪首日提前2.27d；积雪终日随纬度向北递增而延后，纬度每增加1°，积雪终日延后2.22d；积雪期和积雪天数随纬度增加而延长，每增加1°N增加率（Slope）分别为4.61d和6.33d。

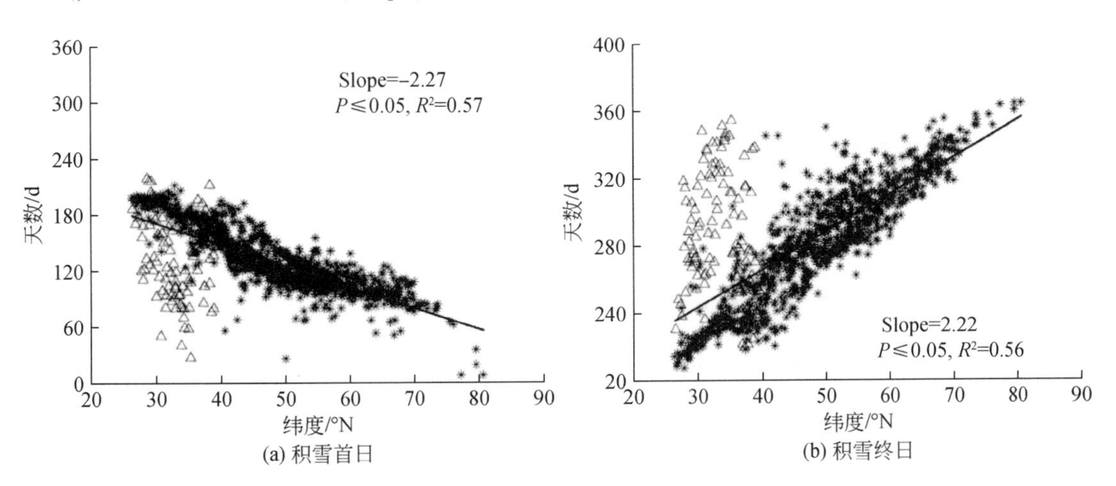

(a) 积雪首日　(b) 积雪终日

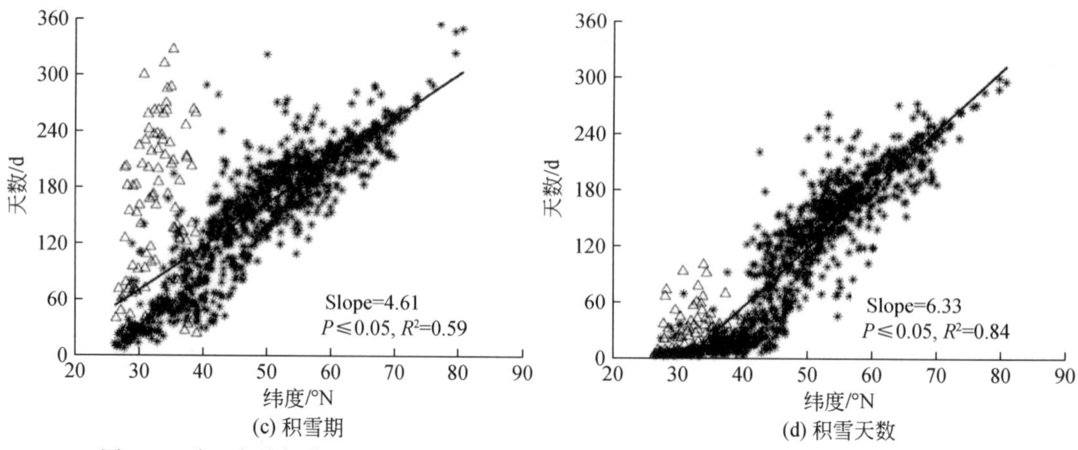

(c) 积雪期　　(d) 积雪天数

图 8-7　欧亚大陆部分地区积雪时间分布与纬度的关系（三角形为青藏高原区域站点）

但青藏高原地区的纬度梯度并不显著，这是由于与纬度相比，该区域积雪时间分布受海拔影响更大（图 8-8）。研究结果表明，随海拔升高，积雪首日提前（-2.2d/100m），积雪终日延后（2.9d/100m），积雪期和积雪天数均有显著增加，海拔每抬升 100m，积雪期延长 5.3d，积雪天数延长 0.9d。

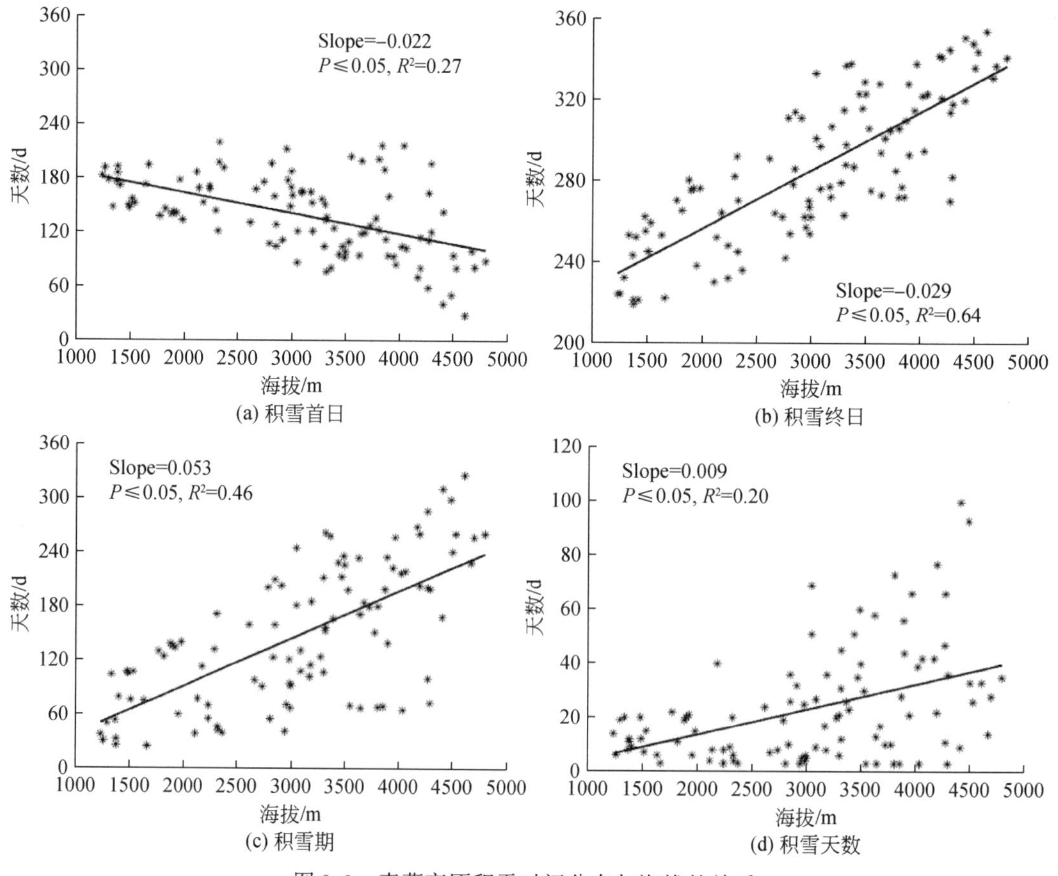

(a) 积雪首日　　(b) 积雪终日

(c) 积雪期　　(d) 积雪天数

图 8-8　青藏高原积雪时间分布与海拔的关系

8.3.2 积雪时间的变化特征

对 1966 ~ 2012 年积雪时间的长期年际变化趋势分析结果显示，研究区积雪首日、积雪终日和积雪期都发生了显著的年际变化（图 8-9）。其中，积雪首日总体呈显著延后趋势，每 10 年约延后 1.2d。就总体变化趋势而言，20 世纪 60 年代中期至 80 年代中期，积雪首日均值低于长期（1971 ~ 2000 年）均值，但年际变化不显著；20 世纪 80 年代至 21 世纪 10 年代初期，积雪首日均值高于长期均值，21 世纪 00 年代中期以后积雪首日呈显著

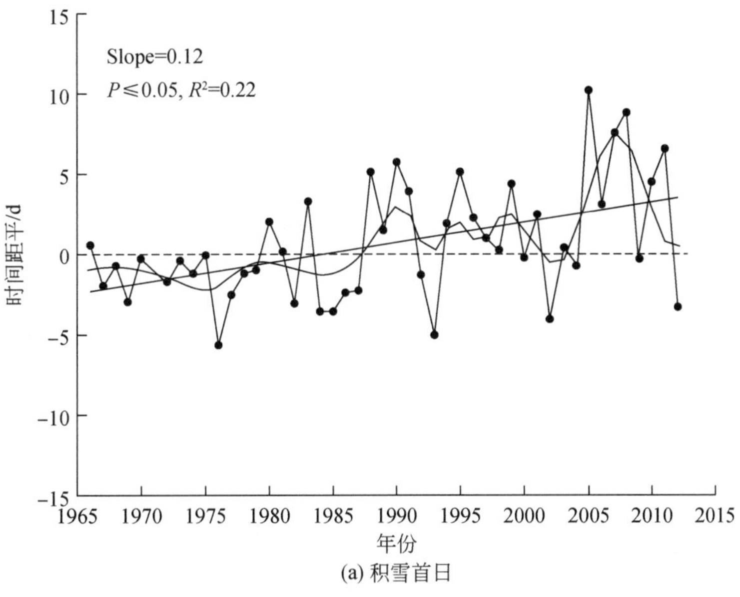

(a) 积雪首日

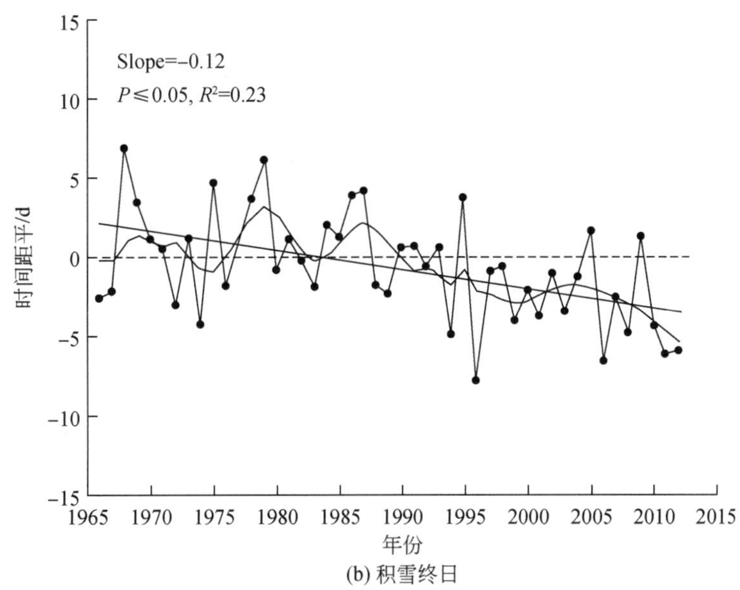

(b) 积雪终日

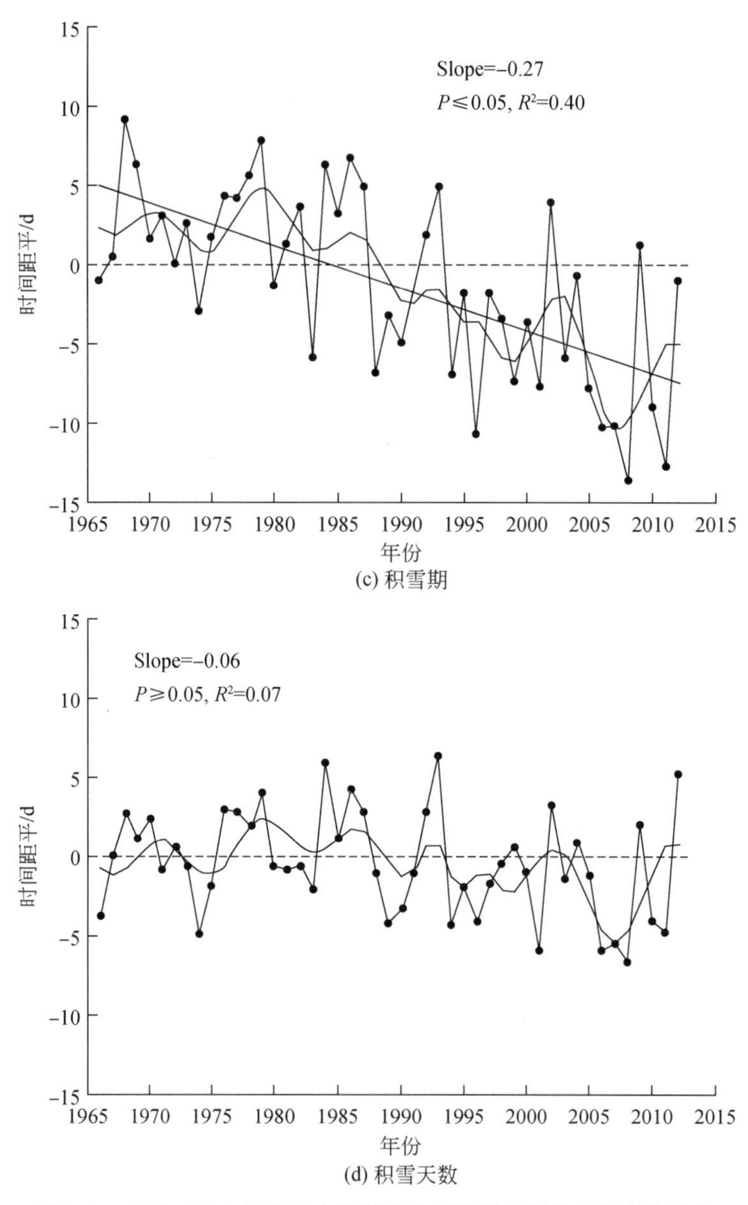

(c) 积雪期

(d) 积雪天数

图 8-9　1966 ~ 2012 年欧亚大陆部分地区积雪时间的年际变化趋势

提前趋势。积雪终日在 1966 ~ 2012 年呈显著提前趋势，变化率为−1. 2d/10a。20 世纪 60 年代中期至 80 年代末，积雪终日呈波动变化，此阶段积雪终日均值高于长期均值，90 年代以后，积雪终日均值低于长期均值，积雪终日明显提前。积雪首日延后和积雪终日提前导致积雪期明显缩短，积雪期每 10 年约缩减 2. 7d。20 世纪 60 年代中期至 80 年代末，积雪期均值高于长期均值，此后积雪期明显缩减，低于长期均值，但积雪天数在 1966 ~ 2012 年并无显著变化趋势。

对欧亚大陆重点区域的积雪时间空间变化分析结果显示，与积雪首日的年际变化结果相同，研究区积雪首日变化趋势达到95%以上显著性水平的地区中大部分呈现一致的延后趋势（图 8-10）。积雪首日在俄罗斯欧洲部分、西西伯利亚平原、中西伯利亚高原西部部分地区、俄罗斯远东部分地区、我国东北平原以及青藏高原大部分地区呈现显著延后趋势。

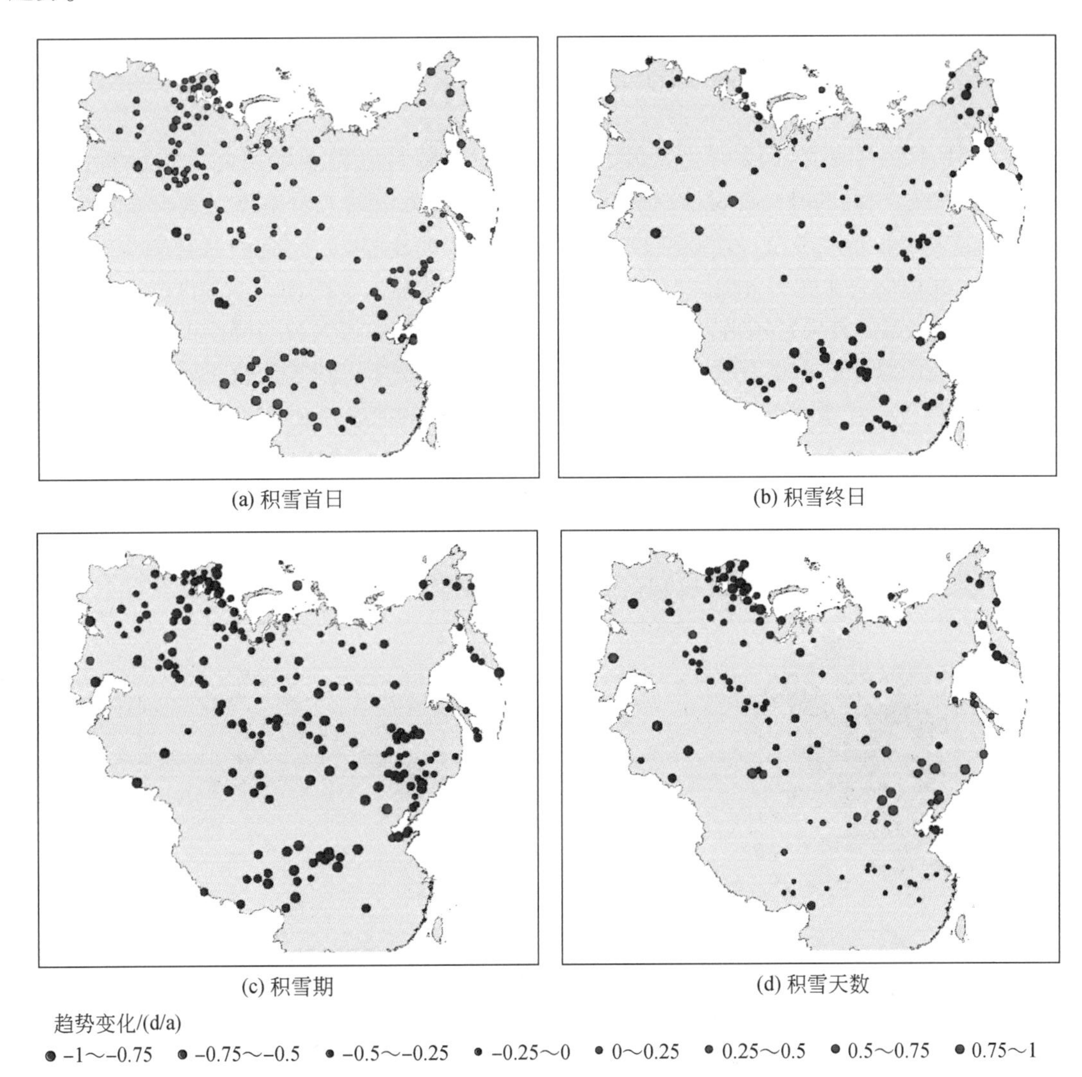

图 8-10　1966～2012 年欧亚大陆部分地区积雪时间的空间变化趋势

研究区积雪终日出现的时间整体呈现提前趋势，但达到95%显著性水平的站点有所减少（图 8-10）。积雪终日的显著提前趋势主要位于俄罗斯平原东部部分地区、中西伯利亚高原大部分区域、俄罗斯远东、我国青藏高原及长江以南大部分地区，其余地区积雪终日变化均不显著。

欧亚大陆大部分地区积雪期整体呈现显著缩减趋势，这些地区主要位于俄罗斯大部、我国北疆、东北平原及青藏高原。与积雪期的空间变化趋势相比，积雪天数的空间分布并未呈现一致的显著变化趋势，积雪天数呈现显著减少趋势的空间范围明显缩减，主要位于俄罗斯平原东北部和东部、西西伯利亚平原大部分区域、俄罗斯远东东北部、我国青藏高原和华东部分地区。尽管研究区大部分地区积雪天数有显著减少，但在库页岛、北疆部分区域、东北平原和内蒙古部分地区积雪天数却在显著增加。

8.3.3 积雪时间与气候因子的关系

对1031个站点冷季（11月至次年3月）积雪天数与气温、降雪的关系分析结果显示，积雪天数随气温的升高而减少（图8-11），两者的负相关关系主要出现在俄罗斯平原西部、我国北疆、东北平原、青藏高原大部和长江以南部分地区，气温升高导致积雪天数明显缩减，但在西伯利亚大部分地区两者关系并不显著。这是由于西伯利亚地区冷季平均气温年低于0℃，气温的升高对积雪天数的变化影响不大。冷季积雪天数与降雪的显著相关关系主要出现在天山以北、东北平原和青藏高原地区，随降雪增多，积雪天数明显增加。

与降雪相比，积雪时间与气温的关系更显著。在每隔100mm的降雪区间内，积雪天数随气温的降低而逐渐延长（图8-12）。冷季平均气温在0～5℃时，大部分站点的积雪天数不足30d，随着气温的降低，当平均气温低于-15℃时，积雪天数超过210d。当平均气温在-15～0℃时，积雪天数会随降雪的增多延长，当平均气温低于-15℃时，积雪天数与降雪的相关关系并不显著。由此可知，研究区冷季积雪天数与气温关系更紧密。

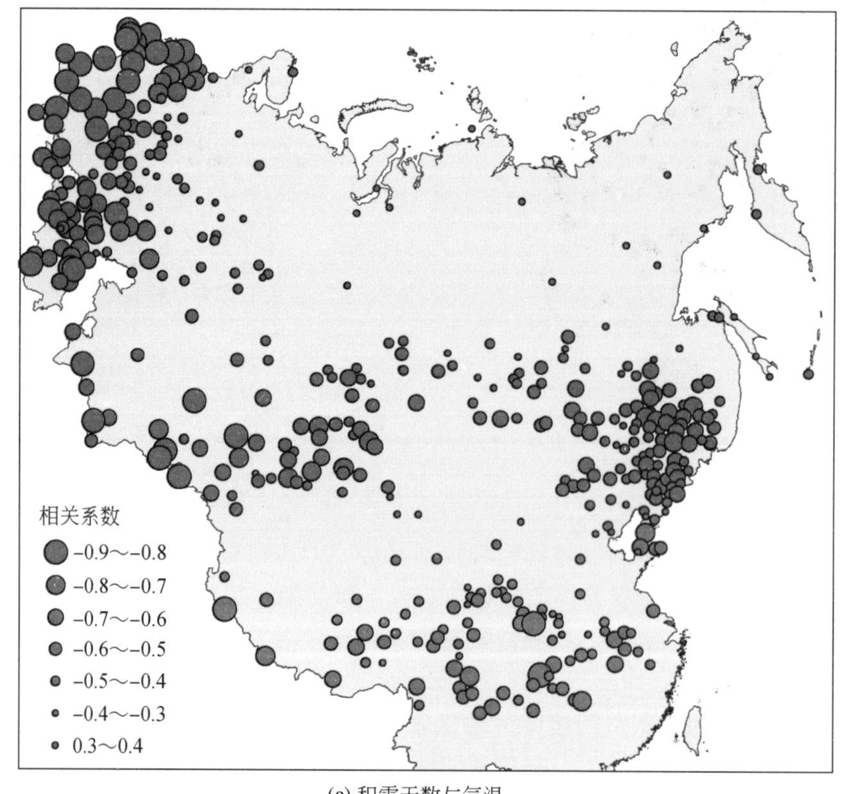

(a) 积雪天数与气温

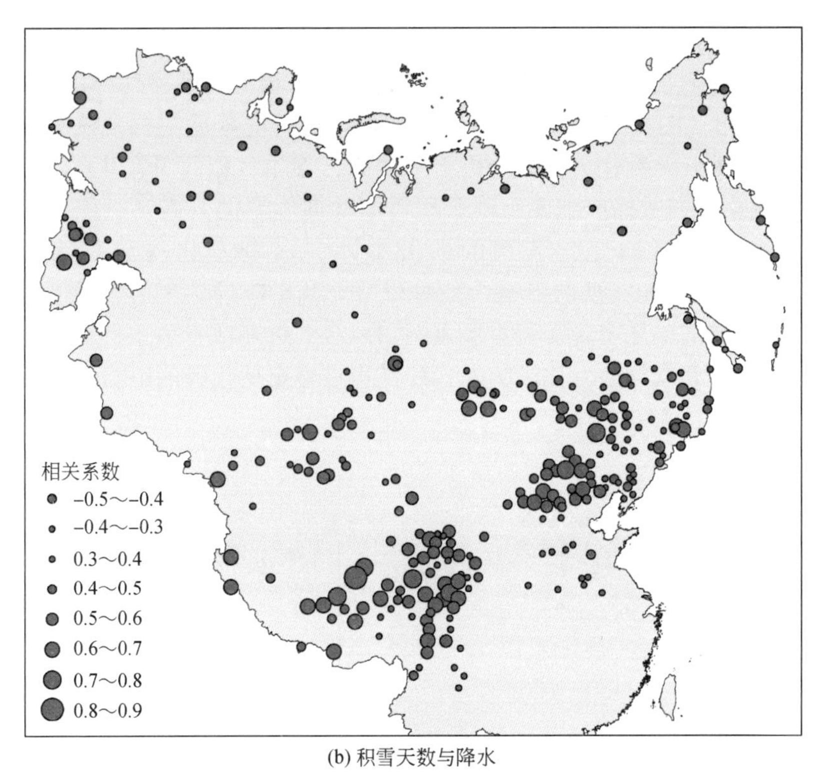

(b) 积雪天数与降水

图 8-11 1966～2012 年冷季欧亚大陆部分地区积雪天数与气温、降水的关系

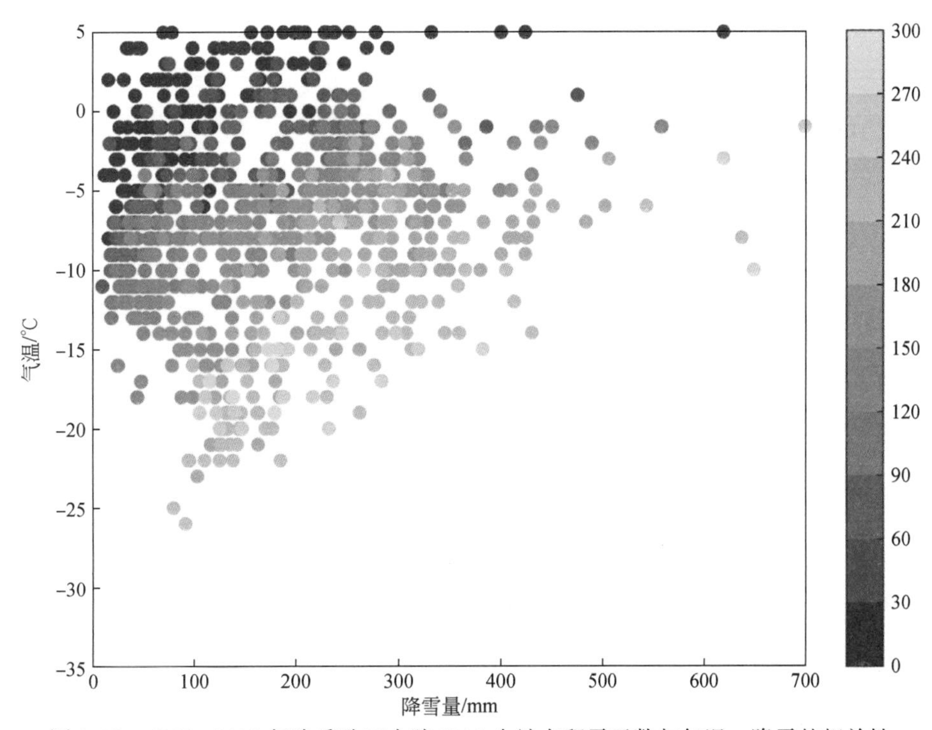

图 8-12 1966～2012 年冷季欧亚大陆 1031 个站点积雪天数与气温、降雪的相关性

基于气温对积雪天数的显著影响，对积雪时间和气温的关系进一步分析，结果显示，1966～2012年积雪首日的变化与秋季气温的变化呈现正相关关系，气温每升高1℃，积雪首日随之延后4.32d（图8-13）。这表明研究区积雪首日的延后主要是秋季气温升高的结果。积雪终日与春季气温变化关系的分析结果表明，春季气温每升高1℃，积雪终日提前4.07d，即积雪融化日期的提前主要归因于积雪消融期气温的升高。对积雪期和积雪天数变化与积雪年平均气温的变化关系的研究显示，两者变化率分别为-9.08d/℃和-3.99d/℃，气温升高对积雪期的影响约是对积雪天数影响的2.3倍。通过变化率的分析显示，积雪期与气温的关系主要受积雪形成期和积雪消融期两者关系的影响，而积雪天数的缩短除了受秋季、春季气温变化影响外，还受积雪稳定期气温的影响。

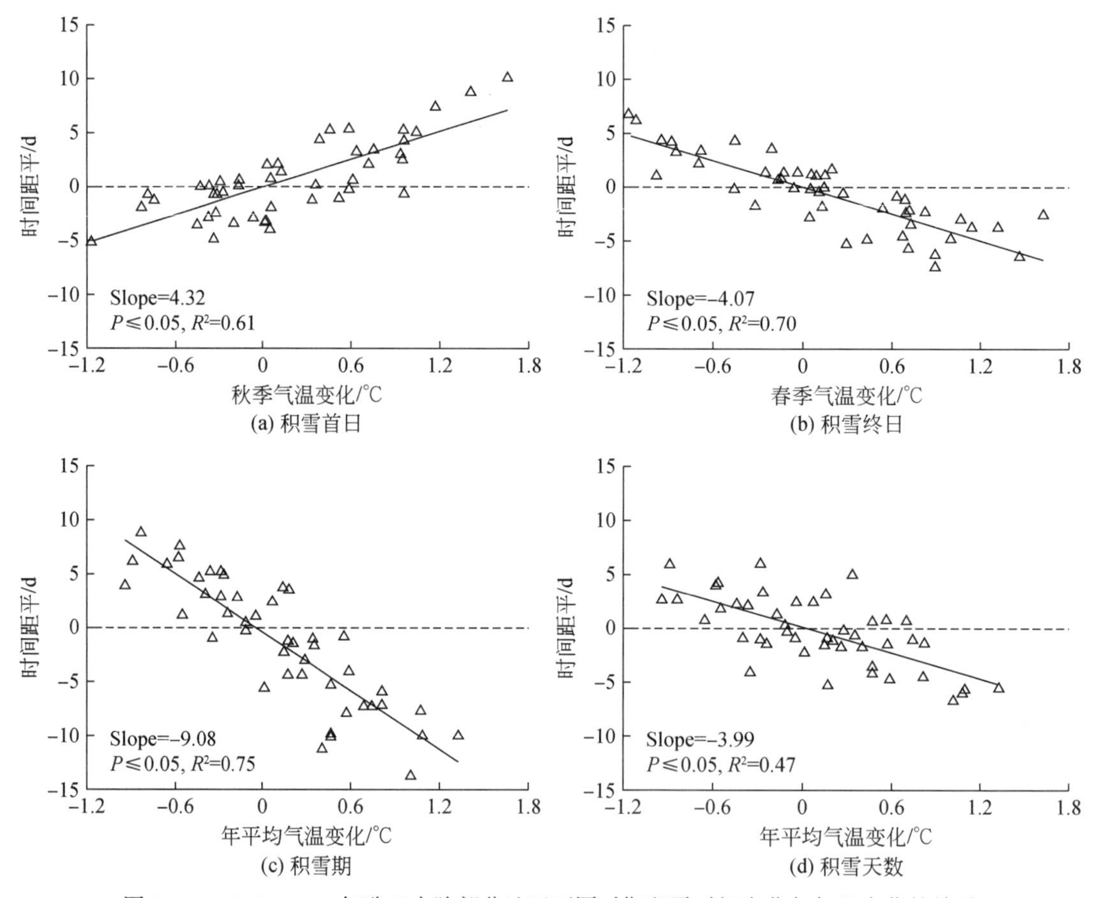

图8-13 1966～2012年欧亚大陆部分地区不同时期积雪时间变化与气温变化的关系

8.4 欧亚大陆北部部分地区积雪密度及其变化

积雪密度用于研究水文循环、融雪径流和洪水预测、雪崩以及水资源评价等，同时也是水文模型的重要参数（Margreth，2007；Lazar and Williams，2008；Zhong et al.，2014）。

根据已有数据，分析了欧亚大陆北部地区积雪密度的空间分布和变化特征，并对不同积雪类型的积雪密度进行了研究。

8.4.1 积雪密度的空间分布特征

利用Sturm等（1995）提出的全球季节性积雪分类体系对欧亚大陆北部部分地区的积雪类型进行了分析，6种积雪类型在研究区的分布情况和地面观测台站的站点分布如图8-14所示。其中泰加林型、苔原型和草原型三种积雪类型占比最大，约占积雪总范围的87%。

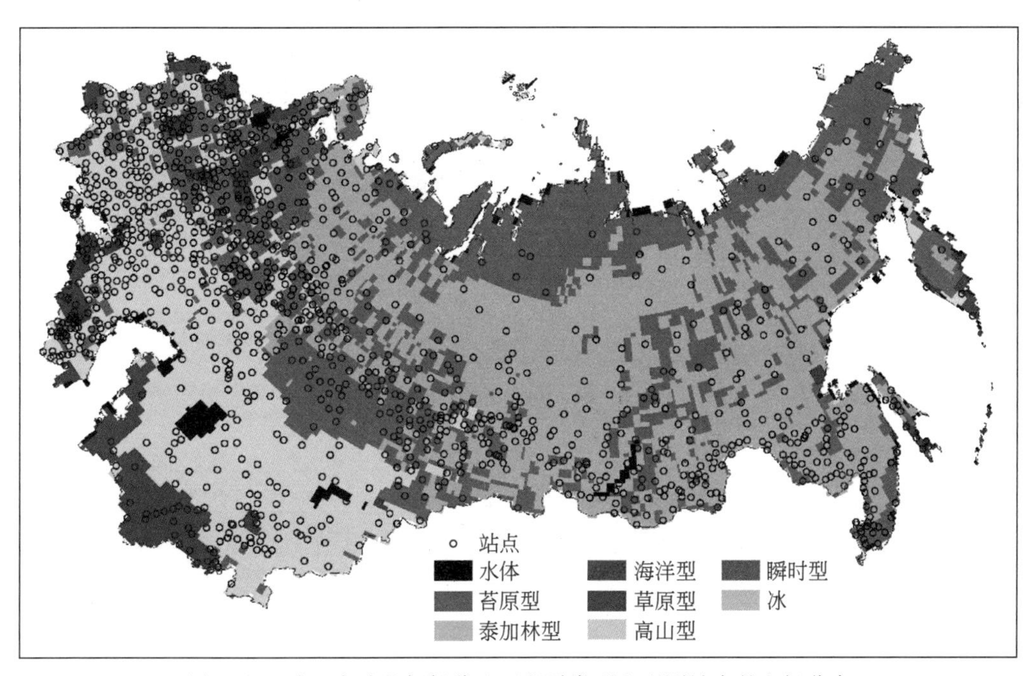

图8-14 欧亚大陆北部部分地区积雪类型和观测站点的空间分布

1966～2010年欧亚大陆北部部分地区多年平均积雪密度空间分布具有明显区域特征（图8-15）。其中，最大值位于泰梅尔半岛东北部，多年平均积雪密度约为0.36g/cm^3，最小值位于研究区西南部局地，多年平均积雪密度约为0.1g/cm^3。研究区多年平均积雪密度的大值区主要分布在俄罗斯平原、西西伯利亚平原大部、俄罗斯北极沿海地区、堪察加半岛、库页岛以及哈萨克丘陵大部分地区，多年平均积雪密度为0.2～0.3g/cm^3，个别地区多年平均积雪密度超过0.3g/cm^3。里海附近沿海地区、研究区西南部沙漠地带、中西伯利亚高原和俄罗斯远东地区多年平均积雪密度较小，一般在0.1～0.2g/cm^3。

研究区积雪密度的分布还具有显著的月际特征（图8-16）。大值区主要位于俄罗斯平原和西西伯利亚平原大部、俄罗斯北极沿海地区以及堪察加半岛。其中在俄罗斯平原和西西伯利亚平原地区气温普遍偏高，随气温的增加，积雪融化，当积雪再次冻结成冰时，积雪密度值增大。北极沿海地区积雪深度普遍较厚，风速较大，受风的压实作用，该地区积雪密度值偏大。与之相反，中西伯利亚高原和俄罗斯远东北部的大部分地区气温偏低，积

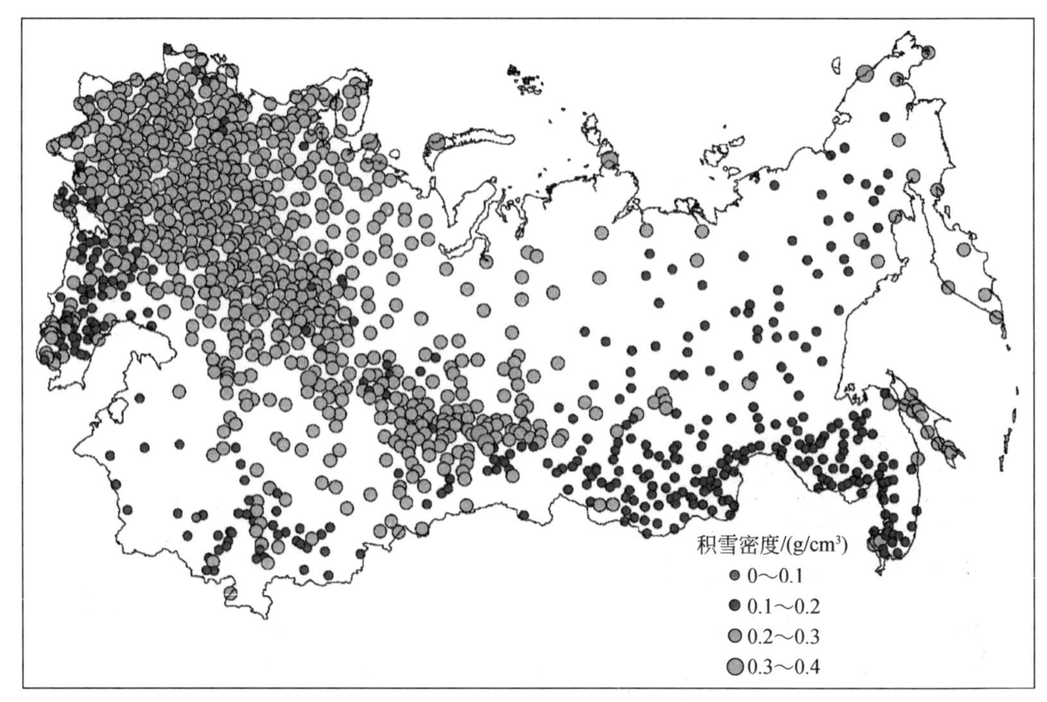

图 8-15　1966～2010 年欧亚大陆北部部分地区多年平均积雪密度的空间分布

雪密度不易受气温变化的影响，因此是积雪密度小值区的主要分布区域。而西伯利亚南部地区，一方面受气温偏低的影响，积雪密度值偏低，另一方面这些地区的积雪属于泰加型，由于有植被覆盖，阻挡了太阳辐射和风对积雪的压实作用，这些地区积雪密度值偏小。

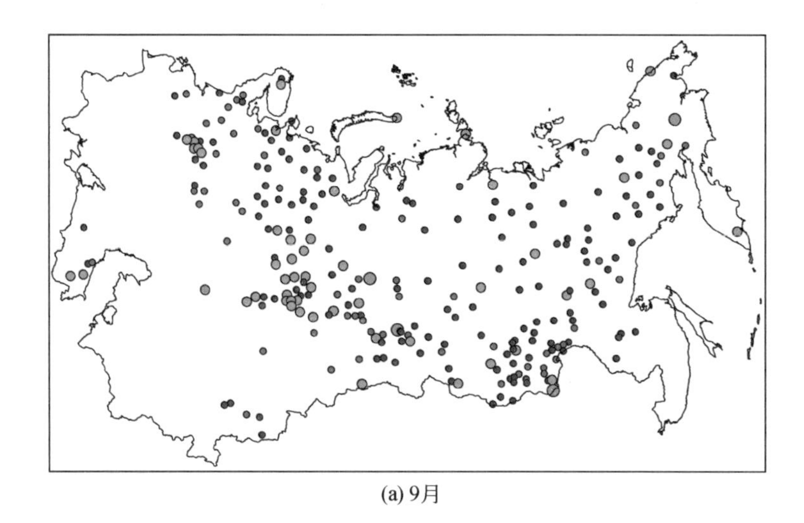

(a) 9月

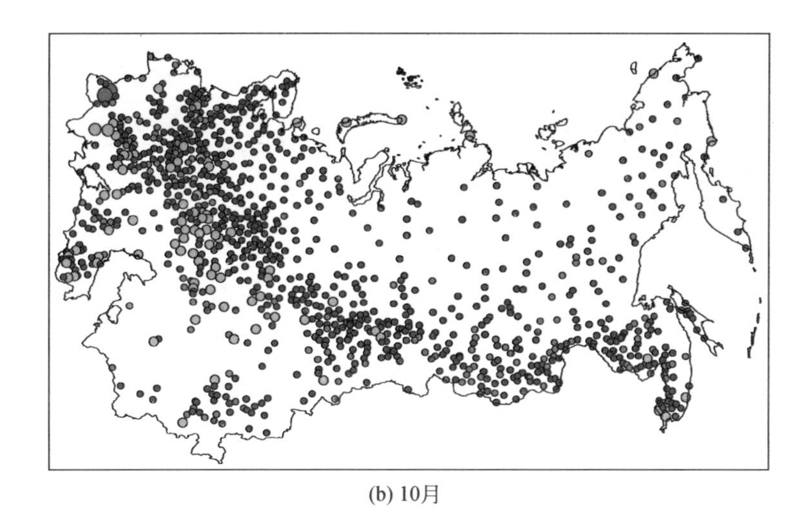

(b) 10月

(c) 11月

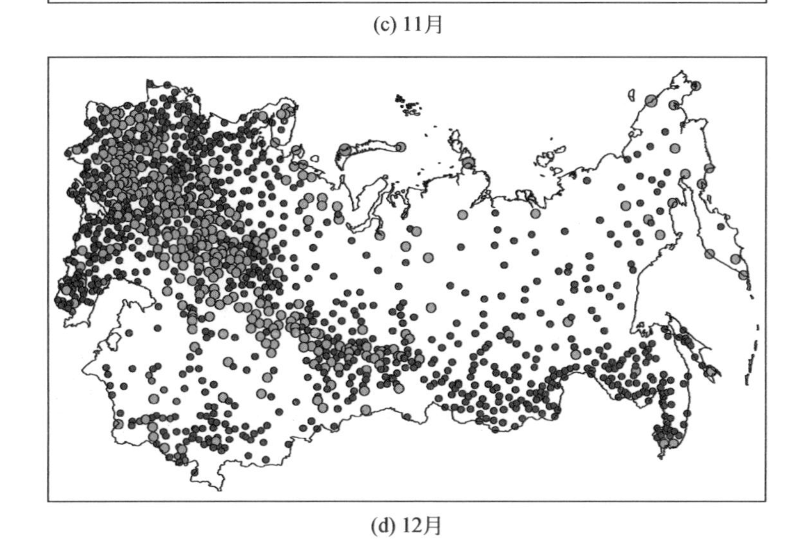

(d) 12月

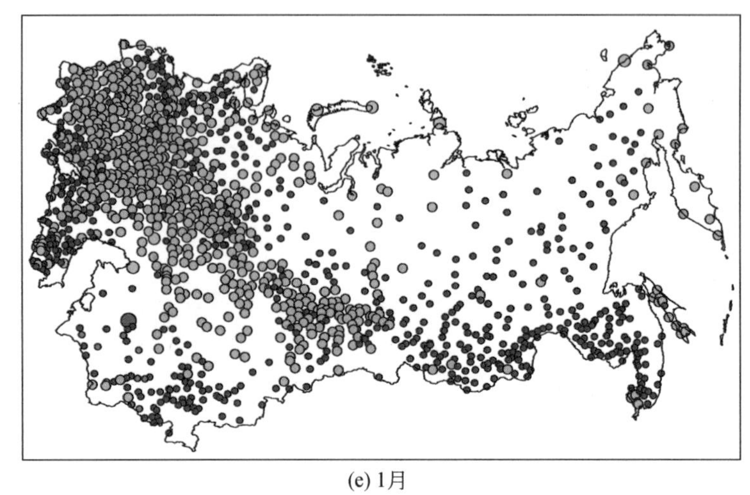

(e) 1月

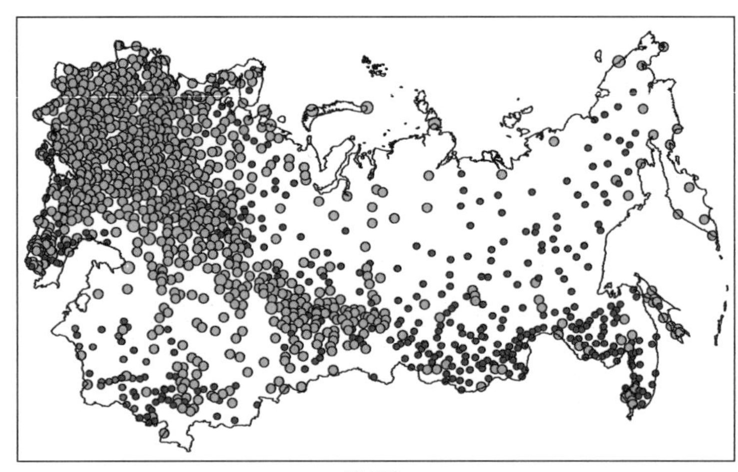

(f) 2月

(g) 3月

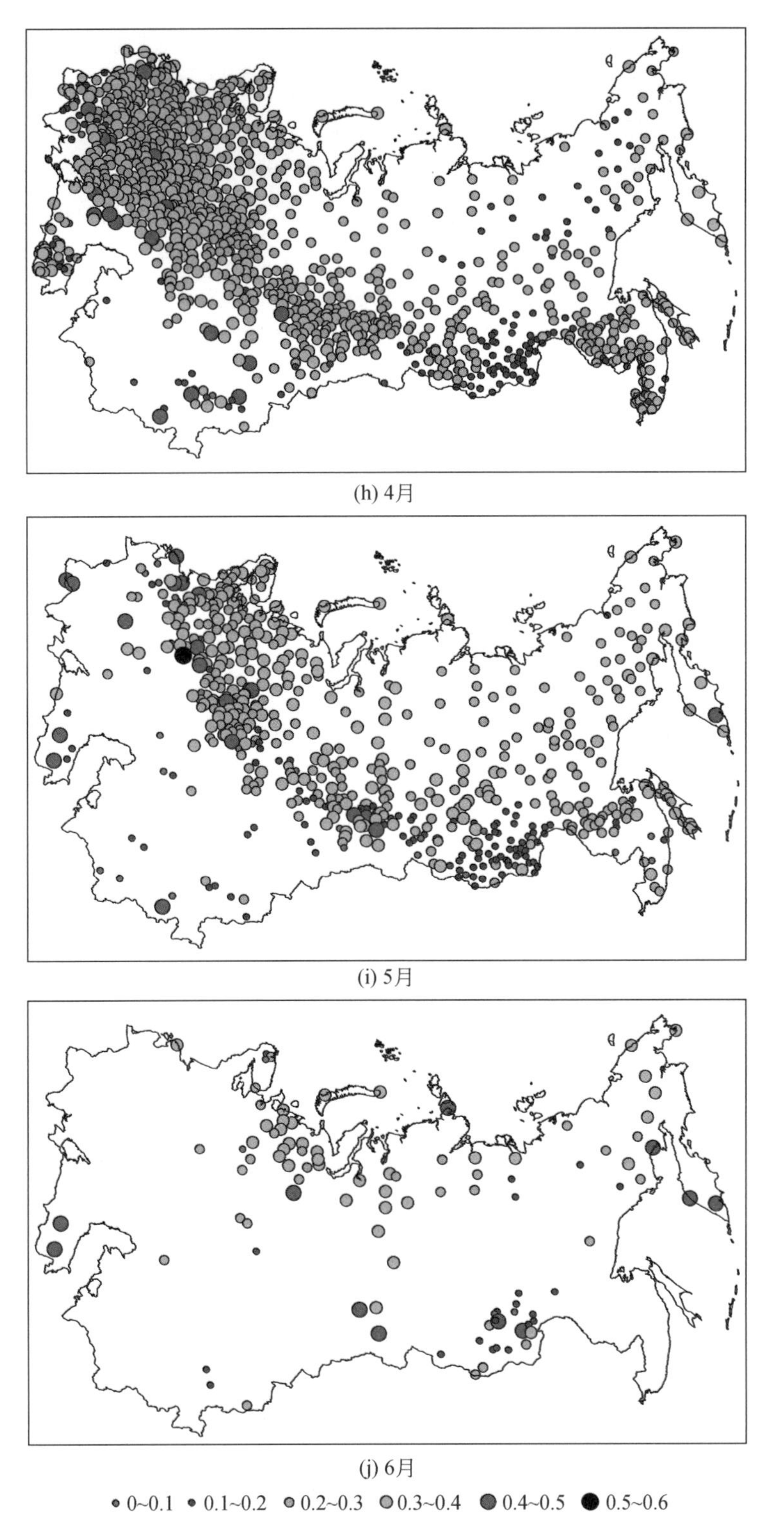

图 8-16　1966 ~ 2010 年欧亚大陆北部部分地区月平均积雪密度的空间分布

9月，有积雪密度记录的站点较少，多集中在西伯利亚。大多数站点9月平均积雪密度小于0.2g/cm³，而俄罗斯远东地区东北部、北极沿海地区以及俄罗斯平原中部和西西伯利亚平原南部部分站点的平均积雪密度偏大，为0.2～0.4g/cm³。10～11月，随着降雪的增加，有积雪密度记录的站点逐渐增多，月平均积雪密度也在变大。大多数站点的月平均积雪密度在0.1～0.2g/cm³，俄罗斯平原部分地区、北极沿海地区以及俄罗斯远东地区的月平均积雪密度超过0.2g/cm³。在积雪稳定期（12月至次年2月），大部分地区月平均积雪密度在0.15～0.3g/cm³，而在俄罗斯平原南部局部、哈萨克丘陵北部部分地区以及北极沿海地区，月平均积雪密度更高，超过0.3g/cm³。积雪消融期，气温升高导致积雪融化，当积雪再次冻结成冰时，积雪密度显著增加。俄罗斯平原大部分区域、西西伯利亚平原南部、哈萨克丘陵北部和东南部以及北极沿海地区的月平均积雪密度较大，但是在中西伯利亚南部和俄罗斯远东部分地区，月平均积雪密度仍然偏低。与3月相比，4月平均积雪密度值超过0.4g/cm³的站点明显增多，中西伯利亚高原的月平均积雪密度仍然是整个地区的最低值（0.2～0.3g/cm³）。5～6月，由于积雪消失，有积雪密度记录的站点骤然减少，并且主要位于西伯利亚。虽然大部分地区的月平均积雪密度仍在增加，但由于新雪的出现，在哈萨克丘陵东南部一些站点的月平均积雪密度略有减小。

8.4.2 积雪密度的变化特征

欧亚大陆北部区域积雪密度具有显著的月际和季节性变化（图8-17，表8-1）。从积雪密度的月际变化可以看出，月平均最大积雪密度出现在6月的积雪融化期（约为0.33g/cm³），

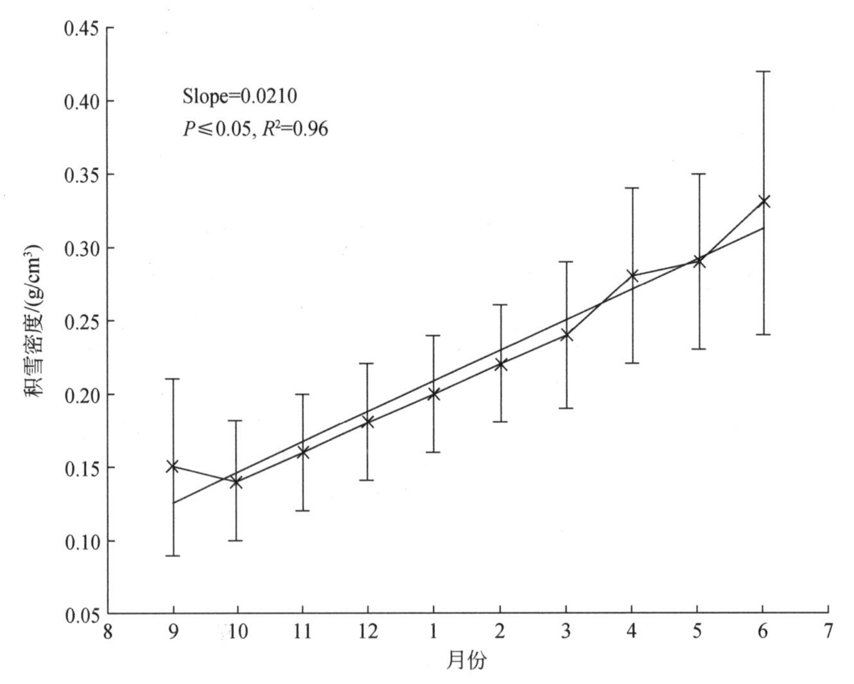

图8-17 1966～2010年欧亚大陆北部部分地区月平均积雪密度的月际变化趋势

月平均最小积雪密度出现在 10 月（约为 0. 14g/cm^3），此时正值积雪形成期，有大量新雪出现，所以积雪密度最小。受积雪融化的影响，积雪密度在积雪融化期发生较大变化，因此此时（6 月）的标准差最大，达到 0. 09g/cm^3，而冬季积雪较为稳定，积雪密度的标准差也最小。从 9 月至次年 6 月，月平均积雪密度呈显著增加趋势，月增加率约为 0. 0210g/cm^3（图 8-17）。其中，9～11 月，月平均积雪密度低于 0. 16g/cm^3，这是由于积雪形成期，新雪的密度偏低。12 月至次年 2 月为积雪稳定期，受低温和风速影响，雪层受到压实作用，引起积雪密度的升高。春季积雪进入融化期，气温升高导致积雪融化，雪融水渗透进雪层，积雪再次冻结成冰，积雪密度迅速增加。

表 8-1　六种积雪类型的月平均积雪密度　　（单位：g/cm^3）

月份	苔原型积雪	泰加林型积雪	海洋型积雪	瞬时型积雪	草原型积雪	高山型积雪	平均值
9	0. 16±0. 07	0. 14±0. 05	0. 18±0. 05	NaN	0. 13±0. 04	0. 16±0. 07	0. 15±0. 06
10	0. 14±0. 04	0. 13±0. 04	0. 15±0. 05	0. 15±0. 13	0. 16±0. 05	0. 14±0. 05	0. 14±0. 04
11	0. 16±0. 04	0. 15±0. 03	0. 17±0. 05	0. 20±0. 14	0. 17±0. 05	0. 16±0. 04	0. 16±0. 04
12	0. 18±0. 03	0. 17±0. 03	0. 19±0. 05	0. 18±0. 06	0. 19±0. 05	0. 19±0. 04	0. 18±0. 04
1	0. 20±0. 03	0. 18±0. 03	0. 21±0. 05	0. 19±0. 08	0. 21±0. 05	0. 21±0. 04	0. 20±0. 04
2	0. 21±0. 03	0. 19±0. 03	0. 24±0. 05	0. 23±0. 09	0. 23±0. 05	0. 23±0. 04	0. 22±0. 04
3	0. 23±0. 03	0. 21±0. 03	0. 27±0. 05	0. 22±0. 09	0. 26±0. 06	0. 26±0. 04	0. 24±0. 05
4	0. 26±0. 05	0. 24±0. 04	0. 32±0. 05	0. 35±0. 14	0. 30±0. 07	0. 30±0. 06	0. 28±0. 06
5	0. 27±0. 05	0. 28±0. 06	0. 36±0. 04	0. 49±0. 03	0. 32±0. 06	0. 32±0. 06	0. 29±0. 06
6	0. 34±0. 07	0. 33±0. 08	0. 47±0. 06	NaN	NaN	NaN	0. 33±0. 09
平均值	0. 22±0. 04	0. 20±0. 04	0. 25±0. 05	0. 25±0. 09	0. 22±0. 06	0. 22±0. 05	0. 22±0. 05

注：NaN 为缺失值。

六种积雪类型中，月平均积雪密度最大值出现在海洋型和瞬时型，平均积雪密度为 0. 25±0. 05g/cm^{3}和 0. 25±0. 09g/cm^3，泰加林型平均积雪密度最小，为 0. 20±0. 04g/cm^3。六种积雪类型的月际变化也同样具有明显的季节性（图 8-18）。其中，苔原型和泰加林型的积雪密度月际变化与研究区整体积雪密度变化趋势一致，这主要是由于两种类型积雪范围之和占该研究区积雪总范围的 60%，并且这两种积雪类型的站点数据占所有数据的 40%。

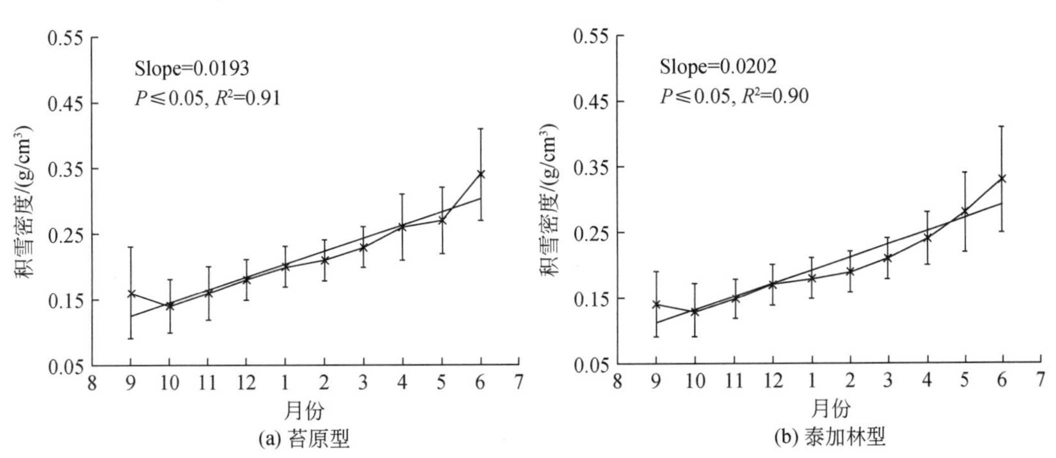

(a) 苔原型　　(b) 泰加林型

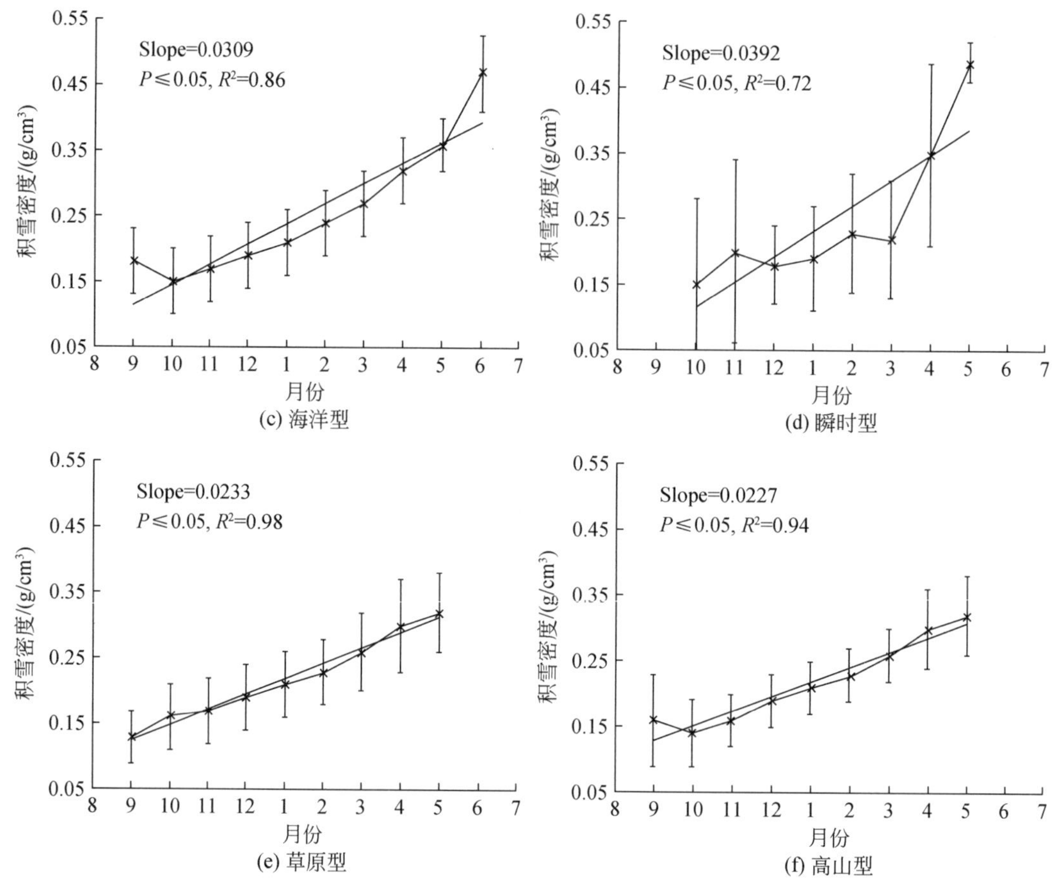

图 8-18 1966~2010 年欧亚大陆北部部分地区六种积雪类型月平均积雪密度的月际变化趋势

海洋型、草原型和高山型三种积雪类型的积雪密度月际变化趋势较为相似：9 月至次年 6 月，月平均积雪密度随季节推移呈明显增加趋势，最大的月平均积雪密度出现在 5 月或 6 月，最小的月平均积雪密度出现在秋季。瞬时型积雪在 9 月和 6 月都无积雪密度记录，该类型积雪密度最大值出现在 5 月，约为 0.49g/cm^3，最小值出现在 10 月，约为 0.15g/cm^3。六种积雪类型中，瞬时型积雪密度的月际变化波动性最大。9 月至次年 2 月，积雪深度的增厚和风的压实作用加速了积雪致密过程，导致这一时期积雪密度增加。但是，在 3 月，瞬时型积雪却出现了积雪密度减小的趋势，这主要是由于春季新降雪增多，新雪密度过低造成整体月平均积雪密度减小。而 4~5 月，气温的逐渐回升导致积雪融化，从而增加了积雪密度。

对积雪密度的年际变化分析发现，1966~2010 年，研究区长期多年平均积雪密度的最大值出现在 1975 年，最小值出现在 2001 年（图 8-19）。积雪密度年际变化总体呈现显著减少趋势，其中从 20 世纪 60 年代中期至 80 年代初期，积雪密度呈现缓慢减小趋势，此后积雪密度迅速减小，减小了 0.02g/cm^3。积雪密度的显著减小主要受 2~5 月积雪密度在相同时段内减小的影响，2~5 月新雪显著增多，而新雪的密度较低，导致多年平均积雪密度整体偏低。

此外，在 20 世纪 90 年代初至 21 世纪 00 年代初，风速明显减弱，削弱了对积雪的压实作用，也造成积雪密度的减小。然而，影响积雪密度变化的因素很多，对于 21 世纪 00 年代初积雪密度的骤然减少，可能还有其他原因，有待于进一步研究。在 21 世纪 00 年代，积雪密度略呈增加趋势，增长率约为 0.0013g/(cm^3 · a)，但总体仍远低于 30 年平均水平。

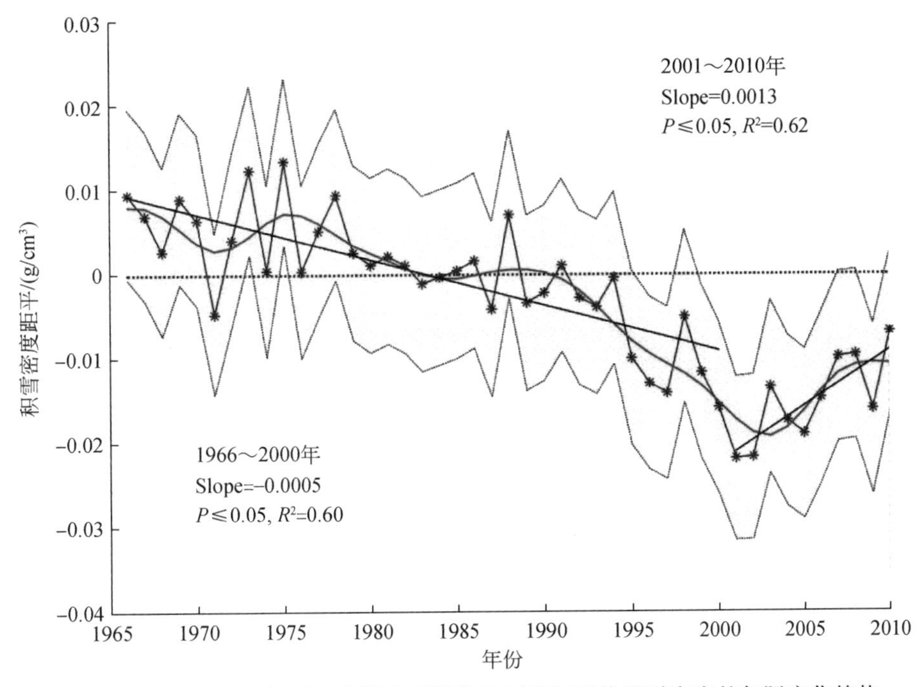

图 8-19　1966～2010 年欧亚大陆北部部分地区多年平均积雪密度的年际变化趋势

研究区月平均积雪密度的年际变化均呈显著减小趋势（图 8-20）。其中，最大的减小趋势出现在 10 月，减小率约为 0.0012g/(cm^3 · a)。与其他月份相比，9 月的积雪密度距平偏大，在积雪形成期，地面上的积雪受高温影响不能稳定存在，且容易融化，从而造成该月份积雪密度较大的年际变化。此外，降雪开始时间的延后也是积雪密度产生较大变化的原因之一。

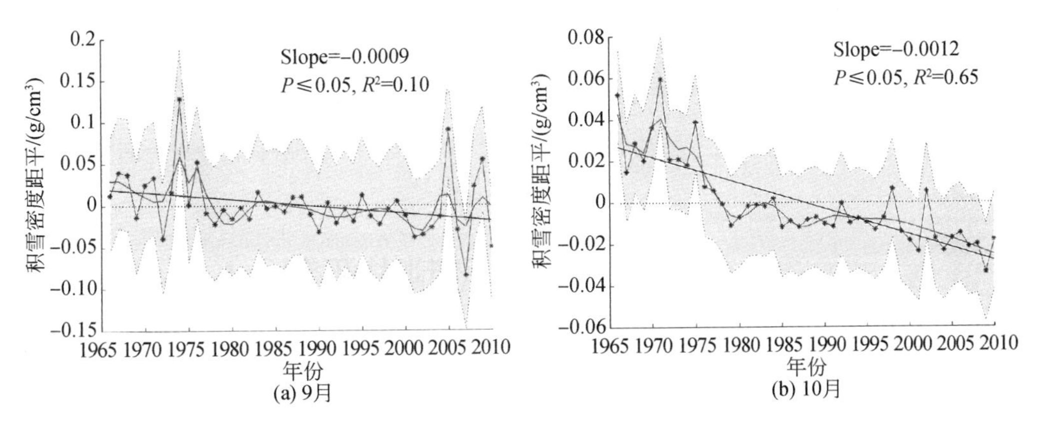

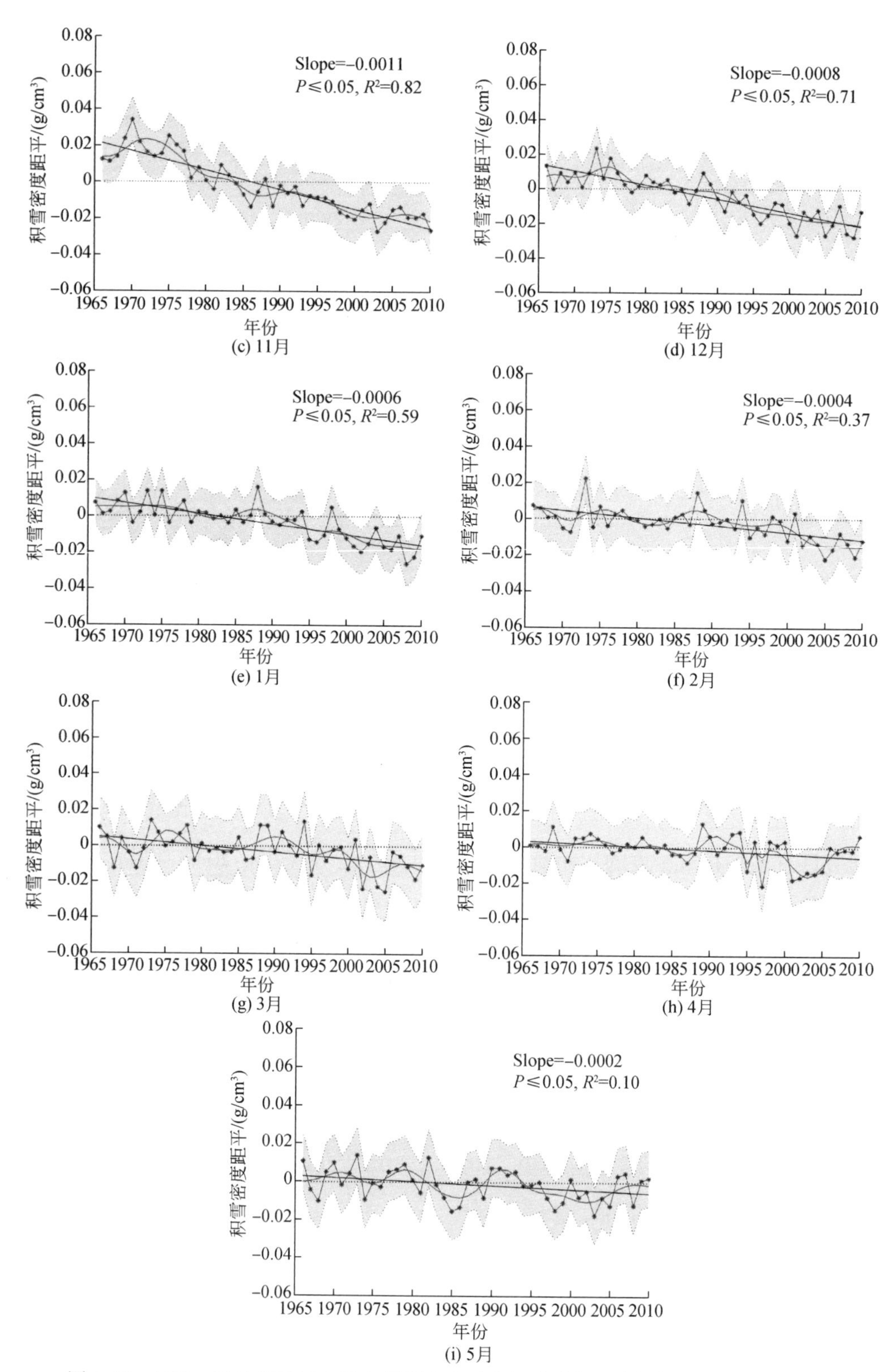

图 8-20　1966～2010 年欧亚大陆北部部分地区多年月平均积雪密度的年际变化趋势

与秋季月份相比，12 月至次年 5 月的积雪密度年际变化率在逐渐减小，均低于 0.001g/(cm^3 · a)。从 20 世纪 60 年代中期至 70 年代末期，9 月和 10 月的各年积雪密度高于长期均值，此后积雪密度低于长期均值。11 月和 12 月的积雪密度在 80 年代中期之前积雪密度偏高，但此后积雪密度普遍位于长期均值以下，积雪密度显著减小。相比而言，1 ~ 5 月积雪密度在 90 年代初期之前偏高，此后积雪密度偏低。其中 3 ~ 5 月积雪密度在 21 世纪 00 年代初期以后略有增加。

从积雪密度的空间变化分布来看，积雪密度的增加趋势主要位于俄罗斯平原的西部、俄罗斯北极沿海地区、中西伯利亚高原中部、俄罗斯远东地区东南部、中央卡拉库姆沙漠和克孜勒库姆沙漠地区。积雪密度的减小趋势则主要位于俄罗斯平原大部分地区、西西伯利亚平原南部、中西伯利亚高原南部、俄罗斯远东地区东北部和南部以及哈萨克丘陵北部和东部地区（图 8-21）。

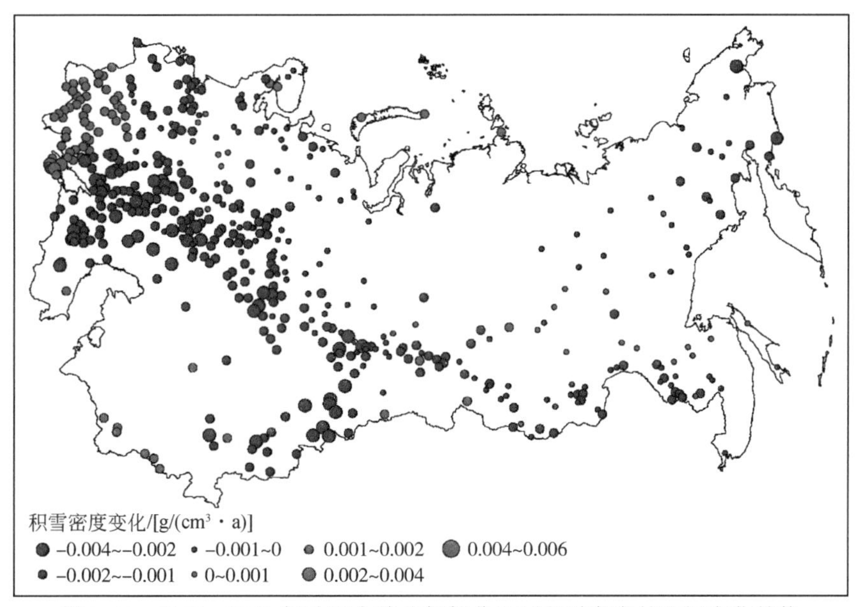

图 8-21　1966 ~ 2010 年欧亚大陆北部部分地区积雪密度的空间变化趋势

1966 ~ 2010 年逐月积雪密度的线性变化趋势分布情况如图 8-22 所示。显著变化的趋势主要位于俄罗斯平原和西西伯利亚平原以及中央卡拉库姆沙漠与克孜勒库姆沙漠。11 月积雪密度的正趋势主要位于中央卡拉库姆沙漠和克孜勒库姆沙漠地区，负趋势主要位于俄罗斯平原大部分地区以及西西伯利亚平原和中西伯利亚高原的南部。

在冬季月份，西南部沙漠区积雪密度呈增加趋势的站点在逐渐减少，但这种正趋势却出现在俄罗斯平原局部地区以及中西伯利亚高原和俄罗斯远东地区的南部，最显著的增加趋势位于北极沿海地区。相反，积雪密度呈减小趋势的站点在这一时期逐渐减少，最大的减小趋势位于俄罗斯平原西部。

3 ~ 4 月，积雪密度的增加趋势越来越显著，积雪密度呈正趋势的站点也在逐渐增多。3 月积雪密度减小趋势主要分布于俄罗斯平原的西南部和东部部分地区、中西伯利亚高原

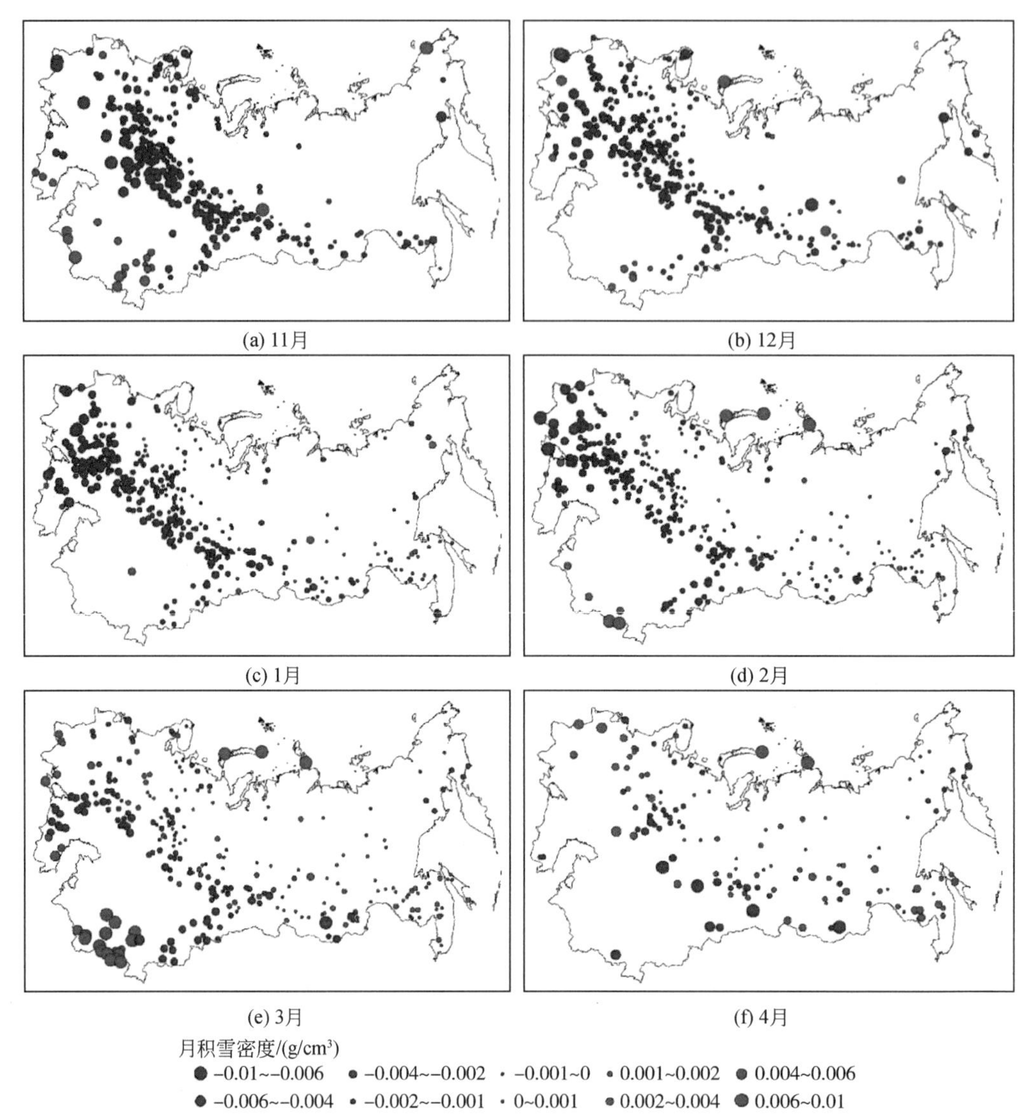

图 8-22　1966～2010 年欧亚大陆北部部分地区逐月积雪密度的空间变化趋势

南部、俄罗斯远东地区东北部以及哈萨克丘陵北部和东部。4 月积雪密度减小趋势主要分布于俄罗斯平原东南部、西西伯利亚平原和中西伯利亚高原的南部局地、俄罗斯远东地区东北部以及哈萨克丘陵北部。增加趋势主要分布于俄罗斯平原西部、北极沿海地区、西伯利亚地区的中部和南部。

为了分析积雪密度与地理因素之间的关系，分别对积雪密度与海拔和纬度进行了线性回归分析。积雪密度与海拔之间存在相反的关系，积雪密度随海拔的增加而减少（图 8-23）。海拔每升高 100m，积雪密度减小 0.004g/cm^3。两者的负相关关系主要受气温因素影响：高海拔地区气温较低，积雪密度也偏小；相反，低海拔地区气温普遍偏高，与高海拔地区相比，积雪密度偏大。

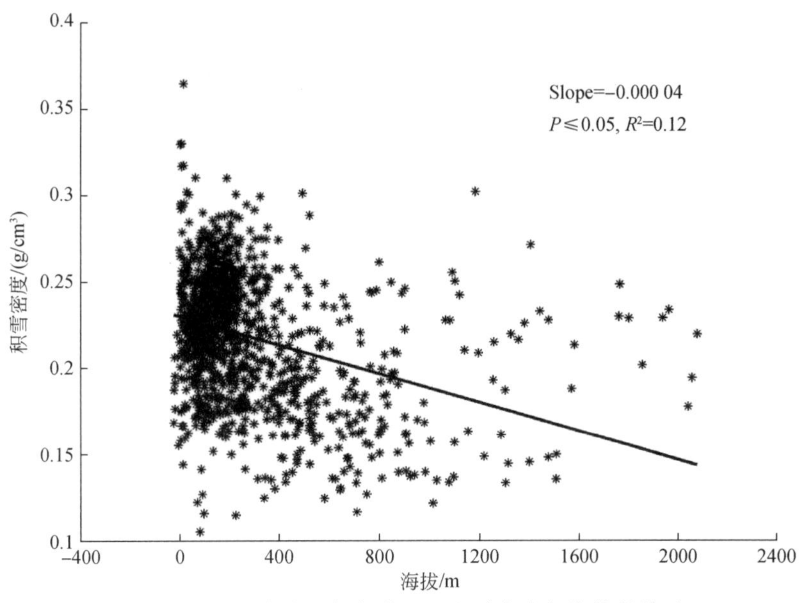

图 8-23 欧亚大陆北部部分地区积雪密度与海拔的关系

在不同的积雪类型中，积雪密度与海拔之间也存在相反的关系（图 8-24），但积雪密度随海拔增加发生变化的比率各不相同。当海拔升高 100m 时，积雪密度减小速率最大的

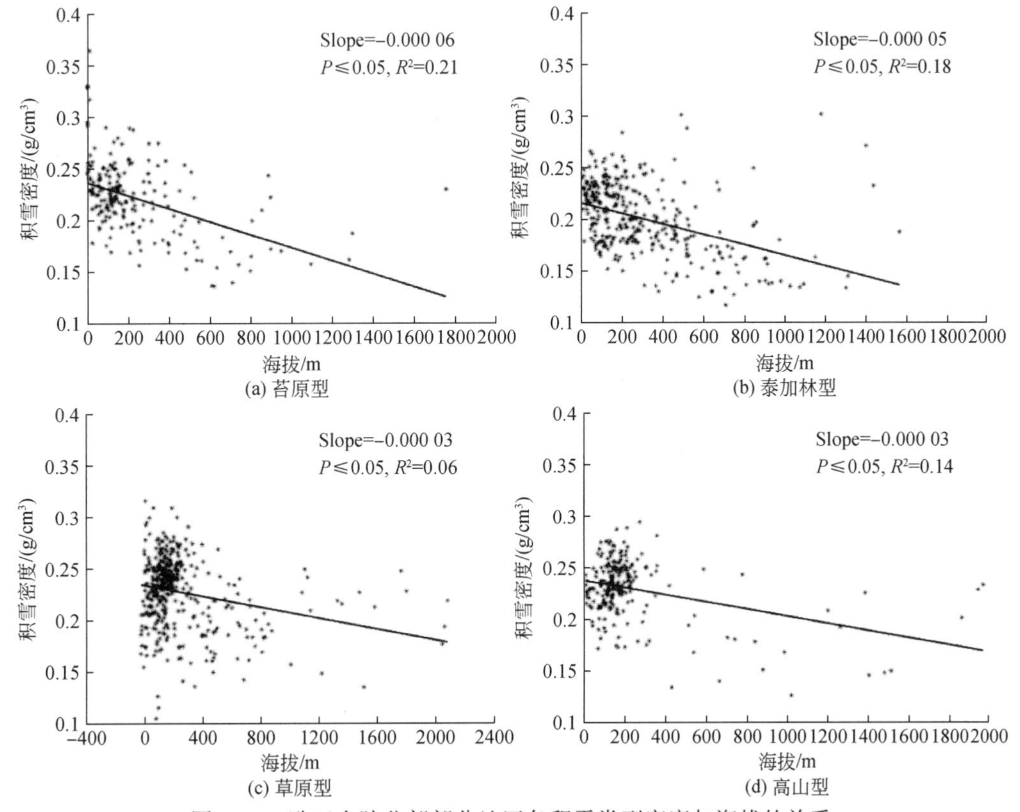

图 8-24 欧亚大陆北部部分地区各积雪类型密度与海拔的关系

是苔原型，减小率为0.006g/cm³。虽然，在六种积雪类型中，草原型站点最多，但积雪密度与海拔的关系却是四种积雪类型中最弱的，当海拔升高100m时，积雪密度约减小0.003g/cm³，拟合度仅为6%。

积雪密度与纬度之间存在着正相关关系，即积雪密度随纬度向北推移而逐渐增加（图8-25），但两者的拟合度较低，仅为6%。尽管整体关联度不高，但不同积雪类型中，积雪密度与纬度的关系各有差别。其中两者关系最密切的体现在草原型积雪当中，R^2为0.33，纬度每增加1°，积雪密度会增加0.0038g/cm³。苔原型积雪密度与纬度关系最弱。

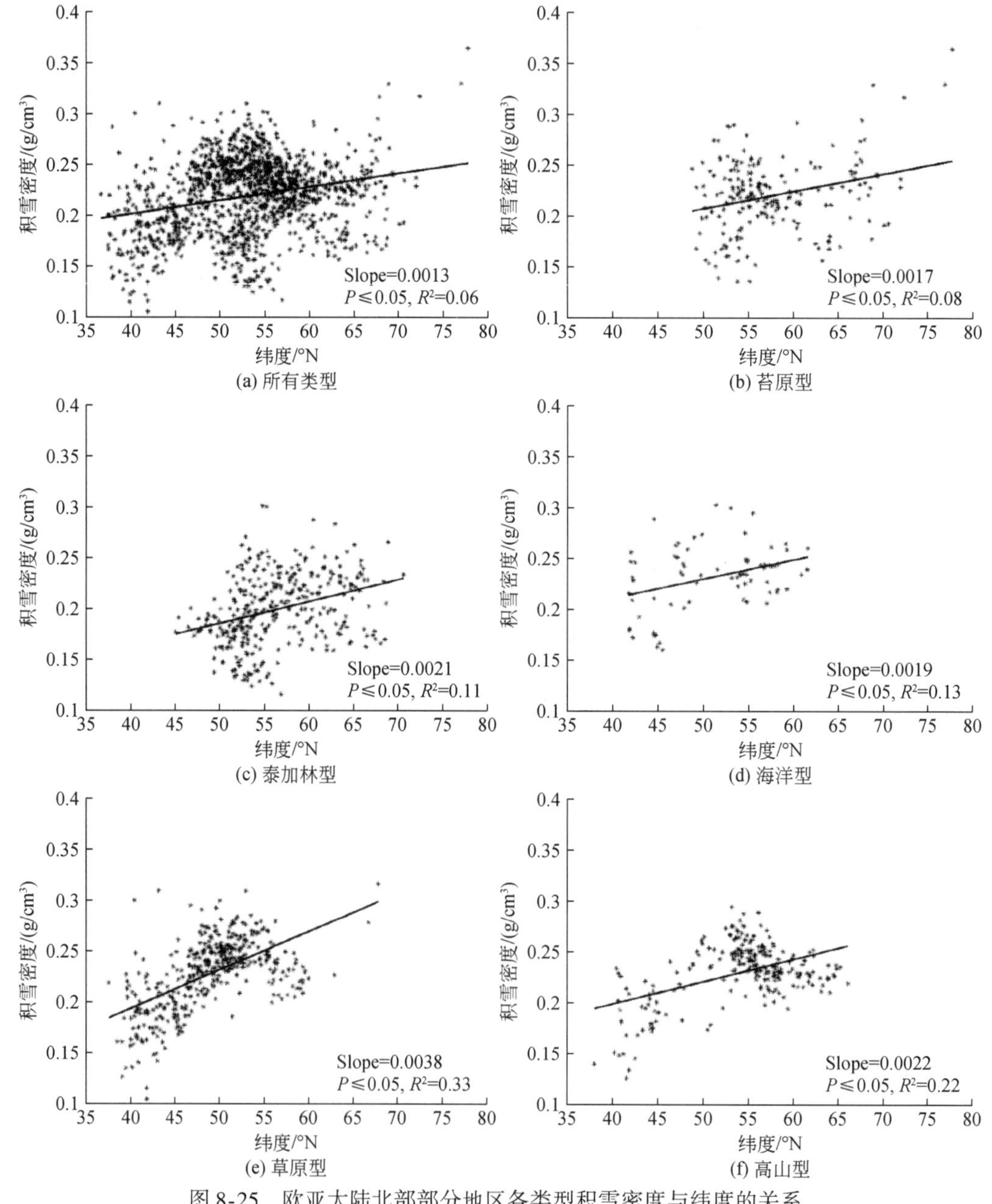

图8-25 欧亚大陆北部部分地区各类型积雪密度与纬度的关系

8.5　欧亚大陆积雪深度及其变化

欧亚大陆是北半球积雪的主要分布区，受地形多变的影响，积雪深度的空间分布具有较大差异。而随着全球变暖的日益显著，积雪深度在年际和月际尺度上的变化也十分明显。基于此，依据欧亚大陆地面台站的积雪资料观测信息对积雪深度的空间分布以及时空变化进行了分析。

8.5.1　积雪深度的空间分布特征

研究区 1966～2012 年平均积雪深度的空间分布呈现纬度梯度特征，随纬度增加，平均积雪深度逐渐增厚（图 8-26）。平均最大积雪深度位于亚巴坎河流域西部，约为 106.3cm；平均最小积雪深度位于内蒙古高原和东南沿海区域，仅为 0.01cm。总体上，欧亚大陆北部地区平均积雪深度超过 10cm，在俄罗斯欧洲部分东北部、叶尼塞河流域、堪察加半岛及库页岛积雪深度普遍偏厚，超过 40cm。蒙古高原北部积雪深度较厚，中部较浅。天山以北地区、东北平原及青藏高原西南部部分地区的平均积雪深度超过 3cm，其中阿尔泰山及内蒙古高原东北部部分地区的平均积雪深度超过 5cm。其他地区的平均积雪深度较浅，一些地区的平均积雪深度不足 1cm。

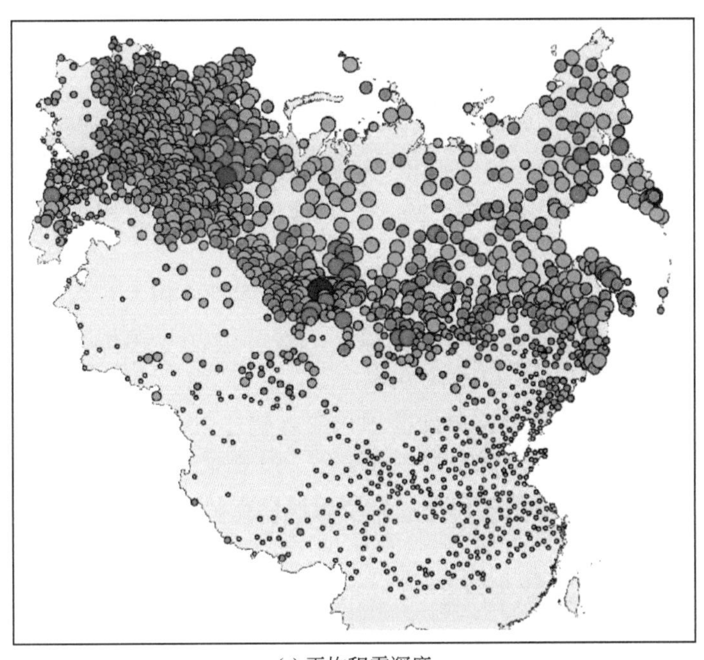

(a) 平均积雪深度

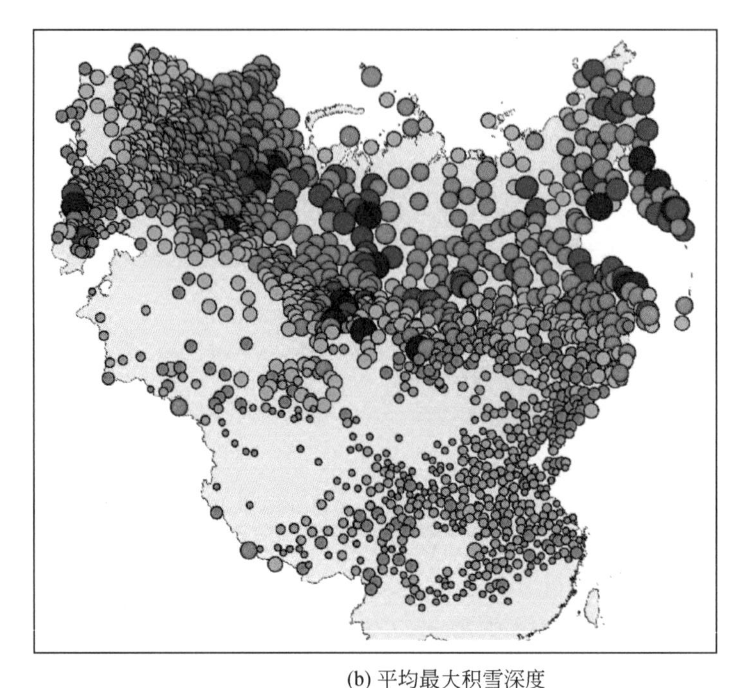

图 8-26 1966～2012 年欧亚大陆部分地区平均积雪深度和平均最大积雪深度的空间分布

平均最大积雪深度的空间分布同样具有纬度地带性（图 8-26），其空间分布特征与平均积雪深度基本一致。俄罗斯欧洲部分、西西伯利亚平原北部、叶尼塞河流域、堪察加半岛和库页岛的平均最大积雪深度超过 80cm，里海沿岸最大积雪深度较薄，不足 10cm。作为中国主要积雪分布区，北疆、东北平原、青藏高原东部和西南部部分地区的平均最大积雪深度可达 10cm 以上，部分地区超过 20cm，其他地区平均最大积雪深度偏小，不足8cm，个别地区平均最大积雪深度仅为 1～5cm。

从研究区逐月积雪深度的空间分布特征来看，秋季月份积雪普遍偏浅，但西伯利亚地区积雪深度在 11 月明显增加，大部分地区积雪深度可达 20～40cm（图 8-27）。进入冬季以后，欧亚大陆北部大部分地区积雪深度超过 20cm，北疆、东北平原和青藏高原部分地区积雪深度超过 10cm，阿尔泰山部分地区积雪深度超过 20cm，但其他地区的平均积雪深度仍不足 1cm。3～5 月随气温升高积雪开始融化，但欧亚大陆北部大部分地区积雪深度在 20cm 以上，6 月积雪仅在西伯利亚和青藏高原局地存在。

8.5.2 积雪深度的变化特征

1966～2012 年研究区平均积雪深度和平均最大积雪深度总体均呈现显著增加趋势，增长率分别为 0.2cm/10a 和 0.6cm/10a（图 8-28）。20 世纪 60 年代中期至 90 年代初期，平均积雪深度的趋势线基本位于平均水平以下，说明该时间段内的积雪深度偏浅；90 年代初期以后，积雪深度逐渐增加，高于平均积雪深度。就年际变化趋势而言，20 世纪 60 年代中期至 70 年代初期，平均积雪深度略有减少，此后至 70 年代末积雪深度逐渐增厚，至 90 年代初，积雪深度呈波动变化趋势，至 21 世纪 00 年代初积雪深度显著增加，随后积雪深度又骤然减小。平均最大积雪深度的年际变化与平均积雪深度变化基本一致。

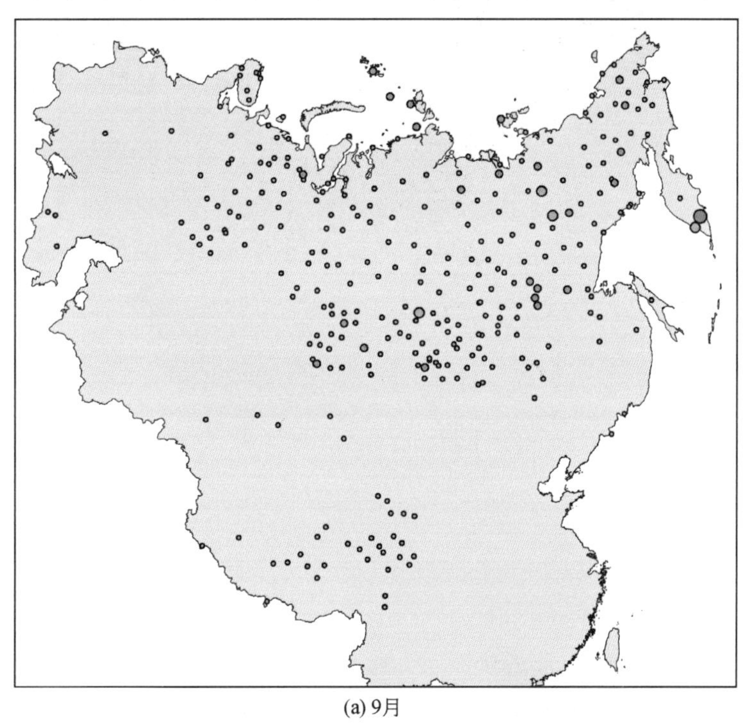

(a) 9月

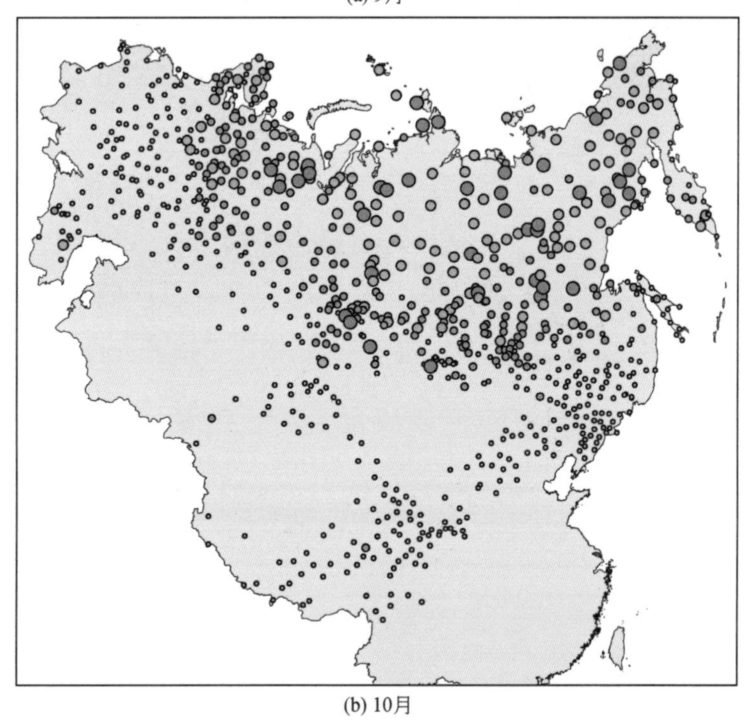

(b) 10月

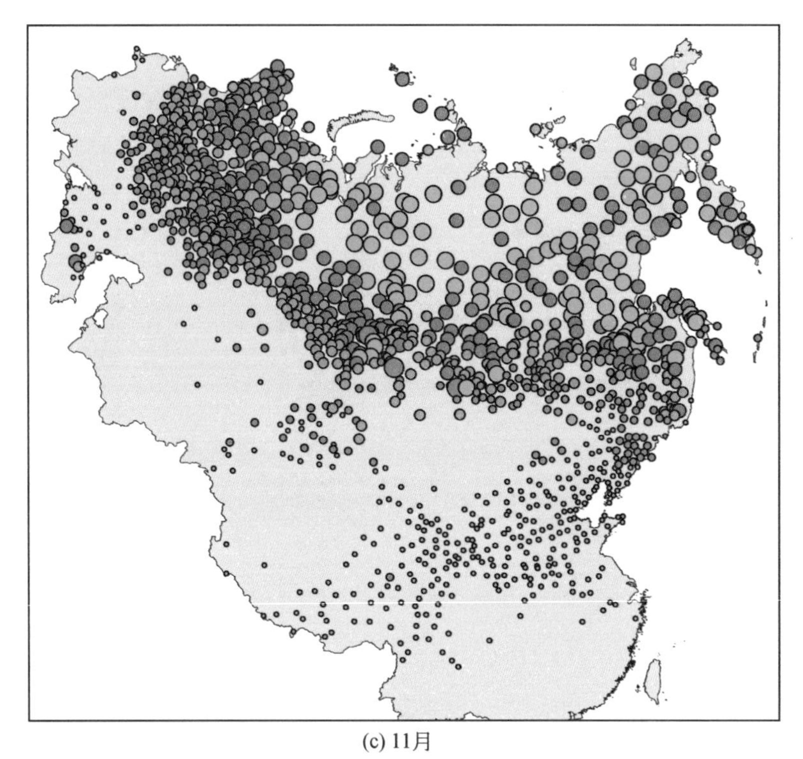

(c) 11月

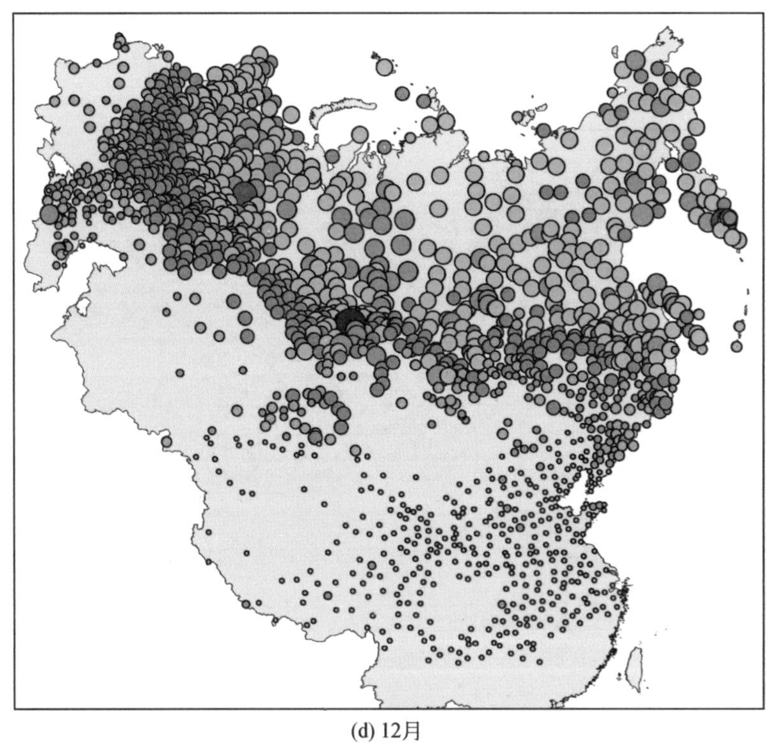

(d) 12月

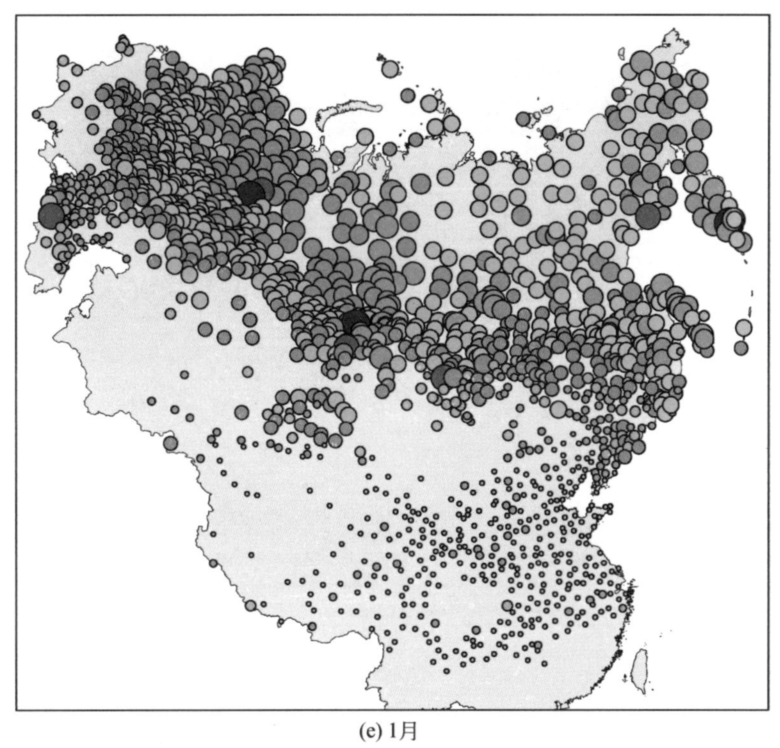

(e) 1月

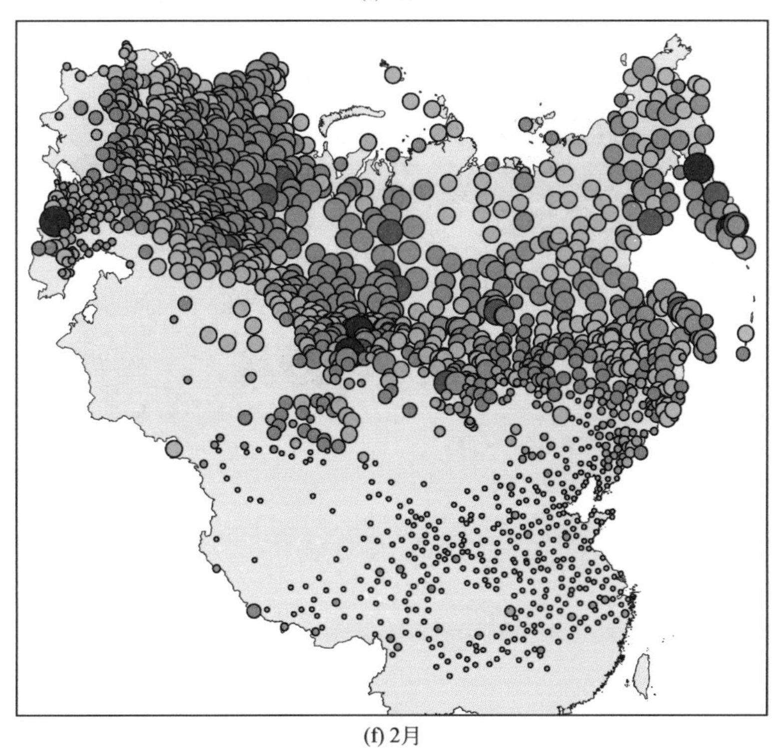

(f) 2月

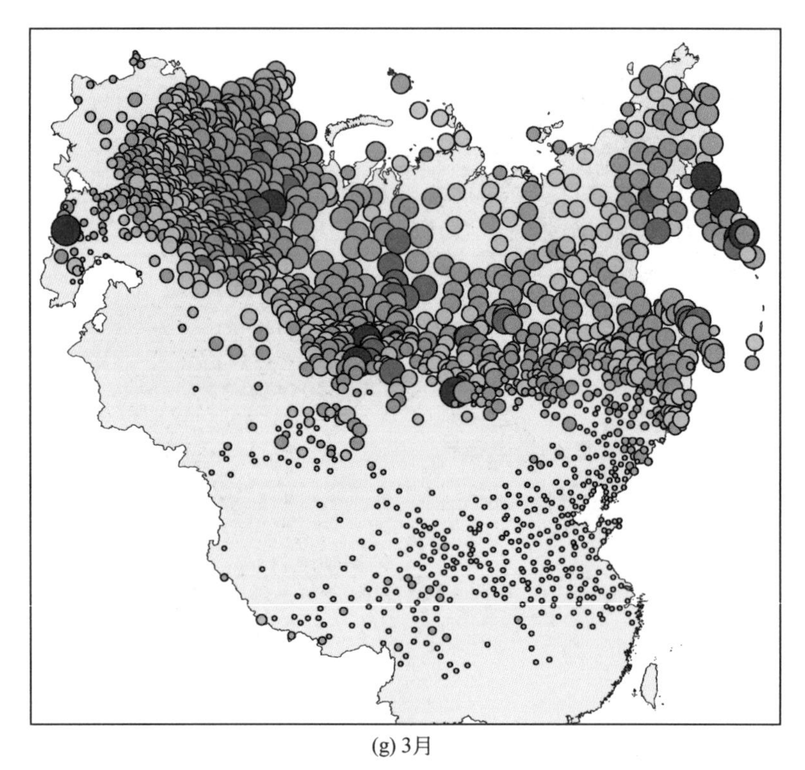

(g) 3月

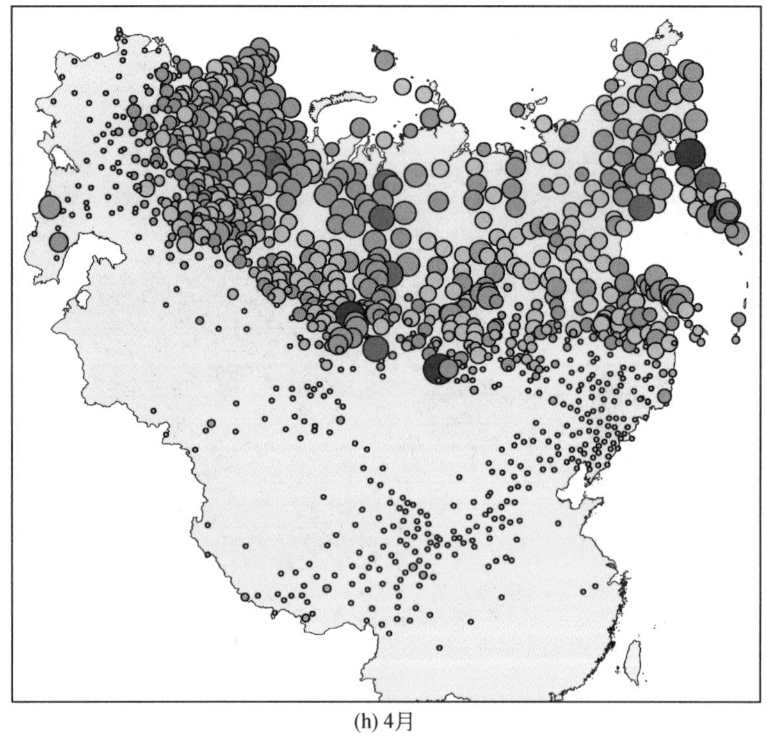

(h) 4月

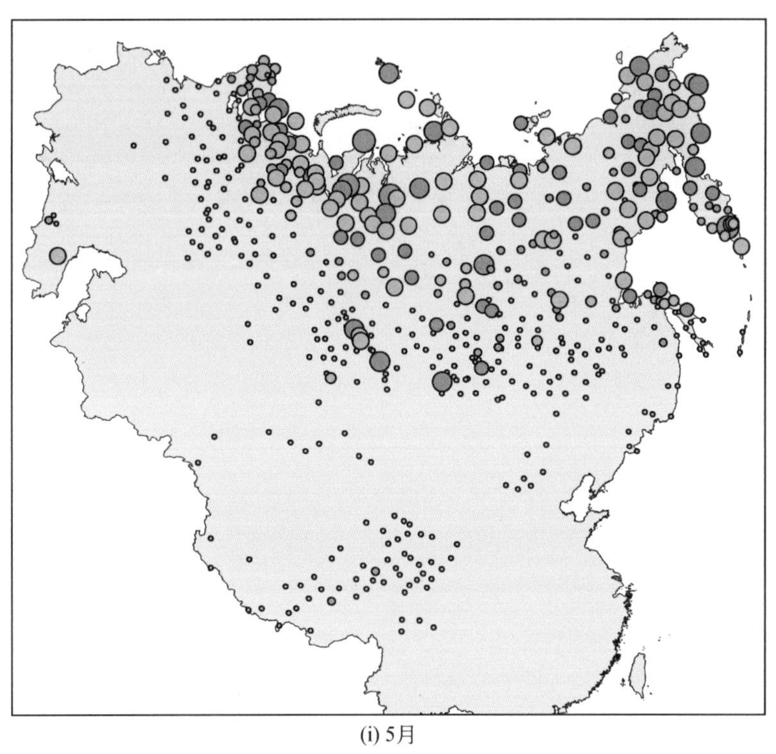

(i) 5月

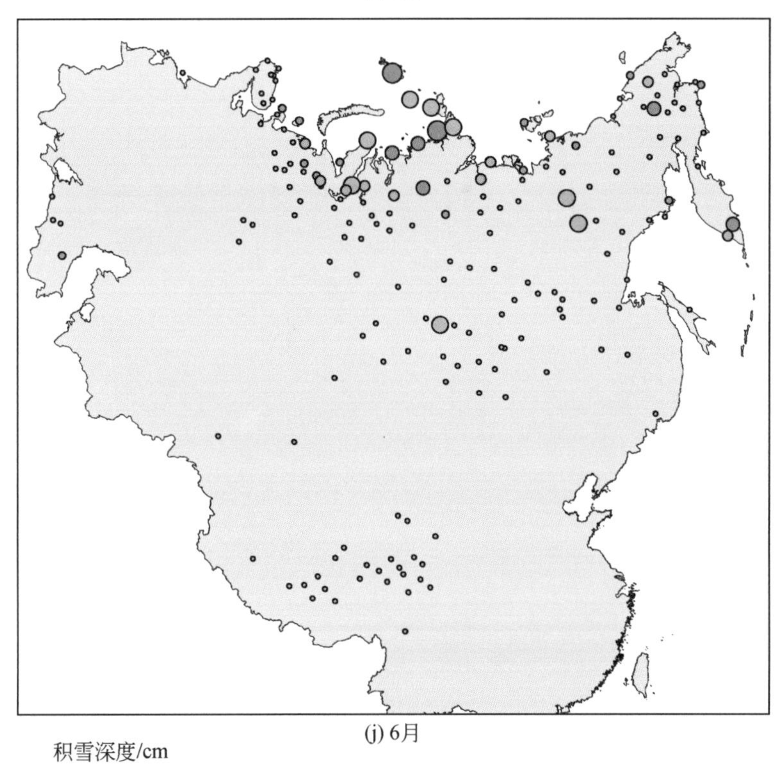

(j) 6月

积雪深度/cm

· <1 · 1~5 · 5~10 · 10~20 · 20~40 · 40~60 · 60~80 · 80~100 · >100

图 8-27 1966 ~ 2012 年欧亚大陆部分地区逐月积雪深度的空间分布

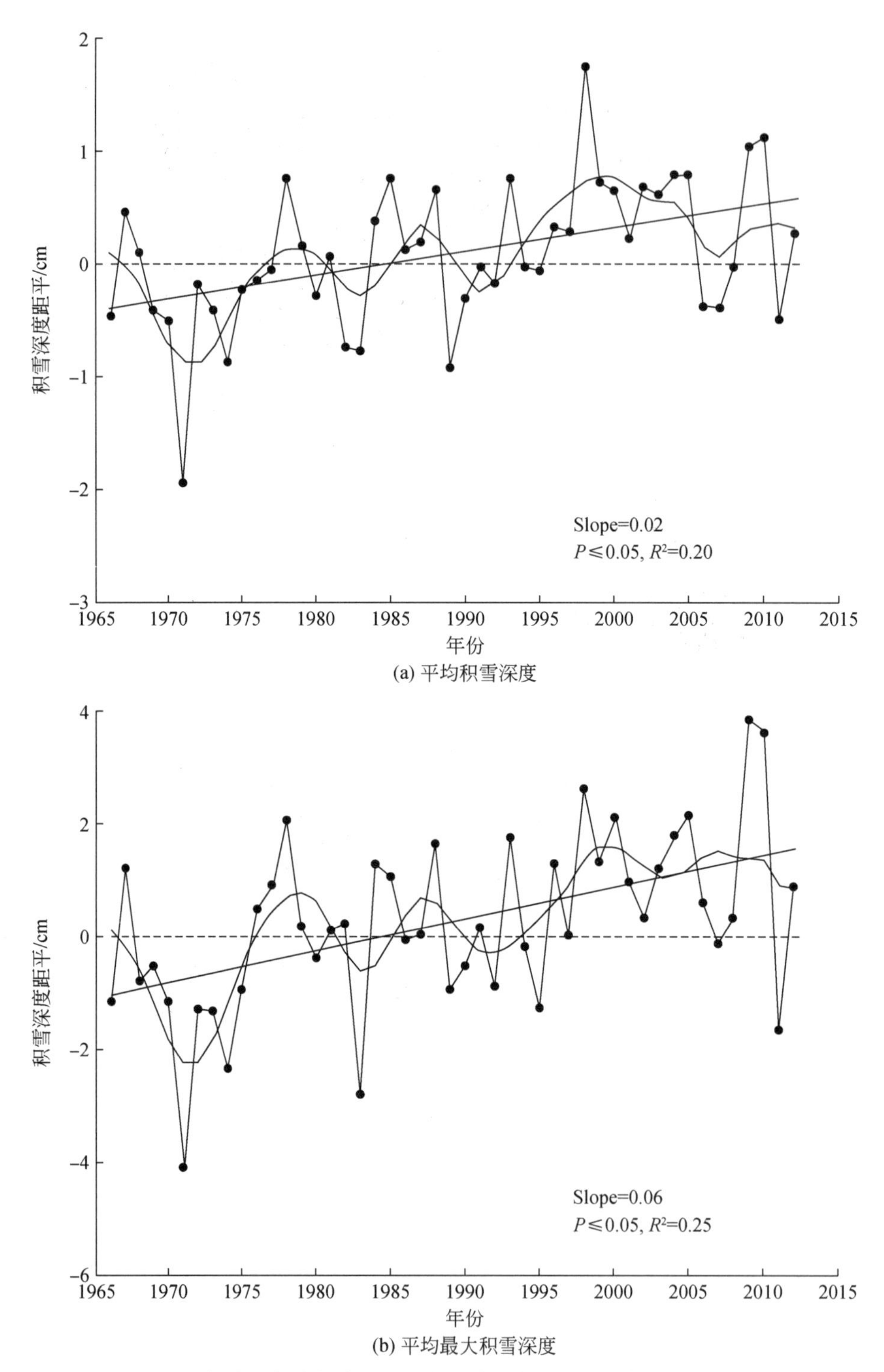

图 8-28 1966～2012 年欧亚大陆部分地区平均积雪深度和平均最大积雪深度的年际变化趋势

对 10 月至次年 5 月逐月积雪深度的年际变化分析结果显示，除 11 月、12 月和 5 月外，其余月份的积雪深度均呈现显著变化（图 8-29）。其中 10 月积雪深度显著减少，每 10 年积雪深度约减少 0. 1cm，在 20 世纪 80 年代初期之前，10 月积雪深度相对较高，高于平均水平；此后，平均积雪深度略有减少，低于平均水平，但减少的幅度并不大。12 月至次年 4 月，积雪深度均呈现增加趋势，其中 2 月和 3 月增加趋势最为明显，每 10 年约增加 0. 6cm。1 月和 2 月的积雪深度在 20 世纪 80 年代中期之前低于平均水平，此后积雪深度有明显增加趋势，高于 30 年平均积雪深度。最大值均出现在 2010 年，最小值出现在 1971 年。3 月平均积雪深度呈增加趋势。90 年代中期之前，积雪深度低于平均水平，随后积雪深度大幅度增加，显著高于平均水平。4 月平均积雪深度年际变化也呈显著上升趋势，上升幅度约为 0. 3cm/10a。其中 20 世纪 60 年代中期至 90 年代初期积雪深度距平变化位于 0 值线以下，此阶段积雪深度低于平均水平，此后积雪深度明显增加，虽然自 21 世纪 00 年代初期之后的平均积雪深度有所减少，但总体仍在平均水平之上。1985 年前，4 月积雪深度变化的波动性较大，基本每 5 年呈现一个增长或减少趋势。

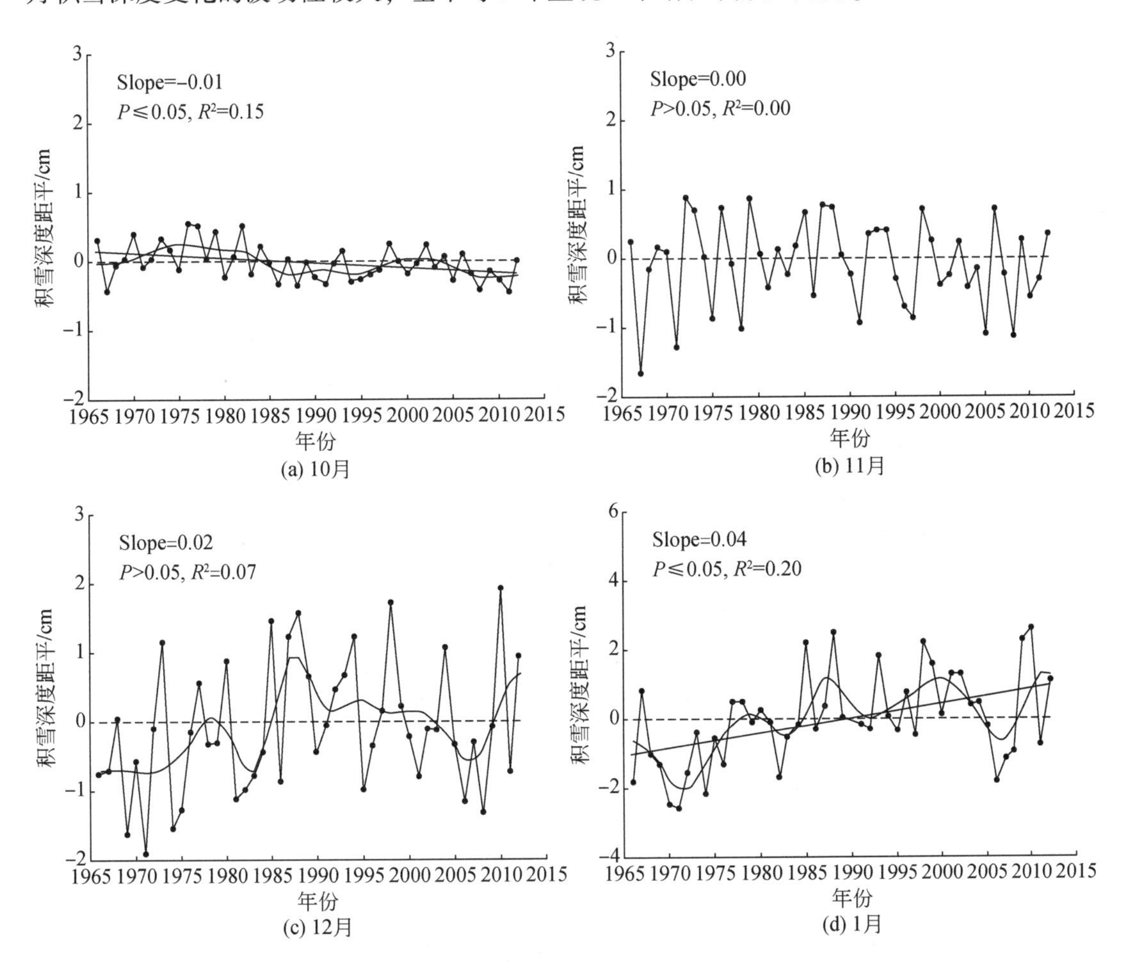

(a) 10月

(b) 11月

(c) 12月

(d) 1月

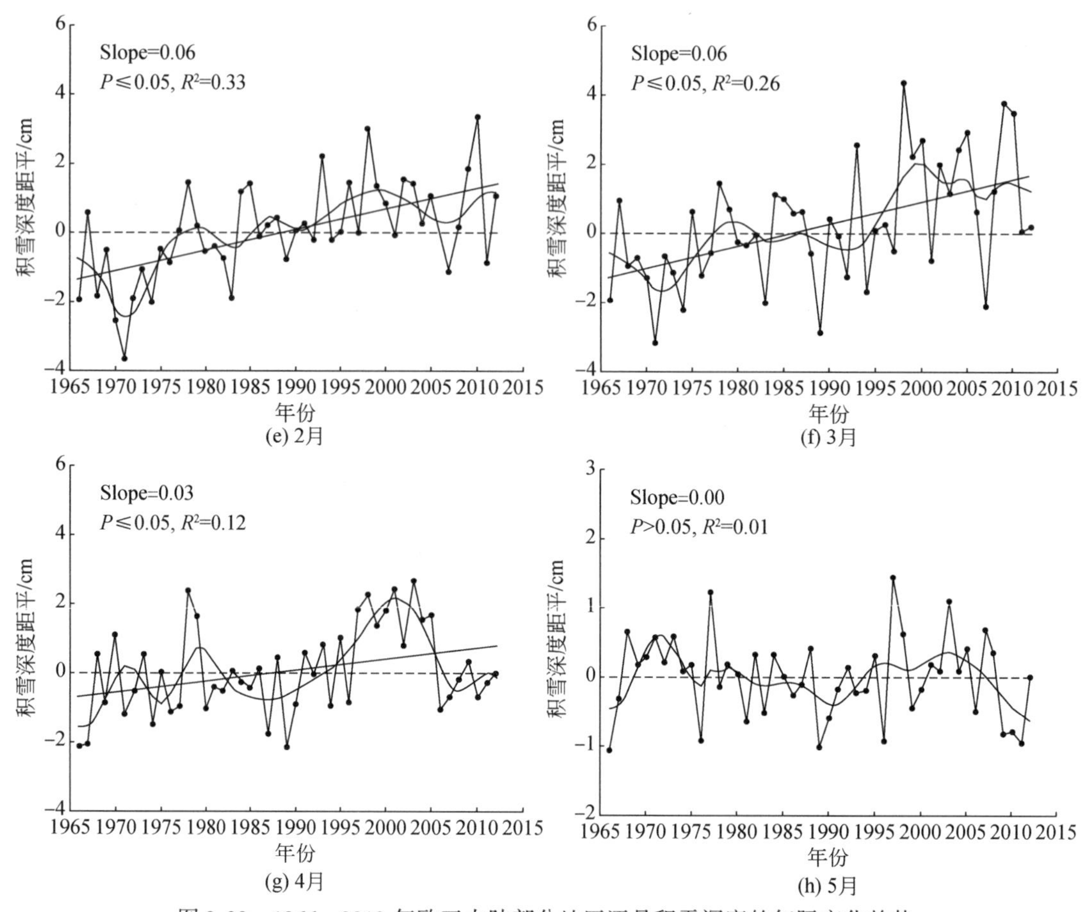

图 8-29 1966～2012 年欧亚大陆部分地区逐月积雪深度的年际变化趋势

平均积雪深度和平均最大积雪深度的空间变化趋势结果表明，在俄罗斯欧洲地区、西伯利亚和俄罗斯远东地区南部、库页岛、中国北疆和东北平原积雪深度呈现明显增加趋势（图 8-30）。而俄罗斯欧洲地区西部、西伯利亚部分地区、俄罗斯远东地区北部、堪察加半岛以及中国天山山脉、内蒙古高原、东北平原一线以南积雪深度均有显著减少。整个研究区平均积雪深度变化最显著的区域主要位于 50°N 以北的大部分地区，这表明在高纬度地区积雪深度的增加率更快。与平均积雪深度相比，平均最大积雪深度变化的趋势更为显著，其变化趋势的空间分布与平均积雪深度基本一致。

10 月大部分地区的积雪深度呈现增加趋势，但 11 月俄罗斯欧洲部分、西西伯利亚平原南部局地积雪深度呈现显著减少趋势（图 8-31）。进入冬季以后，积雪深度的增加趋势主要位于西伯利亚南部大部分地区、俄罗斯北极沿海局地、中国北疆和东北平原大部。积雪深度的减少趋势主要位于俄罗斯欧洲部分、堪察加半岛及中国黄河以南大部分地区。3～4 月欧亚大陆北部地区的积雪深度变化趋势分布基本未发生改变，但中国黄河以南积雪深度有显著变化的地区逐渐缩减，且大多数地区的积雪深度显著减少，5 月仅俄罗斯欧洲部分北部、俄罗斯远东大部分地区积雪深度有显著变化，且大部分呈现显著减少趋势。

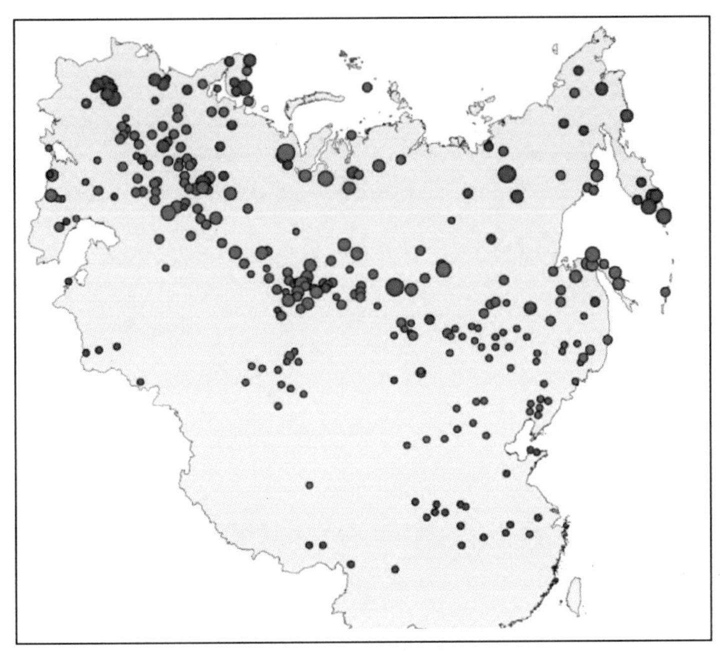

(a) 平均积雪深度

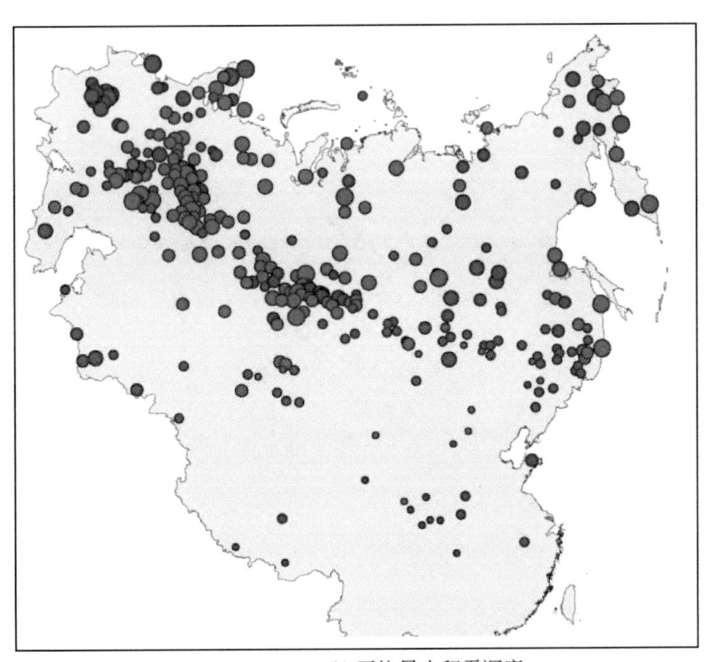

(b) 平均最大积雪深度

积雪深度变化 /(cm/10a)　● −1∼−0.7　● −0.7∼−0.5　● −0.5∼−0.3　● −0.3∼−0.1　● −0.1∼0
● 0∼0.1　● 0.1∼0.3　● 0.3∼0.5　● 0.5∼0.7　● 0.7∼1

图 8-30　1966 ~ 2012 年欧亚大陆部分地区平均积雪深度和最大积雪深度的空间变化趋势

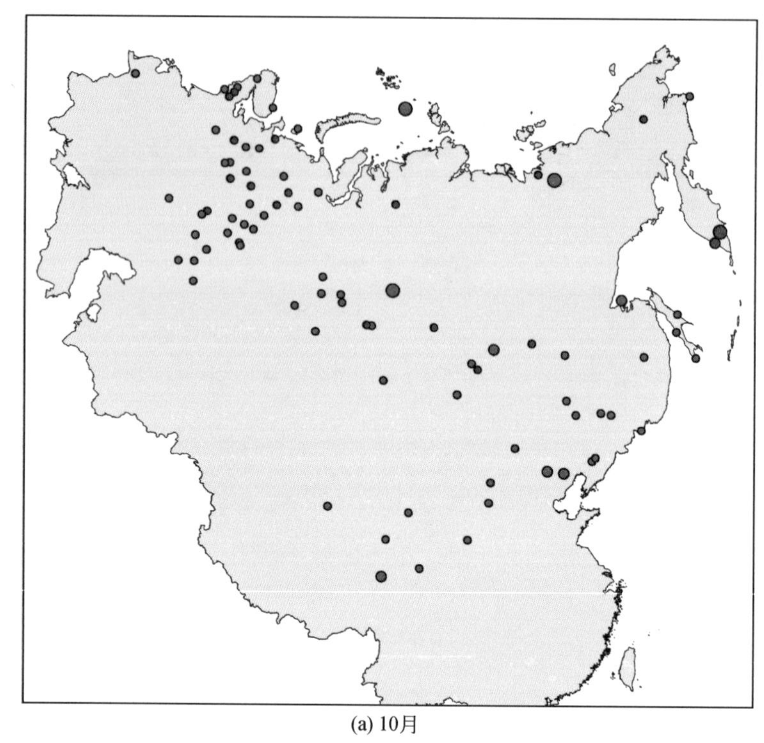

(a) 10月

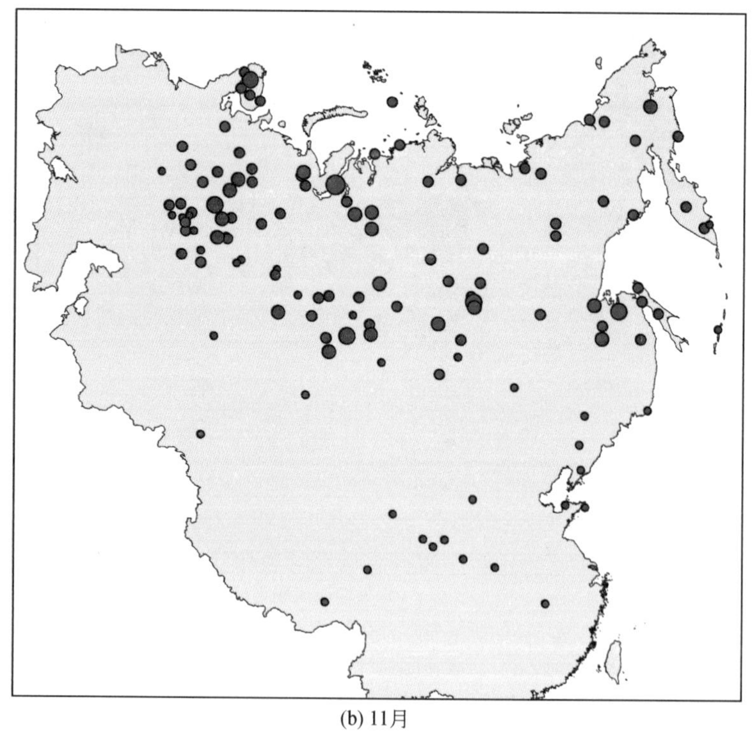

(b) 11月

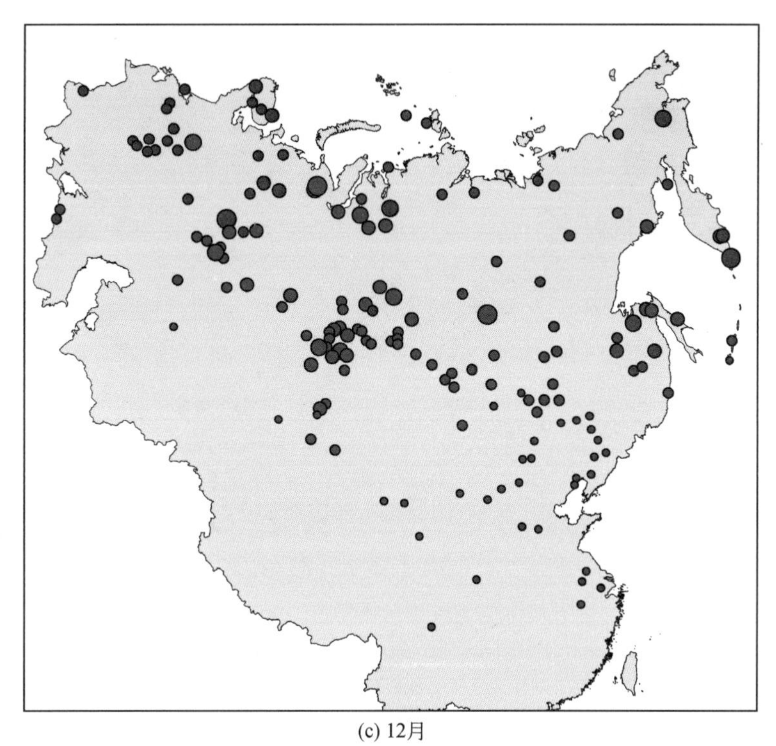

(c) 12月

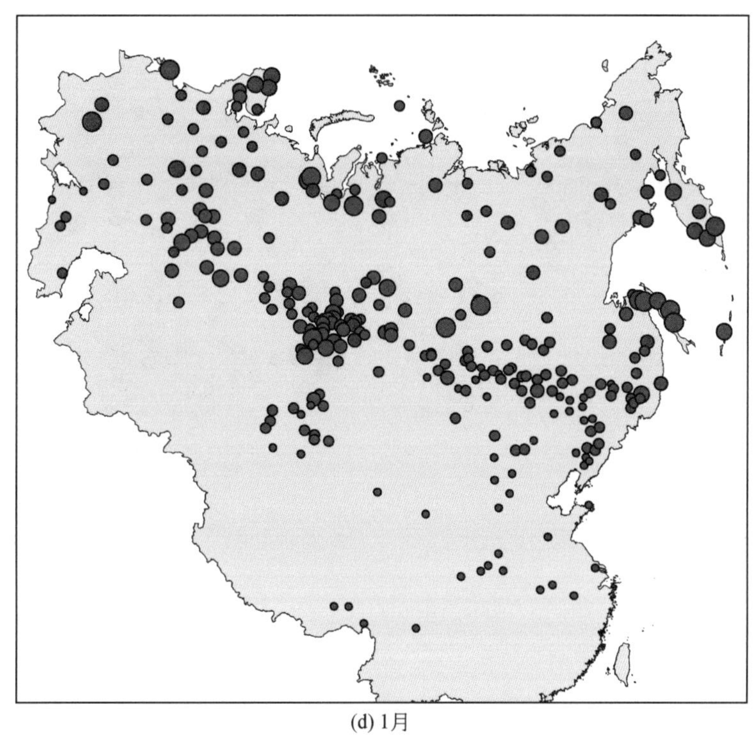

(d) 1月

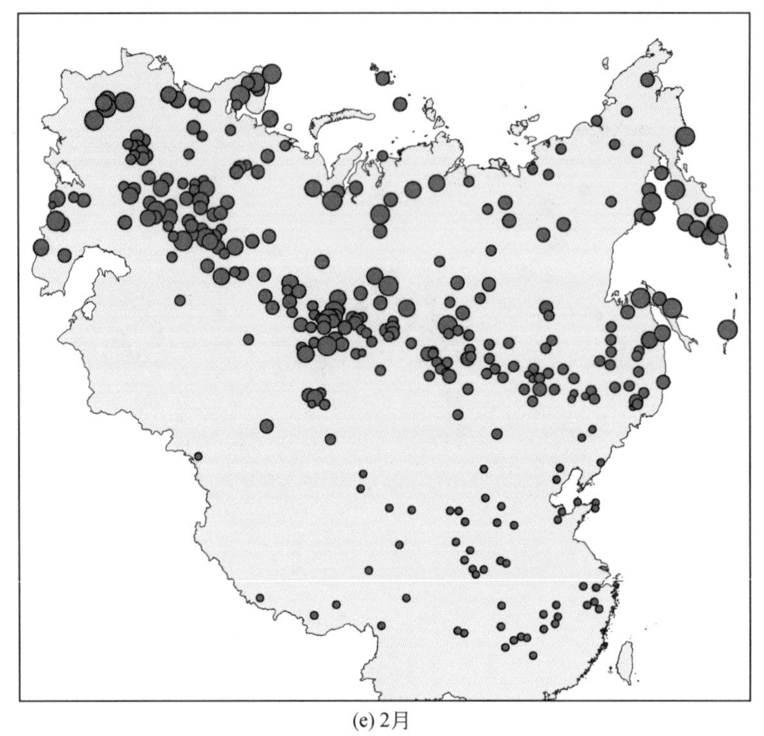

(e) 2月

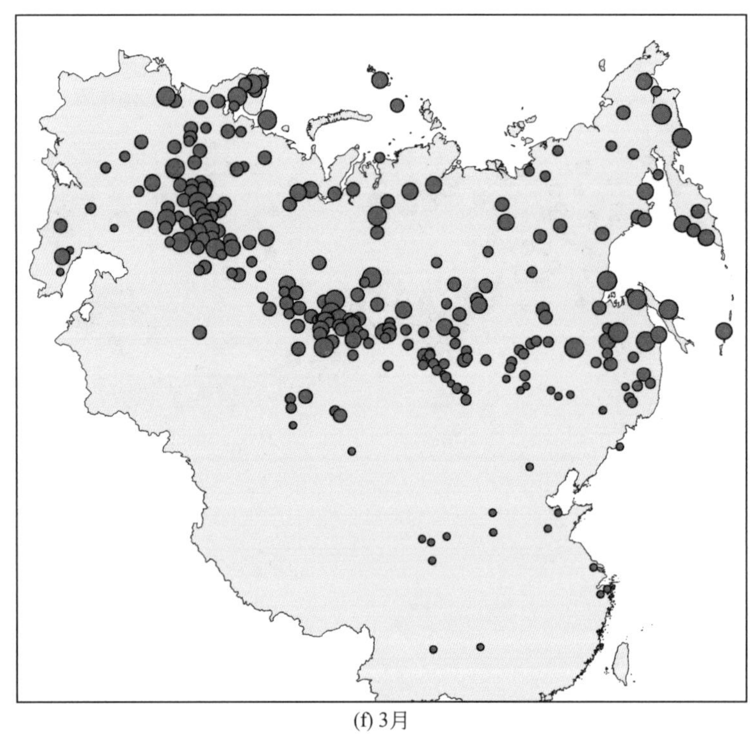

(f) 3月

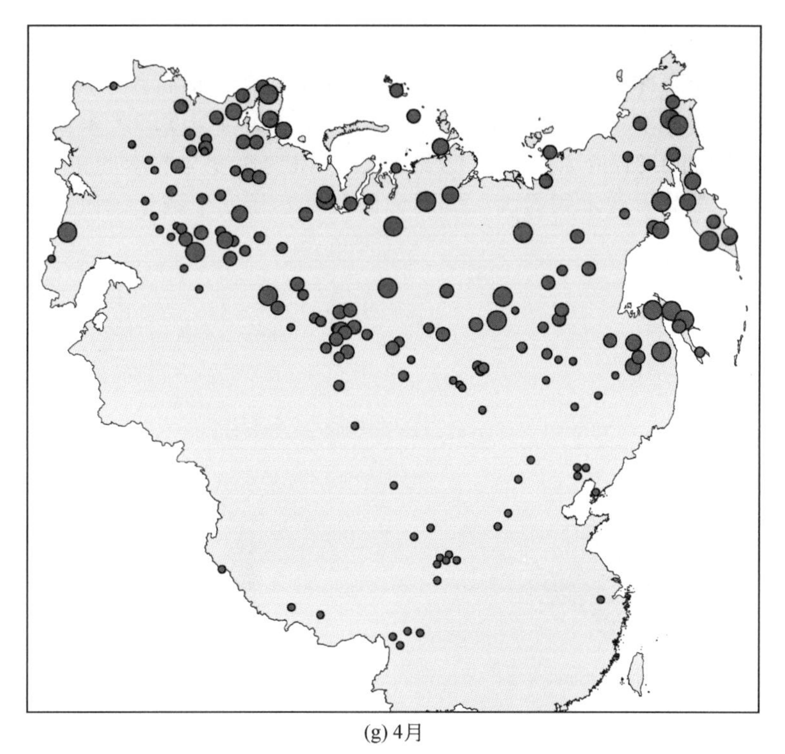

(g) 4月

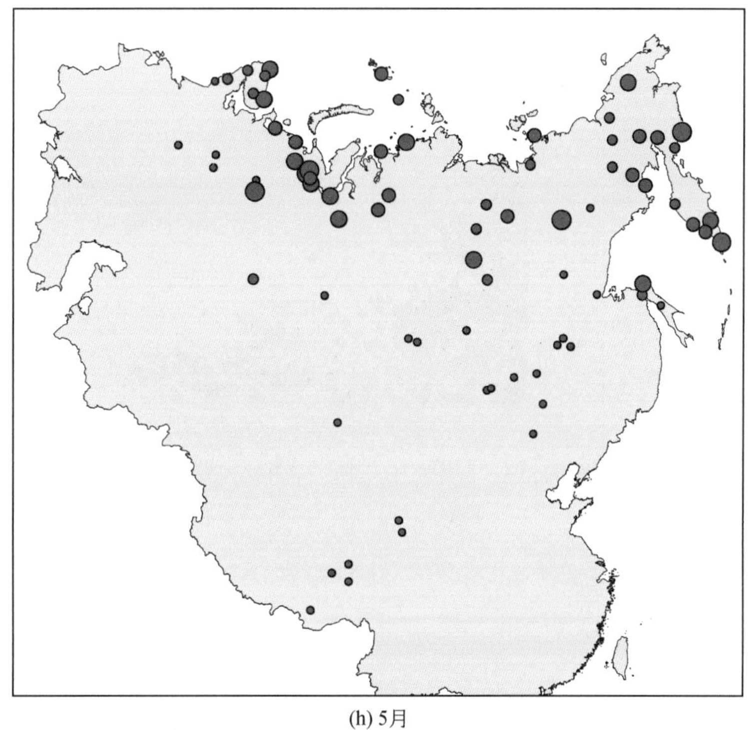

(h) 5月

积雪深度变化 /(cm/10a) ● −1~−0.7 ● −0.7~−0.5 ● −0.5~−0.3 ● −0.3~−0.1 ● −0.1~0 ● 0~0.1 ● 0.1~0.3 ● 0.3~0.5 ● 0.5~0.7 ● 0.7~1

图 8-31 1966 ~ 2012 年欧亚大陆部分地区逐月积雪深度的空间变化趋势

为了进一步探讨积雪深度的空间分布特征，对积雪深度与地形要素的关系进行了比较分析，结果表明，积雪深度与纬度和海拔均有显著相关性，积雪深度随纬度增加而增厚，随海拔升高而减小（图 8-32）。但与海拔相比，积雪深度与纬度的关系更紧密。纬度每升高 1°，积雪深度增加 0.81cm。在 40°N 以北地区，积雪深度与纬度的正相关关系更紧密。这是由于该地区大部分属稳定积雪区，气温偏低积雪不易发生融化，积雪深度会随降雪量的增多累积量更大。

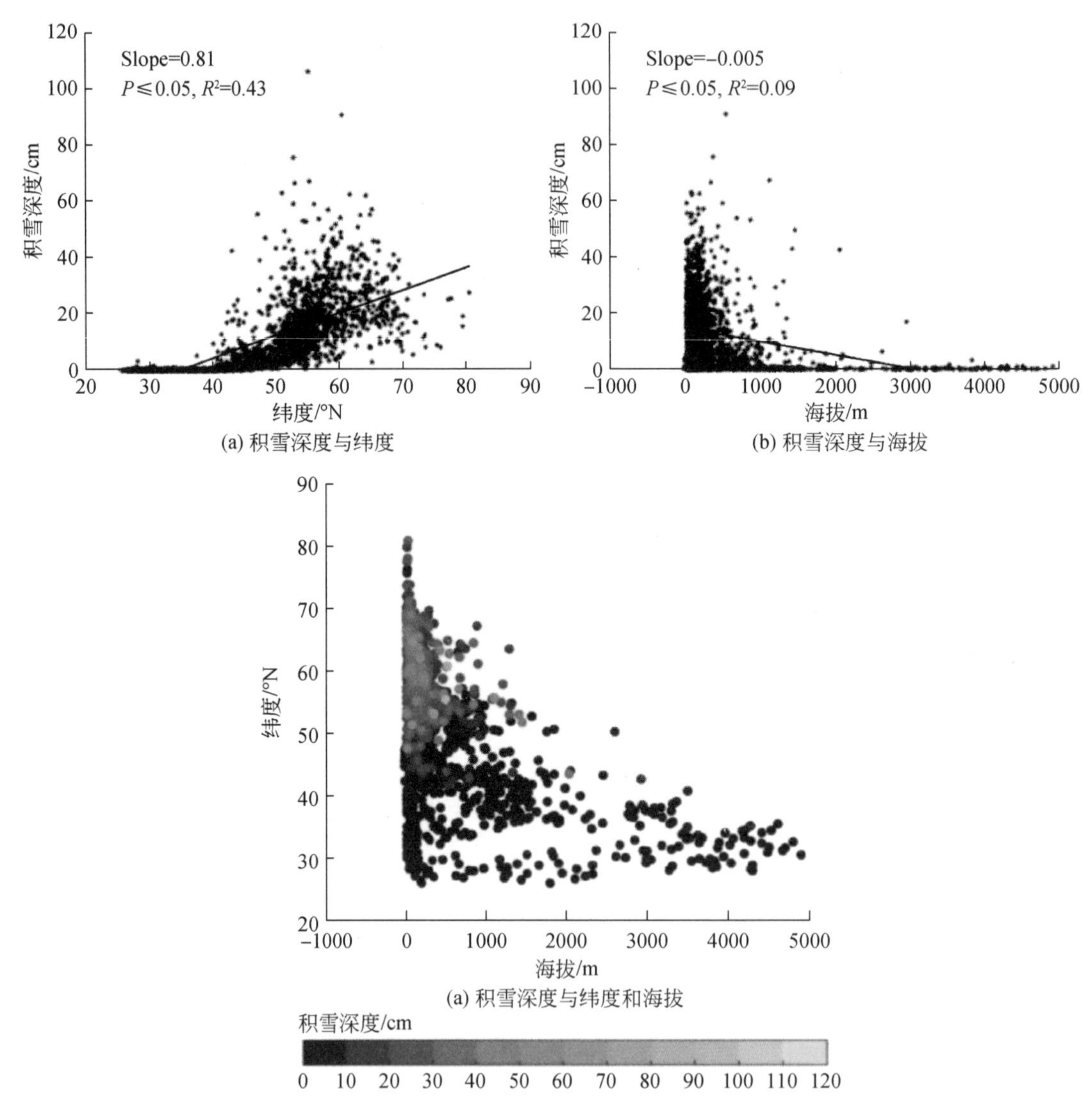

图 8-32　欧亚大陆部分地区积雪深度与纬度和海拔的关系

第 9 章　北半球积雪范围和积雪深度及其变化

本章主要通过多源遥感数据融合的积雪范围数据对北半球 2000 ~ 2015 年的积雪范围及积雪日数进行时空变化分析。同时利用全球长时间序列雪深数据集对北半球 1988 ~ 2014 年的积雪深度和极端积雪深度进行时空分布及变化分析。

9.1　数据及方法

9.1.1　多源数据融合的北半球积雪范围数据

光学遥感积雪产品的空间分辨率普遍较高，相比被动微波遥感积雪产品，能够提供相对准确的积雪范围信息。但数据受云层的极大影响，同时在夜间及极夜状况下无法对地表参数进行观测。与此同时，被动微波遥感积雪产品不受云和天气条件的影响，能在所有天气状况下提供积雪范围信息，但空间分辨率较低。因此，本研究把光学遥感数据（MODIS）和被动微波遥感数据（AMSR-E）结合起来，旨在消除云的影响，提高遥感积雪范围监测精度，获得更准确的积雪范围信息。

9.1.1.1　北半球积雪范围数据的融合方法

融合北半球积雪范围数据的原始数据主要来自于 MODIS 的积雪覆盖范围数据 MOD10A1、MYD10A1、AMSR-E 的雪水当量数据以及 IMS 的积雪范围数据。

利用 ArcGIS10.2 和 ENVI5.1 软件对 MODIS 每日积雪分类产品 MOD10A1、MYD10A1 和 AMSR-E 每日雪水当量产品进行处理，具体步骤如下：①利用 ArcGIS10.2 软件将格式为 HDF 的原始 MOD10A1 和 MYD10A1 图像分别进行拼接与坐标变换处理，将正弦曲线投影转换为地理坐标，椭球体选为 WGS1984，图像文件转换为 GeoTIFF 格式，空间分辨率为 500m。②在 ENVI5.1 中导入格式为 HDF 的 AMSR-E 每日雪水当量产品数据，并将图像保存为 img 格式，定义投影为 EASE-Grid_north，在 ENVI 下将数据格式由 img 转换为 GeoTIFF。然后在 ArcGIS10.2 下将 GeoTIFF 格式的图像投影定义为 EASE-Grid_north。最后采用 AMSR-E 每日雪水当量最大值合成法去除裂隙，将分辨率为 25 000m 的 AMSR-E 每日雪水当量数据在 ArcMap10.2 中进行重采样，重采样方法选择最邻近采样法，网格大小定义为 500m，并将其投影转换为椭球体 WGS1984 的地理坐标。③利用 ArcMap10.2 工具箱中的 Project Raster 投影转换工具，将 IMS 雪冰产品数据的投影转换为椭球体 WGS1984 的地理坐标，并利用最邻近采样法将该产品重采样为 500m。为了消除云对 MODIS 积雪产品的影响，采用以下多源数据合成算法对 MODIS 积雪产品进行去云处理。

（1）MODIS 每日积雪图像合成规则

由于 Terra 和 Aqua 都是太阳同步极地轨道卫星，且过境时间相差 3h 左右，云在这段时间会发生移动进而产生云量变化，根据这一特点，采用最大积雪融合方法，对 MOD10A1 和 MYD10A1 数据进行以下融合处理：

1）如果 MOD10A1 或 MYD10A1 中有任意一个像元类型为雪，则合成产品像素分类为雪。

2）如果 MOD10A1 和 MYD10A1 中有一个像元类型为湖冰，另一个像元类型为陆地、内陆湖、云或湖冰，则合成产品像素分类为湖冰。

3）如果 MOD10A1 和 MYD10A1 中有一个像元类型为内陆湖，另一个像元类型为陆地、云或内陆湖，则合成产品像素分类为内陆湖。

4）如果 MOD10A1 和 MYD10A1 中像元类型均为云或陆地，则合成产品像素分类为云或陆地。

（2）MODIS 前后日积雪图像合成规则

积雪降落后会在地表停留一段时间，根据这一特点，利用前一日和后一日的积雪图像，进一步消除当日合成积雪图像中的部分云像素，算法如下：

1）如果当日积雪影像的像元类型为云，且前一日和后一日的像元类型一致，则该云像素定义为与前一日相同的像元类型。

2）如果当日积雪影像的像元类型为云，且前一日和后一日的像元类型不一致，则该云像素分类不变，仍为云。

（3）MODIS 积雪图像和 AMSR-E 每日雪水当量/IMS 雪冰产品数据合成规则

利用 Aqua 卫星的 AMSR-E 每日雪水当量产品，彻底消除上一步合成的 MODIS 积雪图像中的全部云像素，算法如下：

1）如果 MODIS 云像素相同位置的每日雪水当量大于 0，则该云像素分类为积雪。

2）如果每日雪水当量等于 0，则该云像素分类为陆地。

搭载有 AMSR-E 微波辐射计的对地观测卫星 Aqua 于 2002 年 5 月 4 日发射升空，且该传感器于 2011 年 10 月停止运行，因此本研究用 IMS 雪冰产品代替 2000 年 1 月 1 日 ~2002 年 8 月 31 日和 2011 年 9 月 2 日 ~2015 年 12 月 31 日的 AMSR-E 每日雪水当量产品，进而与 MODIS 积雪图像融合。如果 MODIS 积雪图像中有云像素，则用相同位置的 IMS 雪冰产品的像素类型替代。

9.1.1.2 融合数据的精度验证及评价

Landsat TM 影像相对于 MODIS 数据具有更高的空间分辨率，且验证时采用的 Landsat TM 和 MODIS 都是同一天的，不存在时间上的差别。因此本研究采用 Landsat TM 积雪分类图像作为地面“真值”，根据 Kappa 系数对 MODIS 自定义合成积雪图像进行一致性评价。Kappa 系数是一种常用来测定两幅图像之间吻合度或精度的指标，计算方法如下：

$$K=(P_O-P_C)/(1-P_C) \tag{9-1}$$

式中，K 为 Kappa 系数；P_O 为实际一致率；P_C 为理论一致率，$P_O=s/n$，$P_C=(a_1\times b_1+a_0\times b_0)/(n\times n)$，设图像总像元数为 n，地面实际状况的 Landsat TM 影像中积雪的像元数为 a_1，其余像元数为 a_0；自定义合成图像中的积雪像元数为 b_1，其余像元数为 b_0，两幅图像栅格对应像元值相等的像元数为 s。

根据 Klein 和 Barnett（2003）及 Barnett 等（1989）的研究表明，Kappa 检验可用五组来表示不同级别的一致性，当 0<Kappa≤0. 20 时，认为两幅图像具有极低的一致性；当 0. 20<Kappa≤0. 40 时，认为两幅图像具有一般的一致性；当 0. 40<Kappa≤0. 60 时，认为两幅图像具有中等的一致性；当 0. 60<Kappa≤0. 80 时，认为两幅图像具有高度的一致性；当 0. 80<Kappa≤1 时，认为两幅图像几乎完全一致。

之后采取 Kappa 一致性检验方法，对本研究所获得的 MODIS 逐日无云积雪产品的精度进一步分析，合成产品和 Landsat TM 二值积雪产品两者之间的 Kappa 系数最大的是草原和裸地覆盖类型条件，均达到 0. 675，耕地覆盖类型条件 Kappa 系数为 0. 604，根据 Kappa 分析，两者的吻合度很好，为高度的一致性；其次是灌丛覆盖类型条件，Kappa 系数为 0. 599，吻合度较好，为中等的一致性；而森林覆盖区类型条件较差，Kappa 系数为 0. 406，为中等的一致性。

同时，对比分析了亚洲、欧洲和北美洲 MODIS 逐日无云积雪产品和 Landsat TM 积雪覆盖产品在不同土地覆盖类型下的差异，精度分析见表 9-1。其中，亚洲、欧洲和北美洲的区域 Kappa 平均值分别为 0. 575、0. 592 和 0. 584，均接近高度的一致性。

表 9-1　逐日合成积雪产品精度验证

地区	Landsat TM	土地覆盖类型	积雪覆盖比例（积雪产品）	积雪覆盖比例（Landsat TM）	Kappa	Kappa 平均值
亚洲	S1	灌木	4. 83	5. 70	0. 569	0. 584
	S2	灌木	18. 75	15. 71	0. 553	
	S3	灌木	34. 79	29. 61	0. 630	
	S4	森林	64. 41	25. 75	0. 226	0. 343
	S5	森林	69. 34	47. 11	0. 460	
	S6	农田	91. 69	90. 87	0. 503	0. 503
	S7	草地	21. 49	18. 72	0. 514	0. 644
	S8	草地	6. 08	7. 23	0. 693	
	S9	草地	5. 56	6. 91	0. 726	
	S10	裸地	4. 27	4. 39	0. 598	0. 675
	S11	裸地	2. 06	2. 07	0. 705	
	S12	裸地	12. 31	13. 59	0. 721	
	区域平均值					0. 575

续表

<table>
<tr><th>地区</th><th>Landsat TM</th><th>土地覆盖类型</th><th>积雪覆盖比例（积雪产品）</th><th>积雪覆盖比例（Landsat TM）</th><th>Kappa</th><th>Kappa 平均值</th></tr>
<tr><td rowspan="5">欧洲</td><td>S1</td><td>草地</td><td>44. 46</td><td>41. 21</td><td>0. 688</td><td>0. 688</td></tr>
<tr><td>S2</td><td>农田</td><td>40. 01</td><td>36. 22</td><td>0. 630</td><td rowspan="2">0. 607</td></tr>
<tr><td>S3</td><td>农田</td><td>89. 12</td><td>85. 45</td><td>0. 584</td></tr>
<tr><td>S4</td><td>森林</td><td>53. 16</td><td>35. 24</td><td>0. 482</td><td>0. 482</td></tr>
<tr><td colspan="5">区域平均值</td><td>0. 592</td></tr>
<tr><td rowspan="13">北美洲</td><td>S1</td><td>灌木</td><td>81. 98</td><td>75. 51</td><td>0. 497</td><td rowspan="3">0. 615</td></tr>
<tr><td>S2</td><td>灌木</td><td>15. 15</td><td>13. 63</td><td>0. 812</td></tr>
<tr><td>S3</td><td>灌木</td><td>3. 10</td><td>3. 93</td><td>0. 537</td></tr>
<tr><td>S4</td><td>森林</td><td>41. 84</td><td>36. 29</td><td>0. 230</td><td rowspan="3">0. 394</td></tr>
<tr><td>S5</td><td>森林</td><td>10. 14</td><td>5. 96</td><td>0. 454</td></tr>
<tr><td>S6</td><td>森林</td><td>39. 59</td><td>32. 86</td><td>0. 497</td></tr>
<tr><td>S7</td><td>草地</td><td>18. 67</td><td>19. 49</td><td>0. 725</td><td rowspan="3">0. 692</td></tr>
<tr><td>S8</td><td>草地</td><td>10. 94</td><td>9. 08</td><td>0. 633</td></tr>
<tr><td>S9</td><td>草地</td><td>12. 97</td><td>12. 05</td><td>0. 719</td></tr>
<tr><td>S10</td><td>农田</td><td>45. 42</td><td>31. 28</td><td>0. 698</td><td rowspan="3">0. 636</td></tr>
<tr><td>S11</td><td>农田</td><td>52. 19</td><td>39. 91</td><td>0. 568</td></tr>
<tr><td>S12</td><td>农田</td><td>48. 36</td><td>40. 79</td><td>0. 643</td></tr>
<tr><td colspan="5">区域平均值</td><td>0. 584</td></tr>
<tr><td>欧亚大陆</td><td colspan="5">整体平均值</td><td>0. 582</td></tr>
</table>

9. 1. 2 积雪范围变化趋势分析方法

在积雪范围变化趋势分析中，采用了 Mann-Kendall 法及 Sen's 中值法。下面对两种方法进行详细介绍。

Mann-Kendall 是一种广泛应用于长时间序列数据分析的非参数检验方法（Helsel and Hirsch，1992）。该方法监测单调非线性数据的变化趋势，对数据分布无要求，可以不受少数异常值的干扰。本研究利用 Mann-Kendall 法对北半球年 SCD 在像元上进行趋势和显著性水平分析。对样本数为 n 的序列 $X_i=(X_1, X_2, \cdots, X_n)$，具体检验过程如下：

$$Z=\frac{S}{\sqrt{\mathrm{var}(S)}} \tag{9-2}$$

其中：

$$S=\sum_{i=1}^{n}\sum_{j=i+1}^{n}\mathrm{sgn}(x_j-x_i) \tag{9-3}$$

$$\mathrm{sgn}(x_j-x_i)=\begin{cases}+1, \mathrm{if}(x_j-x_i)>0\\0, \mathrm{if}(x_j-x_i)=0\\-1, \mathrm{if}(x_j-x_i)<0\end{cases} \tag{9-4}$$

$$\mathrm{var}(S)=\frac{n(n-1)(2n+5)-\sum_{i=1}^{m}t_i(t_i-1)(2t_i+5)}{18} \tag{9-5}$$

式中，n 为年份的计数（$n=16$）；m 为序列中结（重复出现的数据组）的个数；t_i 为结的宽度（第 i 组重复数据组中的重复数据个数）。

当 $n\leqslant 10$ 时，直接使用统计量 S 进行双边趋势检验。$S>0$ 表示呈增加趋势；$S=0$ 表示无变化；$S<0$ 表示呈减少趋势。在给定显著性水平 α 下，若 $|S|\geqslant\frac{S_\alpha}{2}$，则认为序列趋势显著，否则认为趋势不显著。

当 $n>10$ 时，统计量 S 趋于标准正态分布，使用检验统计量 Z 进行双边趋势检验。$Z>0$ 表示呈增加趋势；$Z=0$ 表示无变化；$Z<0$ 表示呈减少趋势。在给定显著性水平 α 下，由正态分布表查得临界值$\frac{Z_\alpha}{2}$，若 $|Z|\geqslant\frac{Z_\alpha}{2}$，则认为序列趋势显著，否则认为趋势不显著。

此外，还利用 Sen's 中值法分析了年 SCD 变化的斜率，该方法计算序列长度为 n 的 $n(n-1)/2$对组合的斜率中值，其具体计算公式为

$$\beta=\mathrm{median}\left(\frac{x_i-x_j}{i-j}\right), i>j \tag{9-6}$$

式中，$\beta>0$ 表示趋势上升；$\beta<0$ 表示趋势下降。

9.1.3 全球长时间序列积雪深度数据集

全球长时间序列积雪深度数据集提供了 1987 年 9 月 1 日～2014 年 8 月 31 日全球范围的逐日积雪深度分布数据，数据的空间分辨率为 25km。用于反演积雪深度的亮温数据来自 NSIDC 的 SSM/I（1987～2007 年）和 SSMI/S（2008～2014 年）。由于不同传感器之间存在系统偏差，数据集制作过程中首先对两传感器的亮度温度进行了交叉订正（Dai et al., 2015）。雪深反演算法引入了积雪特性的先验信息及森林覆盖率（Che et al.，2016）。数据的详细制作方法及过程在第 4 章已进行了介绍。

需要说明的是，在本章积雪深度的分析中，完整的积雪年定义为前一年的 9 月 1 日至当年的 8 月 31 日（如 1988 年定义为 1987 年 9 月 1 日～1988 年 8 月 31 日）。相应的，季节划分为秋季（9 月、10 月和 11 月），冬季（12 月、1 月和 2 月），春季（3 月、4 月和 5 月），夏季（6 月、7 月和 8 月）。此外，区域平均值均是面积加权之后的结果。

9.1.4 极端积雪深度的研究背景及方法

极端天气事件和极端气候事件统称为极端天气气候事件，简称极端事件。极端天气事

件或气候事件的发生变量值高于或低于阈值，范围在变量的观测值两端，严重偏离其平均态，在统计意义上属于不易发生的事件（Murray and Ebi，2012）。虽然极端事件并不一定会产生极端影响，但通常会给生产生活带来损失与灾害，如雪崩、洪水、交通阻断等。同时，极端事件的研究对灾害性极端事件的预报和预警也有极其重要的意义。

极端事件往往存在三个共同点：一是与天气气候条件关系密切；二是发生概率小；三是能够采用某些定量指标予以判定。因此，极端阈值的确定无疑是研究极端事件的关键，当某天气气候记录或变量超过阈值时，就判定为发生一次极端事件。

按照不同的阈值确定方法，可以把阈值分为“绝对”和“相对”两类。以一个特定值为阈值判定极端事件，这个特定值被称为绝对阈值，通常具有明确的物理意义，易于操作。根据中华人民共和国国家标准《降水量等级》（GB/T 28592—2012），暴雪的阈值是12h 降雪量≥6mm 或 24h 降雪量≥10mm。但由于积雪分布的时空差异性，在进行较大区域的阈值判断时，绝对阈值存在着较大的局限性（秦大河，2015）。

相对阈值则是基于统计概率分析判定得到的阈值，其阈值大小取决于具体的空间范围和时间范围。这无疑是大区域、长时间序列情况下计算阈值的一种更为合理的手段。该方法相比绝对阈值更具有普适性和可比性，且更能反映出在不同地区、不同时段内的极端特征差异。

极值理论是判断相对极端阈值的重要手段。目前，极值理论已经应用于气候模式对气候极值模拟能力的评估、大尺度环流演变对气候极值影响的分析、人类活动或气候极值变化贡献的研究等许多方面。极值理论关注的对象是固定时段内某个变量极值或极端事件的指标值。把这种极值或指标值作为样本构成一个统计数据集合，当样本为固定时间长度内的极值时，各样本的出现概率是固定的；当样本为极端事件的指标值时，则样本之间具有相同的阈值。因此，极值理论既可用于推断不同强度极端事件的发生概率，也可用于判断长时间序列下可能发生极端事件的强度。

极值理论主要包含两类模型：超越阈值方法（peak over threshold，POT）和区组最大（block maximum method，BMM）模型。其中，POT 模型把所有达到或超过某一固定较大阈值的观测作为分析样本，进行极值分布拟合与分析，该模型被广泛应用于金融领域，用于风险评估等。而 BMM 模型把区间最大的观测数据作为分析样本，进行极值分布拟合与分析，因此更适合于具有明显季节性差异的数据，如气象数据的极值问题（Vol，2012）。BMM 模型在选定合适的区间，并求得区间最大值后，需要进一步对数据进行极值分布拟合。极值定理保证了组内最大值的极限为 Gumbel、Frechet 或 Weibull 分布。或者可以用它们更一般的形式——广义极值（generalized extreme value）分布进行分析拟合。广义极值分布有三个参数，分别为形状参数、位置参数和尺度参数。形状参数若大于 0，则该数据的尾部像幂分布一样衰减，这种分布被称为厚尾分布，也称为 Frechet 分布。形状参数若小于 0，则对应为 Weibull 分布。形状参数若等于零，则它的尾部像指数分布一样衰减，称为 Gumbel 分布（Reiss and Thomas，2007）。在积雪的极端事件求取中，Gumbel 分布具有更好的适用性，其极值分布的经验概率密度分布函数为

$$y=f(x\,|\,\mu,\sigma)=\sigma^{-1}\exp[\,(x-\mu)/\sigma\,]\exp(-\exp[\,(x-\mu)/\sigma\,] \tag{9-7}$$

式中，μ 为位置参数；σ 为尺度参数；x 为区间最大积雪深度；y 为区间最大积雪深度 x 的

概率密度分布函数。

求得位置参数μ和尺度参数σ之后，便可通过参数估计得到区间最大积雪深度x的概率分布函数$f(x)$。其中，参数估计的常用方法有极大似然法、矩法（陈子燊等，2010）、概率权值矩法、线性矩法、最小二乘法和间隔最大积法等。其中，极大似然法是使用最为广泛、结果准确性较高的方法。因此，本研究选用了极大似然法作为参数估计的方法，并求得最大积雪深度的概率分布函数。将式（9-7）转化为对应的累积概率密度函数$F(x)$，通过其反函数，即可求得不同累积概率密度下的积雪深度阈值。

在研究中，若定义X为时间序列的变量x的集合，若X中大于x的事件平均在T年内出现1次时，则把这个T叫作X的特定值x的重现期，而平均在T年内出现1次的这个特定值x叫作重现期值。如果令$F(x)$为X的累积概率密度函数，x代表X的年最大值，则根据概率分布，最大值的再现期T存在以下函数关系：

$$T=1/(1-F(x)) \tag{9-8}$$

也就是说，当x为逐月最大雪深，$F(x)$是其对应的累积概率密度函数时，$F(x)=95\%$是回归周期T为20年的极端积雪事件，若x大于该阈值，则判定为回归周期T为20年的极端积雪。

在研究中，为了获得较高时间分辨率的结果，将模型区间选定为日尺度。具体来说，首先采用各月份逐日积雪深度数据，通过最小二乘法拟合式（9-7）中的各参数，确定各像元各月积雪深度的概率分布函数，然后转化为相应的累积概率密度函数。选定95%概率作为极端阈值，并统计该阈值情况下空间分布和时间变化。当极端事件的影响范围和持续时间达到一定程度时，可能会对当地的生态环境、社会功能等造成一定的危害与损失。因此，还对极端积雪阈值的空间分布及极端积雪的持续时间进行了统计分析。

9.2 2000~2015年北半球积雪范围的变化分析

9.2.1 2000~2015年北半球积雪范围的年际变化

图9-1为北半球2000~2015年逐年最大积雪范围、平均积雪范围和最小积雪范围变化。可以清楚地看出，北半球最大积雪范围在2007年骤然减小，在2008年达到峰值后又波动下降。北半球最小积雪范围变化趋势相对比较平稳。我们尤其关注北半球最小积雪范围的变化，因为这一部分基本上属于格陵兰岛的永久积雪，永久积雪作为冰川的补给区，动态监测北半球永久积雪的范围变化对全球气候及水文变化有着至关重要的作用。从图9-1可知，2000~2015年北半球最大积雪范围和最小积雪范围均表现减少趋势，趋势倾向率分别为-0.058%/a和-0.045%/a。我们统计了每年的平均积雪范围作为当年的积雪范围，得到2000~2015年的积雪资料，进而分析北半球积雪范围年际变化特征。从图9-1可以看出，自2000年以来，北半球积雪范围年际变化呈现明显的波动下降趋势，趋势倾向率达到-0.067%/a。

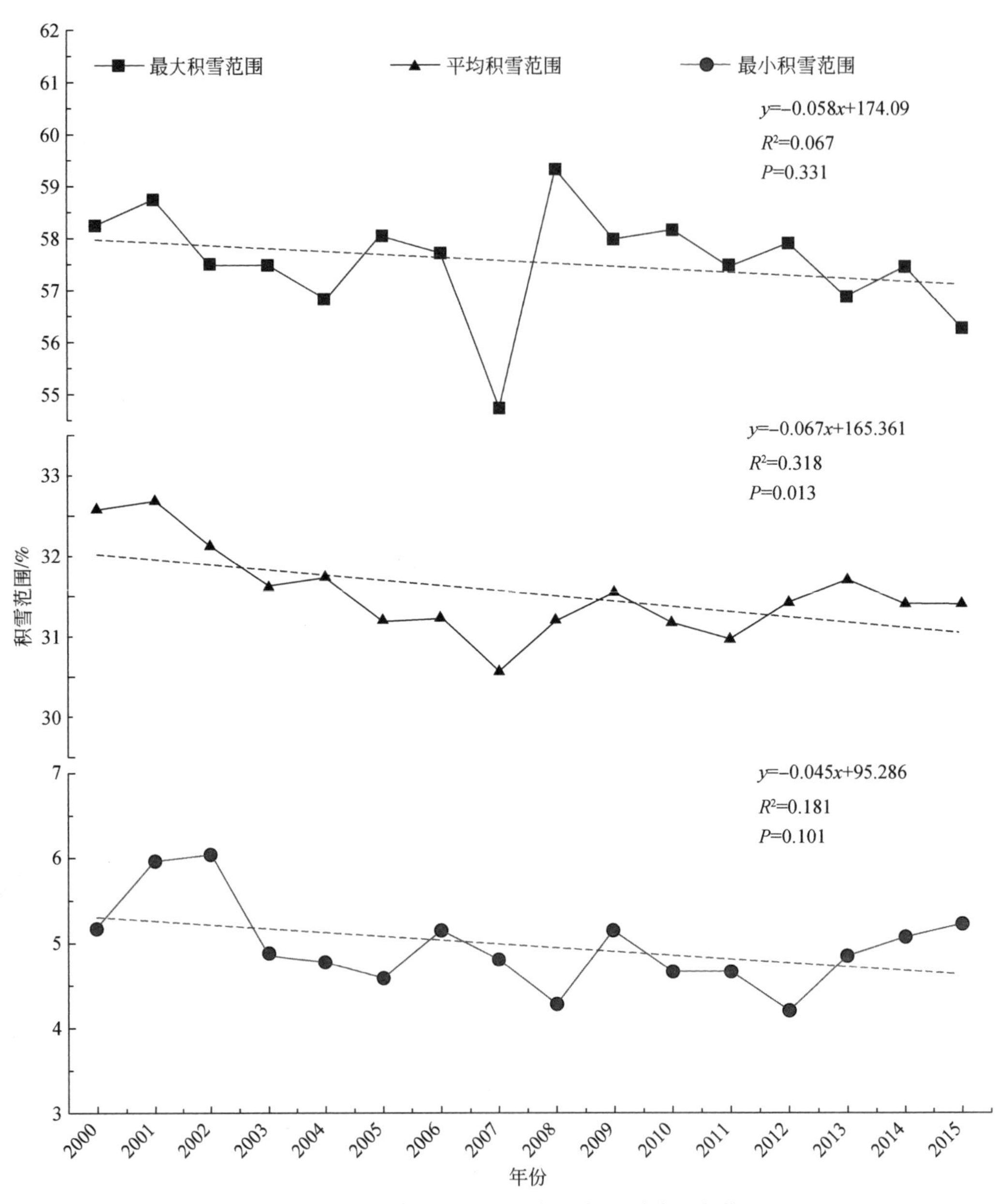

图 9-1 北半球 2000 ~ 2015 年逐年积雪范围变化

9.2.2 2000 ~ 2015 年北半球积雪范围的季节变化

北半球积雪具有明显的季节性变化特征。分别对北半球秋季、冬季、春季和夏季的积雪范围及变化进行统计（图 9-2），结果表明，冬季积雪范围所占比例最大，是全年积雪的主要时期，其次是春季和秋季，而夏季积雪范围所占比例最小。统计结果表明，自 21

世纪初以来，北半球春季、夏季和秋季积雪范围在减少，其中，春季和夏季积雪范围减少幅度较大，趋势倾向率分别为-0.109%/a 和-0.110%/a，秋季积雪范围轻微减少，趋势倾向率仅为-0.036%/a。而在全球气候明显变暖的背景下，北半球冬季积雪范围却并没有表现出明显的变化趋势。

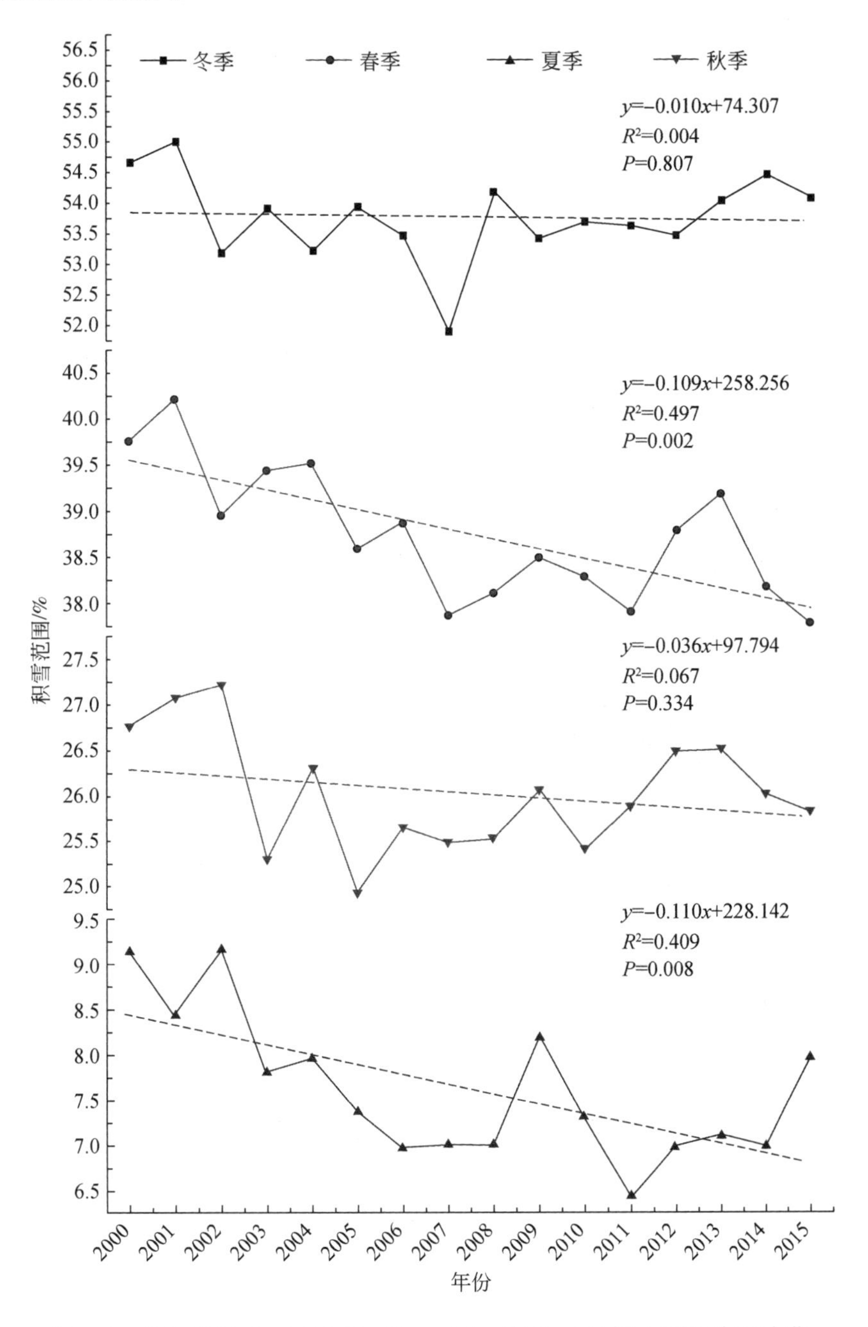

图 9-2　北半球 2000～2015 年冬季、春季、夏季、秋季积雪范围年际变化

9.2.3 2000～2015 年北半球积雪范围的逐月变化

图 9-3 是北半球 2000～2015 年逐月积雪范围变化箱线，由各箱体所在区间可知，7～8 月的积雪范围所占比例最小，约为 5.80%，这部分积雪是北半球冰川和永久积雪的范围之和。积雪从 9 月中旬开始建立，11～12 月积雪范围迅速扩展，至 1 月达到峰值，最大积雪范围约为 55.38%。2 月北半球积雪范围开始减少，4～5 月积雪开始大幅度融化，至 6 月北半球的季节性积雪几乎完全消融。IPCC 第四次报告指出：北半球在一年中 1 月平均积雪范围最大，8 月最小（Lemke et al.，2007），这和本研究得到的结果一致。此外，从图 9-3 中各箱体长短来看，2～6 月的箱体较长，说明这 5 个月的积雪范围在 2000～2015 年波动较大。其中，2～4 月和 6 月都呈现明显的负偏态分布，说明这 4 个月的积雪范围在 2000～2015 年表现为减少的趋势。7～9 月的箱体较短，说明这 3 个月的积雪范围在 2000～2015 年比较稳定。其中，8 月呈现出明显的负偏态分布特征，而 7 月呈现出正偏态分布特征，说明 8 月的积雪范围在 2000～2015 年表现为减少趋势，而 7 月表现为增加趋势。除此之外，1 月和 10 月的积雪范围也表现为增加趋势，而 12 月的积雪范围表现为减少趋势。

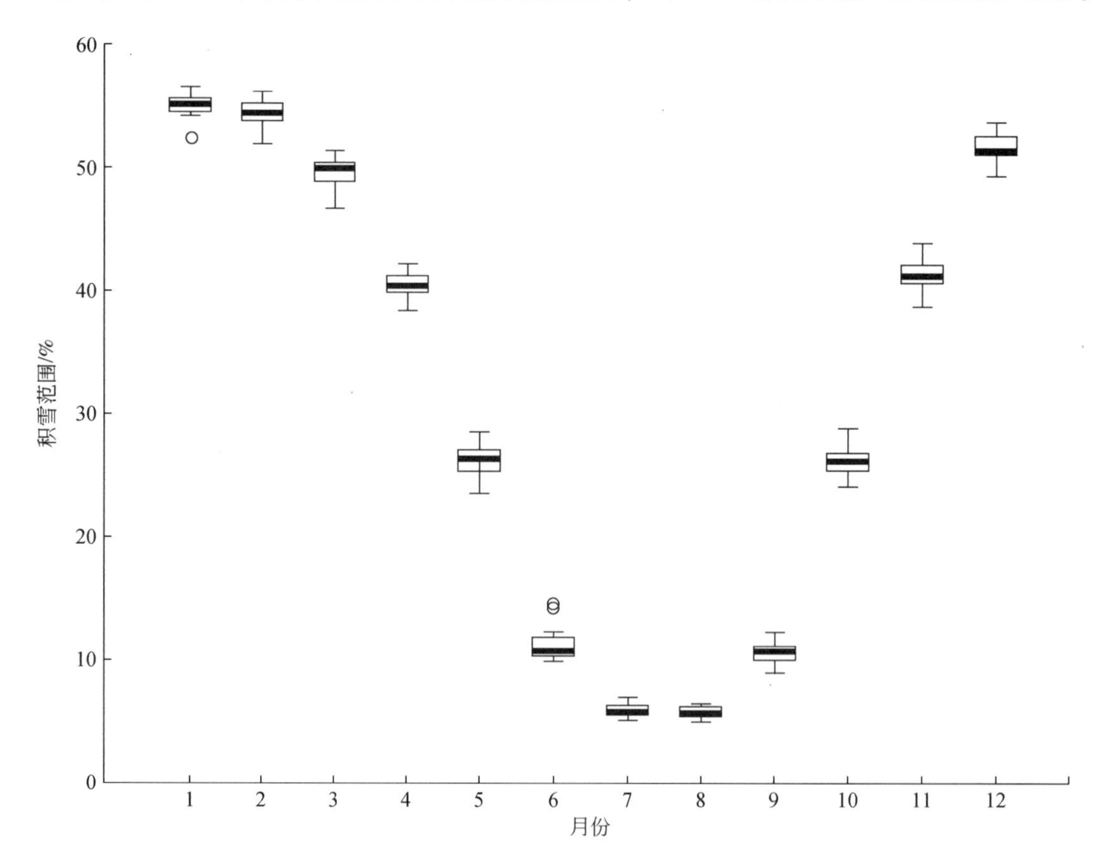

图 9-3 北半球 2000～2015 年逐月积雪范围变化

9.3 2000 ~ 2015 年北半球积雪日数的变化分析

9.3.1 2000 ~ 2015 年北半球积雪日数的时间变化

积雪日数（SCD）是指同一像元在一年中被积雪覆盖的累积天数。从 2000 ~ 2015 年北半球积雪日数所占范围可以看出，SCD≤10d 的地区约占 33%，2000 ~ 2015 年这些地区的范围呈现增加的趋势，由 2000 年的 32.03% 增加到 2015 年的 34.86%；60d<SCD≤120d 的地区没有明显变化；120d<SCD≤180d 的地区呈现增加的趋势；SCD>180d 的地区均呈现减少的趋势，尤其是 SCD>350d 的地区基本上常年被永久积雪或冰川覆盖，这一部分的积雪是全球气候变化的重要指示器，从图 9-4 可以看出，2000 ~ 2015 年该部分积雪范围呈现略微减少的趋势。

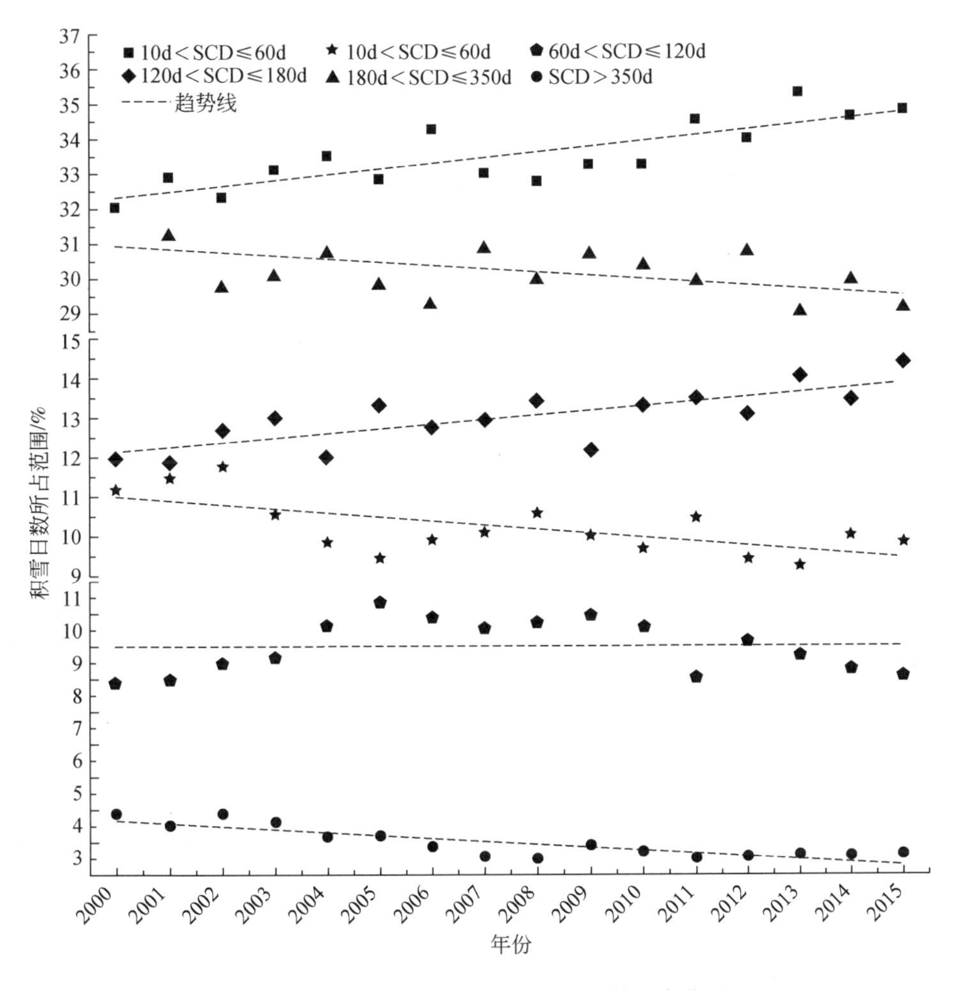

图 9-4 2000 ~ 2015 年北半球积雪日数所占范围

9.3.2　2000～2015 年北半球积雪日数的空间分布

北半球在 2000～2015 年的平均年积雪日数的空间分布状况将从亚洲、欧洲及北美洲分别展开。

从图 9-5 可以看出，SCD≤10d 的瞬时积雪范围约占 26.1%，主要发生在赤道附近，包括东南亚全部地区、中国华南地区和新疆塔里木盆地、南亚大部以及西亚的伊朗东部和阿拉伯半岛地区。不稳定积雪区（10d<SCD≤60d）占 13.82%，主要发生在朝鲜半岛、中国偏北和西部大部分地区、日本南部岛屿以及中亚乌兹别克斯坦周边地区。稳定积雪区（60d<SCD≤350d）所占比例最大，达到 60.06%，主要分布在中国东北—内蒙古、中国新疆北部和青藏高原地区、蒙古国、俄罗斯大部以及哈萨克斯坦北部和土耳其东部地区。而 SCD>350d 的地区仅占 0.02%，主要分布在俄罗斯的北地群岛、中国的新疆天山西部、青藏高原的昆仑山脉和喜马拉雅山脉以及帕米尔高原地区。

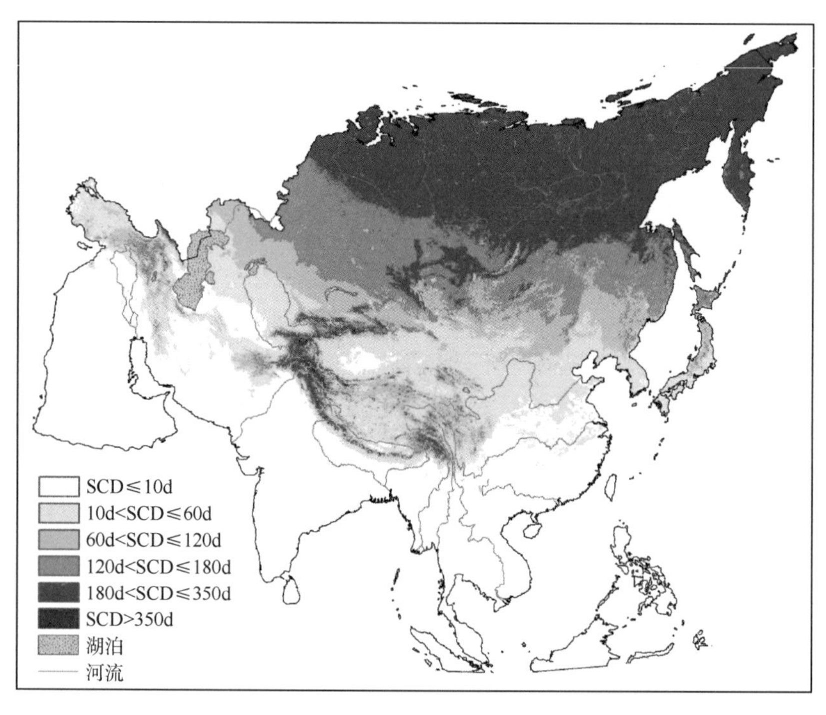

图 9-5　亚洲平均年积雪日数空间分布

在 2000～2015 年，欧洲地区瞬时型积雪区占 7.91%，主要分布在地中海北部岛屿、伊比利亚半岛以及法国西部地区（图 9-6）。不稳定积雪区占 25.85%，主要分布在英国大部分地区、西欧平原、波德平原、亚平宁和巴尔干半岛以及高加索山脉北部地区。同样，稳定积雪区在欧洲所占范围最大，达到 66.18%，广泛分布在欧洲中部以及偏北地区、阿尔卑斯山和高加索山脉地区。而 SCD>350d 的永久积雪区仅分布在俄罗斯的新地岛和挪威的斯瓦尔巴群岛地区。

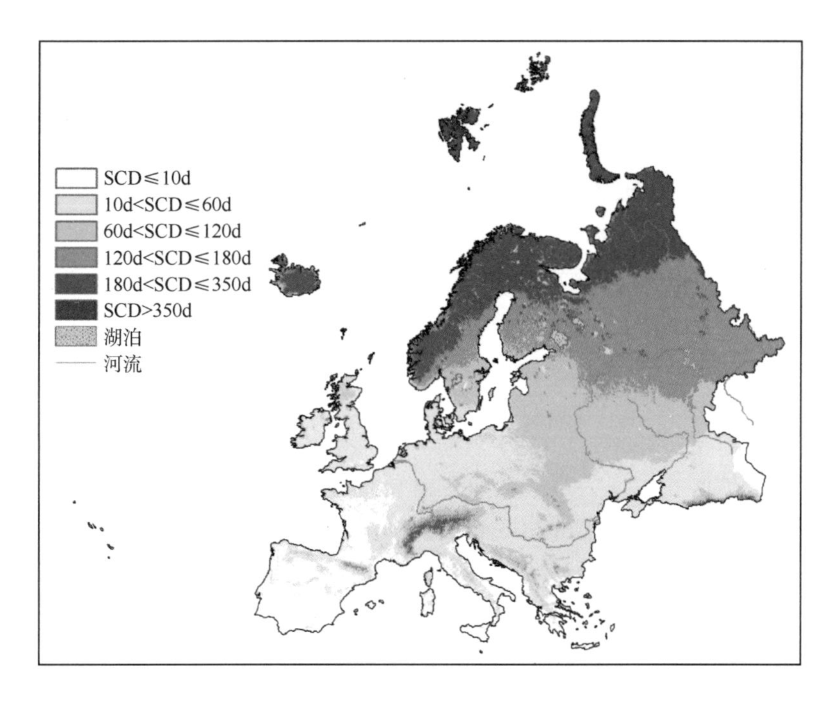

图 9-6　欧洲平均年积雪日数空间分布

从北美洲地区 2000 ~ 2015 年平均年积雪日数空间分布（图 9-7）来看，SCD≤10d 的地区主要有美国南部地区以及纬度更低的地区，占 13.61%。不稳定积雪区仅占 8.58%，

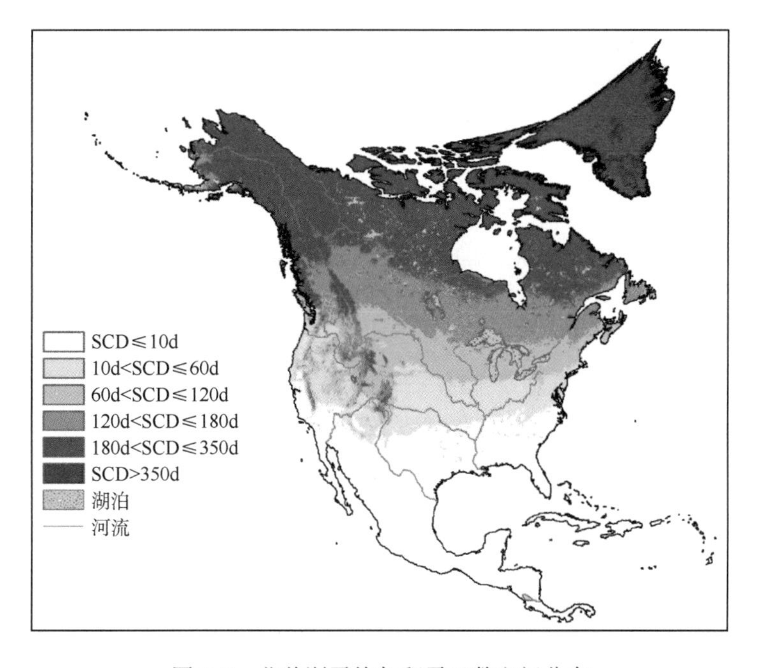

图 9-7　北美洲平均年积雪日数空间分布

分布在美国中纬度地区。而稳定积雪区占65.12%，主要分布在加拿大、美国高纬度及阿拉斯加地区。SCD>350d的永久积雪区分布在格陵兰岛大部分地区，范围达到12.69%，也是北半球永久积雪的主要分布地区。

9.3.3 2000~2015年北半球积雪日数的变化趋势

利用Mann-Kendall法，图9-8~图9-10进一步在像元尺度上分析了2000~2015年北半球各大洲年积雪日数变化趋势及其显著性。同时，为了验证该结果的准确性，还利用Sen's中值法分别计算并得到亚洲、欧洲、北美洲积雪日数的变化斜率，结果如图9-11~图9-13所示。

从图9-8可以看出，2000~2015年来亚洲地区有49.57%的范围积雪日数呈增加趋势（$Z>0$），但大部分地区均表现为略微增加，而显著增加的范围仅为2.49%（$P<0.05$），主要分布在俄罗斯西伯利亚的东南部地区和堪察加半岛、日本岛以及中国的东北、四川盆地和东南地区；虽然积雪日数减少的地区占整个亚洲范围的28.26%（$Z<0$），但显著减少的范围占到17.55%（$P<0.05$），主要分布在俄罗斯的东西伯利亚山地西部、中西伯利亚高原、蒙古高原中西部、中国的阿尔泰山脉、天山山脉、昆仑山脉、祁连山脉、喜马拉雅山脉以及青藏高原东南部地区、帕米尔高原、西亚的小亚细亚半岛、大高加索山脉和扎格罗斯山脉地区。

同时，由Sen's中值法计算得到亚洲积雪日数变化斜率的结果如图9-11所示，亚洲约有23.75%的范围表现为增加的趋势（$\beta>0$），27.70%的范围积雪日数呈现减少的趋势（$\beta<0$）。其中，22.64%的区域积雪日数增加速率小于5d/a，主要分布在俄罗斯西西伯利亚平原和东南地区、中亚大部、中国东北和中部地区，零星分布在中国青藏高原东部和西南地区，增加速率大于5d/a的区域零星分布在日本西部和中国青藏高原地区；26.99%的区域积雪日数减少速率小于5d/a，主要分布在俄罗斯西伯利亚中部大部分地区、小亚细亚半岛、蒙古高原以及中国西部地区，减少速率在5d/a以上的区域主要分布在大高加索山脉、帕米尔高原以及中国的天山山脉、昆仑山脉、祁连山脉、喜马拉雅山脉和青藏高原东南部地区。Sen's中值法的结果与Mann-Kendall法的结果具有较高的一致性，特别是在趋势变化的空间分布上。

结合图9-5、图9-8和图9-11来看，亚洲大部分地区的年积雪日数呈现增加趋势。从空间分布情况来看，表现为增加趋势的地区主要是积雪日数小于60d的瞬时型积雪区，而积雪日数大于180d的稳定积雪区表现为减少趋势，这说明亚洲季节性积雪分布地区的年积雪日数呈现增加趋势；而多年积雪存在的高海拔山区的年积雪日数呈现减少趋势。

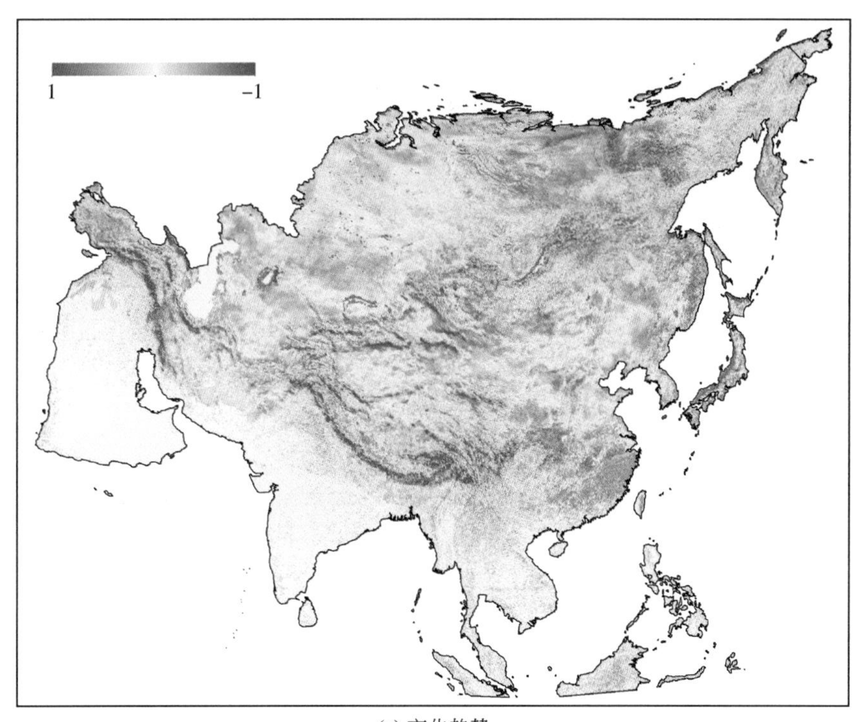

(a) 变化趋势

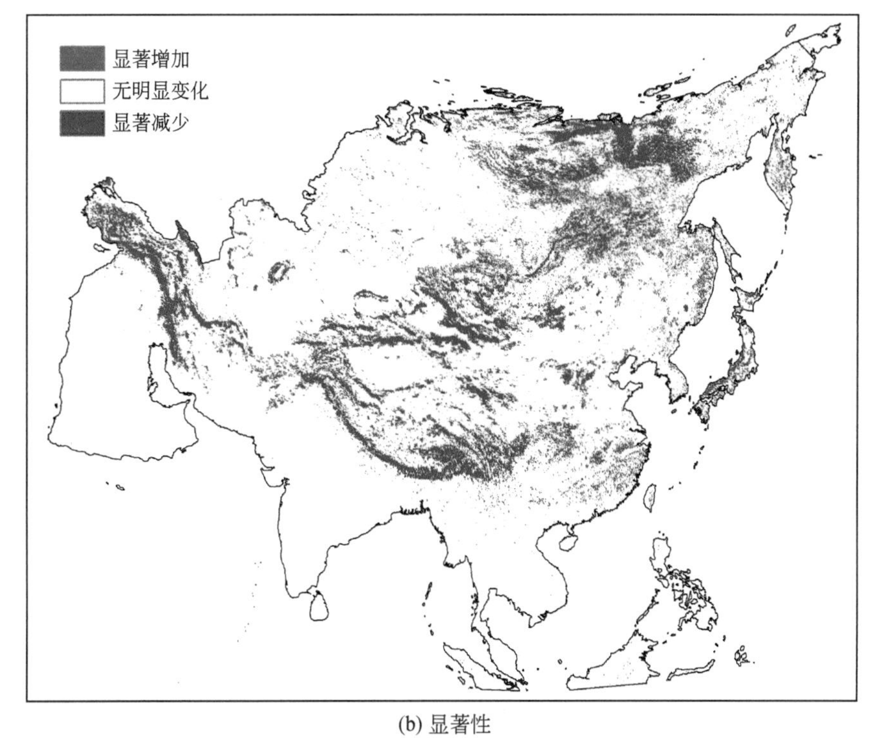

(b) 显著性

图 9-8　基于 Mann-Kendall 法 2000 ~ 2015 年亚洲年积雪日数变化趋势及其显著性

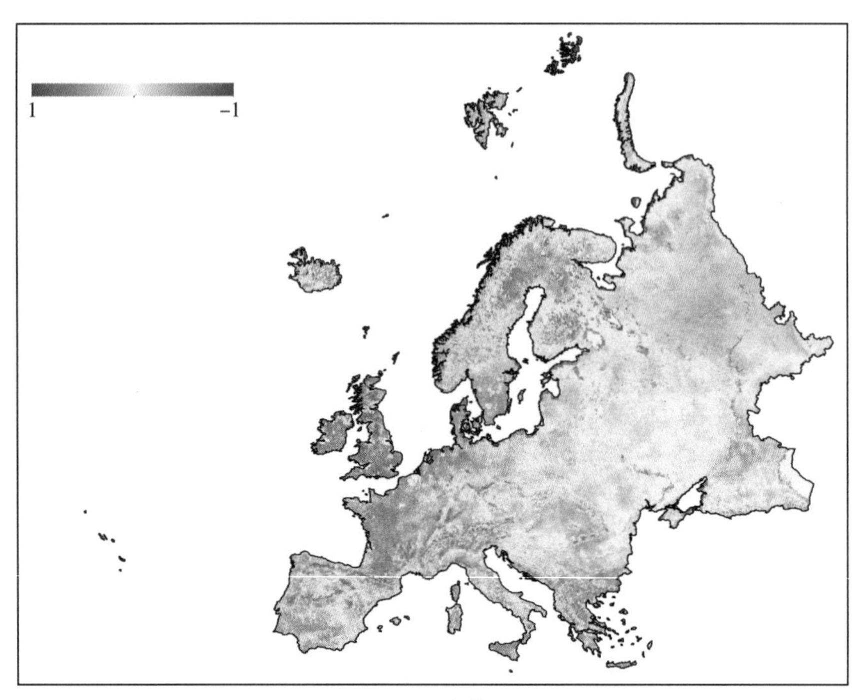

(a) 变化趋势

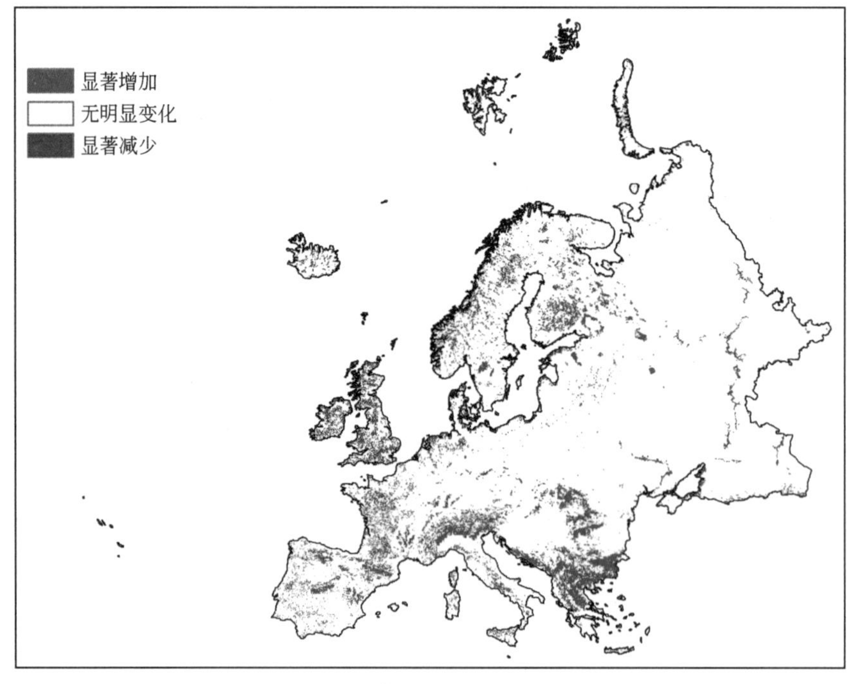

(b) 显著性

图 9-9　基于 Mann-Kendall 法 2000 ~ 2015 年欧洲年积雪日数变化趋势及其显著性

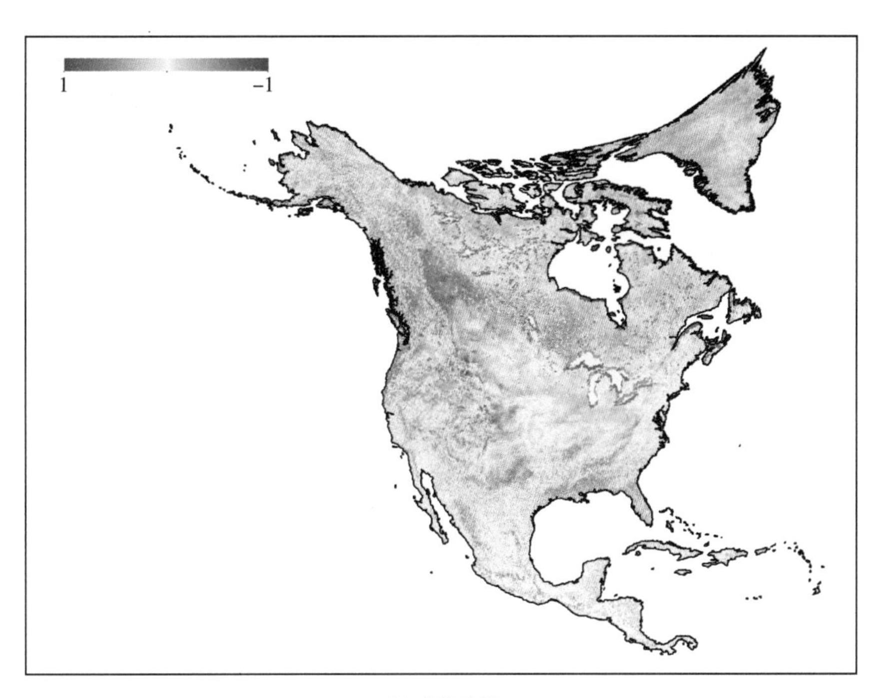

(a) 变化趋势

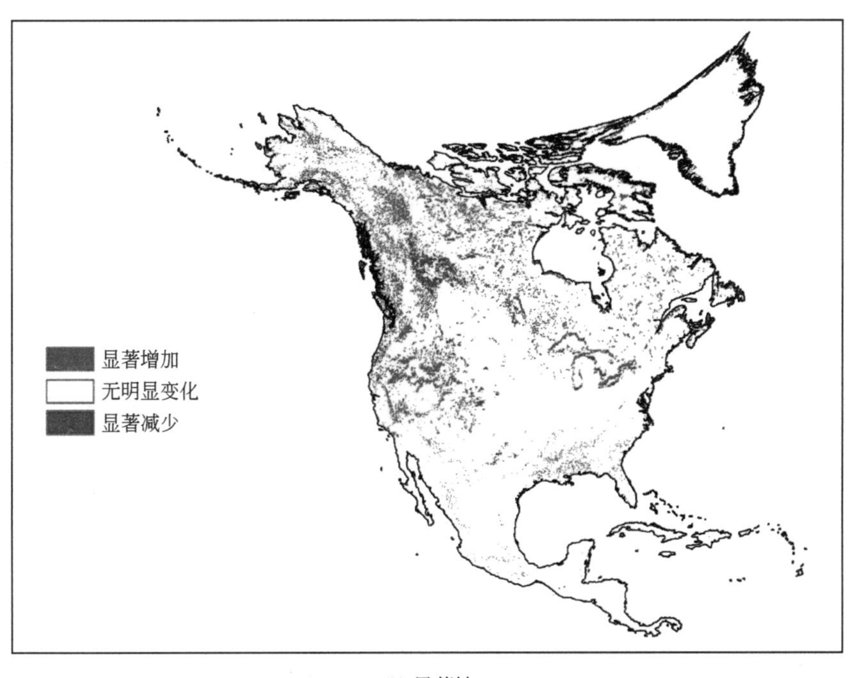

(b) 显著性

图 9-10　基于 Mann-Kendall 法 2000 ~ 2015 年北美洲年积雪日数变化趋势及其显著性

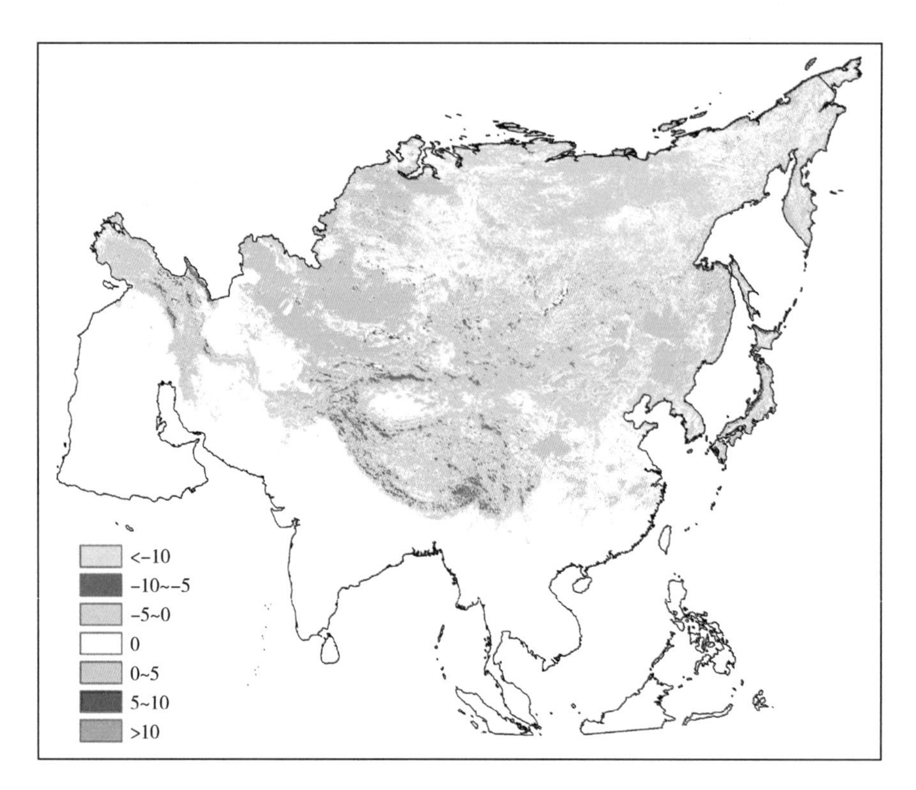

图 9-11　基于 Sen's 中值法的亚洲年积雪日数的变化斜率

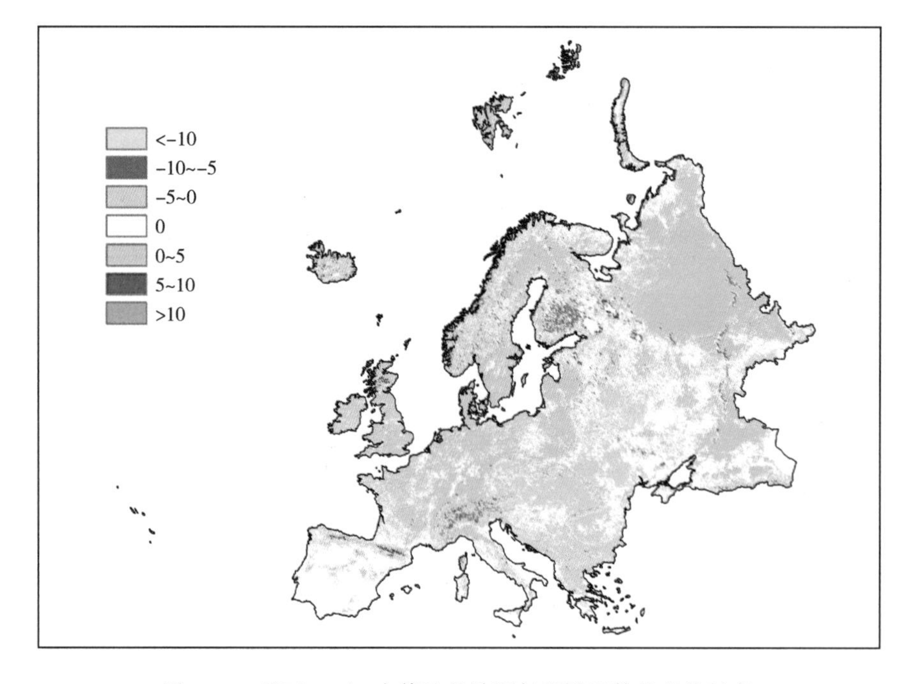

图 9-12　基于 Sen's 中值法的欧洲年积雪日数的变化斜率

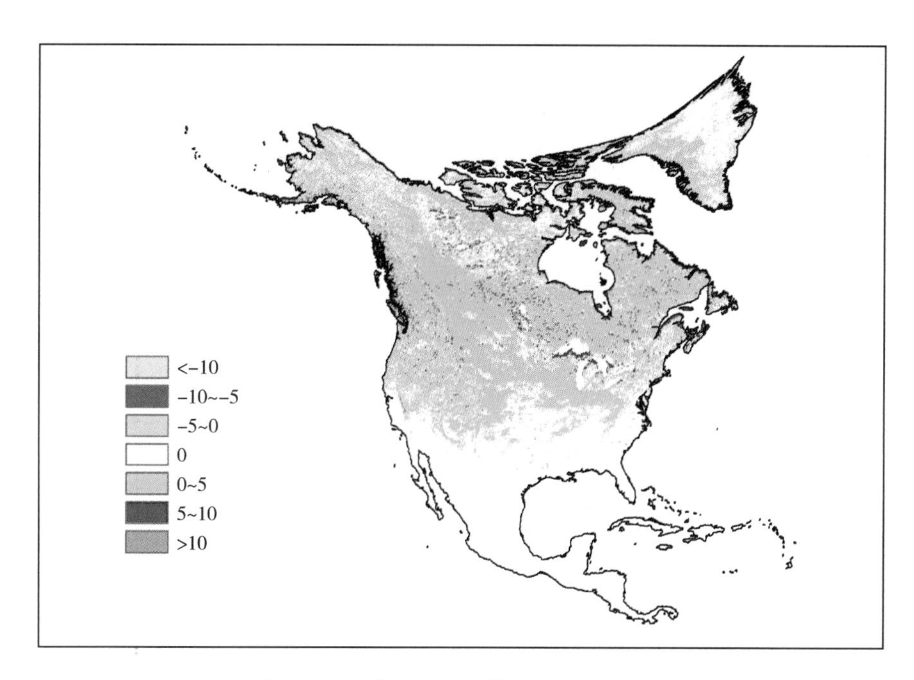

图9-13 基于Sen's中值法的北美洲年积雪日数的变化斜率

2000～2015年欧洲积雪日数增加（$Z>0$）和减少（$Z<0$）的地区范围基本持平，分别为44.42%和42.84%（图9-9）。其中，显著增加的范围为3.24%，主要分布在西欧平原、英国和爱尔兰，这些地区的年积雪日数均在60d以下，而显著减少的范围为5.27%，主要分布在巴尔干半岛南部和积雪日数大于180d的阿尔卑斯山脉地区。由Sen's中值法计算得到的欧洲积雪日数变化斜率如图9-12所示，北欧和西欧大部分地区的年积雪日数增加速率小于5d/a，而减少速率在5d/a以上的地区主要分布在阿尔卑斯山脉和巴尔干半岛。结合图9-6、图9-9和图9-12可以看出，2000～2015年欧洲积雪日数变化趋势有增有减，整体上持平，并未表现出明显的增加或减少趋势。

Mann-Kendall趋势分析结果显示，北美洲在2000～2015年积雪日数增加和减少的地区范围分别为56.44%和29.01%（图9-10）。其中，显著增加的范围为2.75%，主要分布在加拿大萨斯喀彻温地区；显著减少的范围为7.06%，主要分布在北美洲科迪勒拉山系地区，较分散的分布在加拿大中东部地区。同样，图9-13是由Sen's中值法计算得到的北美洲积雪日数变化斜率结果，37.87%的范围积雪日数增加速率小于5d/a，主要分布在加拿大南部和美国本土北部地区；26.99%的范围积雪日数减少速率在5d/a以下，主要分布在北美洲科迪勒拉山系地区和加拿大北部地区，零星分布在加拿大北部岛屿和格陵兰岛；西部山区少数地区积雪日数减少速率在5d/a以上。图9-7、图9-10和图9-13的结果表明，北美洲大部分地区年积雪日数呈增加趋势。从空间分布上看，北美洲年积雪日数随着纬度的增加呈明显的递增趋势，年积雪日数呈显著减少趋势的地区主要为积雪日数大于180d的稳定积雪区，包括加拿大北部、美国西部山区和阿拉斯加地区，格陵兰岛呈略微减少趋势。这说明北美洲季节性积雪分布地区的年积雪日数呈增加趋势；而分布在高纬度地区和高海拔山区的稳定积雪区的年积雪日数呈减少趋势，该研究得到的结果与 IPCC 第四次评估报告中指出的北美洲西部山区变暖导致积雪范围减少这一结论相吻合。

9.4 1988 ~2014 年北半球积雪深度的时空分布及变化

9.4.1 1988 ~2014 年北半球积雪深度的空间分布

1988 ~2014 年北半球陆地平均积雪深度的空间分布如图 9-14 所示。北半球陆地积雪主要分布在中高纬度地区。其中北美洲积雪深度数值较大的区域主要位于加拿大北部的各群岛以及加拿大北部、美国阿拉斯加等纬度较高的地区。同时，加拿大的大部分地区、美国的中西边部、落基山脉等地区都有积雪存在。对于欧亚大陆来说，积雪深度数值最大的区域位于俄罗斯中部的广大地区。我国青藏高原虽然位于北半球的中纬度地区，但其独特的地理及地势条件，使青藏高原的西北边缘、东南部分地区也具有较大的积雪深度数值。除此之外，欧亚大陆的积雪还存在于欧洲北部、俄罗斯的大部分地区以及蒙古国、哈萨克斯坦北部等地区。

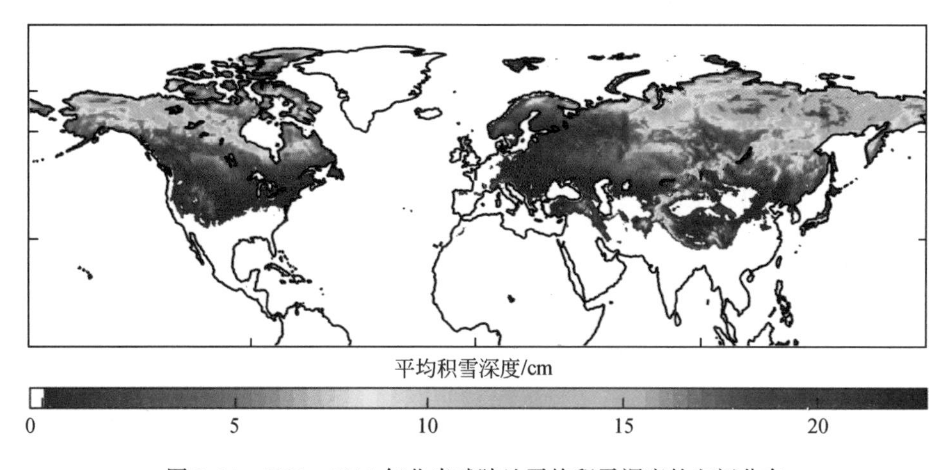

图 9-14 1988 ~2014 年北半球陆地平均积雪深度的空间分布

1988 ~2014 年北半球陆地积雪平均最大积雪深度的空间分布如图 9-15 所示。其空间分布与平均积雪深度有很好的对应关系。积雪深度较大的地区同样集中在北半球的中高纬度地区。具体来说，加拿大北部群岛以及加拿大北部、美国阿拉斯加等纬度较高的地区是北美洲平均最大积雪深度较大的地区。这些地区在 1988 ~2014 年平均最大积雪深度可达 15cm 以上。同时，加拿大的大部分地区、美国的中西部、落基山脉等地区都有积雪存在，这些地区的平均最大积雪深度为 5 ~10cm。对于欧亚大陆来说，积雪深度最大的地区位于俄罗斯中部的广大地区。这些地区的平均最大积雪深度可达 25cm 左右。中国青藏高原的西北边缘、东南部的积雪深度也较大，平均最大积雪深度在 10cm 左右。除此之外，欧亚大陆的积雪还存在于欧洲的中高纬度的大部分地区，其中，挪威、瑞典、芬兰也具有较大的积雪深度，平均最大积雪深度可达 10 ~ 15cm。

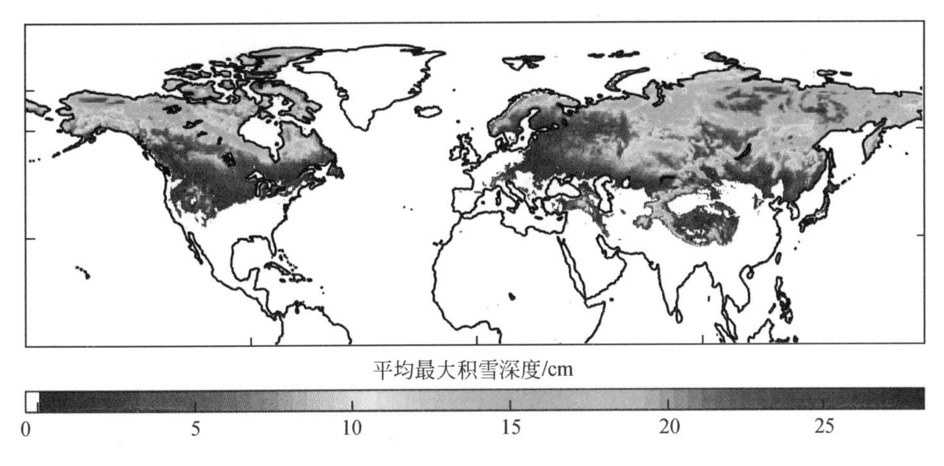

图 9-15　1988 ~ 2014 年北半球陆地平均最大积雪深度的空间分布

9.4.2　1988 ~ 2014 年北半球积雪深度的年内变化

1988 ~ 2014 年北半球陆地逐月平均积雪深度的空间分布如图 9-16 所示。从积雪范围和积雪深度的变化趋势可以将全年大致分为积雪积累期与积雪消融期。其中，9 月至次年 2 月，积雪范围和积雪深度不断扩大；3 ~ 8 月，积雪范围和积雪深度明显减小。

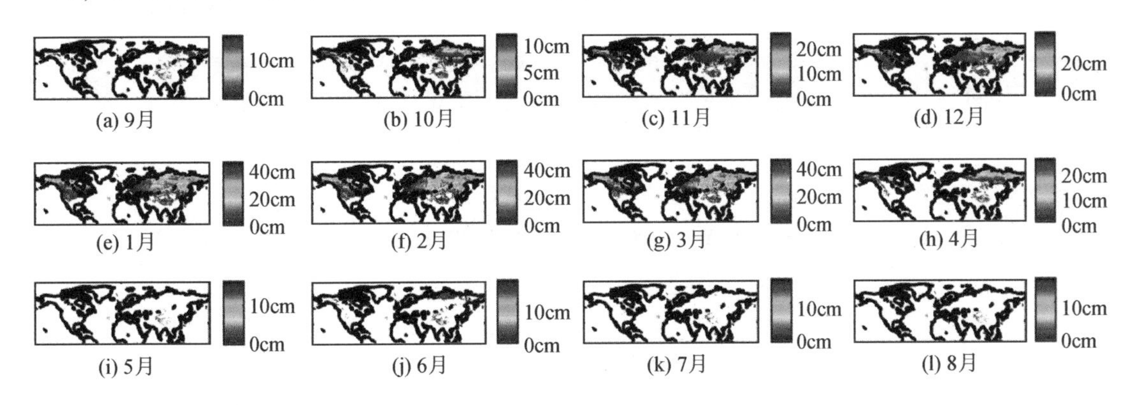

图 9-16　1988 ~ 2014 年北半球陆地逐月平均积雪深度的空间分布

具体来说，9 月积雪主要分布于北半球高纬度地区，主要包括北美洲的阿拉斯加地区及邻近地区、欧亚大陆最北部以及青藏高原的西北边缘。10 月积雪有一定增加，其中，北美洲西北部的积雪有增加的趋势。欧亚大陆的俄罗斯中部和北部的积雪也逐渐累积，中国青藏高原的西南边缘也出现一些积雪。进入 11 月后，积雪的范围进一步扩大，并从高纬度地区向中高纬度地区发展。其中，北美洲的西北边缘（即阿拉斯加及周围地区）以及欧亚大陆的俄罗斯中部和北部仍然是积雪深度较大的地区。同时，中国青藏高原的边缘、俄罗斯的大部分地区以及加拿大的部分地区都逐渐被积雪覆盖。12 月积雪继续增多，美国西部、欧洲部分地区、中国青藏高原的大部分地区以及东北地区都有积雪分布。积雪深度最大的地区出现在北美洲的阿拉斯加及周边地区，以及欧亚大陆的俄罗斯中部广大地区。进入次年 1 月、2 月，积雪范围和积雪深度都达到最大。

从 3 月开始，积雪深度和积雪范围逐渐减小，这也预示着北半球积雪消融期的到来。4 月积雪范围明显向高纬度地区退缩，同时积雪深度也有一定减小。值得一提的是，青藏高原虽然处于中纬度地区，其独特的地势条件与气候条件使该地区仍然存在一定量的积雪。5 月积雪范围在 4 月的基础上又进一步向高纬度退缩，同时伴随着积雪深度的大幅度下降。北美洲的绝大部分地区几乎完成了整个积雪消融过程。欧洲的积雪也只存在于欧洲的北部边缘，亚洲的积雪仍然大部分来自于俄罗斯中高纬度地区以及中国的青藏高原。6 月已经逐渐进入北半球的夏季，随着温度升高，积雪仅零星的分布于北美洲及欧亚大陆的高纬度地区以及青藏高原。

1988 ~ 2014 年北半球陆地逐月平均最大积雪深度空间分布如图 9-17 所示。与逐月平均积雪深度的分布相似，逐月平均最大积雪深度同样可以将全年大致分为积雪积累期（9 月至次年 2 月）与积雪消融期（3 ~ 8 月），分别表现为积雪范围和积雪深度的不断增大与减小。

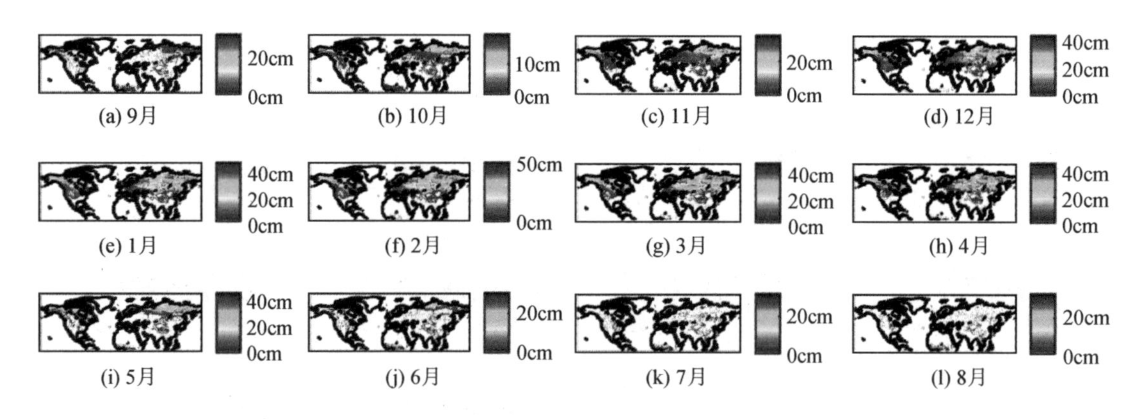

图 9-17　1988 ~ 2014 年北半球陆地逐月平均最大积雪深度的空间分布

其中，9 月积雪主要分布于北半球的高纬度地区。除了北美洲的阿拉斯加地区及其临近地区、欧亚大陆最北边以及青藏高原的西北边缘外，平均最大积雪深度的范围较平均积雪深度多出了俄罗斯的中部地区。10 月、11 月积雪有一定的增加，从图 9-17 可以看到，北美洲西北部的积雪有增加的趋势，欧亚大陆的俄罗斯中部和北部的积雪也逐渐累积，中国青藏高原的西南边缘也出现一些积雪。同样，相较于平均积雪深度分布范围，平均最大积雪深度的分布范围更广，纬度也更低。12 月、1 月、2 月与平均积雪深度分布相似，积雪范围继续逐月扩张，平均最大积雪深度不断增加。

从 3 月开始，平均最大积雪深度和相应的积雪范围变化与平均积雪深度变化类似，但平均最大积雪深度所呈现的积雪范围略大于平均积雪深度。6 ~ 8 月，大部分积雪已经融化，平均最大积雪深度与平均积雪深度的积雪范围相似，但平均最大积雪深度明显高于平均积雪深度。

1988 ~ 2014 年北半球、北美洲、欧亚大陆的逐月平均积雪深度均存在明显的差异(图 9-18)。从整个北半球来看，积雪深度从 9 月至次年 2 月一直呈现增长趋势，3 ~ 8 月呈现递减趋势，全年积雪深度呈现明显且较为对称的“单峰”趋势。9 月、次年 7 月及 8 月的平均积雪深度不足 0.1cm，与此同时，2 月和 3 月的平均积雪深度则超过 5cm。1 月平均积雪深度增加最为明显，同时 5 月平均积雪深度减小最多。

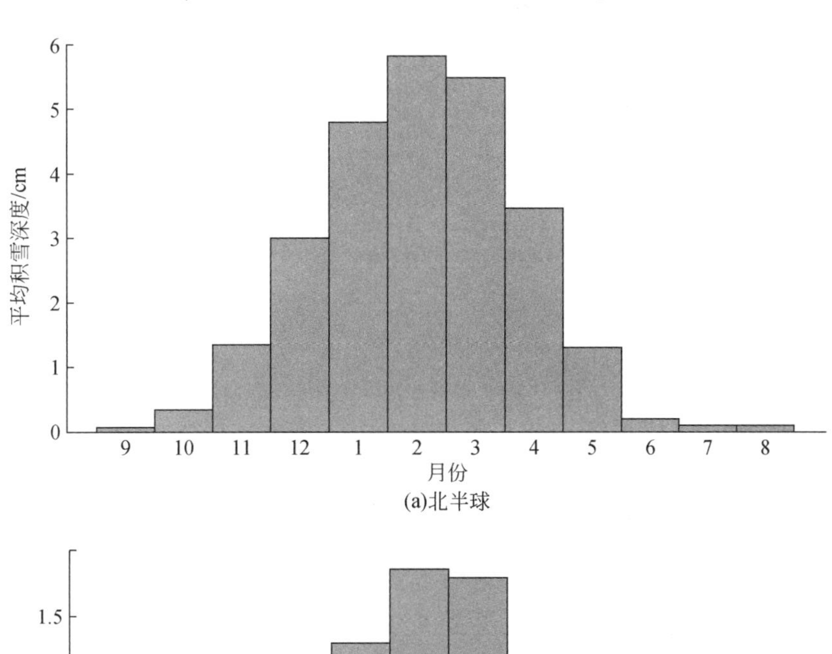

(a)北半球

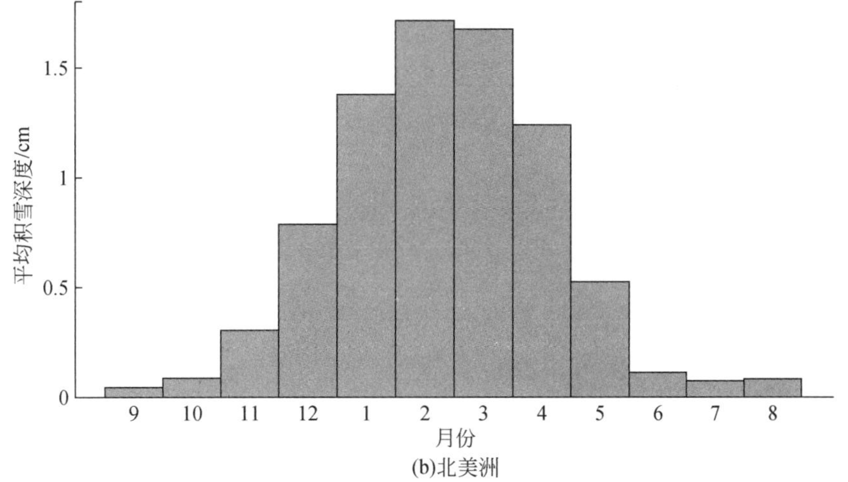

(b)北美洲

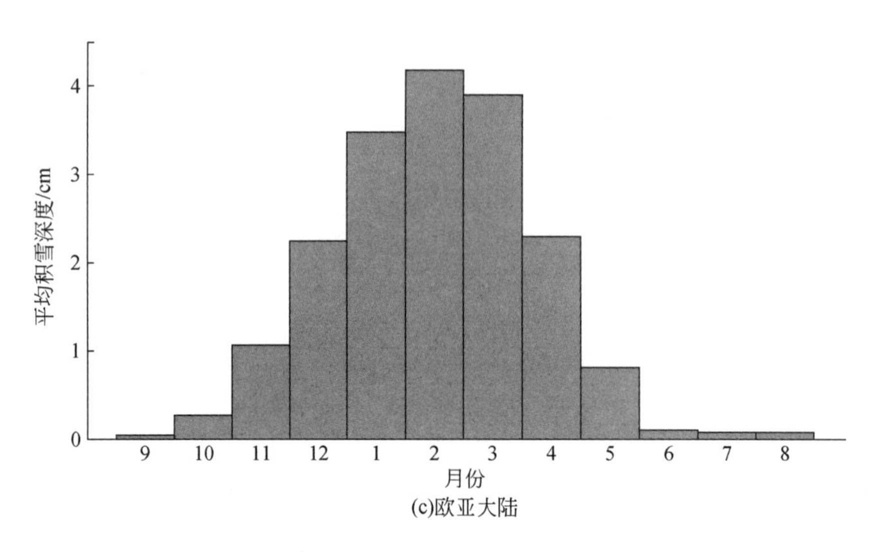

图 9-18　1988 ~ 2014 年北半球、北美洲及欧亚大陆陆地平均积雪深度的逐月变化

从季节尺度来看，太阳的回归运动强烈的影响着各季节的积雪深度变化，各季节的平均积雪深度差异明显。其中，秋季和冬季，随着太阳直射点从赤道向南回归线的不断移动，北半球的太阳辐射逐渐减少，温度降低，积雪不断积累，平均积雪深度逐月增加，且在 2 月达到全年最大。而春季和夏季，随着太阳的回归运动，北半球的太阳辐射不断增强，温度升高，积雪逐渐融化，平均积雪深度逐月减小。

与此同时，北美洲［图 9-18（b）］和欧亚大陆［图 9-18（c）］平均积雪深度的逐月变化十分相似。这种变化也共同造成了北半球平均积雪深度的逐月差异。就数值来说，北美洲的平均积雪深度明显小于欧亚大陆。并且在经历了相似的积雪积累期后（9 月至次年 2 月），欧亚大陆的积雪相比北美洲消融的更加迅速。这表现在 4 ~ 5 月，欧亚大陆的积雪减少速度明显快于北美洲，一个可能的原因是欧亚大陆相比北美洲，在中纬度地区有更多的积雪，随着 4 ~ 5 月温度的急剧升高，积雪的消融过程表现得更加迅速。平均最大积雪深度的逐月变化与平均积雪深度的逐月变化有着几乎一样的变化特征，不再赘述。

1988 ~ 2014 年北半球陆地逐月平均积雪深度的变化如图 9-19 所示。从图 9-19 可以看出，各月的积雪深度差异很大。其中，2 月、3 月、1 月、4 月、12 月是平均积雪深度最大的 5 个月。这 5 个月的平均积雪深度接近或大于 3cm。相对应的，8 月、7 月、9 月、6 月、10 月的平均积雪深度较小，平均积雪深度均小于 0. 5cm。

1988 ~ 2014 年北半球陆地逐月平均最大积雪深度的变化如图 9-20 所示。从图 9-20 可以看出，各月的逐年变化有明显的年际差异。其中，2 月、3 月、1 月、4 月是平均最大积雪深度最大的 4 个月，这 4 个月的平均最大积雪深度接近或超过 6cm。相对应的，8 月、7 月、9 月是平均最大积雪深度较小的 3 个月，其平均最大积雪深度小于 0. 5cm。

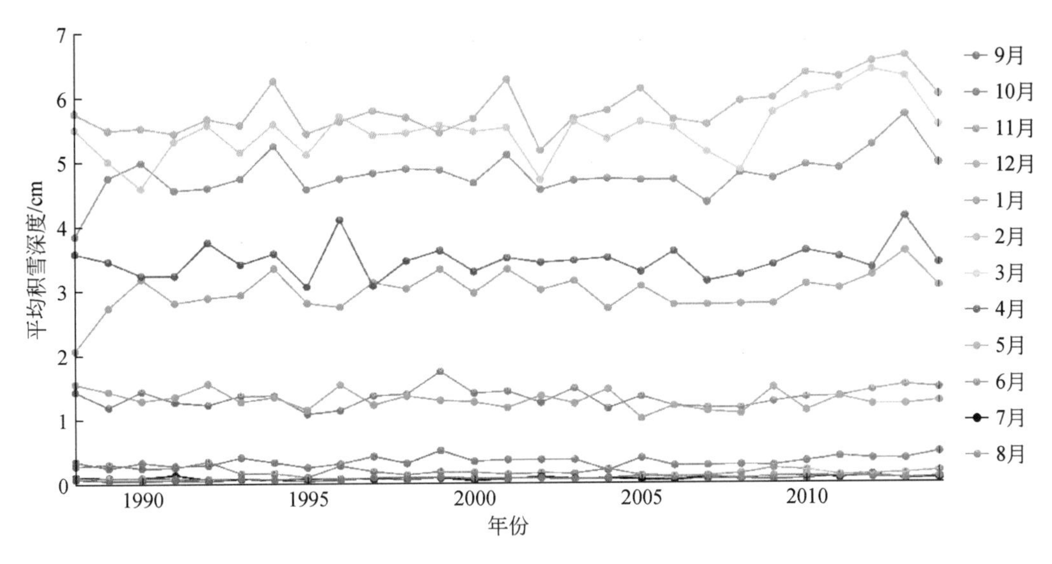

图 9-19 1988 ~ 2014 年北半球陆地逐月平均积雪深度的变化

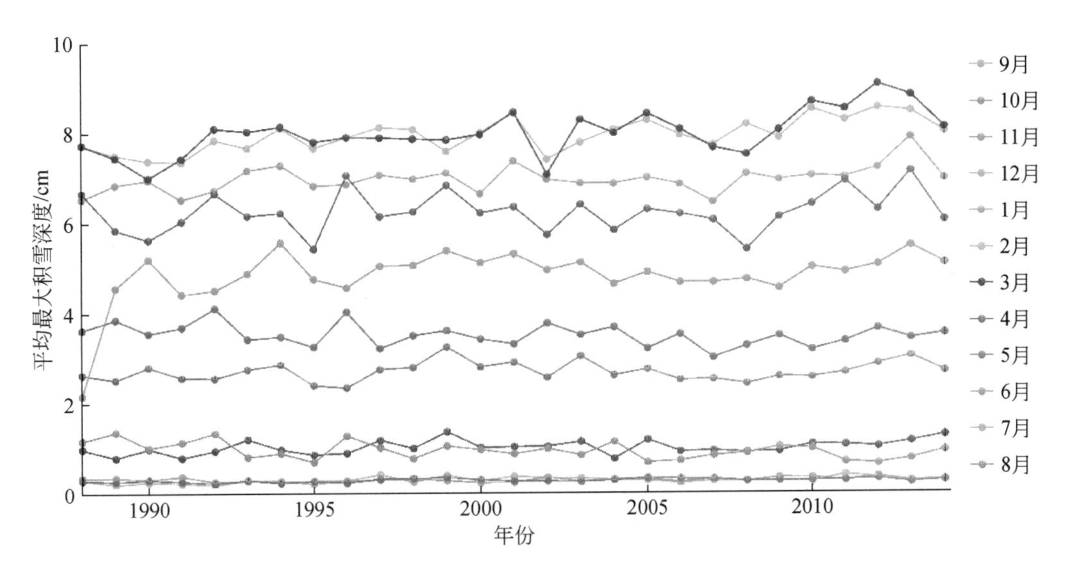

图 9-20 1988 ~ 2014 年北半球陆地逐月平均最大积雪深度的变化

9.4.3 1988 ~ 2014 年北半球积雪深度的年际变化

1988 ~ 2014 年北半球陆地平均积雪深度的逐年变化及置信区间如图 9-21 所示。1988 ~ 2014 年北半球陆地平均积雪深度为 2.16cm，总体有上升的趋势，但未达到显著升高（$P<0.05$）。逐年的积雪深度变化有明显的年际差异。其中，最大值出现在 2013 年，平均积雪深度为 2.49cm，最小值出现在 1995 年，平均积雪深度为 1.98cm。

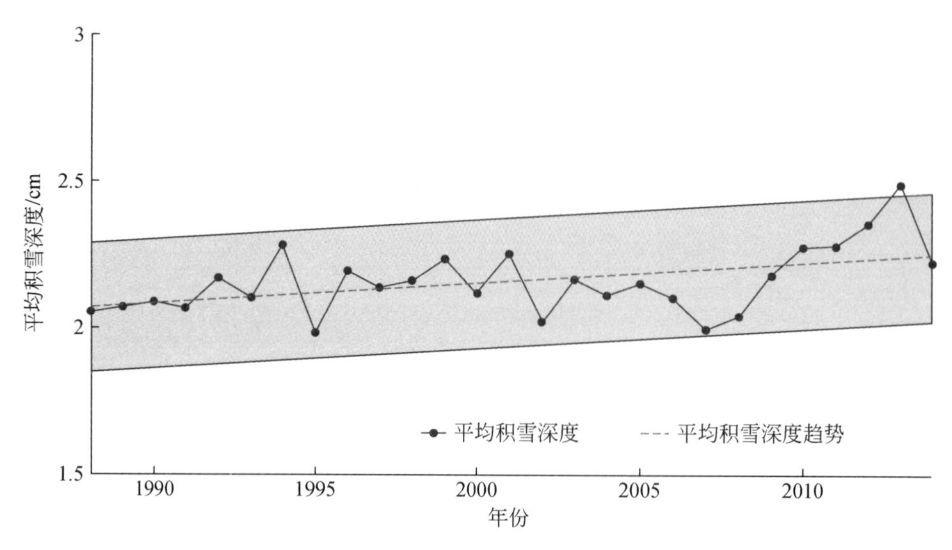

图 9-21　1988～2014 年北半球陆地平均积雪深度的逐年变化及置信区间

值得一提的是，用于提供亮度温度的传感器在研究时段出现过一次变化。其中，1987～2007 年的传感器为 SSM/I，2008 年后的传感器为 SSMI/S。数据变化比较明显的 2007～2008 年正好也是传感器改变的年份。因此，在分析积雪深度变化的同时，也需要考虑传感器改变对数据结果带来的系统差异。

1988～2014 年北半球陆地平均最大积雪深度的逐年变化及置信区间如图 9-22 所示。其中平均最大积雪深度由逐月最大积雪深度平均得到，其逐年的变化趋势与平均积雪深度的逐年变化趋势十分相似，但平均最大积雪深度的数值明显大于平均积雪深度。1988～2014 年的平均最大积雪深度为 3.57cm，总体依然有上升趋势，但未达到显著升高（$P<0.05$），且逐年的平均最大积雪深度变化有明显的年际差异。其中，最大值仍然出现在 1985 年，平均最大积雪深度为 3.90cm，最小值出现在 1988 年，平均最大积雪深度为 3.33cm。

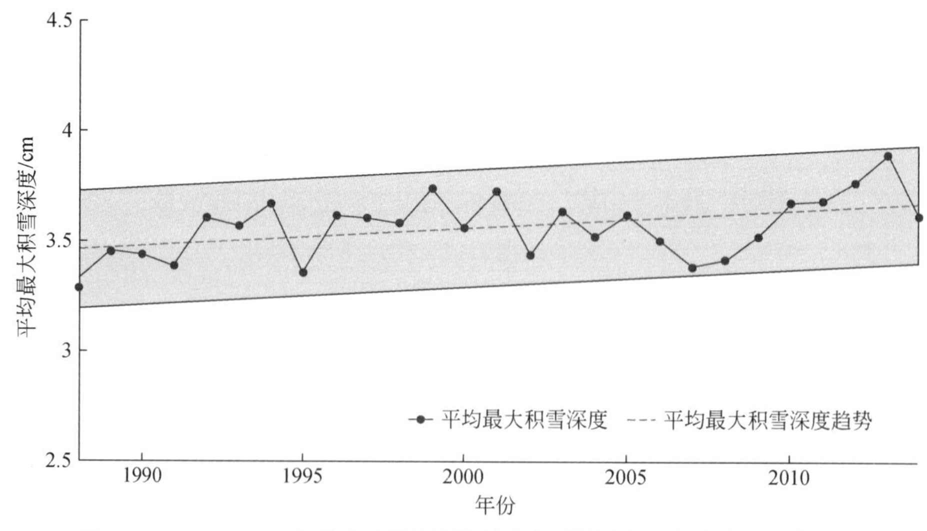

图 9-22　1988～2014 年北半球陆地平均最大积雪深度的逐年变化及置信区间

1988～2014 年北半球、欧亚大陆、北美洲平均积雪深度的逐年变化如图 9-23 所示，各区域平均值均为面积加权之后的结果。三个地区的年际变化趋势比较相似，其中可以明显地看到欧亚大陆的平均积雪深度对北半球的平均积雪深度贡献大于北美洲，并且与北半球积雪的变化趋势更为吻合。其中，欧亚大陆的平均积雪深度为 1.55cm，北美洲的平均积雪深度仅为 0.65cm。

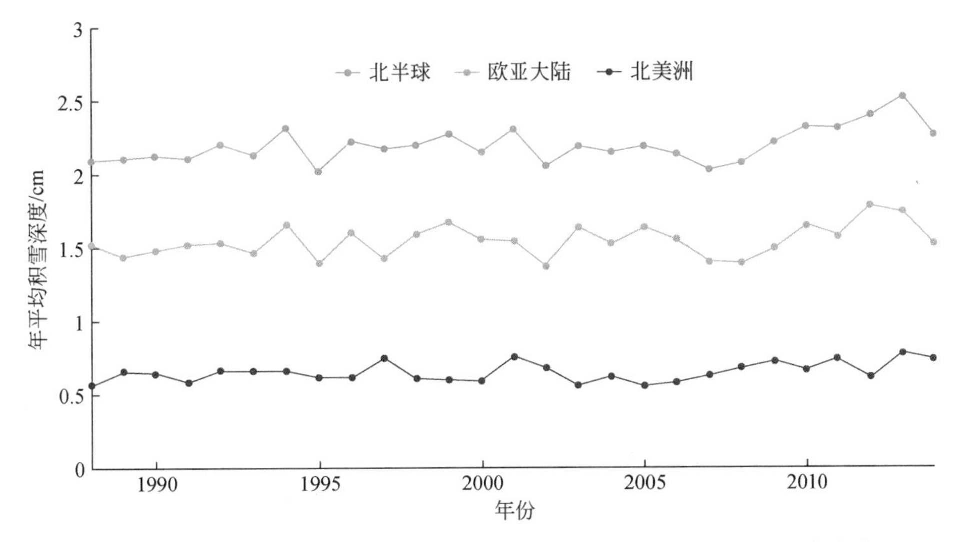

图 9-23　1988～2014 年北半球、欧亚大陆、北美洲平均积雪深度的逐年变化

1988～2014 年北半球、欧亚大陆、北美洲平均最大积雪深度的逐年变化如图 9-24 所示。与平均积雪的逐年变化相类似，三个地区都有相似的年际波动。平均最大积雪深度与平均积雪深度的差异较大。具体来说，欧亚大陆的平均最大积雪深度几乎达到 2.51cm，而北美洲的平均最大积雪深度仅为 1.15cm。

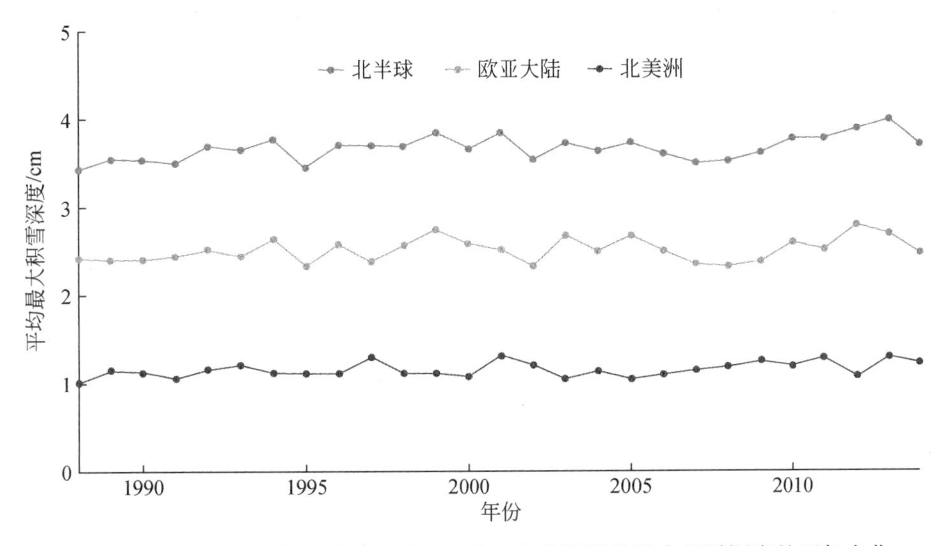

图 9-24　1988～2014 年北半球、欧亚大陆、北美洲平均最大积雪深度的逐年变化

9.5 1988 ~ 2014 年北半球极端积雪深度的时空分布及变化

9.5.1 1988 ~ 2014 年北半球极端积雪深度的阈值分布及变化

1988 ~ 2014 年北半球陆地极端平均最大积雪深度分布如图 9-25 所示，极端平均积雪深度最大的地区仍然是北美洲及欧亚大陆的中高纬度地区。不同于北半球陆地最大积雪深度的平均分布（图 9-15），欧亚大陆的极端平均最大积雪深度并没有表现出明显的随纬度升高而增加的特性，反而在一些中纬度地区，如蒙古高原部分地区、欧洲中部也有较大的积雪深度。从数值上看，1988 ~ 2014 年北美洲极端平均最大积雪深度主要位于阿拉斯加、加拿大的部分地区、美国落基山脉附近及五大湖附近，1988 ~ 2014 年的极端平均最大积雪深度达到 30 ~ 40cm。欧亚大陆的中高纬度地区，包括欧洲东部和北部、俄罗斯大部分地区的极端平均最大积雪深度为 40 ~ 50cm。中国青藏高原东南边缘和西北部的极端平均最大积雪深度为 30 ~ 40cm。

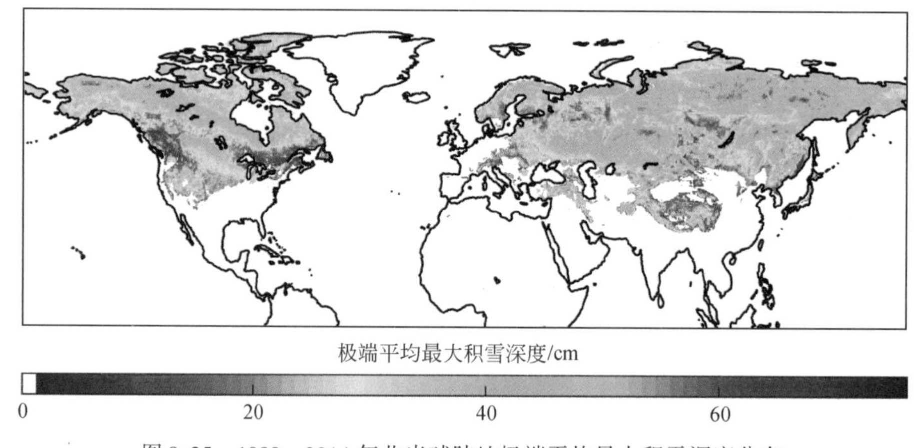

图 9-25 1988 ~ 2014 年北半球陆地极端平均最大积雪深度分布

1988 ~ 2014 年北半球陆地积雪深度 20 年回归周期阈值的空间分布如图 9-26 所示，图 9-26 与同时期北半球陆地平均积雪深度（图 9-14）有着相似的空间分布。其中，北美洲积雪深度阈值较大的地区是加拿大北部群岛、美国阿拉斯加地区及附近地区。这些地区积雪深度 20 年回归周期阈值可以达到 40cm 以上。而加拿大的其他地区、美国中部和北部积雪深度 20 年回归周期阈值在 20cm 左右。同时，欧亚大陆积雪深度 20 年回归周期阈值较大的地区主要位于俄罗斯中部的广大地区，其积雪深度 20 年回归周期阈值可达 40cm 及以上。随着纬度降低，积雪 20 年回归周期阈值有大致降低的趋势。值得一提的是，虽然青藏高原所处纬度较低，但是其西北边缘以及东南部部分地区的 20 年回归周期积雪深度阈值可达 20cm 以上。

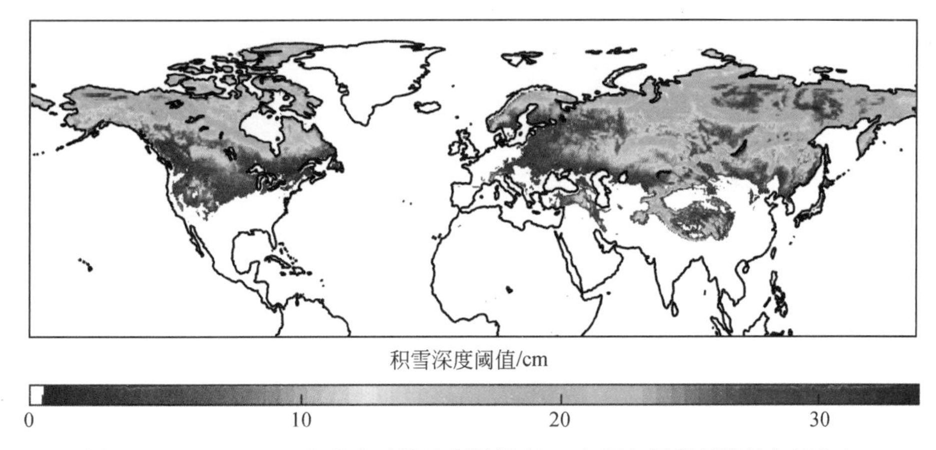

图9-26 1988～2014年北半球陆地积雪深度20年回归周期阈值的空间分布

1988～2014年北半球积雪深度20年回归周期阈值的逐月空间分布如图9-27所示。极端积雪深度阈值的变化和逐月平均积雪深度的空间分布（图9-16）、逐月平均最大积雪深度的空间分布（图9-17）有相似的特征。三者都表现为9～11月积雪深度范围不断扩大，积雪深度阈值也逐月上升。其中，9月极端积雪深度最大值位于加拿大北部群岛。10～11月，北美洲的阿拉斯加及周围地区、欧亚大陆的俄罗斯中部和北部成为极端积雪深度阈值较大的地区，并且极端积雪深度阈值超过30cm。12月至次年2月的极端积雪深度阈值不断增大，最大值超过50cm，且不断向中纬度地区推进。3～4月，随着积雪消融，极端积雪深度阈值有一定降低，但是最大极端积雪深度阈值仍然大于50cm。5～8月，积雪范围明显小于前几个月，加拿大北部群岛重新成为极端积雪深度阈值最大的地区。

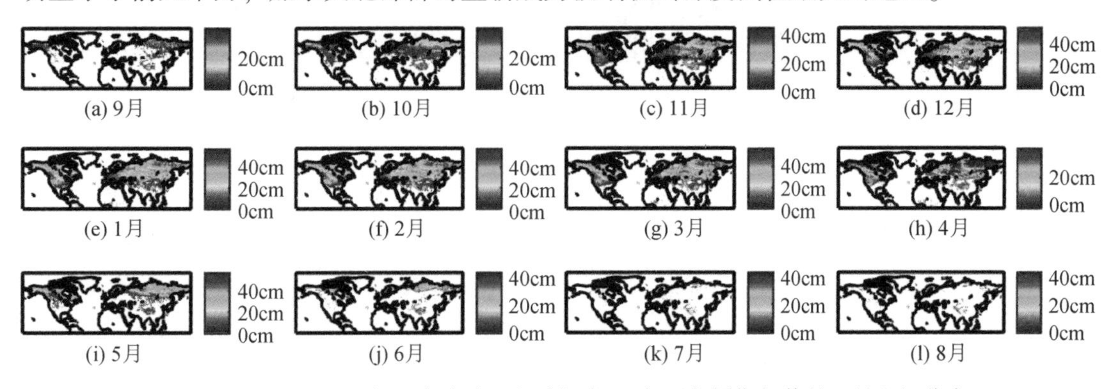

图9-27 1988～2014年北半球陆地积雪深度20年回归周期阈值的逐月空间分布

若某像元某日的积雪深度超过其极端积雪深度阈值，则该像元当天的积雪深度属于极端积雪深度。由此统计了北半球所有陆地像元出现极端积雪深度的总天数，再乘以像元面积，则可以求得逐年北半球陆地像元出现极端积雪深度的总范围。图9-28为1988～2014年北半球极端积雪深度总范围的年际变化。从图9-28可以看出，出现极端积雪深度的范围呈上升趋势，但未达到显著标准（$P<0.05$），年际波动明显，其中2007～2013年呈明显上升趋势。

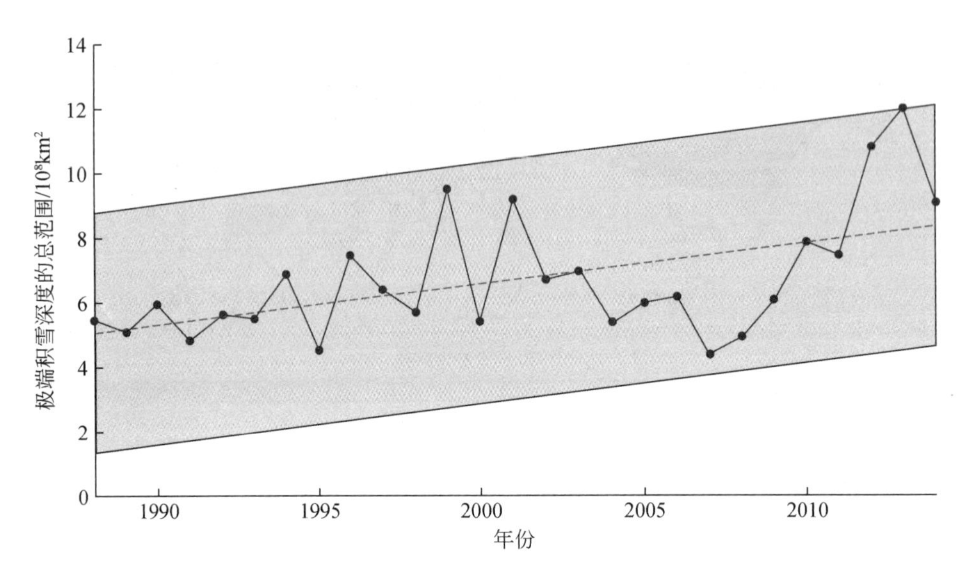

图 9-28　1988～2014 年北半球极端积雪深度总范围年际变化

9.5.2　1988～2014 年北半球极端积雪深度持续时间的分布及变化

1988～2014 年北半球各像元总极端积雪深度天数的年际变化如图 9-29 所示。总的来说，各像元总极端积雪深度天数在研究期间呈现上升趋势，但未达到显著上升标准（$P<0.05$）。其中，极端积雪深度总天数存在较明显的年际差异，2007～2013 年的上升趋势表现得尤为明显。该变化趋势也与逐年积雪深度的变化有很好的对应关系。

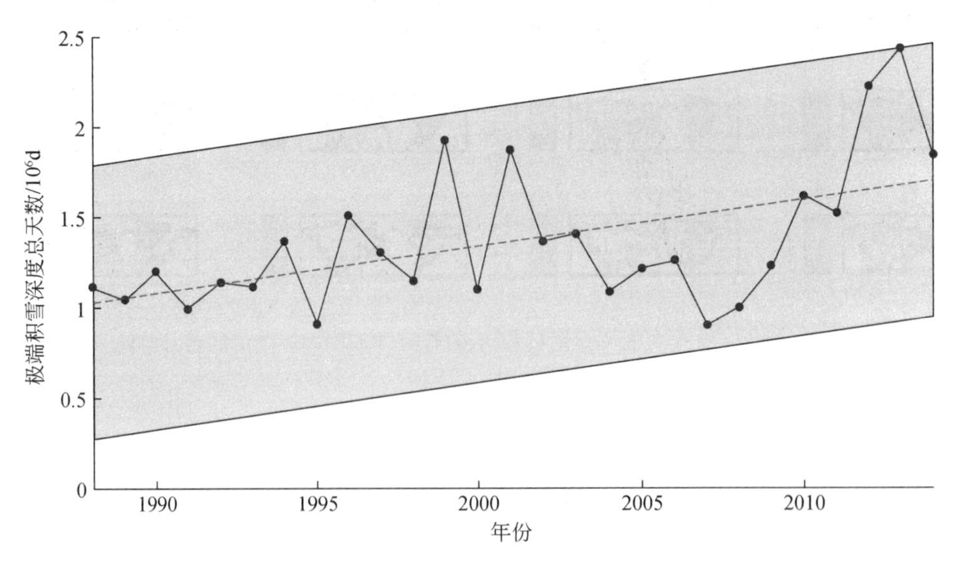

图 9-29　1988～2014 年北半球各像元总极端积雪深度天数的年际变化

同时对 1988 ~ 2014 年北半球各像元总极端积雪深度天数的频率分布进行了统计分析（图 9-30）。需要说明的是，该分析仅考虑了 1988 ~ 2014 年出现过一次及以上极端积雪深度的像元。从频率分布来看，大多数像元每年出现极端积雪深度的天数小于 10d，占比为 70.33%。极端积雪深度天数大于 10d 的积雪像元总量很少，并随着积雪深度天数的增多逐渐减少。同时，研究还发现一些像元的极端积雪深度天数大于 50d，这可能是由数据本身的异常值导致的。

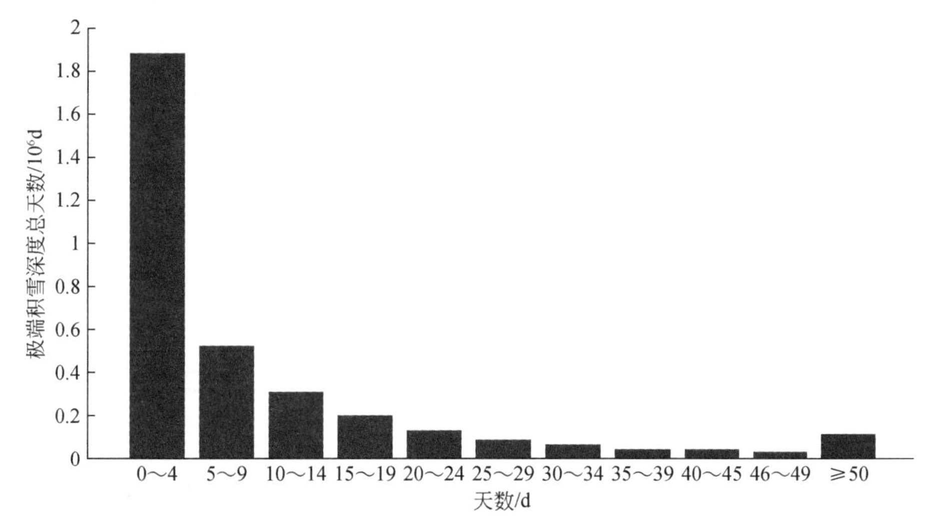

图 9-30　1988 ~ 2014 年北半球各像元总极端积雪深度天数的频率分布

1988 ~ 2014 年北半球所有陆地像元出现极端积雪深度的总天数如图 9-31 所示（仅统计了极端积雪深度总天数≥5d 的像元）。与总极端积雪深度天数的变化趋势相似，5d 及以上的极端积雪深度发生总天数同样表现为 1988 ~ 2007 年呈微弱的减少趋势，2007 ~ 2013 年呈明显的增加趋势，总体呈上升趋势（$P<0.05$）。

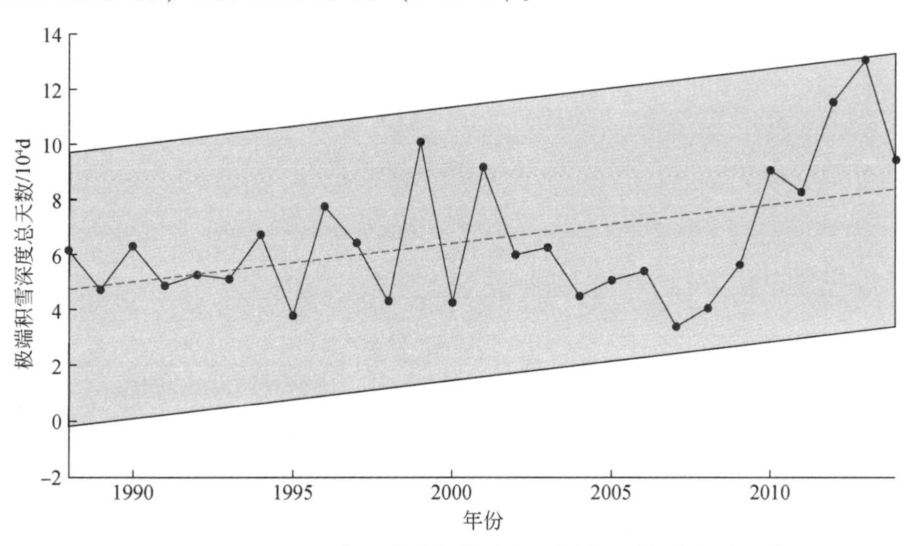

图 9-31　1988 ~ 2014 年北半球各像元出现极端积雪深度的总天数

1988 ~ 2014 年北半球各像元最长极端积雪深度天数持续时间的概率分布如图 9-32 所示。其中，最长积雪持续时间表示积雪深度连续超过极端积雪深度阈值的最大连续时间。从图 9-32 可以看出，超过 92.29% 的最长极端积雪深度持续时间小于 10d。随着最长极端积雪深度持续时间的增长，其出现频次明显下降。

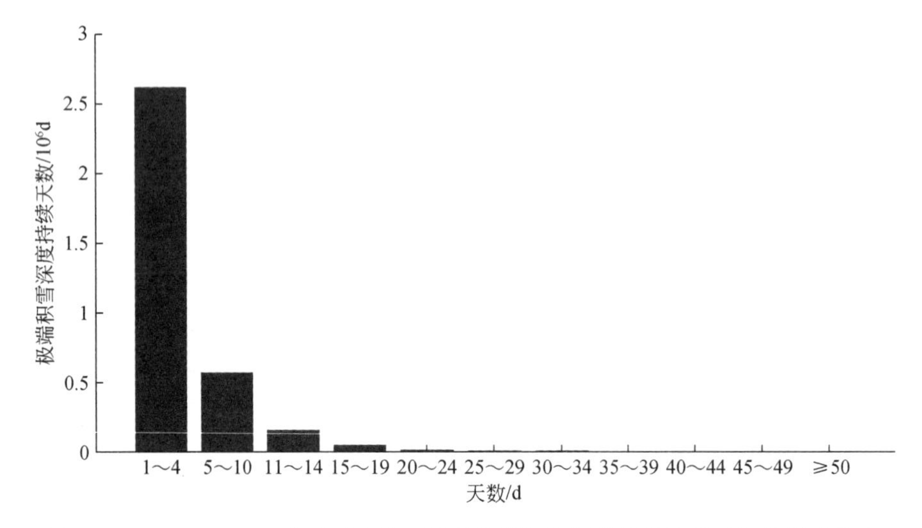

图 9-32 1988 ~ 2014 年北半球各像元最长极端积雪深度天数持续时间的概率分布

1988 ~ 2014 年北半球极端积雪深度最长持续时间总和的年际变化如图 9-33 所示。总的来说，极端积雪深度最长持续时间在 1988 ~ 2014 年呈现出显著增长趋势（$P<0.05$）。其中，1988 ~ 2007 年呈现出一定的下降趋势，而 2007 ~ 2013 年呈现出明显的上升趋势，且 2013 年达到最大。

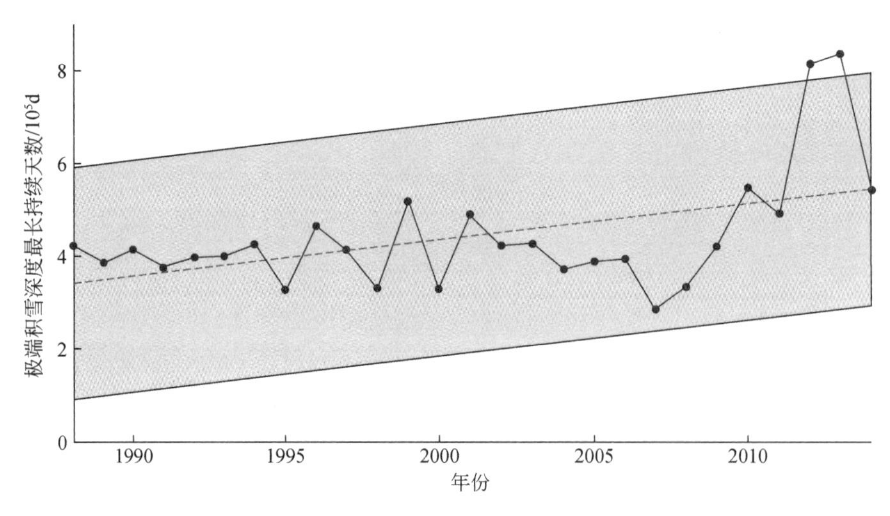

图 9-33 1988 ~ 2014 年北半球极端积雪深度最长持续时间总和的年际变化

第 10 章 北半球和欧亚大陆积雪未来变化预估

全球气候预估是当前气候变化研究的热点和核心问题之一，它不仅涉及科学家和公众关心的未来十年、百年、甚至千年时间尺度气候变化的可能情景，特别是与人类生活密切相关的极端气候事件未来的可能变化趋势，而且还涉及各国政府间关于全球气候变化的协商、公约谈判、减排以及军事和安全战略等诸多方面。冰冻圈是气候系统的五大圈层之一，它对气候变化的响应和影响快速而巨大，也正受到前所未有的关注。积雪是冰冻圈的重要组成部分，也是地球表面变化最为迅速的地表特征之一。积雪季节变化明显，冬季北半球积雪覆盖范围约占北半球陆地面积的一半。积雪以其高反射率、高相变潜热和低热传导等特性，对地气间能量、水分和质量交换产生着重要作用，对气候预测有着不可忽视的指示作用。欧亚大陆是北半球重要的大陆尺度区域，欧亚大陆积雪不仅对中国气候有重要影响（Wu et al.，2009），也是亚洲干旱半干旱区居民赖以生存的固体水源之一。积雪变化是气候变化的指示器之一，在未来气候加剧变暖的情况下，北半球积雪的变化趋势尤其值得关注。

鉴于北半球积雪在气候变化中的重要指示作用，以及欧亚大陆积雪对我国汛期降水形态的重要影响，预估未来北半球及欧亚大陆积雪在高和低温室气体排放情景下的不同变化特征，不仅有助于预估半球、大陆及区域尺度的水资源和生态变化，为气候预估提供参考，还有助于为进一步制定应对气候变化政策奠定科学基础。本章将基于 CMIP5 试验中新一代气候（或地球）系统模式，在讨论多模式集合平均方法对欧亚积雪预估的影响基础上，给出全球温室气体排放浓度路径（RCPs）、高温室气体排放情景（RCP8.5）和（或）中等温室气体排放情景（RCP4.5），以及低温室气体排放情景（RCP2.6）[①] 下北半球或欧亚大陆积雪覆盖率、积雪深度和雪水当量变化情况。

10.1 资料来源与方法

10.1.1 模式数据

2008 年 9 月世界气候研究计划耦合模拟工作组启动了耦合模式比较计划第五期

① IPCC 第五次评估报告对碳排放预算时提出了一种新的场景假设——典型浓度路径（RCP）。RCP2.6 指辐射强迫在 2100 年前达到峰值，到 2100 年下降到 2.6W/m^2，CO_2 当量浓度峰值约为 490ppm（ppm 为 part per billion 的缩写，即百万分之一，表示液体浓度的一种单位符号）；RCP4.5 指辐射强迫到 2100 年稳定在 4.5W/m^2，CO_2 当量浓度约为 650ppm；RCP8.5 指辐射强迫到 2100 年上升至 8.5W/m^2，CO_2 当量浓度达到 1370ppm。

(CMIP5), 与 CMIP3 相比，本次比较计划有来自全球 27 个模式研发中心的近 60 个模式参加，是参加模式数目最多的一次。历时 5 年时间，各模式在动力框架、物理过程及模式分辨率方面也有了一定程度的改进和提高。除此之外，试验中使用的外强迫数据也更接近于真实情况（https://esgf-node. llnl. gov/projects/esgf-llnl/）。

本章预估结论是在对 CMIP5 模式 20 世纪积雪模拟能力评估的基础上，实现在不同温室气体排放情景下对欧亚大陆未来积雪状况的预估（夏坤和王斌，2015）。根据内容需要，本章只给出预估结果，但在评估阶段，研究所挑选的模式必须既包括历史时期的模拟试验，又包括上述三种典型低、中、高排放路径下月平均积雪覆盖率（SCF）或积雪深度（SD）或雪水当量（SWE）的输出。在近 60 个模式中，有的模式中心同时提供了多个模式积雪产品的输出，这些不同模式版本之间的差别主要在于分辨率不同、所用网格不同或是否考虑碳循环过程等。为了减少由模式间的不独立性导致多模式集合预估结果的可信度和降低可靠程度（Masson and Knutti，2011；赵宗慈等，2013），对于同时提供多个模式产品的模式中心，选择其中较高分辨率的地球系统模式的输出产品进行评估。在既有 SD 历史模拟，又有未来预估输出的 13 个模式中，由于其中 8 个模式结果分辨率较低，考虑到将其插值到 1°×1°网格上会产生较大误差，只选用了模式分辨率在 1°左右的 5 个模式。满足条件的 SWE 输出模式的有 22 个。表 10-1 给出了符合上述条件的 26 个模式的基本信息，并标明了哪些用来评估 SCF、SD 和 SWE。此外，表 10-1 中有 14 个模式在历史时期模拟试验和典型低、中、高排放路径未来情景试验中模拟了地球表面温度（Ts）及 SWE。因此，本章也使用这 14 个模式的 Ts 数据确定全球升温 1.5℃和 2℃阈值的发生时段，并结合 SWE 数据预估全球升温 1.5℃和 2℃阈值时北半球陆地 SWE 的变化。

表 10-1 用于 CMIP5 积雪覆盖率（SCF）、积雪深度（SD）和雪水当量（SWE）模拟能力评估预估的模式信息

序号	模式	变量	分辨率	机构	国家
1	BCC-CSM1.1	SWE、Ts	2.8°×2.8°	北京气候中心	中国
2	BCC-CSM1.1（m）	SCF、SD、SWE、Ts	320m×160m		
3	BNU-ESM	SCF	128m×64m	北京师范大学	
4	FIO-ESM	SCF、SWE	128m×64m	国家海洋局第一海洋研究所	
5	FGOALS-g2	SCF、SWE	128m×60m	中国科学院大气物理研究所/清华大学	
6	CanESM2	SCF、SWE、Ts	128m×64m	加拿大气候模拟和分析中心	加拿大
7	CCSM4	SCF、SD、SWE、Ts	288m×192m	国家大气研究中心	美国
8	CESM1（CAM5）	Ts	1.25°×0.94°	国家科学基金会-能源部-国家大气研究中心	
9	GFDL-ESM2G	SWE	2.5°×2.0°	地球物理流体动力学实验室	
10	GFDL-CM3	Ts	2.5°×2.0°		
11	GISS-E2-H	SCF、SWE、Ts	144m×90m	美国国家航空航天局戈达德太空研究所	
12	GISS-E2-R	SWE	2.5°×2.0°		

续表

序号	模式	变量	分辨率	机构	国家
13	CNRM-CM5	SCF、SD、SWE、Ts	256m×128m	国家气象中心/算法和计算科学中心	法国
14	IPSL-CM5A-LR	SWE	1.9°×3.75°	皮埃尔·西蒙·拉普拉斯研究所	法国
15	IPSL-CM5A-MR	SWE	1.25°×2.5°		
16	CSIRO-Mk3.6.0	SWE、Ts	1.875°×1.875°	澳大利亚联邦科学与工业研究组织大气研究组	澳大利亚
17	HadGEM2-ES	SWE、Ts	1.875°×1.25°	英国气象局哈德莱中心	英国
18	INM-CM4	SCF	180m×120m	俄罗斯科学院计算数学研究所	俄罗斯
19	NorESM1-M	SCF、SWE、Ts	144m×96m	挪威气候中心	挪威
20	NorESM1-ME	SWE	2.5°×1.875°		
21	MIROC5	SD、SWE、Ts	256m×128m	东京大学/国立环境研究所	日本
22	MIROC-ESM	SCF、SWE、Ts	128m×64m		
23	MIROC-ESM-CHEM	SWE、Ts	1.875°×1.25°		
24	MRI-CGCM3	SCF、SD、SWE	320m×160m	日本气象研究所	
25	MPI-ESM-LR	SWE	1.9°×1.9°	马普气象研究所	德国
26	MPI-ESM-MR	SCF、SWE	192m×96m		

10.1.2 集合预估方法

尽管气候系统模式是未来气候预估的重要手段之一，但由于单一气候系统模式具有很大的不确定性，通常采用多模式集合的方法以减少单一气候系统模式结果所带来的不确定性。目前普遍使用的方法是直接对不同模式的结果进行算术平均。然而，由于各气候系统模式在模式分辨率、动力框架、物理过程等方面存在差异，特别是对地形复杂地区，如青藏高原地区的模拟结果差异较大，在使用气候系统模式结果对未来气候进行预估时，有必要根据各气候系统模式对当前气候的模拟能力进行加权集合平均。本章主要对目前比较常用的两种集合平均方法进行对比，一种是算术平均法；另一种是加权平均法。其中加权平均法中选用了两种普遍使用的求各模式权重系数的方法，一种是根据秩求得，称为秩权重法，另一种是根据各模式的标准差求得，称为标准差权重法。

算术平均法其本质上也可看作一种加权平均法，只是该方法中每个因子的权重是相同的，是一种等权重的加权平均法。

秩权重法主要是根据两个标准（气候场误差 M_1 和年际变率 M_2），对各气候系统模式的模拟能力进行定量评估，并以此对每个模式的模拟能力进行排序，分别得到 M_1 和 M_2 标准下各个模式的秩（S），秩越小表明模式的模拟性能越好。基本公式如下

$$M_1 = 1 - \frac{\mathrm{MSE}(m,o)}{\mathrm{MSE}(\bar{o},o)} \tag{10-1}$$

$$M_2=\left(\frac{\mathrm{STD}_m}{\mathrm{STD}_o}-\frac{\mathrm{STD}_o}{\mathrm{STD}_m}\right)^2 \tag{10-2}$$

其中，$\mathrm{MSE}(m,o)=\frac{1}{N}\sum_{k=1}^{N}(m_k-o_k)^2$，$\mathrm{STD}_x=\sqrt{\frac{1}{N}\sum_{k=1}^{N}(x_i-\bar{x})^2}$。

式中，MSE 为均方误差；STD 为标准差；m 为模拟场；o 为观测场；$\bar{o}$ 为观测场的气候平均；N 为样本数；x 为计算标准差时所用的变量，在本章为模拟和观测的积雪覆盖率。M_1 越接近于1，说明模拟场与观测场的平均误差越小，模拟性能越好；M_2 越大，说明模拟变率偏离观测变率越远，模拟效果越差，当模拟的年际变率等于观测的年际变率时，M_2 为0。

然后对所有模式的秩求和，用该和除以每个模式的秩，秩越小则权重（R）越大，再通过标准化使所有模式的权重之和为1，最终得到每个模式的标准化权重（W）（陈威霖，2012）

$$R_i=\frac{\sum_{i=1}^{n}S_i}{S_i} \tag{10-3}$$

$$W_i=\frac{R_i}{\sum_{i=1}^{n}R_i} \tag{10-4}$$

式中，n 为模式个数。

标准差权重法是针对每个模式计算其与观测差值的标准差，然后对所有模式的标准差求和，将每个模式标准差与所有模式标准差之和比值的倒数作为每个模式的权重。标准差越小，所占权重越大

$$W_i=\frac{\sum_{i=1}^{n}\sigma_i}{\sigma_i} \tag{10-5}$$

式中，W 为模式标准化权重；σ 为模式与观测数据差值序列的标准差；n 为模式个数。

10.2 积雪预估的不确定性

气候变化预估的不确定性主要源自三个方面：一是未来人为和自然辐射强迫的不确定性；二是模式对全球平均的年际——年际温度可预报性的限制；三是集合预估方法的影响。鉴于本章已采用 IPCC 权威发布的典型浓度路径，以及参加最新一期耦合模式比较计划的模式，对前两点已经是最大可能地减小了预估的不确定性，所以本节将讨论集合预估方法对欧亚大陆积雪预估的可能影响，并减小由此带来的不确定性。利用气候系统模式（表10-1）对20世纪欧亚大陆积雪覆盖率的模拟结果，分别用算术平均法、秩权重法和标准差权重法进行集合平均，并将其与 NOAA 可见光遥感的积雪覆盖率数据（包括气候态和1971～1994年逐月数据）和单个模式数据进行对比，以此判断哪种集合方法更适合欧亚大陆积雪预估。

根据秩权重法和标准差权重法得到的各模式权重分别见表10-2和表10-3。由此将算

术平均法、秩权重法以及标准差权重法得到的 20 世纪多模式集合平均结果分别记为 ens1、ens2 和 ens3。

表 10-2　秩权重法得到的各模式权重

模式	气候场误差（M_1）	秩（M_1）	年际变率（M_2）	秩（M_2）	秩和	标准化权重
BCC-CSM1.1（m）	0.402 058	5	0.168 135	10	15	0.063 2
BNU-ESM	0.443 313	11	0.003 733	5	16	0.059 3
CanESM2	0.428 235	9	0.106 368	9	18	0.052 7
CCSM4	0.421 469	7	0.001 224	2	9	0.105 4
CNRM-CM5	0.427 460	8	0.002 311	4	12	0.079 0
FIO-ESM	0.322 357	2	0.288 713	12	14	0.067 7
GISS-E2-H	0.461 350	12	0.396 045	13	25	0.037 9
INM-CM4	0.224 206	1	0.025 162	7	8	0.118 5
MIROC-ESM	0.439 906	10	0.001 355	3	13	0.073 0
MPI-ESM-MR	0.367 215	3	0.173 334	11	14	0.067 7
MRI-CGCM3	0.416 995	6	0.000 000 835	1	7	0.135 5
NorESM1-M	0.374 581	4	0.006 197	6	10	0.094 8
FGOALS-g2	0.468 830	13	0.048 057	8	21	0.045 2

表 10-3　标准差权重法得到的各模式权重

模式	标准化权重
BCC-CSM1.1（m）	0.065 699 12
BNU-ESM	0.093 634 11
CanESM2	0.083 236 96
CCSM4	0.083 770 48
CNRM-CM5	0.072 466 53
FIO-ESM	0.073 505 82
GISS-E2-H	0.060 763 44
INM-CM4	0.072 244 53
MIROC-ESM	0.084 210 63
MPI-ESM-MR	0.080 747 88
MRI-CGCM3	0.060 832 09
NorESM1-M	0.088 660 52
FGOALS-g2	0.080 227 91

分析表明，三种集合平均结果都能较好地体现欧亚大陆积雪覆盖率的空间分布形式，且集合结果与观测结果的空间相关系数基本上大于大多数单个模式与观测的相关系数。除 ens1 在 8 月空间相关系数稍小外，三种集合平均结果之间的差异较小。就季节尺度而言，三种集合平均结果得到的积雪覆盖率在各个月份上的模拟值均大于观测值，模拟的积雪覆

盖率的季节变化幅度超过了观测，即高估了季节振荡幅度；但总体来说，ens1 的结果在各个月份均较 ens2 和 ens3 更接近观测。此外，三种集合平均的均方根误差均明显小于单个模式的均方根误差，但 ens1、ens2、ens3 之间的差异甚小。就年尺度而言，虽然三种集合平均结果均削弱了各模式在 1971 ~ 1994 年的变化幅度，且无法反映细致的趋势信息，但三种集合平均对模式与观测数据的线性相关关系得到有效提升，且三种集合平均与观测的均方根误差小于大多数单个模式的均方根误差。

通过上述分析可见，三种集合平均结果都能较好地反映欧亚大陆积雪覆盖率的空间分布和季节变化，且与单个模式结果相比要优于大多数模式；从三种集合平均结果之间对比来看，差异不大，但总体来说，ens1 方法略好于 ens2 和 ens3。然而，三种集合平均结果对于年际的模拟结果要比某些单个模式结果要差，三种集合平均能够反映积雪的空间变化趋势，但量值上与实际相差较大。因此，下面采用算术平均法（ens1）对未来欧亚大陆积雪进行预估。

10.3 欧亚大陆积雪覆盖率预估

本节对多模式的积雪覆盖率产品进行算术平均，预估 2006 ~ 2099 年在 3 种不同温室气体排放情景下欧亚大陆积雪覆盖率变化。欧亚大陆的空间范围定义为 20°N ~ 80°N，0 ~ 180°E 的陆地区域。

10.3.1 积雪覆盖率时间变化

从 2006 ~ 2099 年欧亚大陆积雪覆盖率年际变化曲线（图 10-1）可以看出，无论是高

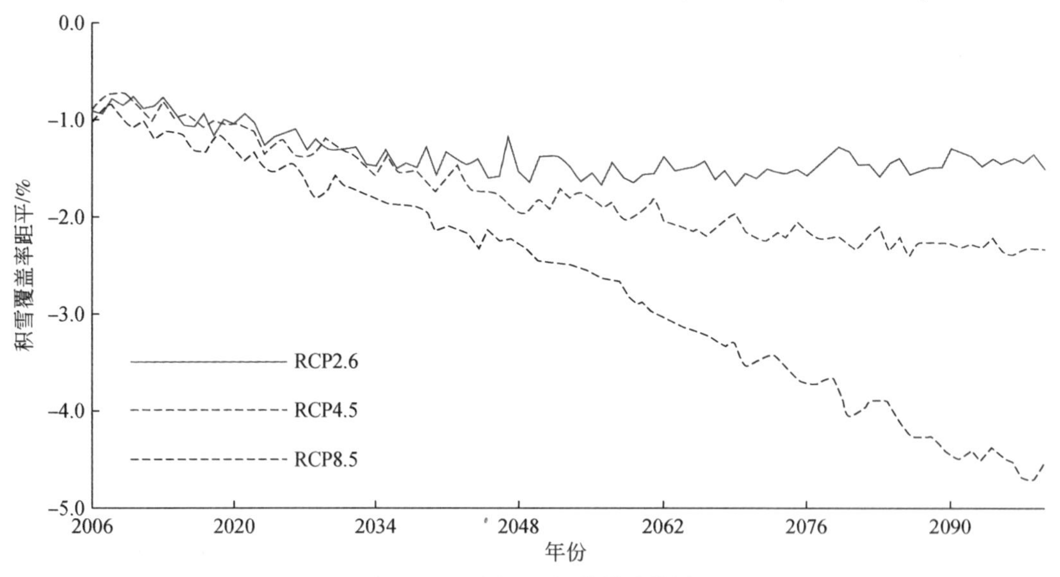

图 10-1 不同温室气体排放情景

多模式集合预估的 2006 ~ 2099 年欧亚大陆积雪覆盖率年际变化（相对于 1985 ~ 2005 年平均）

温室气体排放情景还是低温室气体排放情景，多模式集合预估的 21 世纪欧亚大陆积雪覆盖率将明显减小，排放越多，减小越快。从整个减小趋势来看，欧亚积雪覆盖率的未来变化约以 2040 年为界，分为两个明显不同的变化阶段。2040 年前，三种排放情景下的积雪覆盖率减小速率较为接近，尤其是 RCP2.6 和 RCP4.5，但 2040 年后，三种排放情景下的积雪覆盖率减小趋势逐渐出现不同，且彼此之间的差异越来越大。2040 ~ 2099 年，RCP2.6 排放情景下预估的积雪覆盖率减小趋势基本不变，甚至略有回升，RCP4.5 排放情景下预估的积雪覆盖率也趋于平缓，而 RCP8.5 排放情景下预估的积雪覆盖率呈持续快速减小趋势。

10.3.2 积雪覆盖率空间变化

由于积雪分布的空间不一致性，本节进一步分析未来欧亚大陆积雪覆盖率的空间变化。图 10-2 给出了 2006 ~ 2099 年欧亚大陆冬季和春季积雪覆盖率相对于 1985 ~ 2005 年变化的空间分布，可以看出，几乎整个欧亚大陆地区的积雪覆盖率在春季呈现出负异常，即明显减小，特别是西欧和中国青藏高原地区；随着温室气体排放的增加，负异常变得更为明显。冬季，欧亚大陆的东西部呈现不同的变化特征，东部变化不明显或呈现不明显的正异常，而西部则呈现显著的负异常，负异常的程度明显强于正异常；这样的空间格局随着温室气体排放的增加没有改变，只是负异常变得更强，负异常的增加程度明显强于正异常。此外，在相同排放情景下，冬季的负异常程度要强于春季。

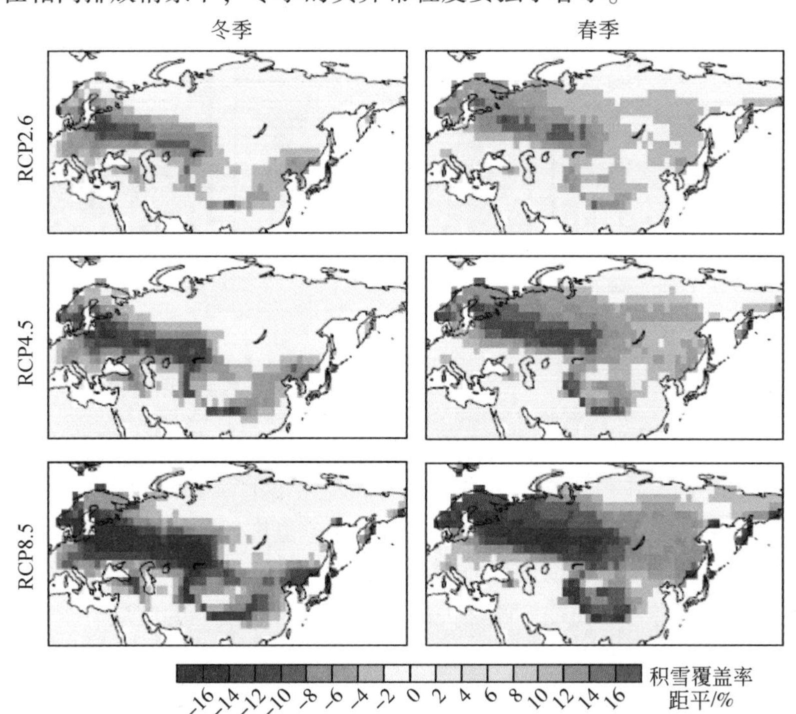

图 10-2　多模式集合平均预估欧亚大陆积雪覆盖率距平空间分布

距平为 2006 ~ 2099 年平均相对于 1985 ~ 2005 年平均

图 10-3 进一步给出了 2006 ~ 2099 年欧亚大陆积雪覆盖率线性变化趋势在不同季节的空间分布，可以看出，在 RCP2.6 排放情景下，不同季节的积雪覆盖率基本上没有变化；在 RCP4.5 排放情景下，除夏季外，其余三个季节的积雪覆盖率都有了不同程度的减小，表现为春季和冬季积雪覆盖率减小幅度大于秋季，且减少的最大区域均位于西欧南部和青藏高原周边区域，而秋季减小最多的区域位于欧亚大陆，尤其是西欧北部及青藏高原腹地；在 RCP8.5 排放情景下，各季节积雪覆盖率减小的区域与 RCP4.5 一致，但减小的趋势均较 RCP4.5 明显加大，尤其是冬季，这与图 10-1 反映的情况一致。

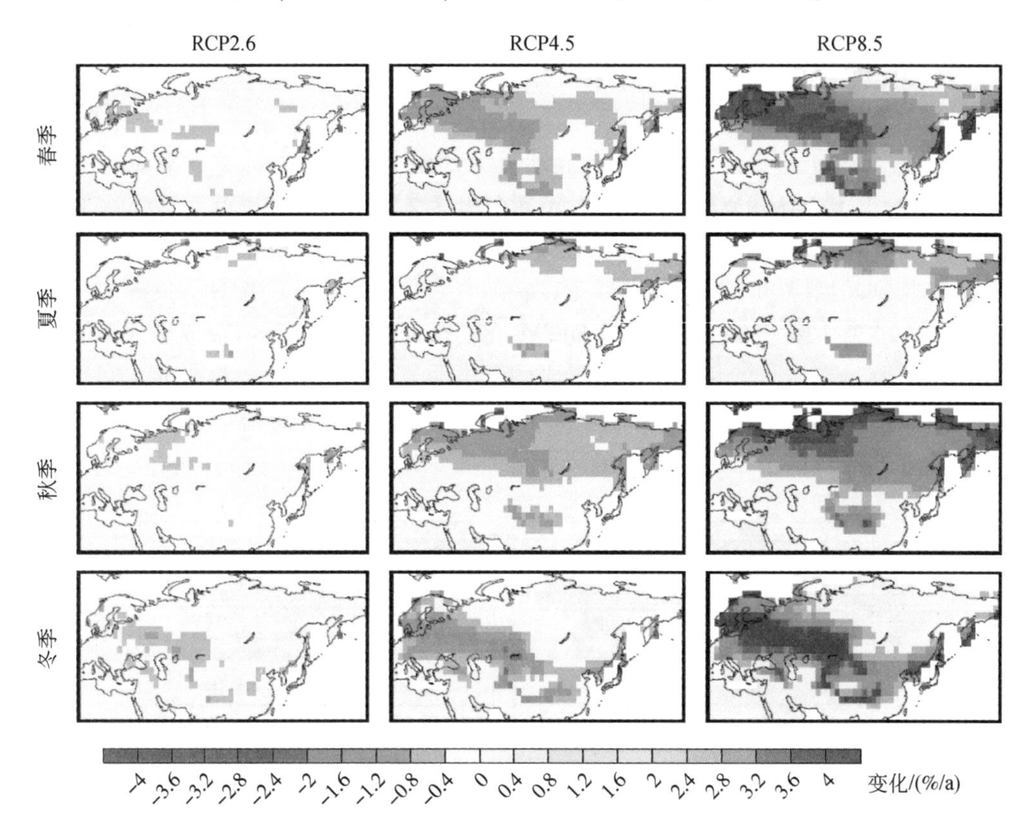

图 10-3　多模式集合预估 2006 ~ 2099 年欧亚大陆四季积雪覆盖率线性变化趋势的空间分布

通过上述分析可知，若施行有效的温室气体减排政策，将未来温室气体排放控制在一个较低的水平，未来欧亚大陆积雪覆盖率将不会发生太大变化，且由积雪变化引起的气候反馈也相对较小。但如果现在不施行有效的温室减排政策，也许近期（2006 ~ 2040 年）积雪变化及其气候影响并不显著，但随着时间的推移，到 21 世纪后半叶，积雪的减少及带来的影响将会越来越凸显。春季和冬季是受影响最大的季节，且影响最大的区域位于西欧和青藏高原地区，而青藏高原积雪除了对我国夏季汛期降水有重要影响外，对调节区域水资源平衡和生态系统的稳定都至关重要。因此，必须高度重视高温室气体排放情景下积雪出现的明显变化，制定相应的温室气体减排和气候适应政策以减少由此带来的不利影响。

10.4 欧亚大陆积雪深度预估

对欧亚大陆积雪深度预估是在对所选的 5 个模式评估的基础上进行的。10.2 节已经介绍了评估所选的 5 个模式信息，用于评估的欧亚大陆观测积雪深度数据介绍见本书第 7 章。本节将对评估部分简要概述，重点讨论积雪深度的预估及结论。

综合模式和观测数据覆盖的时间范围，评估采用的时段为 1962 年 1 月 ~ 2005 年 12 月。考虑到 CMIP5 模式分辨率较低，若重新插值到 0.5°网格会产生较大误差，本研究将网格化的观测积雪深度数据由 0.5°降尺度到 1°，各模式亦均重采样至 1°网格。经过空间分布形式分析、差值分析、线性相关分析、平均绝对偏差分析和误差标准差分析，发现 5 个模式中由于 CNRM-CM5 模拟的积雪深度存在明显的不合理区域，且对欧亚积雪深度空间型的描述最差，模拟的偏差也较大，季节差异最明显，因此在对欧亚大陆积雪深度进行预估时剔除该模式，选用 BCC-CSM1.1（m）、CCSM4、MIRO5 和 MRI-CGCM3 4 个模式预估未来欧亚大陆积雪深度变化，分析 2006 ~ 2009 年 RCP2.6 和 RCP8.5 排放情景下欧亚大陆积雪深度的变化情况。在进行多模式集合平均时，考虑到算术平均法略好于标准差权重法和秩权重法，本节对欧亚积雪深度也采用算术平均法进行集合预估。限于篇幅，以下只给出年平均以及冬季、春季积雪深度的情况。

10.4.1 积雪深度时间变化

图 10-4 为欧亚大陆积雪深度距平的历史和预估曲线。显而易见，随着气候变暖，欧亚大陆积雪越来越薄，且无论哪种时间尺度，到 21 世纪末，低排放情景下欧亚大陆积雪深度均缓慢下降，甚至趋于平缓，而高排放情景下欧亚大陆积雪深度均出现明显而快速的下降趋势，且两种排放情景下的显著差异出现在 21 世纪中叶以后。这与 21 世纪积雪覆盖率的减小趋势是一致的（图 10-4）。

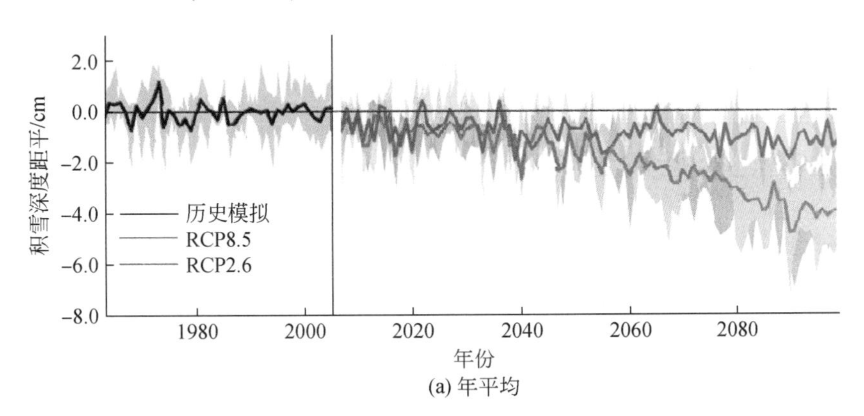

(a) 年平均

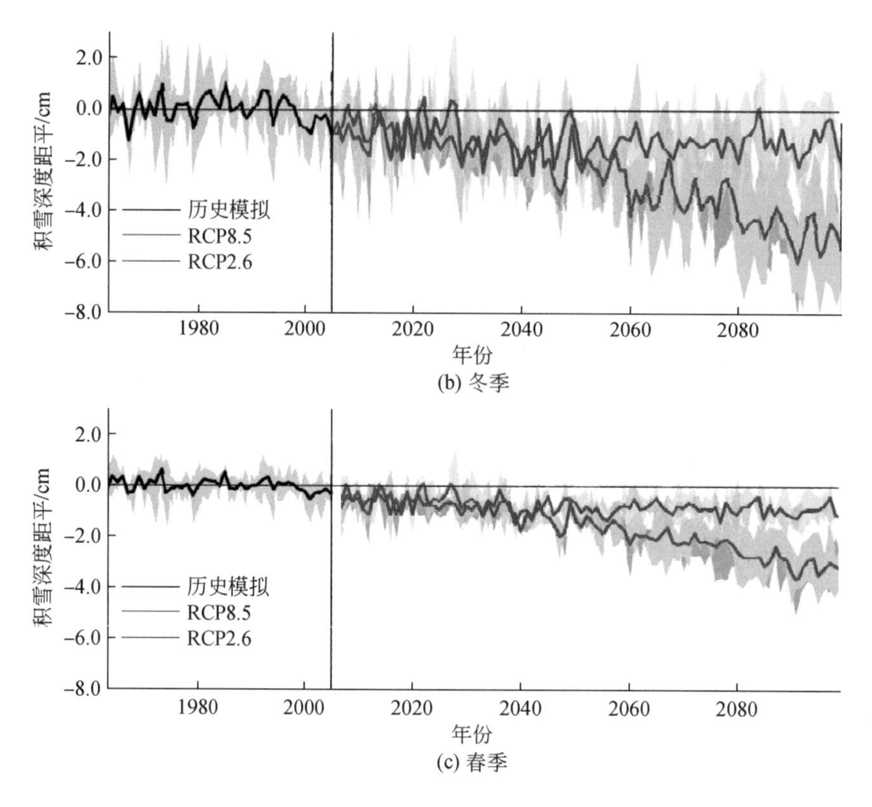

图 10-4　欧亚大陆积雪深度距平的历史和预估曲线

相对于 1986 ~ 2005 年平均

与 1986 ~ 2005 年平均积雪深度相比，低、高排放情景下 21 世纪中叶（2041 ~ 2060 年平均）欧亚大陆年平均积雪深度将分别下降 0. 78cm、1. 33cm，到 21 世纪末（2080 ~ 2099 年平均）年平均积雪深度将分别下降 0. 81cm、2. 87cm。可见，低排放情景下，未来 50 年和未来 100 年积雪深度的减少差别不大，但高排放情景下，未来 100 年积雪深度的减少将是未来 50 年的两倍多。从季节尺度来看，高排放对春季积雪深度的影响较冬季大，21 世纪末将分别减少 4. 62cm 和 3. 72cm（表 10-4）。这与气温升高首先影响过渡季节积雪的概念一致。此外，从年际波动来看，未来春季积雪深度的波动幅度明显大于冬季，说明随着气候变暖，春季积雪的不稳定性增强，这将给季节预测带来更大挑战。

表 10-4　21 世纪中叶和 21 世纪末欧亚大陆积雪深度变化　（单位：cm）

指标	2041 ~ 2060 年平均		2080 ~ 2099 年平均	
	RCP2. 6	RCP8. 5	RCP2. 6	RCP8. 5
年平均	-0. 78	-1. 33	-0. 81	-2. 87
冬季	-0. 90	-1. 55	-1. 10	-3. 72
春季	-1. 18	-2. 12	-1. 09	-4. 62

注：相对于 1986 ~ 2005 年平均。

10.4.2 积雪深度空间变化

图 10-5 给出了到 21 世纪中叶和 21 世纪末，高、低排放情景下，年平均积雪深度的变化情况。从空间分布形式来看，各情景、各时段均表现出欧亚大陆东北部增加，而其他区域减少的变化特征，积雪减少最明显的区域位于北欧。RCP2.6 排放情景下，21 世纪中叶和 21 世纪末积雪深度增/减幅度的差异较小；但 RCP8.5 排放情景下，21 世纪末积雪深度增/减幅度均大于 21 世纪中叶，但在积雪减少的区域，21 世纪末减少的幅度要比增加的幅度大得多，这与图 10-4 反映的高排放情景下积雪显著减少相一致。

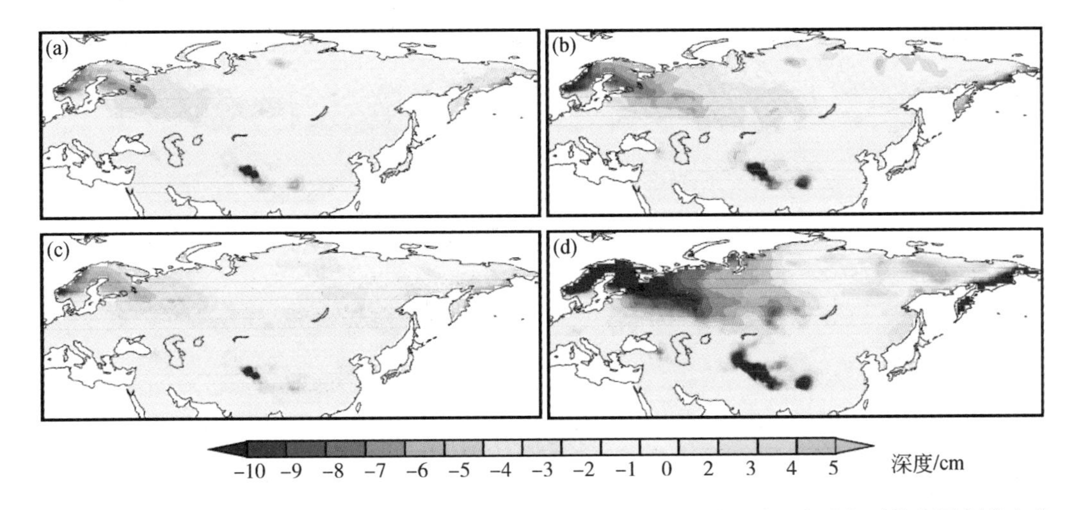

图 10-5 到 21 世纪中叶和 21 世纪末，RCP2.6 和 RCP8.5 排放情景下欧亚大陆年平均积雪深度变化

（a）和（b）为 21 世纪中叶，（c）和（d）为 21 世纪末；同时（a）和（c）为 RCP 2.6 排放情景下，（b）和（d）为 RCP 8.5 排放情景下

图 10-6 和 10-7 给出了对冬季和春季积雪深度的预估情况。其变化的空间分布形式与年平均情况一致，且均表现出高排放较低排放情景下积雪减少和增加的幅度均加大。在积雪减少的区域，21 世纪末和 21 世纪中叶相比，减少幅度差异不大，但在积雪增加的区域，21 世纪中叶的增加幅度明显大于 21 世纪末，说明随着全球变暖，大气水汽的变化可能会使欧亚东北部积雪增多，但随着气温进一步升高，气温的融雪作用将占主导，使欧亚东北部积雪的增幅开始下降。从季节差异来看，冬季欧亚东北部积雪的增加幅度明显大于春季，这与欧亚大陆冬季降雪增加的结论相一致。

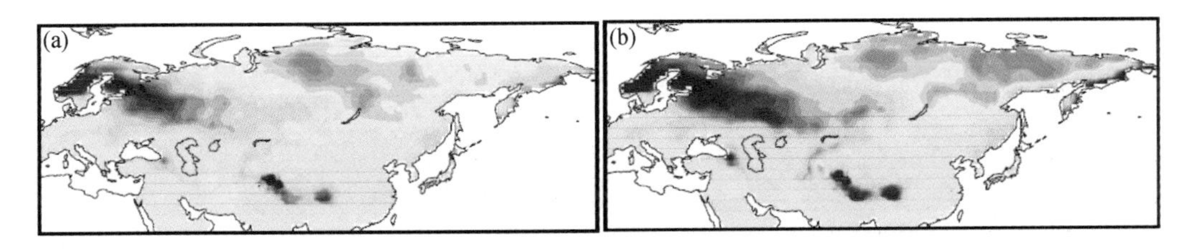

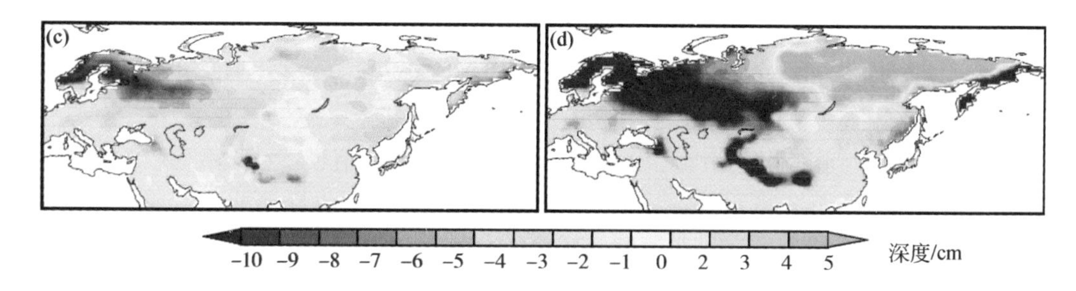

图 10-6　到 21 世纪中叶和 21 世纪末，RCP2.6 和 RCP8.5 排放情景下欧亚大陆冬季积雪深度变化

（a）和（b）为 21 世纪中叶，（c）和（d）为 21 世纪末；同时（a）和（c）为 RCP 2.6 排放情景下，（b）和（d）为 RCP 8.5 排放情景下

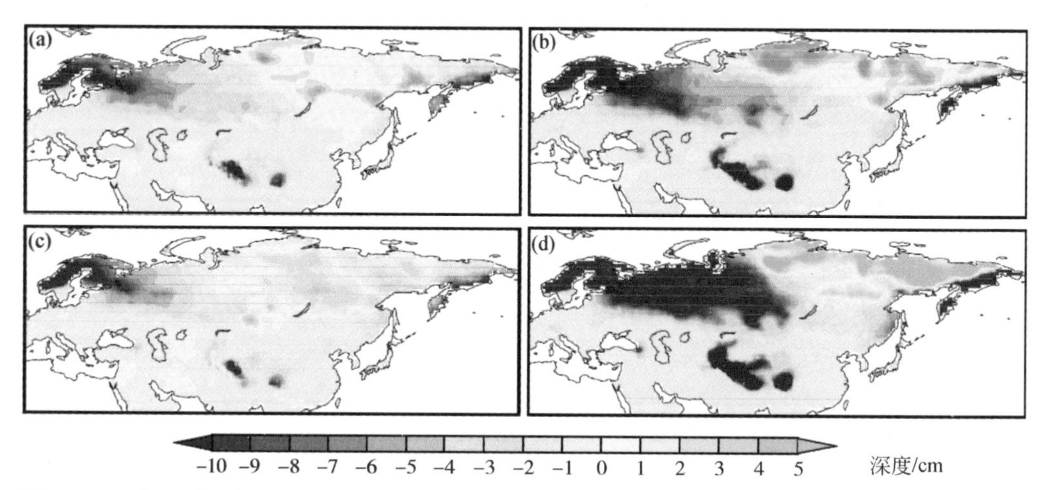

图 10-7　到 21 世纪中叶和 21 世纪末，RCP2.6 和 RCP8.5 排放情景下欧亚大陆春季积雪深度变化

（a）和（b）为 21 世纪中叶，（c）和（d）为 21 世纪末；同时（a）和（c）为 RCP 2.6 排放情景下，（b）和（d）为 RCP 8.5 排放情景下

此外，与图 10-5 ~ 图 10-7 相对应，研究同时给出了欧亚大陆平均积雪深度变化比例（图 10-8 ~ 图 10-10）。可见，北欧积雪深度虽然是减少幅度最大的地区，但与该地区实际积雪深度状况相比，并不是减少比例最大的地区。减少比例最大的地区位于欧亚大陆南部，即积雪相对较少的地区，这在高、低排放情景下均有一致表现。但不同排放情景下积雪增加比例最大的地区却不尽相同：低排放情景下，积雪相对增加最多的地区位于中西伯利亚高原，而高排放情景下，积雪相对增加最多的地区位于欧亚大陆东北部，这种特征无论是对年平均积雪，还是对冬季或春季积雪都是一致的。

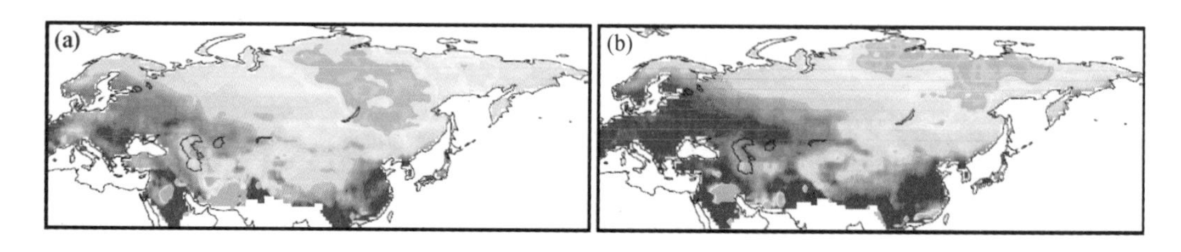

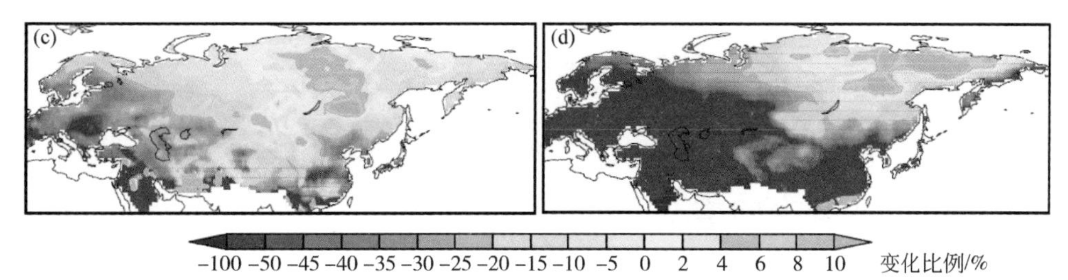

图 10-8　到 21 世纪中叶和 21 世纪末，RCP2. 6 和 RCP8. 5 排放情景下欧亚大陆年平均积雪深度相对于 1986 ~ 2005 年的变化比例

（a）和（b）为 21 世纪中叶，（c）和（d）为 21 世纪末；同时（a）和（c）为 RCP 2. 6 排放情景下，（b）和（d）为 RCP 8. 5 排放情景下

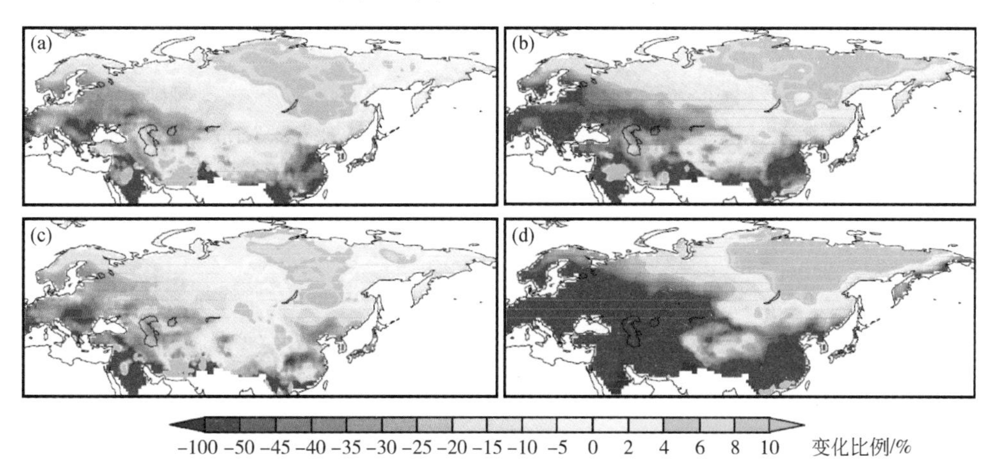

图 10-9　到 21 世纪中叶和 21 世纪末，RCP2. 6 和 RCP8. 5 排放情景下欧亚大陆冬季积雪深度相对于 1986 ~ 2005 年的变化比例

（a）和（b）为 21 世纪中叶，（c）和（d）为 21 世纪末；同时（a）和（c）为 RCP 2. 6 排放情景下，（b）和（d）为 RCP 8. 5 排放情景下

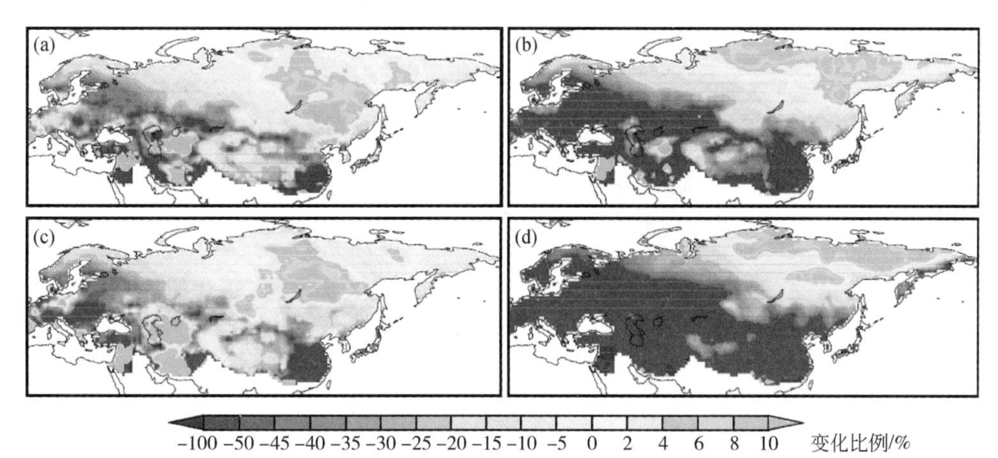

图 10-10　到 21 世纪中叶和 21 世纪末，RCP2. 6 和 RCP8. 5 排放情景下欧亚大陆春季积雪深度相对于 1986 ~ 2005 年的变化比例

（a）和（b）为 21 世纪中叶，（c）和（d）为 21 世纪末；同时（a）和（c）为 RCP 2. 6 排放情景下，（b）和（d）为 RCP 8. 5 排放情景下

10.5 北半球雪水当量预估

10.5.1 雪水当量时间变化

图10-11为不同排放情景下多模式集合预估21世纪北半球陆地雪水当量相对于1986～2005年的变化。相对于1986～2005年，三种排放情景下2006～2099年北半球平均雪水当量呈显著减少趋势。在RCP2.6、RCP4.5和RCP8.5三种排放情景下雪水当量分别以0.54mm/10a、1.09mm/10a和2.05mm/10a的速度在减少（表10-5）。但在到21世纪中后期，RCP2.6排放情景下雪水当量基本呈稳定的状态，RCP4.5排放情景下雪水当量呈弱的减少趋势，而RCP8.5排放情景下雪水当量持续减少至21世纪末，这与前人研究（Brutel Vuilmet et al.，2012）一致，也与10.3节和10.4节描述的欧亚大陆积雪覆盖率和欧亚大陆积雪深度预估结论一致。

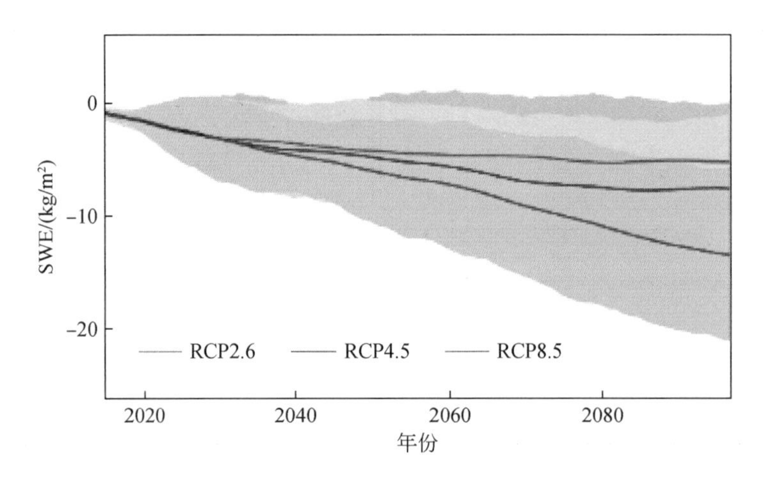

图10-11 不同排放情景下多模式集合预估21世纪北半球陆地雪水当量相对于1986～2005年的变化
阴影部分代表加减一个模式间平均的标准差，集合平均前对单个模式进行10年滑动平均

表10-5 2006～2099年北半球陆地平均雪水当量线性趋势（单位：mm/10a）

时间	RCPs		
	RCP2.6	RCP4.5	RCP8.5
秋季	−0.51	−1.17	−1.83
冬季	−0.54	−1.18	−2.18
春季	−0.61	−1.32	−2.39
夏季	−0.50	−1.09	−1.79
年平均	−0.54	−1.09	−2.05

注：经Mann-Kendall检验，趋势均通过了95%显著性检验。

10.5.2 雪水当量空间变化

图 10-12 为三种排放情景下 21 世纪初期（EP：2016～2045 年）、中期（MP：2046～2065 年）和末期（LP：2080～2099 年）北半球陆地年平均雪水当量相对于 1986～2005 年的变化比例。总体来看，在三种排放情景下，除了欧亚大陆东北部存在弱的增加外，21 世纪北半球大部分地区雪水当量都是减少的，尤其是中国青藏高原和北美减少尤为显著。北美 60°N 以北地区，低、中排放情景下雪水当量相对减少 10%～20%，而高排放情景下雪水当量相对减少 40%；在西伯利亚，RCP2.6 和 RCP4.5 排放情景下，雪水当量约增加 10%，RCP8.5 排放情景下，雪水当量增加 10%～20%。这表明随着排放浓度的加强，雪水当量增加或减少的强度也在增强，而且在同一排放情景下，雪水当量在末期的变化比初期和中期显著。随着全球温度上升，雪水当量呈现出减少的趋势，且在积雪的南界减少最显著。

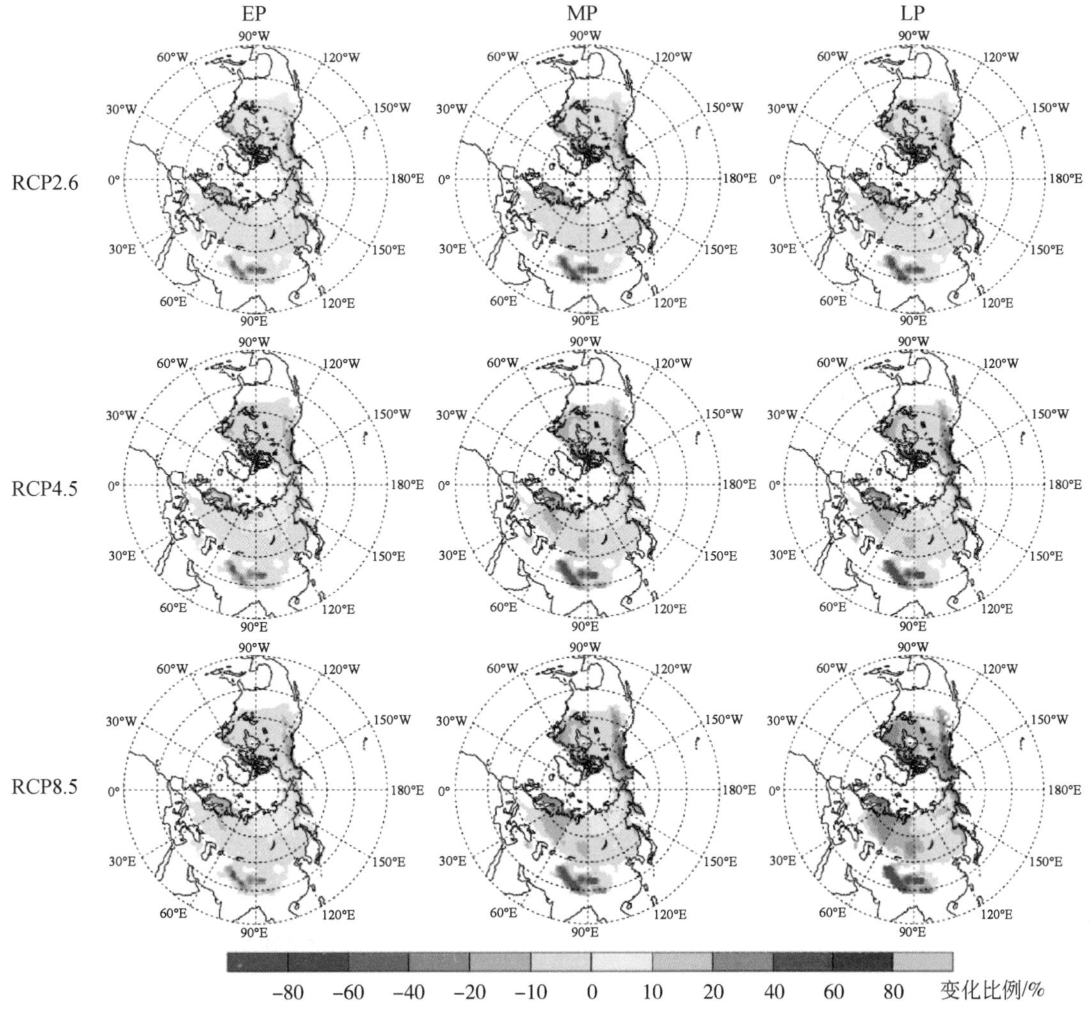

图 10-12 三种排放情景下 21 世纪不同时段北半球陆地年平均雪水当量相对于 1986～2005 年的变化比例

近年来研究表明，中国青藏高原地区温度的增暖比其他地区明显（Chen S B et al.，2006；Liu and Chen，2015），温度的上升加速了积雪融化，使青藏高原雪水当量显著减少。

此外，未来不同时段北半球陆地雪水当量变化的季节性差异显著。总体来看，秋季和夏季大部分地区雪水当量都呈现出较弱的减少，使年平均雪水当量的变化以冬春季的变化为主。图 10-13 和图 10-14 分别给出了冬季和春季的情形。可以看出，冬季雪水当量的空间变化和年平均雪水当量的空间变化是相似的。在 RCP8.5 排放情景下雪水当量的变化最为显著，尤其是在 21 世纪末期，北半球大部分地区雪水当量是减少的，其中在北美北部（45°N 以北）、北美西部以及中国青藏高原，雪水当量减少了 80% 左右；在西伯利亚雪水当量增加了 40% 左右。对同一时段相同排放情景下，春季雪水当量减少的强度和范围均比冬季大，但是增加的强度和范围均比冬季小（图 10-14），导致北半球陆地年平均雪水当量呈现出减少的趋势，且在春季减少较快，这与欧亚大陆积雪深度的变化特征是一致的。

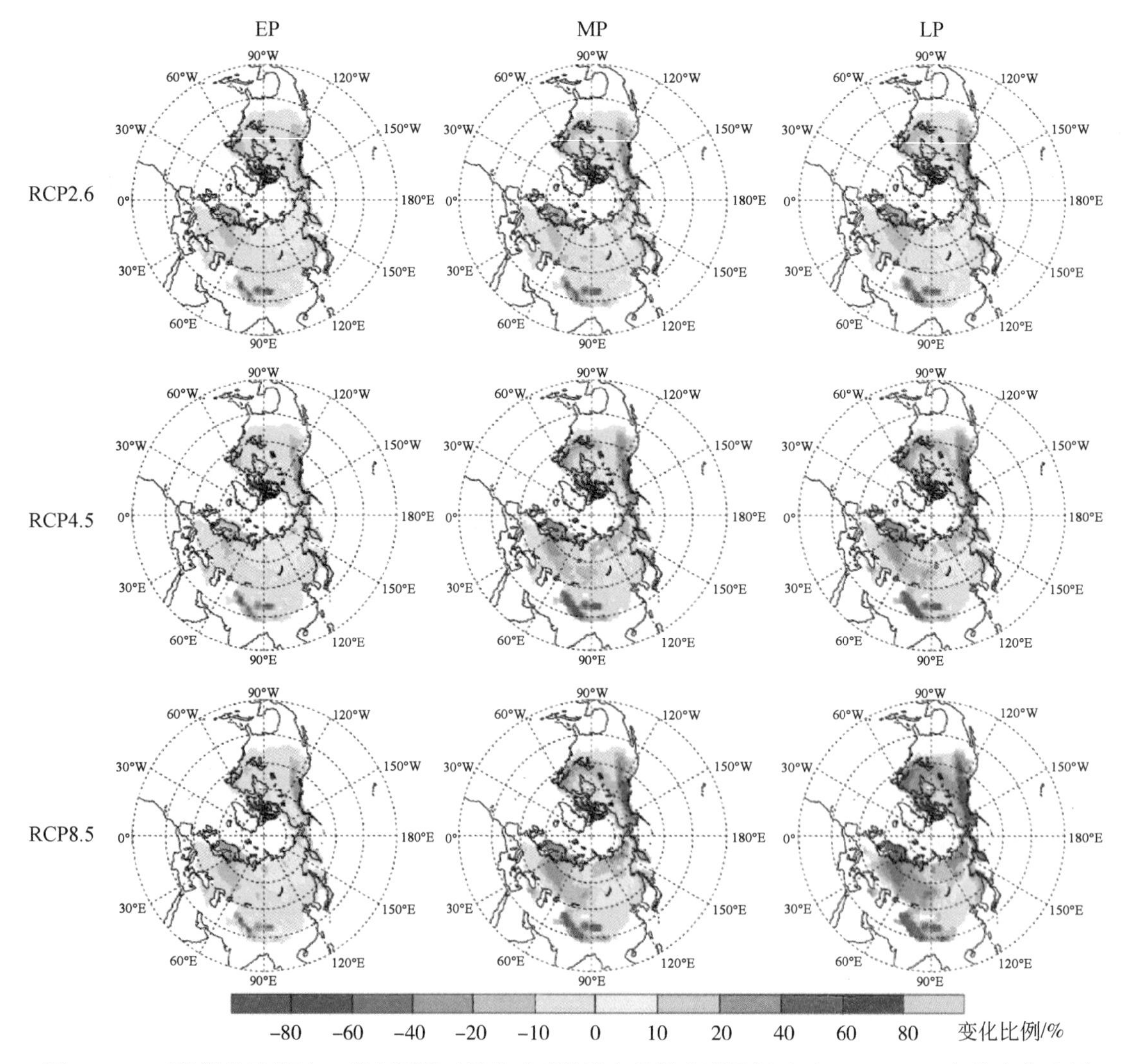

图 10-13　三种排放情景下 21 世纪不同时段北半球陆地冬季雪水当量相对于 1986～2005 年的变化比例

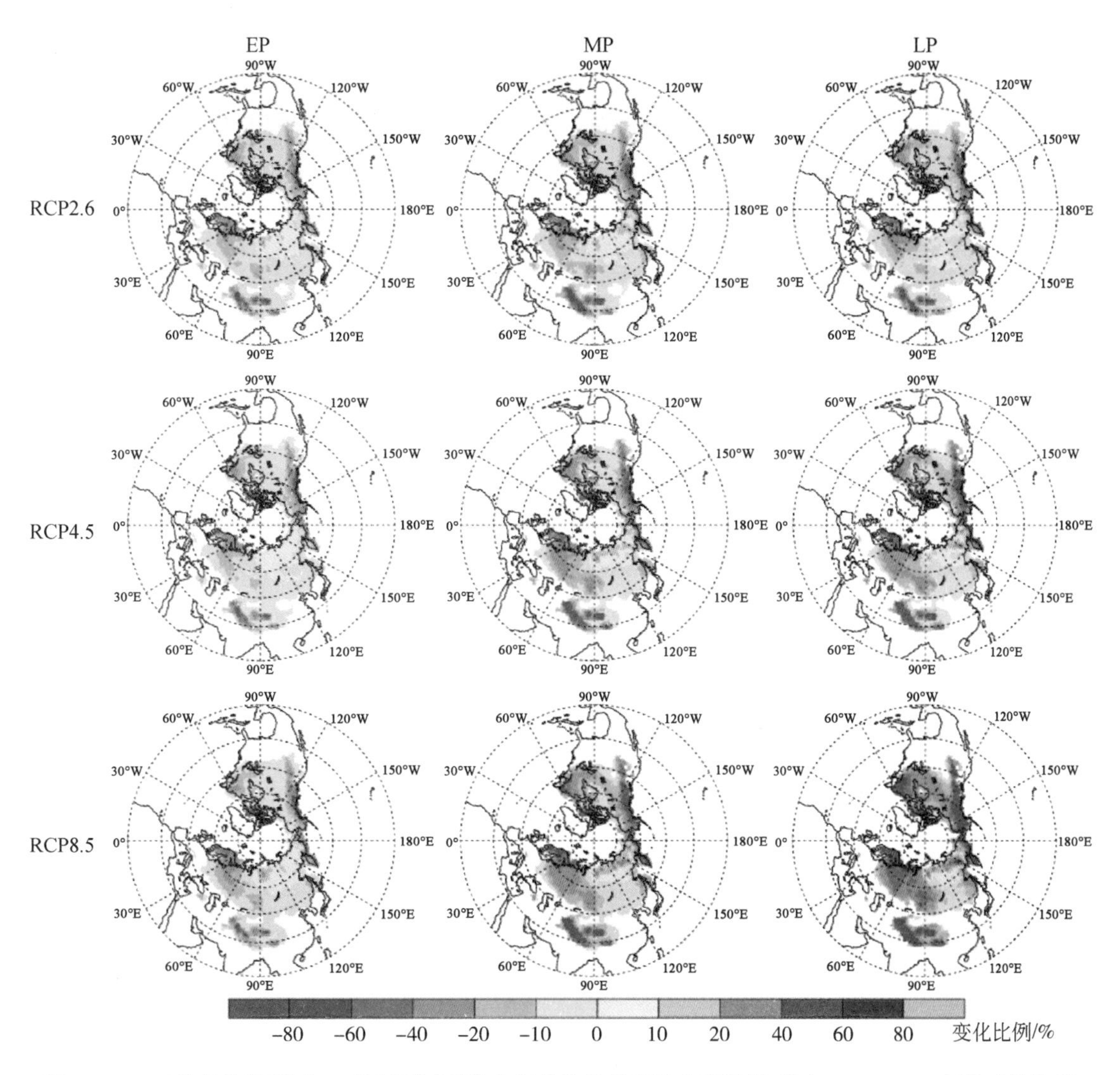

图 10-14　三种排放情景下 21 世纪不同时段北半球陆地春季雪水当量相对于 1986～2005 年的变化比例

图 10-15 给出了 21 世纪三个阶段北半球陆地年平均雪水当量、温度和降水的纬带特征。可以看出，21 世纪不同时期不同排放情景下，除北极圈外，北半球陆地年平均雪水当量的相对变化均随纬度升高而减少［图 10-15（a）～图 10-15（c）］，即未来雪水当量的相对变化在低纬度地区减少最显著。随着排放浓度的增强，各纬度带内雪水当量的减少幅度一致增大，60°N～70°N 一直是雪水当量减少最弱的纬度带。从图 10-15（d）～图 10-15（f）可以看出，北半球在高纬度地区的增温比低纬度明显，尤其在 50°N～60°N 纬度带上温度有较明显的升温。随着排放浓度的增强，从 21 世纪初期到末期，温度的变化逐渐增强。在 RCP2.6 排放情景下，到 21 世纪末温度升幅不会超过 2℃，而在 RCP8.5 排放情景下，到 21 世纪末期高纬度地区的升温将达到 8℃ 左右。21 世纪北半球不同纬度带上降水均呈增加趋势［图 10-15（g）～图 10-15（i）］。30°N～40°N 是降水变化最小的纬度带，在此以南和以

北的各纬度带，降水变化均逐渐增强。在中、低排放情景下，21 世纪末期北半球降水的增加将不超过 20%，而在 RCP8.5 排放情景下，21 世纪末期北半球降水的增加将超过 30%，且在 30°N～40°N 以南，降水增加的量级要大于高纬度地区，在 RCP8.5 排放情景下，21 世纪末期北半球降水的相对变化达到了 50%。

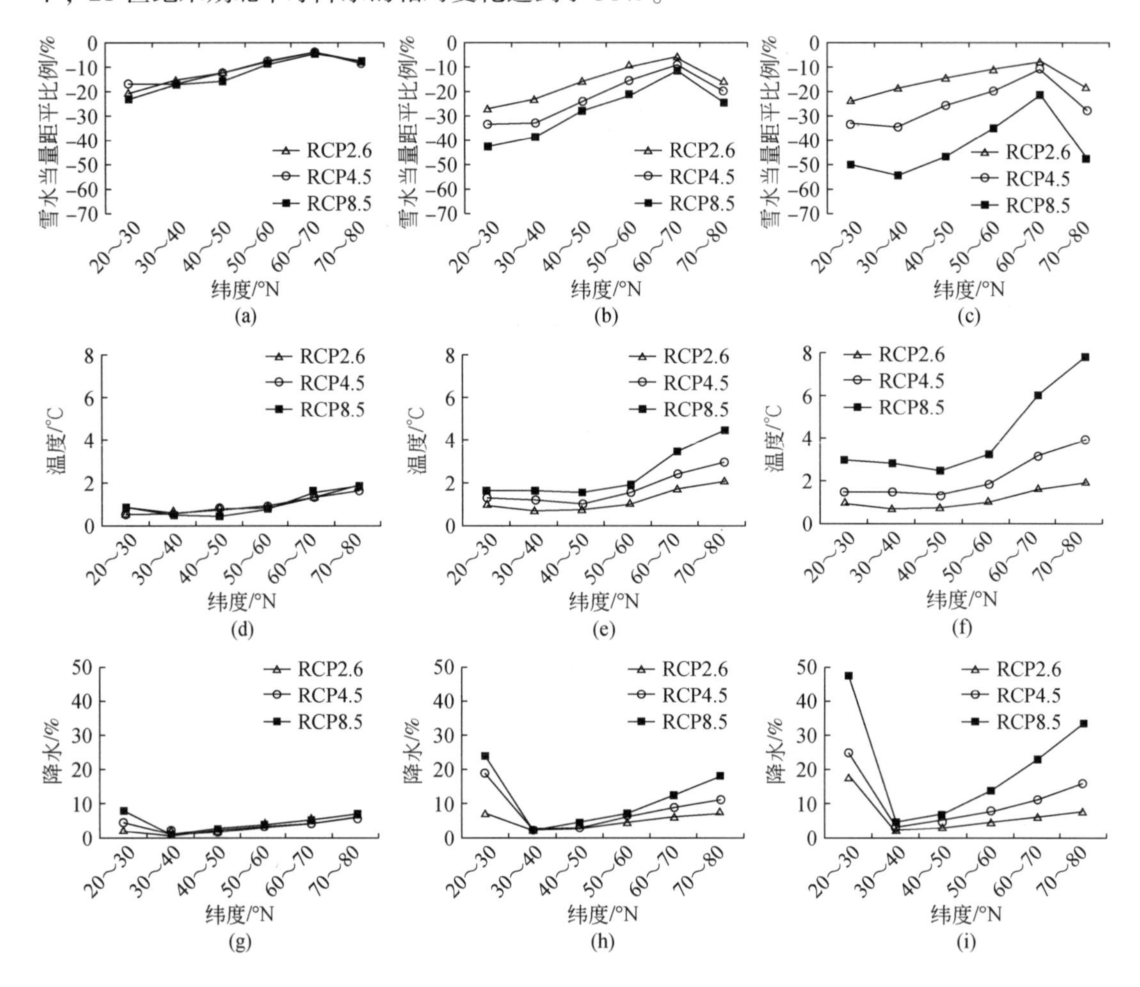

图 10-15 预估北半球陆地年平均雪水当量、温度和降水随纬度变化

（a）～（c）为雪水当量距平比例，（d）～（f）为气温距平，（g）～（i）为降水比例（均相对于 1986～2005 年）；（a）、（d）、（g）为 21 世纪初期，（b）、（e）、（h）为 21 世纪中期，（c）、（f）、（i）为 21 世纪末期

总的来看，图 10-15 表明温度和降水较为显著增加的区域均位于北半球高纬度地区，而雪水当量显著减少的区域位于北半球低纬度地区。这可能是由于低纬度地区在温度较高的背景下，虽然降水是增加的，但降水中固态水的比例逐渐减小，即低纬度地区降雪事件减少，雪水当量减少较高纬度显著。从绝对变化来看，雪水当量在北半球高纬度地区减少最显著，而温度在高纬度地区增加较显著，这意味着高纬度地区温度有可能是雪水当量变化的主要因素（Shi and Wang，2015）。

10.5.3 全球升温 1.5℃和 2.0℃阈值下北半球雪水当量变化

选取 1861 ~1880 年为工业化前的参考时期，首先确定各模式三种排放情景下，全球地表温度到 21 世纪末平均升幅达到 1.5℃和 2℃阈值的时段，然后分析各时段北半球雪水当量变化情况。

地表温度存在明显的年际变化特征，在某一年到达某升温阈值后可能不会持续上升，有一定的波动性。因此，不仅统计了首次超过某一升温阈值的时间，还统计了连续 5 年超过某一升温阈值的起始年。表 10-6 为各模式在三种排放情景下较工业化前地表温度增幅达 1.5℃及 2℃的时间，MME 代表多模式集合平均的结果。可以看出，全球平均地表温度约于 21 世纪 20 年代中期达到 1.5℃阈值；RCP2.6 排放情景下，到 2100 年全球平均地表温度约为 1.9℃，不会达到 2℃阈值，以下针对 2℃阈值的分析中，RCP2.6 排放情景下计算的均为 21 世纪末雪水当量的变化；RCP4.5、RCP8.5 排放情景下，达到 2℃阈值的时间分别在 2046 年和 2037 年前后，这与陈晓晨等（2015）和 Zhang（2012）得到的 2046 年和 2038 年的结果基本一致。

考虑到冰冻圈分量对气候变暖响应是一个渐变的慢过程，我们选取连续 5 年超过某升温阈值的起始年及其后 10 年这个时段作为达到某升温阈值的时段。三种排放情景下对应的 1.5℃升温阈值时间分别为 2027 ~2036 年、2026 ~2035 年、2023 ~2032 年；在 RCP4.5 和 RCP8.5 排放情景下，2℃升温阈值时间分别为 2046 ~2055 年和 2037 ~2046 年。

表 10-6 各模式在三种排放情景下较工业化前（1861 ~1880 年）地表温度增幅达 1.5℃及 2℃的时间

模式	升温 1.5℃			升温 2℃		
	RCP2.6	RCP4.5	RCP8.5	RCP2.6	RCP4.5	RCP8.5
BCC-CSM1.1	2023 年/2026 年	2022 年/2025 年	2019 年/2026 年	N/N	2040 年/2050 年	2038 年/2038 年
BCC-CSM1.1（m）	2014 年/2018 年	2013 年/2015 年	2011 年/2014 年	2029 年/N	2034 年/2037 年	2029 年/2029 年
CanESM2	2017 年/2017 年	2020 年/2020 年	2009 年/2015 年	2033 年/2033 年	2030 年/2035 年	2027 年/2030 年
CNRM-CM5	2040 年/2045 年	2035 年/2038 年	2030 年/2030 年	N/N	2055 年/2060 年	2045 年/2045 年
CSIRO-Mk3.6.0	2029 年/2029 年	2026 年/2031 年	2022 年/2030 年	2069 年/N	2043 年/2053 年	2043 年/2043 年
MIROC-ESM	2021 年/2021 年	2021 年/2021 年	2021 年/2021 年	2040 年/2043 年	2034 年/2034 年	2031 年/2031 年
MIROC-ESM-CHEM	2015 年/2015 年	2023 年/2023 年	2019 年/2019 年	2031 年/2034 年	2038 年/2038 年	2027 年/2027 年
MIROC5	2047 年/2052 年	2033 年/2052 年	2028 年/2033 年	N/N	2055 年/2058 年	2043 年/2052 年
GISS-E2-H	2025 年/2042 年	2023 年/2023 年	2021 年/2026 年	N/N	2050 年/2054 年	2039 年/2042 年
CCSM4	2021 年/2023 年	2014 年/2024 年	2018 年/2021 年	N/N	2043 年/2047 年	2033 年/2033 年
CESM1（CAM5）	2029 年/2037 年	2030 年/2033 年	2029 年/2033 年	2061 年/N	2047 年/2053 年	2043 年/2043 年
GFDL-CM3	2021 年/2036 年	2025 年/2033 年	2026 年/2029 年	2052 年/2059 年	2040 年/2040 年	2041 年/2043 年
NorESM1-M	2082 年/N	2040 年/2051 年	2035 年/2035 年	N/N	2079 年/2089 年	2051 年/2053 年
IPSL-CM5A-LR	2016 年/2021 年	2014 年/2018 年	2015 年/2015 年	2033 年/2038 年	2032 年/2032 年	2030 年/2030 年
IPSL-CM5A-MR	2012 年/2021 年	2023 年/2023 年	2010 年/2015 年	2042 年/N	2034 年/2034 年	2030 年/2030 年

续表

模式	升温 1.5℃			升温 2℃		
	RCP2.6	RCP4.5	RCP8.5	RCP2.6	RCP4.5	RCP8.5
BNU-ESM	2007 年/2012 年	2006 年/2017 年	2009 年/2016 年	2025 年/2031 年	2022 年/2031 年	2024 年/2024 年
HadGEM2-ES	2022 年/2028 年	2031 年/2031 年	2023 年/2030 年	2048 年/N	2043 年/2045 年	2036 年/2038 年
MME	2023 年/2027 年	2026 年/2026 年	2023 年/2023 年	N/N	2043 年/2046 年	2037 年/2037 年

注：N 表示没有出现，/左右分别是初次达到和稳定达到某升温幅度的时间。

图 10-16 为三种排放情景下全球升温 1.5℃时北半球年平均及冬季、春季雪水当量相对变化。从图 10-16 可以看出，全球升温 1.5℃时，北半球大部分地区年平均和季节雪水当量一致减少，只在中西伯利亚地区略微增加；北美洲中部、欧洲西部以及俄罗斯西北部的雪水当量减少较显著，部分地区相对于 1986 ~ 2005 年减少约 40% 以上。全球升温 2℃时，大部分地区雪水当量进一步减少，在俄罗斯西北部北冰洋沿岸减少最为显著，达到 80% 以

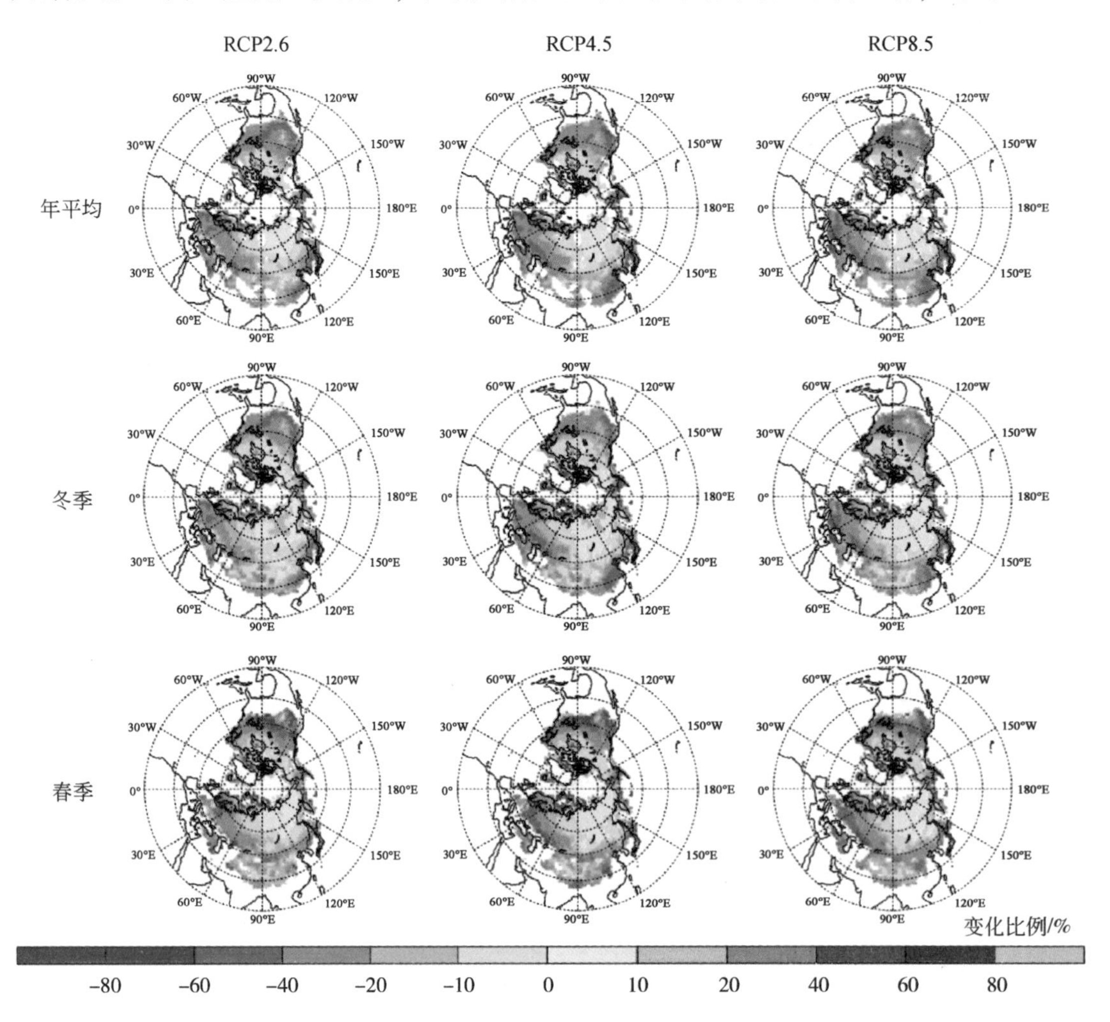

图 10-16　三种排放情景下全球升温 1.5℃时北半球年平均及冬季、春季雪水当量相对变化

上（图 10-17）。春季，雪水当量减少的最为显著；相同排放情景下，春季雪水当量减少的范围和强度均较冬季大，但增加的范围和强度均较冬季小，使北半球雪水当量整体上在春季减少的较多。此外，全球升温 1.5℃及 2℃时，北半球春季雪水当量相对于 1986～2005 年分别减少约 7.54mm 及 10.87mm（表 10-7）。IPCC 第五次报告（2013 年）中的结果显示，北半球春季积雪到 21 世纪末将减少 7%（RCP2.6 排放情景）～25%（RCP8.5 排放情景）。

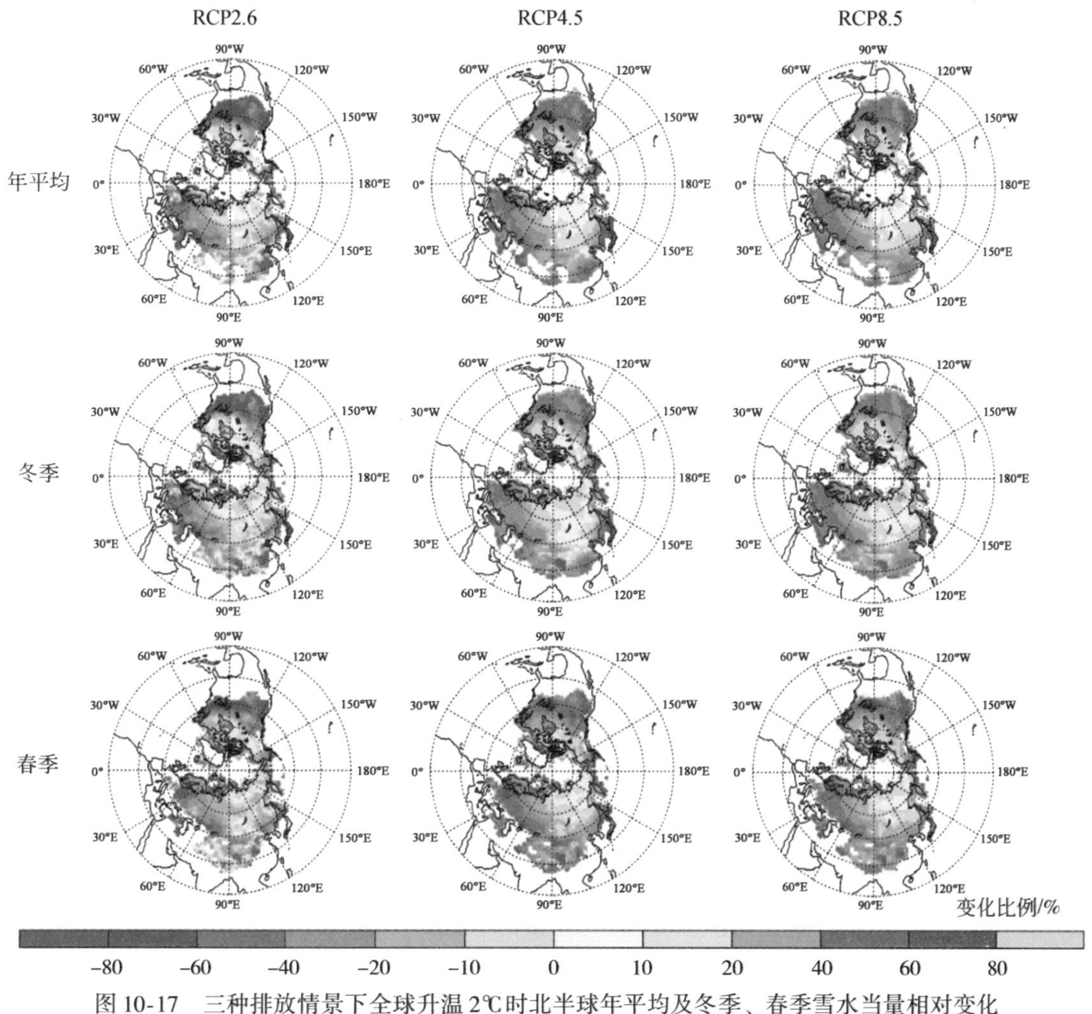

图 10-17　三种排放情景下全球升温 2℃时北半球年平均及冬季、春季雪水当量相对变化

表 10-7　三种排放情景下全球升温 1.5℃及 2℃时北半球年平均、冬季、春季雪水当量及其变化

升温幅度	排放情景	年平均			冬季			春季		
		SWE/mm	AC/%	RC/%	SWE/mm	AC/%	RC/%	SWE/mm	AC/%	RC/%
1.5℃	RCP2.6	98.71	-6.52	-6.19	76.97	-6.93	-8.26	102.59	-8.13	-7.34
	RCP4.5	99.94	-5.29	-5.03	77.69	-6.21	-7.40	103.60	-7.12	-6.43
	RCP8.5	99.44	-5.78	-5.50	77.86	-6.04	-7.2	103.35	-7.37	-6.65

续表

升温幅度	排放情景	年平均			冬季			春季		
		SWE/mm	AC/%	RC/%	SWE/mm	AC/%	RC/%	SWE/mm	AC/%	RC/%
2℃	RCP2.6	93.67	-11.56	-10.99	74.83	-9.07	-10.81	98.95	-11.77	-10.63
	RCP4.5	97.36	-7.87	-7.48	74.89	-9.01	-10.74	100.30	-10.42	-9.41
	RCP8.5	98.22	-7.00	-6.66	74.97	-8.93	-10.65	100.31	-10.41	-9.40

注：SWE、AC、RC分别表示雪水当量、绝对变化、相对变化（%）。

第 11 章　结论与展望

在过去的几年时间里，中国积雪研究在很多方面都获得了丰硕的成果。围绕不同尺度复杂地形条件下积雪变化研究，在野外定点积雪观测，野外半定位重复多年积雪考察，大面积区域积雪考察，欧亚大陆尺度的历史水文气象站积雪等气候资料的收集，可见光和微波遥感资料的收集，积雪遥感算法的改进与验证，不同尺度特别是大陆及半球尺度条件下积雪分布、积雪范围、积雪厚度、雪水当量、积雪密度等重要积雪参数等方面进行了大量的研究，取得了辉煌的成果，首次在空间上将中国积雪研究从国内推向欧亚大陆及北半球。

11.1　复杂地形积雪遥感及方法改进

开展复杂下垫面积雪微波遥感工作。以我国新疆地区为研究区，发展了基于积雪特性先验信息的雪深反演算法，提高了非森林区被动微波雪深反演精度。以东北森林为研究区，结合森林微波辐射传输模型和积雪微波辐射传输模型对森林透过率进行优化，并将透过率引入雪深反演中，提高了森林区雪深反演精度。在流域尺度上，以祁连山冰沟流域为研究区，开展了主动微波雪水当量反演研究，基于积雪的热阻建立了后向散射系数与雪水当量之间的关系。

传统的 NDSI 方法在森林地区出现低估，在对比积雪林地与无雪林地各种反射率指数的基础上，提出了一种 NDSI 和 NDFSI 相结合的山区林地积雪制图方法。NDSI 和 NDFSI 相结合的方法简单有效，不需要提供林地分布等辅助数据，可以有效提高山区林地积雪制图的精度。

根据中国地区的站点观测雪深，对亮度温度梯度法进行修正，分别针对 SMMR 和 SSM/I 发展了中国地区的雪深反演方法，提高了中国地区的雪深反演精度。通过综合分析野外调查的积雪特性数据以及多年的站点观测数据，归纳总结出新疆地区积雪特性的时间变化，利用 MEMLS 模型模拟不同积雪特性下亮度温度和雪深的查找表，发展了基于先验信息的被动微波雪深反演方法。综合利用积雪微波辐射传输模型、森林微波辐射传输过程对东北森林 18GHz 和 36GHz 透过率进行优化，并将透过率应用于雪深反演，提高了东北森林区的雪深反演精度。但是通过应用欧亚大陆积雪实地观测资料验证，发现在不同积雪类型区，被动微波雪深反演算法的精度存在较大差异。目前的雪深反演算法往往高估浅雪的雪深，而低估深雪的雪深；随着纬度的增加，由低纬的高估转变为高纬的低估；随着季节的推移，由夏季的高估转变为冬季的低估。

首次开展了积雪数据同化方法的研究，并成功地集成了积雪过程模型、积雪微波辐射传输模型、优化算法和误差估计方法，实现了积雪数据同化系统。该系统可以同化积雪的多源观测数据，有望开创获取更高质量、更高时空分辨率并有物理模型约束的积雪数据集的新领域。通过试验分析，提出了数据同化系统中动态估计模型误差的思路，分析了集合数量对同化结果的影响，确定了在结果可信情况下的最小集合样本数。为提高数据同化系统的执行效率和同化结果精度提供了依据，为进一步实现实用性的积雪数据同化系统奠定了基础。

以祁连山冰沟流域为对象，研究了主动微波遥感提取积雪范围和反演雪水当量的方法。由于液态水的存在，湿雪的后像散射明显低于干雪和无雪，因此，主动微波容易识别湿雪。通过建立热阻和后向散射变化的关系以及热阻和雪水当量的关系，发展了基于热阻的雪水当量反演方法。

利用光学与微波遥感发展了适用于山区复杂地形以及森林覆盖下的积雪范围和雪深反演算法，经过大量的气象站点和野外实地考察测量数据验证，结果表明相对于已有算法，在积雪范围的信息获取方面，提高了森林地区的识别精度，增强了云下积雪信息恢复，在雪深反演方面，建立了基于微波辐射传输模型和先验信息的查找表算法，在全球积雪粒径、积雪密度和森林等先验信息的支持下，获取了新的全球雪深数据。在这些遥感反演的基础上，分析了过去 30 年积雪的时空变化特征，整体上不同区域的积雪变化趋势不一致，春季积雪减少显著，冬季积雪有增加趋势，极端积雪事件略有增加趋势。

11.2　复杂地形积雪光学遥感方法改进

光学遥感识别积雪范围方法较为成熟，已有多个产品出现，并被广泛地应用。已有算法对于复杂地形条件和森林区的积雪范围反演精度低。本节介绍了本项目在光学遥感提取积雪范围及其去云处理，尤其是森林区积雪识别的改进算法，主被动微波遥感提取积雪范围、反演积雪厚度和雪水当量，尤其是复杂地形条件下和森林区的改进算法。

IMS 雪冰产品由 NOAA 制作，该产品由多种光学与微波传感器数据融合而成，不受云层的干扰。提供空间分辨率为 1km、4km 及 24km 的北半球每日无云积雪范围图，是目前多源遥感卫星融合的代表产品，在积雪遥感研究中具有广阔的前景（Ramsay，1998；Mazari et al.，2013）。而且，光学传感器具有更高的空间分辨率，用光学传感器获取的积雪范围作为约束条件，可以提高被动微波雪水当量产品的精度。例如，Gao 等（2010）通过融合 MODIS 与 AMSR-E 积雪产品，不但消除了云对 MODIS 积雪产品的影响，而且生成了更高空间分辨率的雪水当量产品。Mhawej 等（2014）通过分析积雪日数与雪水当量的关系，提出了一个利用 MODIS 积雪产品对 AMSR-E 雪水当量产品进行降尺度的算法，有效提高了被动微波雪水当量产品的精度。

对于所有的光学传感器，云层和大气对遥感图像的质量影响都很大，尤其是云层，云顶在可见光以及近红外区的强反射作用使光学传感器在该区域内只能接收到云顶的信息，而屏蔽了云层下方区域的信息。另外，一些比较薄的云层（如卷云）可能部分反映出云下地表的信息，当采用 NDSI 阈值法划分积雪时，常常会将其错误地识别为积雪。所以，采用光学传感器数据进行积雪制图时，应该将相应的区域提取出来，不参与算法计算。至于云层下方的地面信息，目前几乎所有的技术手段都难以将其完全恢复。比较好的途径就是利用微波遥感的穿透功能，从传感器接收的信息中提取地面信息，进而提取积雪信息。光学与微波遥感的结合可以简单地分为两部分：对于无云的区域，使用分辨率更高的光学遥感数据得到积雪覆盖信息；对于有云的区域，使用微波遥感数据提取积雪信息。

传统的遥感图像分析方法假设所有的像元是纯像元，一个像元对应一种地物类型，而遥感数据中每个像元所记录的信息多数来自一个以上的地物类型。通常的遥感积雪制图算法（如 AVHRR 和 MODIS 标准算法）是一种二值的判定方法，将地表分为积雪区与非积雪区两种类型。当遥感图像的分辨率较低时，像元中含有较多的地物类型，这种图像分析方法得到的结果（如地物分类、面积估算）精度就会下降。提高空间分辨率是解决混合像元问题的主要方法之一，但是往往提高空间分辨率会降低时间分辨率。对于积雪范围监测，需要实时动态地获取其空间分布情况。因此，在对目前时间分辨率高而空间分辨率较低的遥感数据进行处理时，采用混合像元分解方法得到每个像元中积雪所占的比例，即积雪系数是提高积雪覆盖面积监测精度的有效手段。

已有的研究表明，北半球森林地区的积雪图精度比较低，且其精度与森林类型有很强的相关性。对于光学遥感，林冠对积雪信息的部分屏蔽效应，使通常的线性光谱混合模型在林区很难得到较高的分类精度。基于几何光学理论可以建立林区积雪、植被的混合光谱模型。从本质上讲，这也是一种线性光谱混合模型，只不过它对林区内光的反射传输情况考虑得更加详细。

在林区还应该考虑树冠的阴影。因此，Vikhamar 和 Solberg（2003a，2003b）提出更为完善的林区光谱混合模型，该模型除考虑树冠的反射与透射外，还考虑冠层内的散射以及阴影对像元反射率的影响。阴影区的积雪和背景地表具有固定的反射率，而其面积则与森林的郁密度、冠层形状以及树高有关。这种模型需要一些与森林有关的参数，包括单位面积内的树木棵数、平均树冠高宽比、平均树高等，必须通过野外测量获取。另外，鉴于 NDSI 在积雪分类中的广泛应用，一些学者还分析了在林区使用阈值法进行分类的缺陷。由于树冠的阴影作用，林区的 NDSI 值普遍偏小，在使用标准阈值判定积雪时，将低估积雪范围。Klein 等（1998）采用 GeoSAIL 冠层反射模型模拟云杉、松树和白杨在有雪和无雪情况下的反射率。在充分考虑林冠透射与阴影的情况下，根据模拟和实测的 NDVI、NDSI 值确定积雪判定条件，认为在 NDVI 值较高的区域进行积雪像元判定时应该降低 NDSI 的阈值。

积雪表面反射率受积雪颗粒大小、含水量和纯净程度的影响，这些都会使 NDSI 值发生变化。另外，含水量以及积雪颗粒大小对于积雪图中混合像元的分解结果影响也很大。当积雪中的含水量超过一定比例时，其反射率大幅度降低，采用通常的线性光谱分解法进行像元分解将明显低估积雪范围。虽然已有的研究表明，积雪的物理特性对积雪制图不会产生较大的误差，但是对于遥感定量化的发展而言，在一定条件下应充分考虑这些特性。

从 AVHRR、MODIS 的积雪制图算法可以看出，采用遥感方法进行积雪制图会使用一系列的阈值进行条件判定，确定满足条件的像元为积雪像元。这些方法相对简单，利于计算机自动实现，但是采用相同的阈值进行分类，必然会造成局部结果误差较大，在使用阈值进行积雪像元判定时，还应该充分考虑在不同的区域内使用不尽相同的判定限值。

像元的成像角度会影响积雪分类的精度，对积雪区域亮度温度的限制有利于区分积雪和森林。例如，Barton 等（2000）在刚果进行实验时发现，使用 11.03μm 通道内的亮度温度数据，将 277K 作为阈值，能够消除 98% 的错分积雪像元；当加入扫描角度限制范围时，向阳面小于 45°，背阳面小于 55°，还能进一步提高精度，至 99.7%。基于以上考虑，在 MODIS 的 8d 和 16d 合成积雪图算法中，对每个像元的成像条件进行了限制，同时采用最大值合成方法得到积雪范围。

11.3 青藏高原积雪变化及其与气候变化的关系

作为对全球变化最为敏感的生态系统之一，全球气候变化迅速改变季节性积雪覆盖地区的雪被状况，利用 MODIS 每日无云积雪产品及 AMSR-E 每日雪水当量产品对 2003 ~ 2010 年青藏高原积雪变化动态及积雪对气候变化的响应进行了系统的研究。同时对积雪的变化趋势进行了分析，研究结果表明：青藏高原 24% 的地区的 SCD 呈现减少趋势，SCD 增加的地区占整个青藏高原面积的 12.79%；SWE 呈现减少趋势的地区占整个青藏高原面积的 32.75%；19.87% 的地区 SWE 呈现增加趋势；青藏高原积雪减少是普遍现象，SCD 和 SWE 总体呈现减少趋势，高海拔地区积雪减少较显著。但是，青藏高原 SCA 整体呈现增加趋势，海拔低于 4500m 的地区 SCA 呈现增加趋势，海拔大于 4500m 的地区 SCA 呈现减少趋势，多年积雪的面积在缩小，部分多年积雪在向季节性积雪过渡。

在全球变暖的背景下，青藏高原 62.5% 的地区降水量增加，91.8% 的地区温度升高，降水量和温度总体呈现增加趋势。对比发现，降水量显著增加的地区，积雪呈现显著增加趋势，且高海拔地区，温度显著增加的地区，积雪呈现显著降低趋势。进一步对积雪与气候的相互作用进行分析，发现青藏高原 20.1% 的地区 SCD 与降水量表现为负相关，33.0% 的地区 SCD 与降水量表现为正相关；研究区约 37.7% 的地区 SCD 与年均温表现为负相关性，16.7% 的地区 SCD 与年均温表现为正相关。SWE 和降水量呈负相关的地区约占研究区面积的 22.1%，35.7% 的地区呈正相关；青藏高原 SWE 和年均温呈负相关与正相关的面积分别为 40.4% 和 19.7%。由此可知，青藏高原降水主要起正反馈作用，温度主要起负反馈作用。20 世纪 60 年代以来，青藏高原年平均温度一直呈逐渐上升的趋势，且气候变暖与海拔密切相关，增温率是随着海拔的升高而增大。降水量对积雪的正反馈作用并不随着海拔的升高而变化，而温度对积雪的负反馈作用会随着海拔的升高而增大。已有研究表明，低海拔地区易受降水影响，而高海拔地区更易受温度影响。青藏高原温度升高，降水量增加，导致高海拔地区（>4500m）冰雪融化速度加快，积雪范围缩小，但因此更多水分参与到大气水循环过程，使海拔较低的地区（<4500m）降水量增加，进而冰雪覆盖面积增加。研究结果表明，海拔、温度及降水对积雪的变化及分布具有非常重要的影响（Huang et al.，2017）。

另外，东亚冬季风突变前后的北半球环流异常，以及青藏高原降雪多/少雪期的合成分析都清楚地表现出，500hPa 北半球中高纬度上行星尺度波发生了异常，表现为以欧洲槽、美洲槽及东亚大槽为标志的“冬三夏四”环流型中“冬三”的行星波变化。青藏高原降雪多/少雪期在年际尺度上的“冬三”形态恰好相反。200hPa 上极锋急流和副热带急流的位置与强度也随之发生了显著变化。北半球高纬度地区的位势高度场和副热带急流的空间分布特征都相应地出现了反相变化；尽管在 1990 年后的环流型的少雪特征不是十分显著，但这反映出在年际尺度上高纬度行星尺度定常波强迫与青藏高原冬季降雪之间的关系受到其他外强迫因素的影响。青藏高原冬季降雪与东亚冬季风之间存在着显著的相关关系。自 20 世纪 60 年代开始，东亚冬季风处于减弱的通道中。需要关注的一个现象是，相对 20 世纪 80 ~ 90 年代，从 21 世纪初开始，两种反映东亚冬季风的指数均表现出了冬季风减弱减缓的态势，但仍然处于弱的冬季风阶段；与此同时，青藏高原地区冬季降雪也呈现出减少的趋势。这是否预示着东亚冬季风的阶段性变化或者开始增强，需要进一步的研究和注意（王澄海等，2015）。

冬季大尺度行星波的年际异常会导致气候的异常，本节只关注这种大尺度背景场下青藏高原冬季降雪的年际异常，而高原冬季降雪异常是大范围气候异常的一部分，因此青藏高原冬季降雪受行星尺度定常波的强迫作用。青藏高原冬季降雪和东亚大槽的东西位置、西伯利亚高压强度都在年际尺度上存在着显著相关。就相关系数而言，东亚大槽位置指数对青藏高原冬季降雪的指示意义要好于西伯利亚高压指数。这一方面反映出青藏高原与东亚冬季风之间的特殊关系；另一方面反映出西伯利亚高压指数只是强调了西伯利亚高压在季节尺度上的强弱，而没有考虑其位置和较小尺度（如季节内）上的变化，如冷空气影响中国的三条路径、一次南下冷空气是西伯利亚高压的一次分裂（在季节内的强度变化）等，因此西伯利亚高压指数相对于东亚大槽位置指数较为不稳定，而其中的关系则需要进一步、更深入的研究。

11.4 欧亚大陆降雪及其变化

欧亚大陆降雪量空间分布与时空变化分析表明，欧亚大陆多年（1971 ~ 2000 年）平均年降雪量空间变化具有明显的纬度地带性。在中国境内，降雪量的高值区在青藏高原、东北地区和西北的新疆北部及天山地区。在俄罗斯境内，降雪量的高值区在俄罗斯欧洲部分平原地区、西西伯利亚平原、东部沿海地区以及俄罗斯远东地区、堪察加半岛和库页岛地区。就欧亚大陆整体而言，秋季降雪事件大部分发生在 50°N 以北地区及青藏高原地区；冬季降雪量最大，向南延伸至 30°N 以北地区；春季降雪在 3 月以后急剧向北回缩。根据中国气象局有关规定，使用逐日降雪量将不同降雪分为小雪、中雪、大雪和暴雪四类，并分析这四类降雪的时空分布特征，得出多年平均小雪空间分布差异最大，中雪、大雪次之，暴雪最大。

1966 ~ 2011 年欧亚大陆逐年降雪量呈现显著的年际波动，但是变化趋势不显著。欧亚大陆逐月降雪量的年际变化趋势，秋季月降雪量呈现显著降低趋势；冬季月降雪量比较稳定，近 50 年变化趋势不显著；春季 3 月降雪量显著增加，4 月、5 月降雪量显著减少。对于分类降雪量的年际变化情况，虽然欧亚大陆年平均降雪量无显著变化趋势，但是分等级年平均降雪量却有着与多年平均降雪量不同的变化趋势。年平均小雪量呈显著的减少趋势；年平均中雪量变化趋势不明显。

欧亚大陆极端降雪阈值空间分布与多年平均降雪量等空间特征不同，欧亚大陆极端降雪阈值在东部沿海地区、俄罗斯西部地区和中国青藏高原地区较大，中部内陆地区极端降雪阈值较小。多年平均极端降雪量呈显著的纬度地带性。俄罗斯北部沿海地区多年平均极端降雪天数在7d以上，特别是西西伯利亚中部地区，多年平均极端降雪天数达到8d以上，最多可达11d。1966~2011年欧亚大陆极端降雪量空间变化趋势不是很明显，仅有极少部分站点能够达到95%置信水平检验。

通过以上研究，发现虽然数据全部来自地面台站观测数据，观测记录时间序列长，数据相对精确，但地面观测台站分布分散且空间分布极其不均匀。以后的工作除了要继续收集更多的地面台站观测资料外，如蒙古国及中亚地区的俄罗斯降水、降雪资料。同时，充分利用遥感资料将是弥补空间实地观测不足的重要手段。

11.5 欧亚大陆积雪及其变化

利用欧亚大陆地面台站和积雪线路观测试验获取的积雪深度、积雪密度和积雪时间数据，对欧亚大陆1966~2012年的积雪时空分布和变化进行了系统分析，发现以连续积雪天数划分积雪区类型，欧亚大陆的稳定积雪区主要位于俄罗斯大部分地区、蒙古高原北部、中国境内天山以北地区以及东北平原大部和内蒙古高原东北部地区，而中国青藏高原和华北平原大部分地区属于不稳定积雪区。受季风气候的影响，中国大部分地区积雪相对较少，且时间上不连续，导致大部分地区为不稳定积雪区，这对于制定有关水资源评估、区域规划及经济发展规划等极为重要。欧亚大陆积雪区的分布具有明显的纬度特征，随纬度升高，由不稳定积雪区向稳定积雪区逐渐过渡。以连续积雪天数划分积雪区，将盆地、沙漠、低地势等地区以及高海拔但积雪持续累积期较短的地区划分为不稳定积雪区，体现了这些地区积雪连续性较差，无法连续长时间累积的特点，以此作为界定标准更符合对稳定积雪和不稳定积雪的定义。

欧亚大陆积雪时间具有纬度分布特征，随纬度向北递增，积雪首日在提前，积雪终日在延后，积雪期和积雪天数逐渐增加，但在青藏高原地区，积雪时间受海拔影响更显著。1966~2012年欧亚大陆秋季积雪首日呈明显延后趋势，春季积雪终日显著提前，积雪期明显缩短。积雪天数受气温影响更显著，积雪天数随气温增加而减少。积雪首日延后主要受秋季气温升高的影响，积雪终日提前则由春季气温升高所致，积雪期缩减主要是受秋季、春季气温变化影响，积雪天数缩短除受积雪形成期和积雪消融期气温变化影响外，还受积雪稳定期气温升高的影响。

积雪密度具有显著月际和季节性变化。最大和最小的月平均积雪密度分别出现在6月和10月。6种积雪类型中，海洋型积雪和瞬时型积雪的平均积雪密度最大，泰加型积雪的平均积雪密度最小；积雪密度从9月至次年6月呈现增加趋势；积雪密度在50°N~60°N

的空间变化最显著。

积雪深度分布的大值区主要位于俄罗斯欧洲部分东北部、叶尼塞河流域、堪察加半岛和库页岛；中国的积雪深度大值区主要位于新疆天山以北地区、中国东北部、青藏高原局部地区，其他地区积雪深度较浅。欧亚大陆多年平均和多年平均最大积雪深度总体呈增加趋势，其变化基本一致；冬季和春季积雪深度呈一致增加趋势，秋季呈减少趋势；50°N 以北地区积雪深度的空间变化最显著。

关于对积雪类型的划分仅采用站点观测数据，由于高海拔山区及复杂下垫面下积雪分布数据存在欠缺，有待结合遥感资料对欧亚大陆积雪分类进一步补充和深入研究。对积雪与气候因子的关系，仅利用气温、降水数据进行了相关性分析，未来需结合大气环流相关数据，进一步探究引起欧亚大陆积雪分布时空差异的主要成因。

11.6 北半球积雪和雪水当量及其变化

国内外的研究表明，应用遥感技术进行积雪监测具有极大的优势。在基于多源遥感信息的积雪范围变化研究中，积雪和云具有相似的反射特性，使利用光学遥感监测积雪受天气因素的严重影响。该研究最大的创新之处就是以光学遥感产品 MODIS 为主，被动微波遥感产品 AMSR-E 和 IMS 为辅，综合不同去云算法的优点，生成了大尺度的北半球逐日无云积雪产品，确保了产品具有较高的空间分辨率，并利用更高分辨率的 Landsat TM 影像获取的二值积雪影像对该产品在不同土地覆盖类型下的精度进行了验证。其中，裸地和草原覆盖区精度最好，Kappa 系数均达到 0.675，两者的吻合度很好，为高度的一致性；其次精度较好的是灌丛和耕地覆盖区，Kappa 系数分别为 0.599 和 0.582，吻合度较好，为中等的一致性；而森林覆盖区精度较差，一致性表现一般。不同区域土地利用方式不同，导致其影响程度也略有变化。在林区，树冠对地表积雪信息的提取有部分屏蔽效应，且受坡度与坡向等多方面地形特征因素的影响，林下的积雪覆盖特征很难被检测，使合成产品的精度表现出较大误差，虽然通过植被指数的校正可以在一定程度上提高林区的积雪检测精度，但整体结果还是不太理想；而裸地和草原覆盖区不受高大植被的影响，积雪监测精度较高。同时，计算了亚洲、欧洲和北美洲的整体 Kappa 均值，分别为 0.575、0.592 和 0.584，均接近高度的一致性，说明利用该产品研究北半球积雪时空动态变化特征具有很好的可靠性。

研究表明北半球积雪范围在 20 世纪变化非常明显，但已有研究所采用的数据源大多是低时空分辨率的 NOAA NESDIS 数字化周积雪范围资料或再分析资料，虽然在一定程度上可以反映积雪的变化趋势，但精度不高，也没有对 21 世纪北半球最新的积雪变化情况进行分析。在 NASA 发布的 MODIS 每日积雪标准产品 MOD10A1 和 MYD10A1 的基础上，融合了被动微波数据 AMSR-E 雪水当量产品和多源遥感产品 IMS 数据，开发了一套新的积雪制图算法，进而生成了北半球逐日无云积雪产品。在此基础上，利用 Landsat TM 影像对研究合成的逐日无云积雪产品的精度进行了验证，同时，利用该产品分析了北半球积雪时空动态变化特征，包括积雪日数、积雪总量以及年际变化。

2000～2015年，北半球年平均积雪覆盖面积呈现波动下降趋势。年平均积雪日数的分布基本上是随着纬度的增加而呈现明显的递增规律，具有显著的纬度地带性特征；北半球积雪分布空间差异显著，年平均积雪日数超过350d的地区主要分布在亚洲的青藏高原、天山山脉、帕米尔高原，欧洲的阿尔卑斯山脉、高加索山脉和北美洲的科迪勒拉山系地，以及格陵兰岛。北半球积雪变化趋势存在明显的年际和区域性差异。年平均积雪日数表现为增加趋势的地区主要为中低纬度的瞬时型或不稳定积雪等季节性积雪区，而表现为减少趋势的地区主要为稳定或多年积雪区；北半球多年积雪区，包括亚洲的青藏高原、天山山脉、帕米尔高原，欧洲的阿尔卑斯山脉、高加索山脉和北美洲的科迪勒拉山系等高纬度或高海拔山区的积雪均显著减少，格陵兰岛的积雪呈现略微减少的趋势。

同时，基于全球长时间序列积雪深度数据集分析了北半球积雪深度的分布及变化趋势。1988～2014年的积雪深度结果显示，北半球的积雪深度有明显的年际波动，总体上有增加的趋势，其中2007～2013年的上升趋势表现得尤为明显。1998～2014年平均积雪深度最大的年份出现在2013年，最小出现在1995年。北半球、欧亚大陆和北美洲的积雪深度都一致的从9月至次年2月逐月递增，3～8月逐月递减，全年积雪深度具有明显且较为对称的“单峰”趋势。北半球的积雪主要分布在中高纬度地区，其中北美洲的积雪深度数值较大的区域主要位于加拿大北部的各群岛以及加拿大北部和美国阿拉斯加等纬度较高的地区。而欧亚大陆的积雪深度数值较大的区域主要位于俄罗斯中部的广大地区。中国青藏高原虽然位于北半球的中纬度地区，但其独特的地理、地势条件，使中国青藏高原的西北边缘、东南部分地区也具有较高的积雪深度数值。

极端积雪的年平均阈值与年平均积雪深度有很好的对应关系，积雪深度最大的地区同为北美洲及欧亚大陆的中高纬度地区。积雪深度阈值有明显的月际差异。极端积雪深度的面积、总天数、5d以上连续极端积雪的发生频次，最大极端积雪持续时间在1988～2014年都有上升趋势，且统一的表现为1988～2007年有轻微减少趋势，2007～2013年有明显上升趋势。这一趋势也与年平均积雪深度和平均最大积雪深度有很好的对应关系。

目前我们获取了1966年以来欧亚大陆地面雪深观测资料、1978年以来被动微波遥感反演雪深资料和2000年以来光学遥感提取的积雪范围资料，尽管资料来源不同，覆盖时间和区域范围也不尽相同，我们尝试总结积雪的时空变化如下：①北半球积雪变化具有很高的年际波动与区域差异，这可以从三种资料明显看出来，从时间上看，积雪整体变化存在年际差异，从空间上看，北美洲和欧亚大陆不同，甚至在我国的三大积雪区也不尽相同。②综合地面和遥感获取的雪深资料，尽管全球气候变暖，北半球冬季积雪总量并没有减少，近50年来以较大的年际波动为主，伴有略微增加的趋势。③各种资料均显示春季积雪有提前消融的趋势，表现为明显的积雪日数缩短，加之冬季降雪量增加，特别是大雪和暴雪事件增加，极端积雪事件的风险增加。

总的来说，随着全球变暖的不断加剧，有关冰冻圈变化的研究已成为研究者日益关注的热点话题。大尺度的积雪变化不仅是气候变化的重要指示器，还能通过其高反射率特性影响全球至区域尺度的辐射和能量平衡。研究北半球积雪的时空分布特征及变化规律，能够为进一步分析积雪变化与全球气候变化之间的联系提供可靠依据。北半球积雪变化的原因是复杂的，既涉及人类活动引起的全球变暖过程，又与气候系统本身的自然变化有关。一方面温度升高导致高纬度和高海拔山区融雪速率加快，更多的水分参与到大气水循环中，使低海拔地区降水量增加，积雪增多；另一方面温度升高导致积雪范围减少，使地表反射辐射减少，进而造成气温的进一步升高。因此，这个反馈过程最终导致北半球高纬度或高海拔山区积雪表现为明显减少的趋势，而低海拔地区的不稳定积雪主要表现为增加的趋势。

11.7 欧亚大陆和北半球积雪未来变化预估

利用积雪综合数据，在评估欧亚大陆积雪模拟能力的基础上，探讨不同集合平均方法对欧亚大陆积雪变化预估能力的影响，进而对欧亚大陆积雪进行集合预估。

预估结果表明，未来 100 年欧亚积雪覆盖率和雪深均将越来越小。低排放情景下，未来 50 年和未来 100 年积雪的减少差别不大，但高排放情景下，未来 100 年积雪的减少将是未来 50 年的两倍多。从季节尺度来看，高排放对冬季积雪覆盖率的影响比春季大，但对春季雪深的影响比冬季大，这可能与气温升高首先影响降水形态，进而影响春季雪量的补给有关；此外，未来春季雪深的年际波动幅度明显大于冬季，说明随着气候变暖，春季积雪的不稳定性增强，这将给季节预测带来更大挑战。从空间分布形式来看，无论哪种情景，未来积雪覆盖率和雪深相对减小的大值区均主要位于欧洲南部和中国青藏高原南缘；不同的是，未来欧亚大陆东北部雪深在高、低排放情景下均有明显增加，而积雪覆盖率却无增加特征，且高排放下欧亚东北部积雪覆盖率亦呈显著减小趋势，尤其是秋季和春季。欧亚东北部未来雪深的增加和积雪覆盖率的减小，可能揭示了未来该地区积雪的空间异质性将进一步增强，降雪强度越发不均，更易发生极端降雪。

北半球雪水当量的未来变化反映出与欧亚大陆积雪变化较为一致的特征，即除欧亚大陆东北部外，北半球大多数地区雪水当量呈减少趋势，尤其在北美洲西部和中国青藏高原减少显著；季节尺度上，北半球春季雪水当量减少最为显著。全球升温 1.5℃ 及 2℃ 时，相对于 1986~2005 年分别减少约 7.54kg/m^2 及 10.87kg/m^2。分析表明，气温和降水较为显著增加的区域发生在北半球的高纬度地区，而雪水当量显著减小的区域发生在低纬度地区，这表明在高纬度地区，温度有可能是雪水当量变化的主要因素，而在低纬度地区，固态降水的减少是雪水当量减少的主要原因。

采用集合预估方法以减少单个模式结果所带来的不确定性是预估的普遍方法。为了最大限度地降低气候变化预估的不确定性，对欧亚大陆积雪的集合预估方法专门做了分析。综合分析算术平均法、秩权重法以及标准差权重法三种集合平均方法对结果的影响，表明三种集合平均方法对积雪的空间分布和季节变化都能做出较好的模拟，与单个模式相比，均好于大多数模式，且三种集合平均结果之间差异不大。尽管集合算术平均的结果对年际的模拟结果要比某些单个模式结果差，且空间变化趋势量值与实际相差较大，但综合来看，算术平均法略好于秩权重法和标准差权重法。因此，最终采用算术平均法对未来积雪变化进行集合预估，在一定程度上减小了欧亚积雪预估的不确定性。然而，不确定性的另外两大来源——辐射强迫的不确定性和模式的可预报性——仍然不可忽视。

11.8 展　望

地面台站观测资料虽然具有记录时间长，数据结果精准可靠的优势，但受复杂地形的影响，地面台站的空间分布较为分散，尤其是西伯利亚高纬度地区、中国青藏高原北部和西部高海拔地区、蒙古高原西部和南部广大区域以及中亚地区地面气象站较少或数据资料无法获取而导致在欧亚大陆积雪时空变化研究中未能对这些地区进行全面分析和精准定量研究。未来的研究中，应着重在这些地区建立自动气象观测站进行观测，获取更多的观测数据和资料，完善对欧亚大陆积雪变化的分析工作。

积雪密度观测方法研究在很大程度上推动了积雪密度相关研究的发展，为积雪密度数据的使用和获取方法的规范提供了参考。目前，中国气象站获取的积雪密度数据主要来源于称雪器，俄罗斯获取的积雪密度也主要来源于称雪器，北美在较大时空尺度上的积雪密度数据依赖于联邦采雪器进行积雪路线观测获取，雪特性分析仪和楔形量雪器获取的积雪密度数据也十分丰富，对于分析全球较大范围内、长时间的积雪密度数据融合提供了参考。在以后的研究中，对于分析积雪密度的空间变化特征，以及与积雪密度相关的模型模拟很少考虑由积雪密度观测的不同所导致的积雪密度原始数据的差异，对于积雪密度观测方法的不同导致积雪密度空间分布差异、水资源评价、模型模拟所带来的误差进行定量的分析是今后工作的研究方向。

对欧亚大陆积雪变化仅做了空间分布和时空变化的整体研究，而欧亚大陆地形复杂多变，其区域地形地貌特征、植被分布以及下垫面状况均对积雪分布和变化造成重要影响。未来的研究工作，可选取典型地形地貌单元或植被覆盖区进行观测与分析，欧亚大陆积雪属性分布和时空变化分析结果作为基本数据参考，以期为大气及地面模型的精度验证提供重要数据和依托。未来，着重探讨积雪与气候因子相互关系，进一步明确影响欧亚大陆积雪分布差异和变化的关键成因和机理。

虽然在一定程度上解决了复杂下垫面条件的微波积雪反演问题，但仍有待进一步研究和改进。由于地形的影响，山区被动微波积雪遥感反演精度一直不高，并且山区积雪分布不均，分辨率较低的被动微波遥感，难以准确描述其积雪分布。主动微波的分辨率较高，但数据较少，很难利用其制作雪水当量产品，应用上受到限制。因此，希望在今后的研究中，能在积雪微波辐射传输模型中考虑地形的影响，并结合地形对积雪分布的影响，发展雪深降尺度方法，提高基于被动微波反演的山区雪深分辨率及精度，使其满足流域尺度上水文研究应用。

北半球积雪是全球气候变化的重要指示因子，因而对北半球积雪的预估结果可以侧面反映人类指定的减排目标是否能够有效地减缓气候变暖。然而，气候预估具有不确定性，其中不同集合方法带来的不确定性、辐射强迫的不确定性以及模式的可预报性是预估不确定性的三个主要来源。虽然科学家一直在努力减小各种可能带来不确定性的因素，但不确定性问题仍然不可忽视。随着新一代地球系统模式的产生以及新的共享社会经济情景

（SSPs）的释放，可预见气候预估的不确定性将进一步减小，人类逼近真相的程度将越来越近。

通过大量实地站点及野外观测资料、卫星遥感探测，积雪研究已经从中国的青藏高原走向全国、欧亚大陆及北半球。在不同尺度上，对积雪的认识有了长足的进展，但我们的工作还存在很大的不足，同国际上积雪研究相比，中国在积雪研究的支持力度上远不如欧美等国，在研究方法和成果上也有很大的差距。目前中国的积雪研究还只是在科学问题探讨，在水资源方面还没有为地方及部门发展提供可靠的科学依据。同时，目前的积雪科学研究多注重在遥感探测及遥感算法的看法，没有形成系统的学科或人才队伍。

参考文献

柏延臣,冯学智．1997. 积雪遥感动态研究的现状及展望．遥感技术与应用,(2):60-66.

曹梅盛,李培基．1994. 中国西部积雪微波遥感监测．山地学报,(4):230-234.

曹秋梅,尹林克,陈艳锋,等．2015. 阿尔泰山南坡种子植物区系特点分析．西北植物学报,35(7):1460-1469.

车涛．2006. 积雪被动微波遥感反演与积雪数据同化方法研究．中国科学院寒区旱区环境与工程研究所博士学位论文．

车涛,李新．2005. 1993～2002年中国积雪水资源时空分布与变化特征．冰川冻土,27(1):64-67.

车涛,李新,高峰．2004. 青藏高原积雪深度和雪水当量的被动微波遥感反演．冰川冻土,26(3):363-368.

陈晨,郑江华,刘永强,等．2015. 近20年中国阿尔泰山区冰川湖泊对区域气候变化响应的时空特征．地理研究,34(2):270-284.

陈乾金,刘玉洁．2000. 青藏高原冬季积雪异常和长江中下游主汛期旱涝及其与环流关系的研究．气象学报,58(5):582-595.

陈威霖．2012. 基于多模式和降尺度结合的中国区域未来气候变化预估研究．南京信息工程大学博士学位论文．

陈晓晨,徐影,姚遥．2015. 不同升温阈值下中国地区极端气候事件变化预估．大气科学,(6):1123-1135.

陈子燊,刘曾美,路剑飞．2010. 广义极值分布参数估计方法的对比分析．中山大学学报,49(6):105-109.

戴礼云,车涛．2010. 1999～2008年中国地区雪密度的时空分布及其影响特征．冰川冻土,32(5):861-866.

丁晓娟,陈蜀江,黄铁成,等．2016. 阿尔泰山南坡西伯利亚落叶松生长量与气候变化的关系．干旱区资源与环境,30(2):98-103.

冯琦胜,张学通,梁天刚．2009. 基于MOD10A1和AMSR-E的北疆牧区积雪动态监测研究．草业学报,18(1):125-133.

高荣,韦志刚,董文杰,等．2003. 20世纪后期青藏高原积雪和冻土变化及其与气候变化的关系．高原气象,22(2):191-196.

郝晓华,王建,李弘毅．2008. MODIS雪盖制图中NDSI阈值的检验——以祁连山中部山区为例．冰川冻土,30(1):132-138.

何丽烨,李栋梁．2012. 中国西部积雪类型划分．气象学报,70(6):1292-1301.

何咏琪,黄晓东,方金,等．2013. 基于HJ-1B卫星数据的积雪面积制图算法研究．冰川冻土,35(1):65-73.

黄晓东,郝晓华,王玮,等．2012. MODIS逐日积雪产品去云算法研究．冰川冻土,34(5):1118-1126.

姜盛夏,袁玉江,魏文寿,等．2016. 树轮记录的新疆阿尔泰山1579～2009年初夏温度变化．中国沙漠,36(4):1126-1132.

蒋璐媛,肖鹏峰,冯学智,等．2015. 山区复杂地形条件下GF-1卫星遥感雪面反射率计算．南京大学学报(自然科学),(5):944-954.

井学辉,曹磊,臧润国．2013. 阿尔泰山小东沟林区乔木物种丰富度空间分布规律．生态学报,33(9):2886-2895.

李培基．1988. 中国季节积雪资源的初步评价．地理学报,(2):108-119.

李培基．1993. 中国西部积雪变化特征．地理学报,(6):505-515.

李培基．1995. 高亚洲积雪分布．冰川冻土,17(4):291-298.

李培基．1996. 青藏高原积雪对全球变暖的响应．地理学报,(3):260-265.
李培基．1999. 1951～1997年中国西北地区积雪水资源的变化．中国科学:地球科学,(s1):64-70.
李培基,米德生．1983. 中国积雪的分布．冰川冻土,5(4):9-18.
李三妹,闫华,刘诚．2007. FY-2C积雪判识方法研究．遥感学报,11(3):406-413.
刘俊峰,陈仁升,宋耀选．2012. 中国积雪时空变化分析．气候变化研究进展,8(5):364-371.
刘三超,杨思全．2010. 环境减灾-1B卫星红外相机数据减灾应用研究．航天器工程,19(4):110-114.
刘玉洁,袁秀卿,张红．1992. 用气象卫星资料监测积雪．遥感学报,(1):24-31.
马丽娟．2008. 近50年青藏高原积雪的时空变化特征及其与大气环流因子的关系．中国科学院研究生院．
马丽娟,秦大河．2012. 1957～2009年中国台站观测的关键积雪参数时空变化特征．冰川冻土,34(1):1-11.
马丽娟,罗勇,秦大河．2011. CMIP3模式对未来50a欧亚大陆雪水当量的预估．冰川冻土,33(4):707-720.
牛鹏高,颜永琴．2013. 秤雪器产生误差的原因分析及改进设想．农业与技术,(7):236.
努尔兰·哈再孜．2001. 阿勒泰地区河流水文特征．水文,21(4):53-55.
秦大河．2015. 中国极端天气气候事件和灾害风险管理与适应国家评估报告．北京:科学出版社．
邱玉宝,郭华东,石利娟,等．2016a. 基于AMSR-E的全球陆表被动微波发射率数据集．遥感技术与应用,31(4):809-819.
邱玉宝,石利娟,施建成,等．2016b. 大气对星载被动微波影响分析研究．光谱学与光谱分析,36(2):310-315.
尚华明,魏文寿,袁玉江,等．2011. 哈萨克斯坦东北部310年来初夏温度变化的树轮记录．山地学报,29(4):402-408.
史培军,陈晋．1996. RS与GIS支持下的草地雪灾监测试验研究．地理学报,24(4):296-305.
孙少波,车涛,王树果,等．2013. C波段SAR山区积雪面积提取研究．遥感技术与应用,28(3):444-452.
孙燕华,黄晓东,王玮,等．2014. 2003～2010年青藏高原积雪及雪水当量的时空变化．冰川冻土,36(6):1337-1344.
唐志光,王建,李弘毅,等．2013. 青藏高原MODIS积雪面积比例产品的精度验证与去云研究．遥感技术与应用,28(3):423-430.
王澄海,王芝兰,崔洋．2009. 40余年来中国地区季节性积雪的空间分布及年际变化特征．冰川冻土,31(2):301-310.
王澄海,李燕,王艺．2015. 北半球大气环流及其冬季风的年代际变化对青藏高原冬季降雪的影响．气候与环境研究,20(4):421-432.
王春学,李栋梁．2012. 中国近50a积雪日数与最大积雪深度的时空变化规律．冰川冻土,34(2):247-256.
王建,陈子丹,李文君,等．2000. 中分辨率成像光谱仪图像积雪反射特性的初步分析研究．冰川冻土,22(2):165-170.
王卷乐,孙九林．2009. 世界数据中心(WDC)回顾、变革与展望．地球科学进展,24(6):612-620.
魏文寿,秦大河,刘明哲．2001. 中国西北地区季节性积雪的性质与结构．干旱区地理(汉文版),24(4):310-313.
夏坤,王斌．2015. 欧亚大陆积雪覆盖率的模拟评估及未来情景预估．气候与环境研究,20(1):41-52.
夏浪,毛克彪,孙知文,等．2014. 针对NPP VIIRS数据的云检测方法研究．中国环境科学,34(3):574-580.
谢小萍,刘玉洁,杜秉玉．2007. 利用FY-1D全球数据监测北极冰雪覆盖．大气科学学报,30(1):57-62.

许立言,武炳义. 2012. 欧亚大陆春季融雪量与东亚夏季风的可能联系. 大气科学,36(6):1180-1190.

杨大庆,王纯足,张寅生,等. 1992. 乌鲁木齐河源高山区季节积雪的分布及其密度变化. 地理研究,11(4):86-96.

杨金虎,江志红,王鹏祥,等. 2008. 中国年极端降水事件的时空分布特征. 气候与环境研究,13(1):75-83.

姚檀栋,陈发虎,崔鹏,等. 2017. 从青藏高原到第三极和泛第三极. 中国科学院院刊,(9):12-19.

翟盘茂,潘晓华. 2003. 中国北方近50年温度和降水极端事件变化. 地理学报,58(z1):1-10.

张东良,兰波,杨运鹏. 2017. 不同时间尺度的阿尔泰山北部和南部降水对比研究. 地理学报,72(9):1569-1579.

张瑞波,尚华明,袁玉江,等. 2015. 基于树轮δ~(13)C的阿尔泰山南坡夏季降水变化分析. 中国沙漠,35(1):106-112.

张廷军,钟歆玥. 2014. 欧亚大陆积雪分布及其类型划分. 冰川冻土,36(3):481-490.

赵宗慈,罗勇,黄建斌. 2013. 对地球系统模式评估方法的回顾. 气候变化研究进展,9(1):1-8.

郑雷,张廷军,车涛,等. 2015. 利用实测资料评估被动微波遥感雪深算法. 遥感技术与应用,30(3):413-423.

中国气象局. 2012. 大气成分观测业务规范:试行. 北京:气象出版社.

周伯诚. 1983. 我国阿尔泰山的降水及河流径流分析. 冰川冻土,5(4):49-56.

Armstrong R. 2001. Historical Soviet daily snow depth version 2(HSDSD). National Snow and Ice Data Center, Boulder,CO. CD-ROM.

Armstrong R L, Brun E. 2008. Snow and Climate: Physical Processes, Surface Energy Exchange and Modeling. London:Cambridge University Press.

Armstrong R L,Brodzik M J. 2001. Recent northern hemisphere snow extent:a comparison of data derived from visible and microwave satellite sensors. Geophysical Research Letters,28(19):3673-3676.

Armstrong R L, Brodzik M J. 2002. Hemispheric-scale comparison and evaluation of passive-microwave snow algorithms. Annals of Glaciology,34(1):38-44.

Atkinson D E, Brown R, Alt B, et al. 2006. Canadian cryospheric response to an anomalous warm summer: a synthesis of the climate change action fund project "the state of the arctic cryosphere during the extreme warm summer of 1998". Atmosphere,44(4):347-375.

Ault T W, Czajkowski K P, Benko T, et al. 2006. Validation of the MODIS snow product and cloud mask using student and NWS cooperative station observations in the Lower Great Lakes Region. Remote Sensing of Environment,5(4):341-353.

Bader J. 2014. Climate science:The origin of regional Arctic warming. Nature,509(7499):167-168.

Bailey W G,Oke T R,Rouse W R. 1998. Surface climates of Canada. Arctic and Alpine Research,30(4):418.

Barber D G, Yackel J. 1999. The physical, radiative and microwave scattering characteristics of melt ponds on Arctic landfast sea ice. International Journal of Remote Sensing,20(10):2069-2090.

Barnett T P,Dümenil L,Schlese U,et al. 1989. The effect of Eurasian snow-cover on regional and global climate variations. Journal of Atmospheric Sciences,46(5):661-686.

Barry R. 2002. The role of snow and ice in the global climate system:a review. Polar Geography,26(3):235-246.

Barry R,Gan T Y. 2011. The Global Cryosphere:Past,Present and Future. London:Cambridge University Press.

Barry R G,Hall-Mckim E A. 2014. Essentials of the earth's climate system. London:Cambridge University Press.

Barton J S, Hall D K, Riggs G A. 2000. Remote sensing of fractional snow cover using Moderate Resolution

Imaging Spectroradiometer(MODIS) data. Proceedings of the 57th Eastern Snow Conference.

Bavay M, Grünewald T, Lehning M. 2013. Response of snow cover and runoff to climate change in high Alpine catchments of Eastern Switzerland. Advances in Water Resources, 55(3):4-16.

Beniston M. 1997. Variations of snow depth and duration in the Swiss alps over the last 50 years: links to changes in large-scale climatic forcings. Climatic Change, 36(3-4):281-300.

Beniston M, Stephenson D B, Christensen O B, et al. 2007. Future extreme events in European climate: an exploration of regional climate model projections. Climatic Change, 81(1):71-95.

Benson C S. 1982. Reassessment of winter precipitation on Alaska's Arctic Slope and measurements on the flux of wind blown snow. Geophysical Institute, University of Alaska, Fairbanks.

Benson C S. 1996. Stratigraphic studies in the snow and firn of the Greenland ice sheet. Snow Ice And Permafrost Research Establishment Wilmette IL.

Berghuijs W R, Woods R A, Hrachowitz M. 2014. A precipitation shift from snow towards rain leads to a decrease in streamflow. Nature Climate Change, 4(7):583-586.

Bernier M, Fortin J P, Gauthier Y, et al. 2015. Determination of snow water equivalent using RADARSAT SAR data in eastern Canada. Hydrological Processes, 13(18):3041-3051.

Bilello M A. 1967. Relationships between climate and regional variations in snow-cover density in North America. Physics of Snow and Ice Proceedings, 1(2):1015-1028.

Bilello M A. 1984. Regional and seasonal variations in snow- cover density in the U. S. S. R. http://oai. dtic. mil/oai/oai? verb=getRecord&metadataPrefix=html&identifier=ADA148429[2017-12-1].

Bohren C F, Beschta R L. 1979. Snowpack albedo and snow density. Cold Regions Science and Technology, 1(1): 47-50.

Bonsal B R, Zhang X, Vincent L A, et al. 2010. Characteristics of daily and extreme temperatures over Canada. Journal of Climate, 14(9):1959-1976.

Bormann K J, Westra S, Evans J P, et al. 2013. Spatial and temporal variability in seasonal snow density. Journal of Hydrology, 484(484):63-73.

Brown C B, Evans R J, Mcclung D. 1973. Incorporation of glide and creep measurements into snow slab mechanics. http://agris. fao. org/agris-search/search. do? recordID=US201303204893[2017-12-1].

Brown R D. 1997. Historical variability in Northern Hemisphere spring snow-covered area. Annals of Glaciology, 25:340-346.

Brown R D. 2000. Northern Hemisphere snow cover variability and change, 1915-97. Journal of Climate, 13(13): 2339-2355.

Brown R D, Goodison B E. 1996. Interannual Variability in Reconstructed Canadian Snow Cover, 1915-1992. Journal of Climate, 9(6):1299-1318.

Brown R D, Braaten R O. 1998. Spatial and temporal variability of Canadian monthly snow depths, 1946 ~ 1995. Atmosphere, 36(1):37-54.

Brown R D, Mote P W 2009. The response of Northern Hemisphere snow cover to a changing climate *. Journal of Climate, 22(8):2124-2145.

Brown R D, Robinson D A. 2011. Northern Hemisphere spring snow cover variability and change over 1922-2010 including an assessment of uncertainty. The Cryosphere, 5(1):219-229.

Brutel Vuilmet C, Menegoz M, Krinner G. 2012. An analysis of present and future seasonal Northern Hemisphere land snow cover simulated by CMIP5 coupled climate models. The Cryosphere,7(1):67-80.

Bulygina O N,Razuvaev V N,Korshunova N N. 2009. Changes in snow cover over Northern Eurasia in the last few decades. Environmental Research Letters,4(4):045026.

Bulygina O,Groisman P,Razuvaev V,et al. 2011. Changes in snow cover characteristics over Northern Eurasia since 1966. Environmental Research Letters,6(4):1460.

Burgers G,Leeuwen P J V,Evensen G. 1998. Analysis Scheme in the Ensemble Kalman Filter. Monthly Weather Review,126(6):1719-1724.

Callaghan T V,Johannsson M,Brown R D,et al. 2011. Snow,Water,Ice and Permafrost in the Arctic. Arctic Monitoring and Assessment Programme,40:3-5.

Cayan D R. 1996. Interannual climate variability and snowpack in the Western United States. Journal of Climate, 9(5):928-948.

Chang A T C,Foster J L,Hall D K,et al. 1982. Snow water equivalent estimation by microwave radiometry. Cold Regions Science and Technology,5(3):259-267.

Chang A T C,Foster J L,Hall D K. 1987. Microwave snow signatures(1.5 mm to 3 cm) over Alaska. Cold Regions Science and Technology,13(2):153-160.

Chang A T C,Foster J L,Hall D K. 2016. Nimbus-7 SMMR derived global snow cover parameters. Annals of Glaciology,9(71):39-44.

Chang A T C,Foster J L,Kelly R E J,et al. 2005. Analysis of ground-measured and passive-microwave-derived snow depth variations in midwinter across the northern Great Plains. Journal of Hydrometeorology,6(1):20-33.

Chang A T C,Gloersen P,Schmugge T,et al. 1976. Microwave emission from snow and glacier ice. Journal of Glaciology,16(74):23-39.

Change I Po C,Stocker T. 2014. Climate Change 2013:The Physical Science Basis:Working Group I Contribution to the Fifth Assessment Report of the Intergovernmental Panel on Climate Change. London:Cambridge University Press.

Changnon S A,Changnon D. 2006. A spatial and temporal analysis of damaging snowstorms in the United States. Natural Hazards,37(3):373-389.

Che T,Xin L,Jin R,et al. 2008. Snow depth derived from passive microwave remote-sensing data in China. Annals of Glaciology,49(1):145-154.

Che T,Dai L,Zheng X,et al. 2016. Estimation of snow depth from passive microwave brightness temperature data in forest regions of northeast China. Remote Sensing of Environment,183:334-349.

Chen H B. 2007. Some extreme events of weather, climate and related phenomena in 2006. Climatic and Environmental Research,12(1):100-112.

Chen H B,Fan X H,Physics I O A,et al. 2006. Some extreme events of weather,climate and related phenomena in 2005. Climatic and Environmental Research,11(2):236-244.

Chen S B,Liu Y F,Thomas A. 2006. Climatic change on the Tibetan Plateau:potential evapotranspiration trends from 1961-2000. Climatic Change,76:291-319.

Christensen J H,Hewitson B,Busuioc A,et al. 2007. 2007:Regional Climate Projections. New York:Cambridge University Press.

Chu V W. 2014. Greenland ice sheet hydrology:a review. Progress in Physical Geography,38(38):19-54.

Clyde G D. 1931. A new spring balance for measuring water content of snow. Science,73(1885):189-190.

Colbeck S, Akitaya E, Armstrong R, et al. 1990. The international classification for seasonal snow on the ground. Wallingford, Oxfordshire, International Association of Scientific Hydrology. International Commission on Snow and Ice.

Conger S M, Mcclung D M. 2009. Comparison of density cutters for snow profile observations. Journal of Glaciology, 55(55): 163-169.

Cosgrove B A, Lohmann D, Mitchell K E, et al. 2003. Real-time and retrospective forcing in the North American Land Data Assimilation System (NLDAS) project. Journal of Geophysical Research: Atmospheres, 108(D22): 1887-1902.

Dahe Q, Shiyin L, Peiji L. 2006. Snow cover distribution, variability, and response to climate change in western China. Journal of Climate, 19(9): 1820-1833.

Dai L Y, Che T. 2010. The spatio-temporal distribution of snow density and Its influence factors from 1999 to 2008 in China. Journal of Glaciology and Geocryology, 32(5): 861-866.

Dai L, Che T, Ding Y. 2015. Inter-calibrating SMMR, SSM/I and SSMI/S data to improve the consistency of snow-depth products in China. Remote Sensing, 7(6): 7212-7230.

Dai Y, Zeng X, Dickinson R E, et al. 2003. The common land model. Bulletin of the American Meteorological Society, 84(8): 1013-1024.

Daley R. 1993. Atmospheric Data Analysis. London: Cambridge University Press.

Dankers R, De Jong S M. 2004. Monitoring snow-cover dynamics in Northern Fennoscandia with SPOT VEGETATION images. International Journal of Remote Sensing, 25(15): 2933-2949.

Dash S K, Singh G P, Shekhar M S, et al. 2005. Response of the Indian summer monsoon circulation and rainfall to seasonal snow depth anomaly over Eurasia. Climate Dynamics, 24(1): 1-10.

Davis R E, Dozier J. 1989. Stereological characterization of dry Alpine snow for microwave remote sensing. Advances in Space Research, 9(1): 245-251.

Deng J, Huang X, Feng Q, et al. 2015. Toward improved daily cloud-free fractional snow cover mapping with multi-source remote sensing data in China. Remote Sensing, 7(6): 6986-7006.

Dewey K F. 1977. Daily maximum and minimum temperature forecasts and the influence of snow cover. Monthly Weather Review, 105(12): 1594-1597.

Dey B, Bhanu Kumar O S R U. 1982. An apparent relationship between Eurasian spring snow cover and the advance period of the indian summer monsoon. Journal of Applied Meteorology, 21(12): 1929-1932.

Dickerson-Lange S E, Lutz J A, Martin K A, et al. 2015. Evaluating observational methods to quantify snow duration under diverse forest canopies. Water Resources Research, 51(2): 1203-1224.

Ding B, Yang K, Qin J, et al. 2014. The dependence of precipitation types on surface elevation and meteorological conditions and its parameterization. Journal of Hydrology, 513(11): 154-163.

Dixon D, Boon S. 2012. Comparison of the SnowHydro snow sampler with existing snow tube designs. Hydrological Processes, 26(17): 2555-2562.

Douville H, Royer J F. 1996. Sensitivity of the Asian summer monsoon to an anomalous Eurasian snow cover within the Météo-France GCM. Climate Dynamics, 12(7): 449-466.

Dressler K A, Leavesley G H, Bales R C, et al. 2006. Evaluation of gridded snow water equivalent and satellite snow cover products for mountain basins in a hydrologic model. Hydrological Processes, 20(4): 673-688.

Dutra E, Balsamo G, Viterbo P, et al. 2010. An improved snow scheme for the ECMWF land surface model:

Description and offline validation. Journal of Hydrometeorology, 11(4):899-916.

Dyer J L, Mote T L. 2006. Spatial variability and trends in observed snow depth over North America. Geophysical Research Letters, 33(33):423-424.

Déry S J, Brown R D. 2007. Recent Northern Hemisphere snow cover extent trends and implications for the snow-albedo feedback. Geophysical Research Letters, 34(22).

Easterling D R, Meehl G A, Parmesan C, et al. 2000. Climate extremes: observations, modeling, and impacts. Science, 289(5487):2068-2074.

Edenhofer O, Seyboth K. 2013. Intergovernmental Panel on Climate Change(IPCC). Encyclopedia of Energy Natural Resource and Environmental Economics, 26(2):48-56.

Eisen O, Frezzotti M, Genthon C, et al. 2008. Ground-based measurements of spatial and temporal variability of snow accumulation in East Antarctica. Reviews of Geophysics, 46(2):-39.

England A W. 1974. The effect upon microwave emissivity of volume scattering in snow, in ice, and in frozen soil. Specialist Meeting on Microwave Scattering and Emission from the Earth. Berne, Switzerland.

Estilow T, Young A H, Robinson D A. 2015. A long-term Northern Hemisphere snow cover extent data record for climate studies and monitoring. Earth System Science Data, 7(1):137-142.

Evensen G. 1994. Sequential data assimilation with a nonlinear quasi-geostrophic model using Monte Carlo methods to forecast error statistics. Journal of Geophysical Research Oceans, 99(C5):10143-10162.

Fernandes R, Zhao H X, Wang X J, et al. 2009. Controls on Northern Hemisphere snow albedo feedback quantified using satellite Earth observations. Geophysical Research Letters, 36(21):272-277.

Ferrazzoli P, Guerriero L, Wigneron J-P. 2002. Simulating L-band emission of forests in view of future satellite applications. IEEE Transactions on Geoscience and Remote Sensing, 40(12):2700-2708.

Fierz C, Armstrong R L, Durand Y, et al. 2009. The international classification for seasonal snow on the ground. International Glaciological Society Us Army Corps of Engineers, Cold Regions Research and Engineering Laboratory.

Flanner M G, Zender C S. 2006. LinKing snowpack microphysics and albedo evolution. https://agupubs. onlinelibrary. wiley. com/doi/pdf/10. 1029/2005JD006834[2018-5-1].

Formozov A N. 1946. Snow cover as an integral factor of the environment and its importance in the ecology of mammals and birds. Fauna and Flora of the USSR. Arctic, 5:1-152.

Foster J L, Chang A T C, Hall D K. 1997. Comparison of Snow Mass Estimation From a Prototype Passive Microwave Snow Algorithm, a Revised Algorithm and Snow Depth Climatology. Remote Sensing of Environment, 62(2):132-142.

Frei A, Robinson D A. 1999. Northern Hemisphere snow extent: regional variability 1972-1994. International Journal of Climatology, 19(14):1535-1560.

Gafurov A, Bárdossy A. 2009. Cloud removal methodology from MODIS snow cover product. Hydrology and Earth System Sciences, 13(7):1361-1373.

Gao B C, Goetz A F H. 1990. Column atmospheric water vapor and vegetation liquid water retrievals from Airborne Imaging Spectrometer data. Journal of Geophysical Research Atmospheres, 95(D4):3549-3564.

Gao Y, Xie H, Lu N, et al. 2010. Toward advanced daily cloud-free snow cover and snow water equivalent products from Terra-Aqua MODIS and Aqua AMSR-E measurements. Journal of Hydrology, 385:23-35.

Gergely M, Schneebeli M, Roth K. 2010. First experiments to determine snow density from diffuse near-infrared transmittance. Cold Regions Science and Technology,64(2):81-86.

Gold L W,Williams G P. 1957. Some results of the snow survey of Canada. Research Paper,Division of Building Research,National Research Council Canada,(38):15.

Goodrich L E. 1982. The influence of snow cover on the ground thermal regime. Canadian Geotechnical Journal,19(4):421-432.

Grody N C. 1991. Classification of snow cover and precipitation using the special sensor microwave imager. Journal of Geophysical Research Atmospheres,96(D4):7423-7435.

Grody N C, Basist A N. 1996. Global identification of snowcover using SSM/I measurements. IEEE Trans. Geoscience and Remote Sensing,34(1):237-249.

Groisman P Y, Easterling D R. 1994. Variability and trends of total precipitation and snowfall over the United States and Canada. Journal of Climate,7(1):184-205.

Grünewald T, Bühler Y, Lehning M. 2014. Elevation dependency of mountain snow depth. Cryosphere,8(6):2381-2394.

Gustafsson D,Stahli M,Jansson P. 2001. The surface energy balance of a snow cover:comparing measurements to two different simulation models. Theoretical and Applied Climatology,70:81-96.

Gutzler D S. 1992. Interannual variability of wintertime snow cover across the Northern Hemisphere. Journal of Climate,5(12):1441-1448.

Hahn D G,Shukla J. 1976. An Apparent Relationship between Eurasian Snow Cover and Indian Monsoon Rainfall. Journal of the Atmospheric Sciences,33(33):2461-2462.

Hall D K,Riggs G A. 2010. Accuracy assessment of the MODIS snow products. Hydrological Processes,21(12):1534-1547.

Hall D K,Sturm M,Benson C S,et al. 1991. Passive microwave remote and in situ measurements of artic and subarctic snow covers in Alaska. Remote Sensing of Environment,38(3):161-172.

Hall D K, Riggs G A, Salomonson V V. 1995. Development of methods for mapping global snow cover using moderate resolution imaging spectroradiometer data. Remote Sensing of Environment,54(2):127-140.

Hall D K,Riggs G A,Foster J L,et al. 2010. Development and evaluation of a cloud-gap-filled MODIS daily snow-cover product. Remote Sensing of Environment,114(3):496-503.

Hall D K,Riggs G A,Salomonson V V,et al. 2002. MODIS snow-cover products. Remote Sensing of Environment,83(1):181-194.

Hanesiak J M,J Yackel J J. Barber D G. 2001. Effect of melt ponds on first-year sea ice ablation:integration of RADARSAT-1 and thermodynamic modelling:ice and icebergs. Canadian Journal of Remote Sensing,27(5):433-442.

Hardiman S C,Kushner P J,Cohen J. 2008. Investigating the ability of general circulation models to capture the effects of Eurasian snow cover on winter climate. Journal of Geophysical Research Atmospheres,113(D21):123-132.

Hartmann D L,Tank A M G K,Rusticucci M. 2013. Climate Change 2013:The Physical Science Basis. Working Group I Contribution to the IPCC Fifth Assessment Report.

Helsel D R,Hirsch R M. 1992. Statistical methods in water resources. Studies in Environmental Science,(49):197-198.

Hiroyuki T,Toshio K,Tobias G. 2007. Development of a Dry-snow Satellite Algorithm and Validation at the CEOP

Reference Site in Yakutsk. Journal of the Meteorological Society of Japan,85A(1):417-438.

Hiroyuki H,Osamu A,Atsushi S,et al. 2009. An adjustment for kinetic growth metamorphism to improve shear strength parameterization in the SNOWPACK model. Cold Regions Science and Technology,59(2):169-177.

Holmgren K, Gode J. Tänkbara konsekvenser för energisektorn av klimatförändringar. Effekter, sårbarhet och anpassning. http://www.iaea.org/inis/collection/NCLCollectionStore/_Public/39/015/39015068.pdf[2012-5-1].

Hosaka M. 2005. Changes in snow cover and snow water equivalent due to global warming simulated by a 20km-mesh global atmospheric model. Scientific Online Letters on the Atmosphere Sola,1(3):93-96.

Huang X D,Hao X H,Feng Q S,et al. 2014. A new MODIS daily cloud free snow cover mapping algorithm on the Tibetan Plateau. Sciences in Cold and Arid Regions,6(2):116-123.

Huang X,Deng J,Wang W,et al. 2017. Impact of climate and elevation on snow cover using integrated remote sensing snow products in Tibetan Plateau. Remote Sensing of Environment,190:274-288.

Hutchison K D,Iisager B D,Mahoney R L. 2013. Enhanced snow and ice identification with the VIIRS cloud mask algorithm. Remote Sensing Letters,4(9):929-936.

IGOS-International Global Observing Strateg. 2007. Cryosphere Theme Report-For the monitoring of our environment from space and from earth. World Meteorological Organization,Geneva.

Irwin G J. 1979. Snow Classification in Support of Off-Road Vehicle Technology. Defence Research Establishment Ottawa. http://pubs.drdc.gc.ca/BASIS/pcandid/www/engpub/DDW? W%3DAUTHOR+%3D+%27Irwin%2C+G.J.%27%26M%3D9%26K%3D85358%26U%3D1[2018-7-1].

Jin R,Li X,Tao C. 2009. A decision tree algorithm for surface soil freeze/thaw classification over China using SSM/I brightness temperature. Remote Sensing of Environment,113(12):2651-2660.

Jones P D 1998. High-resolution palaeoclimatic records for the last millennium: interpretation, integration and comparison with General Circulation Model control run temperatures. Holocene,8(23):455-471.

Kapnick S B,Delworth T L. 2013. Controls of global snow under a changed climate. Journal of Climate,26(15):5537-5562.

Kattsov V M,Källén E,Cattle H P,et al. 2005. Future Climate Change: Modeling and Scenarios for the Arctic. Arctic Climate Impact Assessment - Scientific Report. http://www.acia.uaf.edu. PDFs/Ch04_Pre_Release.pdf. [2017-8-20].

Katz R W, Brown B G. 1992. Extreme events in a changing climate: variability is more important than averages. Climatic Change, 21 (3): 289-302.

Kaufman Y J, Gao B C. 1992. Remote sensing of water vapour in the near IR from EOS/MODIS. IEEE Trans Geoscience and Remote Sensing, 30 (5): 871-884.

Kelly R E, Chang A T, Tsang L, et al. 2003. A prototype AMSR-E global snow area and snow depth algorithm. IEEE Transaction on Geoscience and Remote Sensing, 41 (2): 230-242.

Kelly R. 2009. The AMSR-E snow depth algorithm: description and initial results. Journal of the Remote Sensing Society of Japan, 29 (1): 307-317.

Kerr Y H, Njoku E G. 1990. A semiempirical model for interpreting microwave emission from semiarid land surfaces as seen from space. IEEE Transactions on Geoscience and Remote Sensing, 28 (3): 384-393.

Kharin V V, Zwiers F W, Zhang X, et al. 2013. Changes in temperature and precipitation extremes in the CMIP5 ensemble. Climatic Change, 119 (2): 345-357.

Kinar N J, Pomeroy J W. 2015. Measurement of the physical properties of the snowpack. Reviews of Geophysics,

53 (2): 481-544.

King J C, Pomeroy J W, Gray D M, et al. 2008. Snow- atmosphere energy and mass balance//Armstrong RL, Brun E. Snow and Climate: Physical Processes, Surface Energy Exchange and Modeling. Cambridge: Cambridge University Press, 70-124.

Kitaev L, Kislov A, Krenke A, et al. 2002. The snow cover characteristics of northern Eurasia and their relationship to climatic parameters. Boreal Environment Research, 7 (4): 437-445.

Kitaev L, Razuvaev V, Tveito O, et al. 2005. Distribution of snow cover over Northern Eurasia. Nordic Hydrology, 36: 311-319.

Klein A G, Hall D K, Riggs G A. 1998. Improving snow cover mapping in forests through the use of a canopy reflectance model. Hydrological Processes, 12 (10-11): 1723-1744.

Klein A G, Barnett A C. 2003. Validation of daily MODIS snow cover maps of the Upper Rio Grande River Basin for the 2000-2001 snow year. Remote Sensing of Environment, 86 (2): 162-176.

Kohler J, Aanes R. 2004. Effect of Winter Snow and Ground-Icing on a Svalbard Reindeer Population: Results of a Simple Snowpack Model. Arctic Antarctic & Alpine Research, 36 (3): 333-341.

Kohler J, Brandt O, Johansson M, et al. 2006. A long-term Arctic snow depth record from Abisko, northern Sweden, 1913-2004. Polar Research, 25 (2): 91-113.

Krasting J P, Broccoli A J, Dixon K W, et al. 2013. Future Changes in Northern Hemisphere Snowfall. Journal of Climate, 26 (20): 7813-7828.

Kripalani R H, Singh S V, Vernekar A D, et al. 2015. Empirical study on Nimbus-7 snow mass and Indian summer monsoon rainfall. International Journal of Climatology, 16 (1): 23-34.

Kruopis N, Praks J, Arslan A N, et al. 1999. Passive microwave measurements of snow-covered forest areas in EMAC'95. Geoscience and Remote Sensing IEEE Transactions on, 37 (6): 2699-2705.

Kunkel K E, Karl T R, Brooks H, et al. 2013. Monitoring and understanding trends in extreme storms: state of knowledge. Bulletin of the American Meteorological Society, 94 (4): 499-514.

Langlois A, Royer A, Dupont F, et al. 2011. Improved corrections of forest effects on passive microwave satellite remote sensing of snow over boreal and subarctic regions. IEEE Transactions on Geoscience and Remote Sensing, 49 (10): 3824-3837.

Lazar B, Williams M. 2008. Climate change in western ski areas: potential changes in the timing of wet avalanches and snow quality for the Aspen ski area in the years 2030 and 2100. Cold Regions Science and Technology, 51 (2-3): 219-228.

Lehning M, Grünewald T, Schirmer M. 2011. Mountain snow distribution governed by an altitudinal gradient and terrain roughness. Geophysical Research Letters, 38 (19): 570-583.

Lemke P, Ren J, Alley R B, et al. 2007. Observations: changes in snow, ice and frozen ground. Climate Change the Physical Science Basis, 100 (647): 337-383.

Li Z, Guo H, Shi J. 2000. Estimation of snow density with L-band polarimetric SAR data//Geoscience and Remote Sensing Symposium, 2000. Proceedings. IGARSS 2000. IEEE 2000 International, 4: 1757-1759.

Liang D, Xu X, Tsang L, et al. 2008. The effects of layers in dry snow on Its passive microwave emissions using dense media radiative transfer theory based on the Quasicrystalline Approximation (QCA/DMRT). IEEE Transactions on Geoscience and Remote Sensing, 46 (11): 3663-3671.

Liang T G, Huang X D, Wu C X, et al. 2008. An application of MODIS data to snow cover monitoring in a pastoral area: a case study in Northern Xinjiang, China. Remote Sensing of Environment, 112 (4): 1514-1526.

Liang T, Zhang X, Xie H, et al. 2008. Toward improved daily snow cover mapping with advanced combination of MODIS and AMSR-E measurements. Remote Sensing of Environment, 112 (10): 3750-3761.

Ling F, Zhang T. 2004. A numerical model for surface energy balance and thermal regime of the active layer and permafrost containing unfrozen water. Cold Regions Science and Technology, 38 (1): 1-15.

Ling F, Zhang T. 2005. Modeling the effect of variations in snowpack-disappearance date on surface-energy balance on the Alaskan North Slope. Arctic Antarctic and Alpine Research, 37 (4): 483-489.

Liston G E. 2004. Representing subgrid snow cover heterogeneities in regional and global models. Journal of Climate, 17 (6): 1381-1397.

Liu X, Chen B. 2000. Climatic warming in the Tibetan Plateau during recent decades. International Journal of Climatology, 20 (14): 1729-1742.

Liu X, Yanai M. 2002. Influence of Eurasian spring snow cover on Asian summer rainfall. International Journal of Climatology, 22 (9): 1075-1089.

Luce C H, Tarboton D G, Cooley K R. 1998. The influence of the spatial distribution of snow on basin-averaged snowmelt. Hydrological Processes, 12 (10-11): 1671-1683.

Luce C H, Tarboton D G, Cooley K R. 1999. Sub-grid parameterization of snow distribution for an energy and mass balance snow cover model. Hydrological Processes, 13 (12-13): 1921-1933.

Lundberg A, Koivusalo H. 2010. Estimating winter evaporation in boreal forests with operational snow course data. Hydrological Processes, 17 (8): 1479-1493.

Luojus K P, Pulliainen J T, Metsamaki S J, et al. 2007. Snow-covered area estimation using satellite radar wide-swath Images. IEEE Transactions on Geoscience and Remote Sensing, 45 (4): 978-989.

Malnes E, Guneriussen T. 2002. Mapping of snow covered area with Radarsat in Norway. https://www.researchgate.net/publication/224723839_Mapping_of_snow_covered_area_with_Radarsat_in_Norway [2018-8-1].

Margreth S. 2007. Snow pressure on cableway masts: Analysis of damages and design approach. Cold Regions Science & Technology, 47 (1): 4-15.

Masson D, Knutti R. 2011. Climate model genealogy. Geophysical Research Letters, 38 (8): 167-177.

Matthew S, Jon H. 1998. Differences in compaction behavior of three climate classes of snow. Annals of Glaciology, 26: 125-130.

Matthew S, Jon H, Max K N, et al. 1997. The thermal conductivity of seasonal snow. Journal of Glaciology, 43 (143): 26-41.

Mätzler C. 2002. Relation between grain- size and correlation length of snow. Journal of Glaciology, 48 (162): 461-466.

Mazari N, Tekeli A E, Xie H, et al. 2013. Assessment of ice mapping system and moderate resolution imaging spectroradiometer snow cover maps over Colorado Plateau. Journal of Applied Remote Sensing, 7 (1): 073540.

Mccreight J L, Small E. 2014. Modeling bulk density and snow water equivalent using daily snow depth observations. The Cryosphere, 8 (2): 521-536.

McGinnis D L. 1997. Estimating climate-change impacts on Colorado Plateau Snowpack using downscaling methods. Professional Geographer, 49 (1): 117-125.

McKay G, Findlay B. 1971. Variation of snow resources with climate and vegetation in Canada. Proc. 39th Western Snow Conf., Billings, MT, 17-26, 20-22 April 1971.

Meissner T, Wentz F. 2010. Intercalibration of AMSR-E and WindSat brightness temperature measurements over land scenes//Geoscience and Remote Sensing Symposium, IEEE, 241-242.

Mhawej M, Faour G, Fayad A, et al. 2014. Towards an enhanced method to map snow cover areas and derive snow-water equivalent in Lebanon. Journal of Hydrology, 513: 274-282.

Mizukami N, Koren V, Smith M, et al. 2013. The impact of precipitation type discrimination on hydrologic simulation: rain-snow partitioning derived from HMT-West radar-detected brightband height versus surface temperature data. Journal of Hydrometeorology, 14 (4): 1139-1158.

Mock C J. 1996. Climatic controls and spatial variations of precipitation in the Western United States. Journal of Climate, 9 (5): 1111-1125.

Monitoring A, Programme A. 2011. AMAP assessment 2011: mercury in the Arctic. Arxiv Cornell University Library, 46 (10): 3265-3267.

Murray V, Ebi K L. 2012. IPCC Special report on managing the risks of extreme events and disasters to advance climate change adaptation (SREX) . Journal of Epidemiology and Community Health, 66 (9): 759-760.

Nayak A, Marks D, Chandler D G, et al. 2010. Long-term snow, climate, and streamflow trends at the Reynolds Creek Experimental Watershed, Owyhee Mountains, Idaho, United States. Water Resources Research, 46 (6): 79-89.

Newark M J, Welsh L E, Morris R J, et al. 1989. Revised ground snow loads for the 1990 National Building Code of Canada. Canadian Journal of Civil Engineering, 16 (3): 267-278.

Oleson K, Dai Y, Bonan B, et al. 2004. Technical description of the community land model (CLM). https://www.researchgate.net/publication/261439256_ Technical_ Description_ of_ version_ 40_ of_ the_ Community_ Land_ Model_ CLM [2018-8-15].

O' Gorman P A. 2014. Contrasting responses of mean and extreme snowfall to climate change. Nature, 512 (7515): 416.

Painter T H, Rittger K, Mckenzie C, et al. 2009. Retrieval of subpixel snow covered area, grain size, and albedo from MODIS. Remote Sensing of Environment, 113 (4): 868-879.

Pampaloni P. 2004. Microwave radiometry of forests. Waves in Random Media, 14 (2): S275-S298.

Parajka J, Blöschl G. 2008. Spatio-temporal combination of MODIS images - potential for snow cover mapping. Water Resources Research, 44 (3): 79-88.

Parajka J, Pepe M, Rampini A, et al. 2010. A regional snow-line method for estimating snow cover from MODIS during cloud cover. Journal of Hydrology, 381 (3): 203-212.

Parkinson C L. 2006. Earth's cryosphere: current state and recent changes. Annual Review of Environment and Resources, 31 (1): 33-60.

Paudel K P, Andersen P. 2011. Monitoring snow cover variability in an agropastoral area in the Trans Himalayan region of Nepal using MODIS data with improved cloud removal methodology. Remote Sensing of Environment, 115 (5): 1234-1246.

Pomeroy J, Gray D. 1995. Snowcover accumulation, relocation and management. Bulletin of the International Society of Soil Science, 88 (2): 314.

Potter J G. 1965. Snow cover. Canada Department of Transport-Meteorological Branch, No. 3, Toronto, Canada.

Proksch M, Rutter N, Fierz C, et al. 2016. Intercomparison of snow density measurements: bias, precision, and vertical resolution. The Cryosphere, 10: 371-384.

Pulliainen J. 2006. Mapping of snow water equivalent and snow depth in boreal and sub-arctic zones by assimilating space-borne microwave radiometer data and ground-based observations. Remote Sensing of Environment, 101 (2): 257-269.

Qin D H. 2006. Snow cover distribution, variability, and response to climate change in Western China. Journal of Climate, 19: 1820-1833.

Qiu Y B, Shi J C, Lemmetyinen J, et al. 2010. The atmosphere influence to AMSR-E measurements over snow-cover areas: Simulation and experiments. IEEE Transactions on Geoscience and Remote Sensing, 2: 610-613.

Radionov V F A E I, Bayborodova V R. 2004. Long-term changes of snow cover period in the Arctic. Data of Glaciological Studies, 97: 136-142.

Ramsay B H. 1998. The interactive multisensor snow and ice mapping system. Hydrological Processes, 12 (10-11): 1537-1546.

Rauber R M, Olthoff L S, Ramamurthy M K, et al. 2001. Further investigation of a physically based, nondimensional parameter for discriminating between locations of freezing rain and ice pellets. Weather and forecasting, 16 (1): 185-191.

Rees A, English M, Derksen C, et al. 2014. Observations of late winter Canadian tundra snow cover properties. Hydrological Processes, 28 (12): 3962-3977.

Reiss R D, Thomas M. 2007. Statistical analysis of extreme values: with applications to insurance, finance, hydrology and other fields. Birkhäuser Basel.

Rennert K J, Roe G, Putkonen J, et al. 2009. Soil thermal and ecological impacts of rain on snow events in the circumpolar Arctic. Journal of Climate, 22 (9): 2302-2315.

Revuelto J, Lópezmoreno J I, Azorinmolina C, et al. 2014. Mapping the annual evolution of snow depth in a small catchment in the Pyrenees using the long-range terrestrial laser scanning. Journal of Maps, 10 (3): 379-393.

Rikhter G D. 1954. Snow cover, its formation and properties. U. S. Army CRREL., Transl. 6, NTIS AD 045950, Hanover, NH, 66pp.

Robinson D A, Dewey K F. 1990. Recent variations in Northern Hemisphere snow cover. Geophysical Research Letters, 17 (10): 1557-1560.

Robinson D A, Dewey K F, Heim R R J. 1993. Global Snow Cover Monitoring: An Update. Bulletin of the American Meteorological Society, 74 (9): 1689-1696.

Roch A. 1949. Report on snow and avalanches conditions in the U. S. A. western ski resorts from January 1st to April 24th 1949. Federal Institute for Research on Snow and Avalanches- Weissfluhjoch- Davos, 98, NTIS Davos, Switzerland, 39 pp.

Roos M. 1991. Trend of decreasing snowmelt runoff in northern California. Western Snow Conference. Proceedings.

Rose T. 2009. RPG-4CH-DP 4 channel dual polarisation radiometer (18. 7/36. 5GHz) . Test Report by Th. Rose, Radiometer Physics GmbH. 53340 Meckenheim, Germany.

Rosenshield G, Prokhorov A M. 1977. The Great Soviet Encyclopedia. Slavic and East European Journal, 19 (3): 366.

Roy A, Royer A, Wigneron J P, et al. 2012. A simple parameterization for a boreal forest radiative transfer model at microwave frequencies. Remote Sensing of Environment, 124 (2): 371-383.

Räisänen J. 2008. Warmer climate: less or more snow? Climate Dynamics, 30 (2-3): 307-319.

Salomonson V V, Appel I. 2004. Estimating fractional snow cover from MODIS using the normalized difference snow index. Remote Sensing of Environment, 89 (3): 351-360.

Sankar-Rao M, Lau K M, Yang S. 2015. On the relationship between Eurasian snow cover and the Asian summer monsoon. International Journal of Climatology, 16 (6): 605-616.

Scipión D E, Mott R, Lehning M, et al. 2013. Seasonal small-scale spatial variability in alpine snowfall and snow accumulation. Water Resources Research, 49 (3): 1446-1457.

Screen J A, Simmonds I. 2012. Declining summer snowfall in the Arctic: causes, impacts and feedbacks. Climate Dynamics, 38 (11-12): 2243-2256.

Sellers P J, Los S O, Tucker J et al. 1996. A revised land surface parameterization for atmospheric GCMs. Part I: Model formulation. Joumal of Climate, 9: 676-705.

Serreze M C, Clark M P, Armstrong R L, et al. 1999. Characteristics of the western United States snowpack from snowpack telemetry (SNOTEL) data. Water Resources Research, 35 (7): 2145-2160.

Shi H X, Wang C H. 2015. Projected 21st century changes in snow water equivalent over Northern Hemisphere landmasses from the CMIP5 model ensemble. Cryosphere, 9 (5): 1943-1953.

Shi J, Dozier J. 1997. Mapping seasonal snow with SIR-C/X-SAR in mountainous areas. Remote Sensing of Environment, 59 (2): 294-307.

Sihvola A, Tiuri M. 1986. Snow fork for field determination of the density and wetness profiles of a snow pack. IEEE Transactions on Geoscience and Remote Sensing, (5): 717-721.

Singh G, Venkataraman G. 2009. Snow density estimation using Polarimitric ASAR data. Geoscience and Remote Sensing Symposium, 2009 IEEE International, IGARSS 2009. IEEE.

Slater A G, Schlosser C A, Desborough C E, et al. 2001. The Representation of Snow in Land Surface Schemes: Results from PILPS 2 (d). Journal of Hydrometeorology, 2 (1): 7-25.

Solomon S. 2007. IPCC (2007): Climate Change The Physical Science Basis. American Geophysical Union, 9: 123-124.

Stow D A, Hope A, Mcguire D, et al. 2004. Remote sensing of vegetation and land-cover change in Arctic Tundra Ecosystems. Remote Sensing of Environment, 89 (3): 281-308.

Strasser U. 2008. Snow loads in a changing climate: new risks? Natural Hazards and Earth System Sciences, 8 (1): 1-8.

Strategy I G O. 2007. Cryosphere theme report: for the monitoring of our environment from space and from Earth. Geneva, World Meteorological Organisation. (WMO/TD-No. 1405.).

Sturm M. 2015. White water: fifty years of snow research in WRR and the outlook for the future. Water Resources Research, 51 (7): 4948-4965.

Sturm M, Holmgren J, Liston G E. 1995. A seasonal snow cover classification system for local to global applications. Journal of Climate, 8 (5): 1261-1283.

Sturm M, Holmgren J, Mcfadden J P, et al. 2001. Snow-shrub interactions in arctic tundra: a hypothesis with climatic implications. Journal of Climate, 14 (3): 336-344.

Sturm M, Taras B, Liston G E, et al. 2010. Estimating snow water equivalent using snow depth data and climate classes. Journal of Hydrometeorology, 11 (11): 1380-1394.

Sturm M, Goldstein M A, Parr C. 2017. Water and life from snow: a trillion dollar science question. Water Resources Research, 53: 3534-3544.

Sun S, Jin J, Xue Y. 1999. A simplified layer snow model for global and regional studies, Journal of Geophysical Research, 104 (D16): 587-597.

Sun S, Tao C, Jian W, et al. 2015. Estimation and analysis of snow water equivalents based on C-Band SAR data and field measurements. Arctic Antarctic and Alpine Research, 47 (2): 313-326.

Tait A B. 1998. Estimation of snow water equivalent using passive microwave radiation data. Remote Sensing of Environment, 64 (3): 286-291.

Takala M, Luojus K, Pulliainen J, et al. 2011. Estimating northern hemisphere snow water equivalent for climate research through assimilation of space-borne radiometer data and ground-based measurements. Remote Sensing of Environment, 115 (12): 3517-3529.

Tang H, Zhai P, Wang Z. 2005. On change in mean maximum temperature, minimum temperature and diurnal range in China during 1951-2002. Climatic and Environmental Research, 10 (4): 728-735.

Tedesco M, Narvekar P S. 2010. Assessment of the NASA AMSR-E SWE Product. Journal of Selected Topics in Applied Earth Observations and Remote Sensing IEEE, 3 (1): 141-159.

Tom C. 1977. A comparison of the CRREL 500 cm^3 tube and the ILTS 200 and 100 cm^3 box cutters used for determining snow densities. Journal of Glaciology, 18 (79): 334-337.

Tsutsui H, Koike T, Graf T. 2007. Development of a dry- snow satellite algorithm and validation at the CEOP Reference Site in Yakutsk. Journal of the Meteorological Society of Japan, 85: 417-438.

Vachon F, Goïta K, De Sève D, et al. 2010. Inversion of a snow emission model calibrated with in situ data for snow water equivalent monitoring. IEEE Transactions on Geoscience and Remote Sensing, 48 (1): 59-71.

Verma R K, Subramaniam K, Dugam S S. 1985. Interannual and long-term variability of the summer monsoon and its possible link with northern hemispheric surface air temperature. Proceedings of the Indian Academy of Sciences - Earth and Planetary Sciences, 94 (3): 187-198.

Vikhamar D, Solberg R. 2003a. Snow-cover mapping in forests by constrained linear spectral unmixing of MODIS data. Remote Sensing of Environment, 88 (3): 309-323.

Vikhamar D, Solberg R. 2003b. Subpixel mapping of snow cover in forests by optical remote sensing. Remote Sensing of Environment, 84 (1): 69-82.

Vol N. 2002. An introduction to statistical modeling of extreme values (Book). Nanotechnology, 20 (26): 773-777.

Walsh J E 2014. Intensified warming of the Arctic: causes and impacts on middle latitudes. Global and Planetary Change, 117 (3): 52-63.

Wang Q, Fan X, Wang M. 2014. Recent warming amplification over high elevation regions across the globe. Climate Dynamics, 43 (1-2): 87-101.

Wang X Y, Wang J, Jiang Z Y, et al. 2015. An effective method for snow-cover mapping of dense coniferous forests in the upper Heihe River Basin using landsat operational land imager data. Remote Sensing, 7 (12): 17246-17257.

Wang X, Xie H. 2009. New methods for studying the spatiotemporal variation of snow cover based on combination products of MODIS Terra and Aqua. Journal of Hydrology, 371 (1): 192-200.

Wang X, Zender C S. 2010. MODIS snow albedo bias at high solar zenith angles relative to theory and to in situ observations in Greenland. Remote Sensing of Environment, 114 (3): 563-575.

Wang X, Xie H, Liang T. 2008. Evaluation of MODIS snow cover and cloud mask and its application in Northern Xinjiang, China. Remote Sensing of Environment, 112 (4): 1497-1513.

Wang Y Q, Shi J C, Wang H, et al. 2015. Physical statistical algorithm for precipitable water vapor inversion on land surface based on multi-source remotely sensed data. Science China Earth Sciences, 58 (12): 2340-2352.

Westra S, Alexander L V, Zwiers F W. 2013. Global increasing trends in annual maximum daily precipitation. Journal of Climate, 26 (11): 3904-3918.

Wiesmann A, Mätzler C. 1999. Microwave emission model of layered snowpacks. Remote Sensing of Environment, 70 (3): 307-316.

Williams G P, Gold L W. 1958. Snow density and climate. https://www.nrc-cnrc.gc.ca/obj/irc/doc/pubs/rp/rp60/rp60.pdf [2017-12-5].

Wu B, Yang K, Zhang R. 2009. Eurasian snow cover variability and its association with summer rainfall in China. Advances in Atmospheric Sciences, 26 (1): 31-44.

Wu T W, Wu G X. 2004. An empirical formula to compute snow cover fraction in GCMs. Advances in Atmospheric Sciences, 21 (4): 529-535.

Xiao B Y, Dai L M, Chen G, et al. 2002. Application of GIS in Ecological Land Type (ELT) mapping—a case in Changbai Mountain area. Journal of Forestry Research, 13 (1): 56-60.

Xie H, Wang X, Liang T. 2009. Development and assessment of combined Terra and Aqua snow cover products in Colorado Plateau, USA and northern Xinjiang, China. Journal of Applied Remote Sensing, 3 (11): 1319-1332.

Xin Q, Hall A. 2006. Assessing Snow Albedo Feedback in Simulated Climate Change. Journal of Climate, 19 (11): 2617-2630.

Xu X K, Tian G L. 2000. The changes of snow reflectance and dynamic distribution in China. Joumal of Remote Sensing, 4 (3): 1782-1821.

Xue Y, Sun S, Kahan D S, et al. 2003. Impact of parameterizations in snow physics and interface processes on the simulation of snow cover and runoff at several cold region sites. Journal of Geophysical Research Atmospheres, 108 (D22): 8859.

Yang G, Xie H, Ning L, et al. 2010. Toward advanced daily cloud-free snow cover and snow water equivalent products from Terra-Aqua MODIS and Aqua AMSR-E measurements. Journal of Hydrology, 385 (1): 23-35.

Yang Z, Dickinson R E, Robock A, et al. 1997. Validation of the snow submodel of the biosphere-atmosphere transfer scheme with Russian snow cover and Meteorological observational data. Journal of Climate, 10 (2): 353-373.

Ye H, Bao Z. 2001. Lagged teleconnections between snow depth in northern Eurasia, rainfall in Southeast Asia and sea-surface temperatures over the tropical Pacific Ocean. International Journal of Climatology, 21 (13): 1607-1621.

Ye H, Cohen J. 2013. A shorter snowfall season associated with higher air temperatures over northern Eurasia. Environmental Research Letters, 8 (1): 014052.

Ye H, Cho H R, Gustafson P E. 1998. The Changes in Russian Winter Snow Accumulation during 1936-83 and Its Spatial Patterns. Journal of Climate, 11 (5): 856-863.

Zhang T. 2005. Influence of the seasonal snow cover on the ground thermal regime: An overview. Reviews of Geophysics, 43 (4): RG4002.

Zhang T, Barry R G, Haeberli W. 2001. Numerical simulations of the influence of the seasonal snow cover on the occurrence of permafrost at high latitudes. Norsk Geografisk Tidsskrift - Norwegian Journal of Geography, 55 (4): 261-266.

Zhang T, Osterkamp T E, Stamnes K. 1996. Influence of the Depth Hoar Layer of the Seasonal Snow Cover on the Ground Thermal Regime. Water Resources Research, 32 (7): 2075-2086.

Zhang T, Bowling S A, Stamnes K. 1997. Impact of the atmosphere on surface radiative fluxes and snowmelt in the Arctic and Subarctic. Journal of Geophysical Research Atmospheres, 102 (D4): 4287-4302.

Zhang X, Hogg W, Mekis É. 2001. Spatial and temporal characteristics of heavy precipitation events over Canada. Journal of Climate, 14 (9): 1923-1936.

Zhang Y. 2012. Projections of 2. 0°C Warming over the Globe and China under RCP4. 5. Atmospheric and Oceanic Science Letters, 506: 514-520.

Zhong X, Zhang T, Wang K. 2014. Snow density climatology across the former USSR. the Cryosphere, 8 (2): 785-799.

Zhou X, Xie H, Hendrickx J M H. 2005. Statistical evaluation of remotely sensed snow-cover products with constraints from streamflow and SNOTEL measurements. Remote Sensing of Environment, 94 (2): 214-231.